U0279172

输配电系统电力开关技术

[荷兰] 　　　　　　　　勒内·斯梅茨（René Smeets）

[荷兰] 　　　卢·范·德·斯路易斯（Lou van der Sluis）

[波黑] 米尔萨德·卡佩塔诺维奇（Mirsad Kapetanović）　著

[加拿大] 　　　　　大卫·F.皮洛（David F. Peelo）

[荷兰] 　　　　　　　安东·扬森（Anton Janssen）

刘志远　王建华　孙昊　王昊晴　王振兴　马慧　陈敏　译

机械工业出版社

本书是 5 位国际开关电器技术领域知名专家毕生经验的总结，是开关电器领域的一本力作。与传统的开关电器著作相比，本书强调了开关与电网之间的相互作用，包括各种开合工况下的暂态分析、选相开合等。书中还专门介绍了开关设备可靠性。相信无论是电力系统领域的工程师，还是电力设备领域的工程师，以及高等院校和科研机构的科研人员和学生，都可以从中受益。

图书在版编目（CIP）数据

输配电系统电力开关技术／（荷）勒内·斯梅茨等著；刘志远等译. —北京：机械工业出版社，2019.3（2024.1 重印）
书名原文：Switching in Electrical Transmission and Distribution Systems
ISBN 978-7-111-62086-0

I. ①输… Ⅱ. ①勒…②刘… Ⅲ. ①电子开关 Ⅳ. ①TM564

中国版本图书馆 CIP 数据核字（2019）第 035200 号

机械工业出版社（北京市百万庄大街 22 号　邮政编码 100037）
策划编辑：刘星宁　责任编辑：刘星宁
责任校对：李　杉　封面设计：马精明
责任印制：单爱军
北京虎彩文化传播有限公司印刷
2024 年 1 月第 1 版第 2 次印刷
169mm × 239mm · 23 印张 · 474 千字
标准书号：ISBN 978 - 7 - 111 - 62086 - 0
定价：119.00 元

凡购本书，如有缺页、倒页、脱页，由本社发行部调换
电话服务　　　　　　　　　　网络服务
服务咨询热线：010 - 88361066　　机 工 官 网：www.cmpbook.com
读者购书热线：010 - 68326294　　机 工 官 博：weibo.com/cmp1952
　　　　　　　　　　　　　　　金 书 网：www.golden - book.com
封面无防伪标均为盗版　　　教育服务网：www.cmpedu.com

译 者 序

　　《输配电系统电力开关技术》一书是5位国际开关电器技术领域知名专家毕生经验的总结，是开关电器领域的一本力作。与传统的开关电器著作相比，本书强调了开关与电网之间的相互作用，包括各种开合工况下的暂态分析、选相开合等。书中还专门介绍了开关设备可靠性。相信无论是电力系统领域的工程师，还是电力设备领域的工程师，以及高等院校和科研机构中电气工程领域的科研人员和学生，都可以从中受益。

　　译者与本书作者都有不同程度的相识。Smeets教授对中国非常友好，与西安交通大学的渊源也很深。译者在接到翻译本书任务之前就收到了Smeets教授的赠书。1987年他在荷兰埃因霍芬工业大学博士毕业答辩时，西安交通大学王季梅教授作为他的答辩评委之一在埃因霍芬工业大学待了6个月时间，与他讨论毕业论文直至毕业答辩结束。他的博士论文封面上还印有3个汉字"我的路"。此后，Smeets教授与西安交通大学一直保持着密切的学术往来，并于2013年起担任西安交通大学客座教授和电力设备电气绝缘国家重点实验室国际学术委员会副主任委员。Sluis教授曾多次来西安交通大学讲学并赠送了他的4本专著和他指导的博士学位论文。Kapetanović教授撰写的专著《高压断路器——理论、设计与试验方法》已由本书译者之一王建华教授等译成中文，由机械工业出版社出版，反响很好。在2017年的国际电力开断技术会议期间，Kapetanović教授访问西安并与本书译者见面。Peelo博士曾受邀到西安交通大学讲学，并从2018年起在研究生课程"开关电器设计技术"中讲授电流开断暂态计算部分。Janssen在国际大电网会议组织中非常活跃，他成为2018年新当选的国际大电网会议5名会士（Fellow）之一，恭喜他。在本书翻译期间，Smeets教授还一直关心本书中文版的进展。值此翻译结稿之际，向Smeets教授和各位作者表示衷心的感谢！

　　本书的翻译是团队合作的结晶。本书首先由西安交通大学王建华教授译出初稿。在此初稿基础上西安交通大学孙昊博士加工并完善了第6章和第7章，西安交通大学王振兴副教授加工并完善了第8章和第9章，西安交通大学马慧博士加工并完善了第11章，西交利物浦大学陈敏博士加工并完善了第12章，中国电力科学研究院有限公司王昊晴博士加工并完善了第13章和第14章，他们作为电器领域年轻有为的青年学者，在相关方面都有很深的造诣并且英文水平极佳。其余章节由西安交通大学刘志远教授完善。最后，全书由刘志远教授进行了统一校对、订正并定稿。虽然在翻译过程中译者们尽了最大努力追求高的翻译质量，查阅了大量的文献和标准，但是由于本书涉及内容十分广泛，内容非常专业，难免有错误和不当之处，敬请读者指正。在此也对所有长期以来支持和帮助西安交通大学电器学科的各位专家、学者和朋友们一并表示感谢！

刘志远，王建华
于西安交通大学

原书前言

当时间进入到 19 世纪，电气工程领域开始了一场革命。在一个相当短的时期内，发明了变压器，设计了发电机和电动机，出现了从直流输电到交流输电的跨越。在 20 世纪前叶，输电电压不断增长，输电损耗也随之降低。为了提高运行效率，电力系统开始互连，备用电源或旋转电源得以共享，从而成本支出得以降低。

电力开关的主要任务是将电力系统的故障部分隔离，使正常的部分继续工作。当今的电力系统是人类所设计、建造并运行的最复杂的系统之一。尽管电力开关技术复杂而且需要具备高稳健性，但是它可使用户以相当简单而且可靠的方式接通或断开负载。电力开关技术还可以保护系统免受故障的影响。然而，其代价是导致系统每个状态的变化都会产生暂态，它不仅影响系统的运行状况，而且会影响到系统中的每一个元器件。

在早期的电力系统中，自从开始使用电力开关技术，其标准化就开始了，包括其参数等级、测试技术和高压断路器制造方面等。在美国，这方面的工作率先由一些工程学会和制造商学会展开，如成立于 1884 年的美国电气工程师学会（AIEE），1963 年它与美国无线电工程师学会（IRE）合并成为美国电气电子工程师学会（IEEE）。

在欧洲，国际电工委员会（IEC）成立于 1906 年，国际大电网会议（CIGRE）成立于 1921 年。1927 年国际大电网会议决定将研究委员会作为其组织框架，由研究委员会负责工作组和专责组的运作。工作组和专责组的职责是收集现场数据和进行系统调查，其研究报告为制定和修改 IEC 标准提供依据。

在过去的若干年间，在输配电系统电力开关技术方面出过很多书和出版物。这方面大量的知识来自于 CIGRE 和 IEEE 工作组的工作，包括相关标准、技术手册、研究报告和学术论文等。

对于想熟悉电力开关技术及其对系统影响的电力系统工程师而言，相关的文献不仅不易获取，而且有时这些文献也难以理解。本书将架起一座桥梁将电力系统工程师的日常实践与相关文献连接起来。

本书作者在 CIGRE、IEC 和 IEEE 的相关工作组拥有长期的工作经验，在电力开关设备的制造方面、电力开关对系统的影响方面和电力开关的大容量试验方面都很熟悉。相关章节总结了作者们在 CIGRE 技术手册、发表的学术论文及制定相关标准方面的贡献。

本书参考了相关标准，并且像一条线一样用标准将本书穿了起来。这种做法一方面是因为相关标准对实际中所遇到的几乎各种开合操作问题都进行了指导，另一方面，这种做法还为引导读者正确理解标准及标准提出的背景提供帮助。

如果没有断路器及开关介质方面的重要章节，本书将是不完整的。这方面的内容主要取材于 Mirsad Kapetanović教授所著的《高压断路器——理论、设计与试验方法》一书，该书受 KEMA 实验室委托由萨拉热窝 ETF – 电气工程学院于 2011 年发行。

作者感谢 Zdeněk Matyáš硕士，他花了很多时间使本书的文字、图表、公式等与 IEC 标准相一致，并使术语保持一致。

感谢 Viktor Kertész 教授检查了本书中所有的数学部分，还要感谢 Romain Thomas 硕士关于暂态的数值仿真方面的贡献。

我们将本书献给 Geert Christaan Damstra 教授（1930—2012），无论他在开关制造厂 Hazemeyer、KEMA 实验室还是在埃因霍芬工业大学期间，他的一生对电力开关制造技术、测量技术及实验技术方面的发展做出了杰出的贡献。他的整个一生都活跃在高电压技术领域并做出了真正有价值的创新工作，直到生命的最后一刻，他为许多人树立了楷模。

René Smeets
于荷兰阿纳姆市

目　录

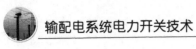

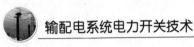

第 1 章

电力系统中的开合操作

1.1　简介

人们已经习惯于将用电设备插入交流电源插座就开始使用电能，每天如此，这已经超过 100 年了。如今电能已经被看作是一种商品。电能是一种用途广泛而且清洁的能源，它成本很低并且使用方便。

电力系统的作用就是将发电厂生产的电能以安全可靠的方式传输和分配给用户。发电机将机械能转化为电能，铝导体和铜导体用来传输电流，变压器将电能转换到合适的电压水平。现代社会对电能这一商品已经相当依赖，人们难以接受电力系统故障所产生的影响。现今电力系统已成为社会的脊梁。

电力系统中开关的开合操作极为寻常，开合操作不应危害系统的可靠性和安全性。电力系统中进行开合操作的必要性如下：

● 系统的某些部分、一些负载或某些用户投入或退出运行。典型情况包括投切并联电容器或并联电抗器，投切架空线、投切变压器等。在工业用户中，此类开合操作最为常见。

● 将电能从一路转换到另一路。例如，在变电站中，将负载电流不间断地从一个母排转移到另一个母排上。

● 系统运维时将某条线路隔离。

● 将电网中的故障部分切除，以避免故障部分带来的损害及其对系统稳定性的影响。最常见的例子就是切除短路故障。系统中故障是不可避免的，但如有足够切除故障的开关装置并与继电保护系统相配合，就可以限制故障所产生的影响。

图 1.1 按照开断容量展示了开关在电气工程领域的应用。

开关的开合操作改变了电力系统中电网络的拓扑结构，无论是关合还是分断电路都对稳态造成了干扰。系统因开关的开合操作从一个状态变化到另一个状态出现的暂态过程是必然的。暂态过程是指在有限的时间里电压和电流处于非正常状态。由于暂态过程的电压和电流通常超过稳态运行时的数值，因此暂态过程应特别予以关注。原则上讲，任何稳定状态的改变都产生暂态过程。

电力系统中的基本参数是电流和电压，在开合操作中，无论是电流还是电压都

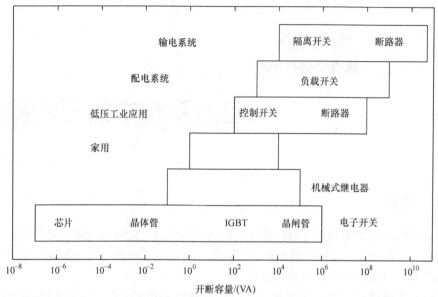

图 1.1　各种电能应用中开关的开断容量

存在暂态过程。在开关关合（通电）过程中，系统中的元器件主要受到电流暂态的影响。而在开关分断（断电）过程中，电压暂态扮演重要角色。

　　一般而言，开关起到将负载与电源接通或分开的作用，如图 1.2 所示。图中电源侧和负载侧电路都是系统元器件的复杂组合，包括线路、电缆、母排、变压器、发电机等。在分析开合操作引起的暂态过程中，通常将复杂系统简化成简

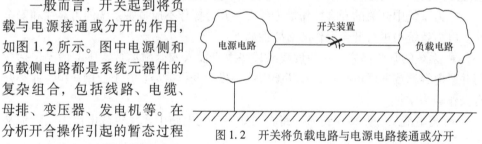

图 1.2　开关将负载电路与电源电路接通或分开

单的电气元器件，即集中参数元器件或分布参数元器件（见 3.1 节），这样就容易分析和理解开合操作的暂态过程。

1.2　本书的结构

　　本书针对的读者为，对电力系统中各种开合操作和开关设备技术感兴趣，或工作实践中对相关技术有需求的工程技术人员。本书对开合过程和开关设备进行讲述，尽量避免涉及过深的物理和数学知识，尽管相关的物理和数学知识是解决大容量开合问题的基础。本书中大量地采用了荷兰 KEMA 大容量实验室（隶属于 DNV GL 集团能源业务部）对电力开关进行的各种试验测试的实例。大容量实验室可对开关实际运行情况进行很好的模拟（参见 14.2 节）。

本书可划分为两个部分。第一部分（1～5章）主要对开合现象进行描述。第二部分（6～14章）介绍了开关技术及其面对的各种工况，以及对电力系统的影响。

第1章从实用的角度讲述了开合操作的必要背景，介绍了开合操作中两个最关键的现象——开关电弧和暂态恢复电压（TRV），分析了这两个现象的起源及其所扮演的角色。由于开合操作在本质上是暂态现象，故其描述必然基于电磁场和行波。然而，当频率足够低时，相关电路可以用集中参数进行简化，这在大多数实际情况下可满足计算暂态恢复电压的要求，使数学处理变得简单。

第2章主要讨论电力系统的故障，介绍了故障电流的暂态特征以及它们对电力系统中相关元器件的影响。同时对故障的统计数据进行了归纳。

第3章分析了对电力系统中各种类型故障所产生的故障电流的开合操作，更准确地讲是"关合"和"开断"操作。在此情况下 TRV 起着至关重要的作用，本章基于简化的 *RLC* 电路⊖对 TRV 进行了描述。简化电路既采用集中参数电路，又在必要时采用分布式参数电路。为了便于读者理解，在分析中采取的原则是尽可能简化元器件数量。

在分析中，开断过程中燃弧特性的影响也被考虑进去。

第4章讨论负载电流的开合，包括架空线、电容器组以及正常工作情况下的并联电抗器等。尽管这里所涉及的电流比故障情况下要小很多，但由于容性负载和感性负载的影响，开关开合这类负载往往成为一种技术上的挑战。这里讨论的内容主要还是介绍由开合而引起的暂态过程。

第5章讨论了由开关开合引起的暂态过程计算。首先给出了一些简化电路的一般解析解，然后介绍了一些当前最常用的数值仿真程序的背景和基本内容。

第6章介绍了气体介质中的开合过程，包括空气、油断路器中的氢气（H_2）以及当今在高压绝缘领域和开关设备领域中广泛使用的六氟化硫（SF_6）气体。对于 SF_6 气体在"电气领域"应用中所涉及的健康、安全和环境问题进行了详细的讨论。

第7章讨论 SF_6 断路器，这是目前高压电力系统中正在使用的技术。讨论了 SF_6 断路器技术及其相关的各个方面内容。

第8章介绍了真空中的开合过程。真空开关目前在配电系统中大量使用，它也正在逐步向高电压领域发展。

第9章探讨了真空断路器技术，并增加了高电压等级真空断路器及其应用方面的最新内容。

第10章介绍了各种特殊条件下的开合过程及相关技术。一些开合条件对开关装置和系统造成了特殊的挑战，包括发电机断路器、在 GIS 和空气中操作的隔离开关、环网系统中的开合、高压电缆的开合、串联补偿电容器组中使用的旁路开关、投切并联电容器组、特高压（UHV）系统中的开合、高速接地开关、直流断路器

⊖　指 *RLC* 振荡电路，由单独的电感 *L*、电容 *C* 和电阻 *R* 组成。

和熔断器。

第 11 章关注系统中的操作过电压。本章提供了一些实际数据。讨论了特定条件下降低过电压的方法。然后介绍了相控操作策略以应对不希望出现的暂态过程。

第 12 章讨论了过去 30 年来断路器可靠性方面的各种调查。除此之外，还介绍了延长断路器机械寿命和电寿命的经验。

第 13 章主要涉及开关装置的标准与规范。本章介绍了有关断路器的标准框架，这个标准框架已经发展了半个世纪，目的是得到一个系统的质量保证体系。在本章和本书其他部分，将沿用 IEC（国际电工委员会）⊖标准系统，它已经在世界范围内广为接受。

第 14 章介绍了断路器的试验测试方法，并详细分析了断路器开合及开断容量测试中的各种实际情况。

本书参考了大量 CIGRE（国际大电网委员会）⊖的资料。CIGRE 是一个非营利性组织，它通过推进全球专家的合作和分享知识，致力于改进当前和未来的电力系统。CIGRE 拥有超过 12000 名来自电力工业的会员。全球超过 3500 名专家有组织地在 CIGRE 研究委员会（SC）协调下的各个工作组（WG）中开展工作。其主要目标是设计和发展未来电网，优化现有的电力装备和电力系统，关注环境以促进信息沟通。与电力系统中开合过程及其影响相关的研究委员会有 A3（高压装备）、B4（高压直流与电力电子）、B5（保护与自动化）以及 C4（系统的技术性能）。

CIGRE 的文档可以通过 www. e-cigre. org 网站获得。大量的信息在技术手册（TB）、工作组报告和 CIGRE 会议论文中公布。

另一个主要的参考文献来源是 IEEE（美国电气电子工程师学会）。IEEE 拥有的会员超过 425000 名，是全球最大的专注于技术创新的专业学会。

IEEE 拥有很多学会，与本书关系最为密切的是 PES（电力与能源学会），它涉及与电力的产生、传输和配送相关的规划、研发、设计、建设和运行等各方面的设备及系统。PES 拥有 30000 名来自工业界和学术界的专家和学生成员，他们都对电力工业领域感兴趣。PES 提供了全球最大的分享电力工业最新技术进展、推进相关标准和教育的论坛。

IEEE 中与开关技术相关的其他学会有：IAS（工业应用学会）；DEIS（电介质与绝缘学会），它主要涉及绝缘材料和系统以及真空、气体、液体和固体电工材料中的电介质现象和放电；IEEE PELS（电力电子学会），与其他学会一起，推动电力电子技术的发展和实际应用；NPSS（核物理与等离子体科学学会），它涵盖了电力开关装置中与放电有关的内容。

IEEE 文件收集和保存于 IEEE Xplore®数字图书馆，它包括了多达 300 万件来

⊖ www. iec. ch.

⊖ www. cigre. org.

自 IEEE 和 IEEE 期刊、会刊、杂志、通讯、会议论文集以及动态 IEEE 标准的文档。

在 IEEE 中,IEEE – SA(IEEE 标准委员会)负责标准的培育和发展(见第 13 章)。

1.3 电力系统分析

电力系统分析的范围很宽泛,很难在单独一本书中加以涵盖。关于电力系统分析基础的教科书[1-4]对电力系统结构(从电力的产生、传输到分配至用户)进行了概要介绍,它仅考虑系统的稳态特性,这就意味着只考虑工频现象。

电力系统一个有趣的方面是系统的建模取决于所涉及的时间尺度,一般来说,感兴趣的时间尺度包括:

- 按照年、月、周、天、小时、分钟计时的时间尺度,在这个时间尺度上进行工频(50Hz 或 60Hz)稳态分析。这是电力系统分析基础教科书上所关心的时间尺度。稳态分析涉及很多方面的内容,例如规划、设计、经济优化、潮流计算、故障计算、状态评估、保护、稳定性和稳定控制等。

- 按照秒计时的时间尺度,在这个时间尺度上进行动态特性分析。电力网络及其元器件的动态特性分析十分重要,它可预测系统或其主要部分在干扰后是否保持在稳态,例如发生故障或开关切除故障时的操作所引起的干扰。电力系统的稳定性主要取决于同步发电机中阻尼电机械干扰的控制装置。

- 按照几十微秒到毫秒计时的时间尺度,在这个时间尺度上进行与开合过程有关的暂态分析(从千赫到几十赫),深入了解系统的这一暂态特性对理解和掌握开合过程(即接通、分断负载或切除故障)的影响十分重要。

- 按照微秒或更短时间计时的时间尺度,在这个时间尺度上进行扰动源效应的干扰分析(从几十千赫到几兆赫),例如来自大气中的闪电、击穿现象导致的过电压和过电流等。从物理上讲,这些快速暂态过程的影响主要局限于扰动发生的局部系统中,就是说,大多数情况下仅影响系统中紧邻扰动的元器件并迅速消失。

尽管考虑不同时间尺度时电力系统本身并不发生变化,但电力系统的元器件应按照相应的时间尺度建模。

下面是架空线建模的示例。在工频 50Hz 稳态情况下,正弦电压和电流的波长是 6000km:

$$\lambda = \frac{c}{f} = \frac{3 \times 10^8}{50} \text{m} = 6 \times 10^6 \text{m} = 6000 \text{km} \tag{1.1}$$

式中,λ 是波长(m);c 是光速,$c \approx 3 \times 10^8 \text{m s}^{-1}$;$f$ 是频率(Hz = 1/s)。

因此,从电气的角度上看传输线尺度与电压和电流的波长相比很小。麦克斯韦方程可以近似为准静态,传输线可以相当精确地建模为集中参数元件。基尔霍夫定理可以很好地用来计算电压和电流。

作为对比,要分析雷击效应时,频率高达 1MHz 以上,典型的电压和电流波长为 300m 或更短。在此情况下，从电气的角度上看传输线尺度不能再看作很小，不能再用集中参数电路来近似。必须考虑传输线参数的分布特性，而且需要考虑行波过程[5,6]。

在建模中尽管主要还是使用集中参数电路，但很重要的是要意识到能量主要存储于导线周围的电磁场中而几乎没有在导线中。坡印亭矢量，即电场强度矢量 E 和磁场强度矢量 H 的矢量积，表明了电磁功率流的强度与方向。

$$S = E \times H \qquad (1.2)$$

式中，S 是坡印亭矢量（$W\ m^{-2}$）；E 是电场强度矢量（$V\ m^{-1}$）；H 是磁场强度矢量（$A\ m^{-1}$）。

由于导体材料的电导率和变压器铁心材料磁导率都是一有限的数值，因此在导体中存在一个小的电场分量，在变压器铁心中存在一个小的磁场分量：

$$E = \frac{J}{\sigma} \qquad (1.3)$$

式中，J 是电流密度矢量（$A\ m^{-2}$）；σ 是电导率 [$S\ m^{-1}$]。

$$H = \frac{B}{\mu} \qquad (1.4)$$

式中，B 是磁通密度矢量（$T = AH\ m^{-2} = Vs\ m^{-2}$）；$\mu$ 是磁导率（$H\ m^{-1}$）。

当人们谈到"电"时，想到的是电流从发电机出来通过导体流到负载上。因为电力系统的物理尺度比电流和电压的波长长，所以这种近似是可行的。在 50Hz 或 60Hz 的工频情况下，电力潮流的稳态分析可以用复数相量代表电压和电流来很好地实现。然而对于开关操作引起的暂态过程，包含高得多的频率成分，其频率高达千赫乃至兆赫，此时复数相量就不再有效了。现在需要求解微分方程来描述系统现象。除此之外，当使用基尔霍夫电压和电流定律时，要非常小心地对系统中各元器件建立集中参数模型。

在正常的工频条件下，电力变压器的变比由一次绕组和二次绕组的匝数比确定。然而，对于雷电波侵入电压波形或开关快速操作暂态过程，变压器变比由绕组的杂散电容以及一次和二次绕组间的杂散电容决定。在这两种情况下，就必须使用不同方法建立变压器模型。此时，如果一定要用集中参数表达，其中电感表示磁场，电容表示电场，电阻表示损耗，就必须使用行波分析方法。将电力系统及其元器件的物理实体准确表达为模型用于暂态过程的分析和计算绝非易事，这需要对基本物理过程有深入的理解[7]。

当电力系统从一个稳态变换到另一个稳态时就出现了暂态。比方说雷电击中高压输电线附近的地或者雷电直接击中变电站。

然而大部分系统的暂态过程是由于开关操作的结果。例如，负荷开关和隔离开关在有载或空载条件下分断或接通电网的某个部分；熔断器和断路器分断从而将系统中故障部分的短路电流切断。电压暂态和电流振荡发生的时间尺度是微秒到毫秒量级。在这一时间尺度上，系统故障时的短路电流可以被看作是稳态的，其能量主要存储于磁场中。在故障电流分断后，系统转换到另一个稳态，其能量主要存储于电场中。

1.4 开合操作的目的

1.4.1 绝缘隔离与接地

用开关将系统中的元器件从带电部分隔离是最简单的（空载）操作。绝缘隔离对于安全维护、修理、更换电力系统元器件通常都是必需的。只有在绝缘隔离和接地后，工作人员才可以接触电力设备。在许多国家，要求带电部分和工作部分之间有目视可见的断口。

为了将击穿的可能性降低到最小，需要将开关装置的触头开距拉得很大。这类开关装置通常被称作隔离开关或者隔离刀闸。这类装置可以工作于开放的空气环境中，例如户外变电站，或者工作于密封的 SF_6（六氟化硫）气体环境中，例如气体绝缘开关设备（GIS），在 GIS 中导体和开关使用加压的 SF_6 气体绝缘。

空载分断过程就是将元器件从带电部分绝缘隔离，看起来是一项简单、直接的操作。然而，由于电力系统中杂散电容的存在，总有很小的电流从带电部分流过来。因此，隔离开关操作总是伴随着电弧的熄灭（见 1.5 节）。隔离开关操作将在 10.3.2 节详细讨论。

接地是用开关将系统中原来曾带电的部分与大地连接。在正常的接地操作中，要接地的部分是不带电的。在故障状态下，接地操作将系统中带电的部分或元器件接地，将产生很大的电流，电流的大小取决于电力系统的中性点接地方式。任何情况下接地开关必须能够承载故障电流，而快速接地开关必须能够在任何情况下（包括故障情况下）执行接地操作，见 10.4.2 节。

1.4.2 母线转换

电力系统为了可靠运行，许多部件和连接的安装采用冗余方式。变电站的母线排通常是双重布置的，如果必须维持电流但需要从一个母线排转换到由另一个母线排提供电流时，像隔离开关这样的开关装置用来从并行的母线排转移电流。从而，负载电流将保持连续而不被中断。由于有并行母线排，较大的负载电流的电流转换是相对简单的。

母线转换开关将在 10.3.3 节讨论。

1.4.3 负载投切

负载经常要接入电力系统。在工业系统中，接触器设计用来投切正常负载，例如电动机、泵、电炉等，操作十分频繁。在电网应用中，负荷开关可以开断负载电流，但不能开断故障电流。一般情况下电力系统中负荷开关的操作频率很低。但在电力无功装置中使用则并非如此，如并联电容器和并联电抗器的操作就十分频繁，一般每天两次。

与正常负载功率因数接近于 1 不同，并联电抗器和电容器的电流与电压间相角达到 90°。这对开合过程有显著的影响，4.2 节和 4.3 节将对此进行解释。电抗器将能量存储在磁场中，电容器将能量以电荷的方式存储，这些能量在分断失败时将被释放，这些释放的能量有可能对开关设备和系统的其他元器件产生不利影响。

1.4.4 分断故障电流

当电力系统发生故障时，其短路电流将被继电保护装置检测到，并触发断路器动作以开断短路电流（2.1 节中也有相关讨论）。这种情况也称作清除故障。继电保护由测量电器（电压互感器、电流互感器）持续不断地收集信息，以监控电流和电压。

由故障发生到被继电保护系统检测到的时间，即继电保护时间，一般为 50Hz 或 60Hz 工频的 1~3 个半波。继电保护系统给断路器发出指令，由断路器将故障部分从网络中隔离开。给断路器发出的指令使操作机构脱扣，通过其运动链使断路器的触头分离。经过一定的**分闸时间**之后，断路器的三相弧触头全部分开，称作触头分离。

断路器或一般来讲开关装置的一"极"⊖是整个装置的一部分，它安装在电网中的一相上，所以在三相装置中有三极。一台开关装置如果仅有一极就被称为"单极"。如果它多于一极并且耦合在一起共同动作，就被称作多极（双极、三极等）开关。在一极中实际开断电流的部分被称作灭弧室，它由触头系统、熄灭电弧过程中起支持作用的机械装置和绝缘系统组成。依据额定电压高低，一极可以由两个或多个灭弧室以串联方式组成以分担电压。均压电容器并联接于每个灭弧室上，使得每个灭弧室上的电压能够均匀分布。

所以，一台断路器可以被设计成三个单极开关装置，也可以设计为一台三极开关装置，每极包含一个或多个灭弧室。一台三极开关装置可以配置一个操作机构，也可以每极配一个操动机构，对于特高压情况，甚至可以每极配置多个操作机构。

断路器中的电弧在开断过程中起到非常重要的作用，被称作开关电弧。只要触头分开，电弧就在每一极的灭弧室中产生。真正的开断必须等到电流过零。电弧在本质上是电阻性的，因此电弧电压和电弧电流同时达到零点。在电流零区附近（见 1.5 节），输入电弧通道的能量很小（在电流过零时刻输入能量为零），如果断路器设计成由熄弧介质进行冷却，电流就会开断。在有些类型的断路器中，在触头分开后电流第一次过零时可能还没有准备好开断电流。因为开断电流需要灭弧介质的压力或者触头的开距达到一定值，所以断路器开断电流需要一定的最短燃弧时间。

经过最短燃弧时间后，电流才能在随后的第一个电流过零点开断。在三相电流开断中，电流在每相的电流过零点开断。当所有极都开断后，故障才被清除。从断

⊖ 开关装置中"极"的定义："开关装置的一部分，其主电路具有独立的电气传导路径，不包含将各极安装在一起及操作的部分"（IEC 60050-441，"国际电工词汇"）。

路器脱扣线圈收到触发信号到所有相的电流被开断的时间称作**开断时间**。

图 1.3 所示为中性点有效接地系统中三相故障开断中各时间段的说明（见 3.3.2 节）。

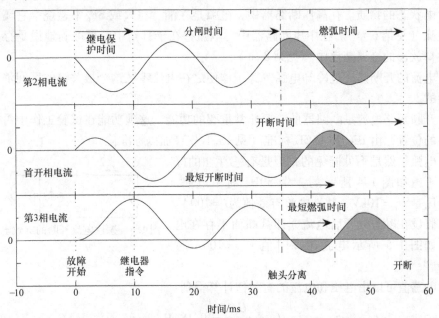

图 1.3　断路器分断三相电路时由 IEC 定义的各时间段

在 IEEE C37.04 标准[8]中，额定开断时间（即从断路器脱扣线圈收到触发信号到到所有相开断的时间）是由工频周期个数来表示的。三周断路器需要用三个工频周期来开断故障。

1.5　开关电弧

通流中的断路器触头分开时，电流随着触头分离而产生的电弧继续流动。触头即将打开时，只在一个非常小的面积上接触，称为接触桥。接触桥中的电流密度很大，因此接触桥处于触头材料的熔融状态。由于接触桥中的电流密度非常大，造成了熔融状态接触桥的爆炸，这导致了触头周围的介质产生气体放电，如空气、油或 SF_6。

当输入的能量增加时，物质从固态变为液态。随着更多能量的输入，温度会进一步上升，物质从液态变为气态。温度的上升和能量的增加使分子分解为原子。如果输入能量进一步提高，原子的外层电子可获得足够的能量从而变为自由电子，留下一个正离子。自由电子和离子的混合物被称作等离子体态，这是物质的一种形态，即部分粒子被电离。由于触头分开形成的等离子体通道中存在自由电子和较重的正离子，因此等离子体通道是高度导电性的，电流可以在电弧等离子体中继续流动。电弧就是断路器触头间形成的等离子体通道，它是在灭弧介质中形成的大电流放电过程。

在考虑电流开断过程时，很重要的一点是要认识到触头分离时电弧总是存在，它立即、自动、无法避免地出现。

除了电力半导体之外，电弧是我们仅知道的可以在很短时间内从导电状态变为不导电状态的物质。在高压断路器中，电弧是在油、空气或 SF_6 中燃烧，它属于高压电弧（见第 6 章）。在中压断路器中，电弧存在于真空中，更准确地说是存在于触头释放出的金属蒸汽中（见第 8 章）。

电流的开断是通过冷却电弧等离子体使之在电流零区这个最关键的区间消失来实现的。

开断短路电流是断路器的一项非常重要的功能。这项功能在试验工作中占有很重要的位置，由 IEC 和 IEEE 标准（见 13.1 节）加以标准化。

电弧虽然是不可避免的，但是有它存在的好处。考虑如图 1.4 所示的一个 50Hz 简单电路，线电压是 $U_r = 10kV$，感性电流有效值为 $I = 100A$。

假设在触头分开后电流立即截断而不存在电弧，如图 1.5 所示电流在瞬时值 $i_{ch} = 100A$ 时"截断"。

图 1.4　感性电流开断的等效电路

电感值可以由电压和电流的有效值计算得到：

$$L = \frac{U_r}{\sqrt{3}I\omega} = 0.184H \tag{1.5}$$

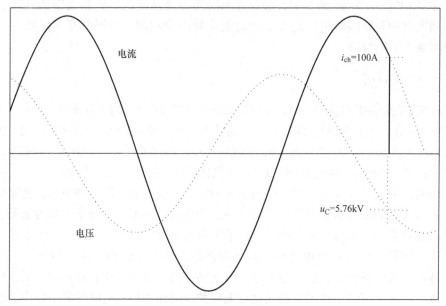

图 1.5　无电弧存在时电流开断的电流和电压

在开断瞬间，负载两端的电压瞬时值为：

$$u_C = U_r \sqrt{\frac{2}{3}} \cos\left[\arcsin\left(\frac{i_{ch}}{I\sqrt{2}}\right)\right] = 5.76\text{kV} \tag{1.6}$$

实际上，负载电感总是存在一定的杂散电容 C_s，本例中杂散电容用集中参数表示，$C_s = 5\text{nF}$。电压加在负载两端时形成了电场，杂散电容实际上代表了存储在电场中的能量。当电流开断后，在电压 u_C 作用下这一电容充电。现在电感中因存在电流 i_{ch} 而存储了磁场能量，电容因施加电压 u_C 而存储了电场能量。存储于电感中的磁场能量为

$$E_m = \frac{1}{2}L \cdot i_{ch}^2 = 920\text{J} \tag{1.7}$$

其中存储在电容中的电场能量是

$$E_e = \frac{1}{2}C_s \cdot u_C^2 = 0.08\text{J} \tag{1.8}$$

假设断路器已经将负载与电源切断，存储的能量不能传输回电源，而继续保留在负载中。由于电感和电容中存储的能量差距很大，它们之间需要进行能量交换以期达到平衡。交换的结果是产生振荡，总的能量 $E_m + E_e$ 在某个瞬间会全部加在电容上，而电感的电流和能量为零。在这个瞬间，电容上的电压 $u_{C,max}$ 为

$$E_m + E_e = \frac{1}{2}C_s \cdot u_{C,max}^2 \tag{1.9}$$

得到的结果是 $u_{C,max} = 607\text{kV}$。

这当然是不太现实的情况，因为在 10kV 系统中产生 607kV 的电压是不可想象的。电压不可能达到这个值，因为在电路中绝缘最薄弱的地方将发生击穿，这个地方就是开关装置中的触头间隙。

当全部电流通过最后的金属桥，使其融化、汽化和电离之后，电弧（电弧放电）就形成了（见 1.4.4 节）。当电流太小无法维持电弧，使电弧趋于熄灭时，由于电感中仍存在能量，其结果是电压立即出现在触头间隙上，引起重击穿，重新形成导电电弧通道。

在感性电路中，电弧是一个持续性的放电，它可维持能量释放的过程，将存储于负载电感中的磁场能量释放回电源。只有在电流零点（$i = 0$）瞬间电感中没有磁能，电弧消失。

这一点显示了电路断开时用电弧开断的巨大优势：电弧使负载能量自然转移至电源，从而避免了过高的过电压。

在交流系统中，电流每半周发生一次过零，所有的高压交流电力开关都在电流过零时开断电流。

在高压开关中，一般情况下灭弧室是封闭的，无法看到开关电弧。然而，对于简单的开关装置，电弧及其后果是可以看到的。图 1.6 示出一台负荷开关（见 1.4.3 节）的开关电弧。在此例中，试验电路电压为 12kV，开断电流为 700A。这

是一个正常的负载电流开断。可以看到电弧的影响：触头在大气压力下的空气中打开，灭弧室压力增加，引起等离子体喷射，不仅电离气体喷出灭弧室外，而且还伴随有熔化的触头材料和灭弧室器壁的残片。将电弧引入灭弧室，使其器壁材料汽化从而冷却电弧的原理有时称作"消游离"原理（见6.2.3节）。

图1.6　负荷开关在12kV试验电路中开断700A

从这一例子可以想象，最大的单断口断路器在550kV系统中开断63kA，其灭弧室开断功率是上述负荷开关的4125倍，这是何等剧烈的电弧现象。

虽然电流过零点是开关装置开断电流的唯一机会，但并不是说在每一次电流零点电流开断都会成功。触头之间的电弧可以消失，但弧隙仍然很热。比如说SF_6开关中存在电离气体，真空开关存在金属蒸气，它们会降低介质强度，从而影响断路器承受暂态恢复电压（TRV）的能力。TRV是电流过零后立即出现在触头间隙上的电压，是网络对新出现状态的反应。电弧重燃会引起另一轮工频电流流过。更有甚者，在数次不成功的尝试后，开关将无法开断电流，从而发生爆炸，自身引起短路。

1.6　暂态恢复电压（TRV）

1.6.1　暂态恢复电压的描述

暂态恢复电压（TRV）是电流开断后立即加在断路器打开的触头上的电压。TRV，即u_{ab}，是断路器电源侧对地电压u_{an}与负载侧对地电压u_{bn}之差（见图1.9）：

$$u_{ab} = u_{an} - u_{bn} \tag{1.10}$$

因此，TRV由两个分量组成：电源侧分量u_{an}和负载侧分量u_{bn}。在所有情况下，TRV总是在电流零点时刻从零开始，达到瞬时的工频电压值后过冲，并以阻尼振荡的方式衰减，伴随持续振荡最终达到稳定状态。这个稳定状态是一个工频电压，称作恢复电压（RV）。

图1.7是开断全过程的示意图。在此例中恢复电压等于电源电压。

TRV的频率由相应的电感和电容决定。在无阻尼状况下，TRV峰值等于2倍的电源峰值电压；实际情况中，由于有阻尼的缘故，TRV的峰值要低一些。

由于以下两方面原因，TRV对开断产生影响：

● 恢复电压上升率（RRRV）可能会很高，它由振荡频率决定。这意味着电弧熄灭后很短时间内在触头两端出现一个很高的电压，如果电弧残留物仍保持一定的电离度和温度，由于TRV的影响电弧将重新燃烧（复燃）。13.1.2节将讨论标准化的RRRV，它对应于TRV波形的切线，但它不一定等于TRV对时间的导数（du/dt）的最大值，如图1.8所示。

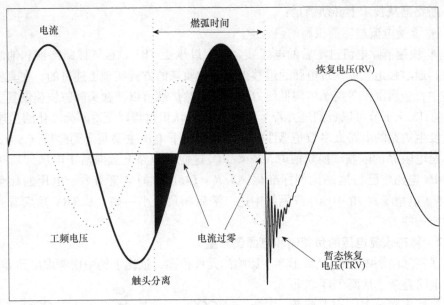

图 1.7　纯电感交流电路中的电流开断

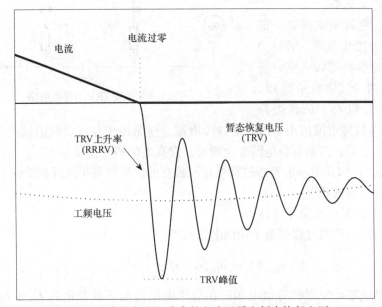

图 1.8　感性交流电路中的电流过零和暂态恢复电压

- TRV 的峰值可能非常高。在测试中及标准中，阻尼由幅值系数 k_{af} 表示，它定义为暂态峰值和稳态峰值之比。在图 1.8 中，稳态电压为工频电压。k_{af} 值的范围为 $1 < k_{af} \leqslant 2$。

由于电阻与频率紧密相关，给出 k_{af} 的表达式十分困难。由于集肤效应，只有电阻的表层才导电，导电层的厚度在高频时较薄，导致高频情况下电阻快速上升。

断路器从技术上必须满足：

* 承受电流过零前很高的热效应。
* 快速清除电流过零后的电弧残余物，以承受 TRV。在气体断路器和油断路器中，通过强迫气流流过电弧通道移走电离物质来的方式实现上述目的。在真空灭弧室中，金属蒸汽等离子体向低压力环境的自然扩散可以使触头间隙快速恢复。

在 13.1.1 节可以看到过去若干年对 TRV 的认识过程以及对其标准化的描述。

发生短路的电路大多数是感性的。在此情况下电流主要是受到感抗（$X = \omega L$）而不是电阻 R 的限制。换句话说，$R \ll \omega L$。这使得短路电流滞后于电压大约 90°。在 50Hz 电路中已将这一比例标准化：$X/R = 14.14$，即电流滞后于电压的相角是 85.9°（电角度）。在中压电缆网络中这一滞后相角要小一些，从 TRV 角度看开断要轻松一些。

1.6.2 暂态恢复电压的负载侧和电源侧分量

在实际网络中对 TRV 波形产生影响的元件很多，远比上例中仅考虑单频 LC 元件的电路复杂。从而 TRV 波形通常包括多频分量，对其峰值和 RRRV 产生影响。

例如，距离断路器有一定距离的地方发生故障，图 1.9 示出简化的单相等效电路。它由独立的两个 LC 电路组成，电源侧为 C_S 和 L_S，负载边为

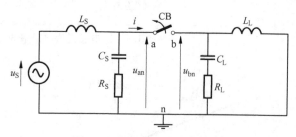

图 1.9　多频 TRV 的等效电路

C_L 和 L_L。其故障电流值小于出线端故障电流，这是由于存在负载阻抗的缘故。当开断故障电流后，这两部分电路完全断开，没有电的相互作用。

因为这两个 LC 电路的暂态过程是相互独立的，所以易于理解和掌握 TRV 的初始、中间和最后的状况：

* 初始状况（电流零点）：

两个回路的暂态过程起始于相同电压水平：

$$u_{an}(0) = u_{bn}(0) = \frac{L_L}{L_S + L_L} \hat{U} \tag{1.11}$$

这是电流零点时刻的对地电压；在简单电路情况下就是电容 C_S 和 C_L 上的电压，它们在电流零点时被充电到相同的电压。

* 从电流零点开始的振荡阶段到暂态过程衰减完毕仅有工频恢复电压为止：

电源侧 TRV 分量 u_{an} 的幅值为

$$u_{0,S} = \hat{U} - u_{an}(0) = \frac{L_S}{L_S + L_L} \hat{U}, \text{ 频率} f_S = \frac{1}{2\pi} \cdot \frac{1}{\sqrt{L_S C_S}} \tag{1.12}$$

负载侧 TRV 分量 u_{bn} 的幅值为

$$u_{0,\mathrm{L}} = u_{\mathrm{bn}}(0) = \frac{L_{\mathrm{L}}}{L_{\mathrm{S}} + L_{\mathrm{L}}} \hat{U}, \quad 频率 f_{\mathrm{L}} = \frac{1}{2\pi} \cdot \frac{1}{\sqrt{L_{\mathrm{L}} C_{\mathrm{L}}}} \tag{1.13}$$

• 暂态分量衰减完毕的最终状况：

电源侧 TRV 分量 $u_{\mathrm{an}}(t)$ 从初始电压 $u_{\mathrm{an}}(0)$ 振荡到电源的工频电压 $\hat{U}\cos(\omega t)$，由于 $1/(\omega C_{\mathrm{S}}) > \omega L_{\mathrm{S}}$，电容上的电压降可以忽略。

负载侧 TRV 分量 $u_{\mathrm{bn}}(t)$ 从初始电压 $u_{\mathrm{bn}}(0)$ 振荡到零（在不存在电源或存储电荷的元器件时）。

记住上述简单和清晰的规则，有助于理解各种情况下的 TRV。

在实际情况下，电源侧和负载侧 TRV 分量的频率要比工频高得多，因此在处理暂态分量时可以与工频电压独立开来。

在实际情况下，当电路的功率因数接近零时，TRV 的方程可以表示为

$$u_{\mathrm{ab}}(t) = \hat{U}\left[\cos(\omega t) - \frac{L_{\mathrm{S}}}{L_{\mathrm{S}} + L_{\mathrm{L}}} \exp(-\beta_{\mathrm{S}} t)\cos(\omega_{0\mathrm{S}} t) - \frac{L_{\mathrm{L}}}{L_{\mathrm{S}} + L_{\mathrm{L}}} \exp(-\beta_{\mathrm{L}} t)\cos(\omega_{0\mathrm{L}} t) \right]$$
$$\tag{1.14}$$

式中，$\omega_{0\mathrm{S}} = 2\pi f_{\mathrm{S}}$ 及 $\omega_{0\mathrm{L}} = 2\pi f_{\mathrm{L}}$ 分别是电源侧和负载侧电路的角频率；β_{S} 和 β_{L} 分别为电源侧和负载侧电路的阻尼：

$$\beta_{\mathrm{S}} = \frac{R_{\mathrm{S}}}{2L_{\mathrm{S}}} \quad \beta_{\mathrm{L}} = \frac{R_{\mathrm{L}}}{2L_{\mathrm{L}}} \tag{1.15}$$

关于 TRV 方程的规范的数学推导见 5.1.3 节。

由于存在两个频率，这样就出现了第一个局部最大值 u_1 和一个全局最大值 u_{c}。TRV 的双频特性的影响体现在两个方面：

• 与单频 TRV 相比 u_{c} 的幅值有所降低，这是由于每个振荡的幅值都比 $\hat{U}$ 小的缘故；

• 由于 TRV 的第二个分量有较高的频率，因此恢复电压上升率（RRRV）会增加。

图 1.10 示出了负载侧与电源侧的暂态过程，其负载侧阻抗与电源侧阻抗不同（$L_{\mathrm{S}} = 0.5L_{\mathrm{L}}$）。TRV 由两个暂态过程共同组成。可以看出，恢复电压上升率（RRRV）由 TRV 中频率最高的分量决定（此例中是电源侧分量）。TRV 的峰值一般由振荡幅值最大的分量决定（此例中是负载侧分量，见图 1.9）。通常这是电路中经历最大电压降的部分。

由第 3 章和第 4 章的详细描述可清楚地了解故障电流开断和负载电流开断的区别：

1）在故障电流开断时，被开断的电流主要由电源侧阻抗决定：$X_{\mathrm{S}} \gg X_{\mathrm{L}}$，如图 1.11 所示。从而 TRV 幅值主要由电源侧电路贡献（$u_{0,\mathrm{s}} \gg u_{0,\mathrm{L}}$）。

2）在负载电流开断时，很显然电流是由负载侧阻抗决定的，有 $X_{\mathrm{S}} \ll X_{\mathrm{L}}$ 和 $u_{0,\mathrm{s}} \ll u_{0,\mathrm{L}}$，因此 TRV 的波形由负载侧的振荡来主导，如图 1.12 所示。

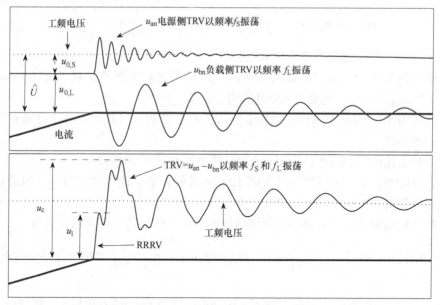

图 1.10　双频 TRV 包括电源侧分量和负载侧分量

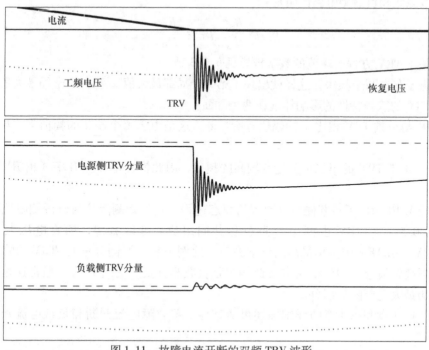

图 1.11　故障电流开断的双频 TRV 波形,
故障电流主要由电源侧阻抗决定（$X_L = 0.1X_S$，$C_L = 300nF$）

很明显，TRV 的分量来源于电路的不同部分，需要分别予以考虑。

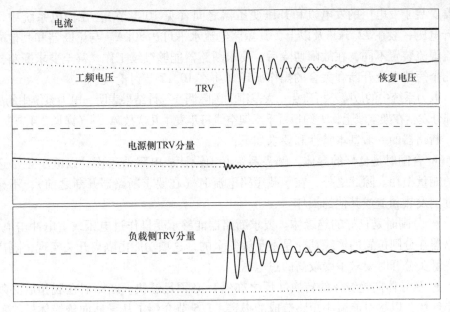

图 1.12 负载电流开断的双频 TRV 波形，
负载电流主要由负载侧阻抗决定（$X_L = 10X_S$，$C_L = 30\text{nF}$）

1.7 开关设备

开关设备是设计用来关合或开断一个或多个电路中电流的设备。依据特定开断任务的不同，可以定义许多种类的开关设备，大部分在本书中都会涉及。

与二次设备一起，开关设备被称作开关装置，"它是一个通用术语，覆盖了开关设备以及与之相组合的控制、测量、保护和调节装置，相关装置的组合以及有关的相互连接、附件、包覆物、支撑结构等，原则上用于电能的产生、传输、分配和转换中的电气连接"（IEC 定义[9]）。

最广泛应用的开关设备是负荷开关，它定义为："一种机械开关设备，能够关合、承载和开断正常电路及规定的过载条件下的电流，也能在规定时间内承载规定的异常电流，如短路电流。注：负荷开关能够关合但不能开断短路电流"（IEC 定义[9]）。

断路器是电力系统中不可或缺的开关设备。它的主要任务是开断故障电流将系统中的故障部分隔离。除了开断短路电流以外，断路器还必须能够在系统电压下开断各种电流，例如容性电流、小电感电流和负载电流等。它们被定义为："一种机械开关设备，能够关合、承载和开断正常电路条件下的电流，也能在规定时间内关合、承载和开断规定的异常电流，如短路电流"（IEC 定义[9]）。

断路器是唯一能够在电力系统中开断短路电流的开关设备，断路器的短路电流开断水平已经做到很高[10-16,21]。目前在 72.5kV 以下的配电系统中，正常应用中的短路电流水平可达 63kA，在发电机保护中短路电流水平可达 300kA；发电机断路器安装于发电厂的发电机和升压变压器之间（见10.1节）。在输电系统中，其运行电压一般在72.5kV及以上，其短路电流水平可达80kA。与熔断器和其他故障电流限流装置不同，在故障切除后，要求断路器能够继续工作，甚至要求断路器完成几个短路电流开断和关合的操作循环（将在10.12节讨论）。

电力系统中的故障不可避免，大范围的国际调查统计结果表明，电力系统中的故障大部分发生在架空线上，大约每百千米架空线每年发生几次故障[17]（详见2.4节）。

断路器的一般基本特性和要求如下：

● 合闸时是良好的导体。触头系统必须设计成电阻值很小，以减小正常运行时的能量损耗。除此之外，在承载短路电流时（在要求断路器开断之前），不允许有过度发热和造成其他的损坏。

● 分闸时是良好的绝缘体。要求断路器能够承受操作过电压或雷电冲击电压。断路器在分闸位置的绝缘功能是不足够安全的，这项功能由隔离开关实现，隔离开关在触头分开时要求承受较高的过电压。

● 从导体向绝缘体的转换（反之亦然）必须足够快。断路器在脱扣后必须动作非常快，以尽可能减小短路造成的损害。1.5节介绍了从导体向绝缘体转换的一系列过程。

必须确保任何电流的开断（从很小的变压器励磁电流到很大的出线端短路电流）。此外，还需要能够关合电流（使线路带电）。在短路条件下关合操作并不简单，它可能损坏触头系统。

● 开合操作不应在系统中产生过大的暂态过程。灭弧室触头分开时产生的电弧能够将负载中的能量释放回电源（见1.5节）。

● 断路器应当能够经常开合而没有太多磨损。电弧是很强的热源，有可能损坏灭弧室内部部件。它会引起触头的材料损失（电磨损），以及炽热气体导流部件（气体断路器中的喷口）的材料损耗。断路器承受多次燃弧的能力称作电寿命，参见12.2节。一般来说，电流越大，电磨损就越严重。

● 断路器即使长时间不动作，以及在各种气候条件下，都必须能够立即动作。

● 断路器必须能够执行多次不带电的分合操作，这一能力被称作机械寿命，参见12.2节。这需要断路器的机械部件具有很高的可靠性。从国际调查得出的结论表明，这一要求十分必要：断路器中大多数重失效和轻失效来自于机械方面，而不是来自电气方面，参见12.1.3节[18]。

尽管真正的高压断路器从来没有实现从良导体向绝缘体的瞬时转换，但是电流开断瞬间其触头间隙的电导率在很短的时间间隔内（$10^{-5} \sim 10^{-6}$s）可以下降13～15个数量级。目前除了半导体，已知的能够如此之快地改变电导率的介质仅有电弧等离子体，而其温度变化只需1～2个数量级。

从开断电流和额定电压角度来说技术要求最高的应属高压输电等级断路器，它们必须能够：

- （不超过部件的温度限制要求）承载高达 4kA 的额定电流，系统处于最高电压等级时额定电流可能会更大。核电站中的发电机断路器额定电流甚至高达 40kA。
- 能够承受（长达 3s）的短时大电流 $I_k \leq 100kA$，峰值耐受电流高达 $I_p \leq 250kA$。
- 为了满足系统稳定性的要求，在高达 1200kV 的额定电压情况下必须在最多几个周波时间开断从几安培到 80 ~ 100kA 的短路电流。

断路器经常放置在户外变电站中，暴露在各种气候条件下，从热带高温地区极度潮湿到极地严寒地区温度低至 − 55℃。它们还可能放置于极度污染的环境。高压断路器还要求要能承受地震冲击。在电网中发生短路的情况下，断路器是电力系统保护链中最后的一环，也是唯一的执行器件。因此，为了系统的可靠性，它们必须完成严酷的任务。

与电网中其他元器件不同，断路器有效地控制着电网中的潮流，因此，它必须承受因其动作而产生的电（和机械）应力。

需要用一系列的试验来证明这些需求都能得以满足，这些需求是在电力工业中确定的并且在使用中要求的。这些针对断路器进行功能验证的试验都收集在 IEC 62271 − 100[19] 和 IEEE C37 − 09[20] 中 （见第 13 章）。

1.8　断路器的分类

断路器有很多分类方法，如电压等级、安装方式、设计结构、熄弧原理和灭弧介质等。

断路器的基本分类基于电压水平。依据这一判据，IEC 标准将断路器分为两类：

- 低压断路器，额定电压小于 1000V；
- 高压断路器，额定电压大于等于 1000V。

这一分类方法目前被 IEC 和 IEEE/ANSI 标准共同采用。

除此之外，虽然标准中没有规定，但是通常还使用如下术语：中压——电压范围为 1 ~ 52kV，超高压——电压范围为 245 ~ 800kV，以及特高压——电压范围为 800kV 以上。

高压断路器可设计为户内安装和户外安装。户内断路器仅能够用于建筑物内或对气候有防护的容器内部。中压户内断路器常常设计为用于铠装式开关柜。户内断路器和户外断路器的主要差别在于其外部的包覆物及其所使用的材料，如图 1.13 所示。在许多情况下，户内断路器和户外断路器所使用的灭弧室和操动机构是相同的。从而它们具有相同或者非常相似的开合能力。

依据设计结构（见图 1.14），户外断路器分为两种类型：落地罐式断路器和瓷柱式断路器。

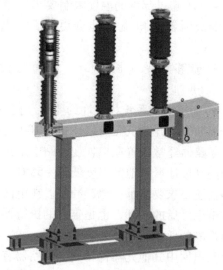

a)

b)

图 1.13　真空断路器：a）24kV 户内真空断路器（伊顿电气公司）；

b）72.5kV 瓷柱式真空断路器（西门子 AG 公司）

a)

b)

图 1.14　a）KEMA 试验室中的 550kV 落地罐式单断口断路器（日立公司）；

b）超高压 - 特高压四断口瓷柱式断路器（阿尔斯通电网公司）

相对于瓷柱式断路器，落地罐式断路器具有如下优点：

- 重心较低，抗震能力强；
- 可安装多个互感器，互感器可以安装在低电位侧，并且可置于断路器的进线端或出线端；
- 工厂装配和调试后即可运输。

瓷柱式断路器的灭弧室处于高电位。相对于落地罐式断路器，瓷柱式断路器具有如下优点：

- 价格低廉，但是不便于安装电流互感器；
- 由于灭弧室处于高电位，因此技术复杂性降低；
- 安装空间尺寸较小；
- 所需的绝缘介质（油或气体）相对较少。

另一个重要的断路器分类方法是依据绝缘和灭弧介质。断路器的技术进步显著依赖于新介质的出现。

在电力发展的早期使用油和空气介质，它们在 20 世纪前半叶占据主流地位。在此期间开发出非常可靠的设计，有些至今还在使用。直到 20 世纪 80 年代它们还在被制造，但从那时起它们逐渐让位于真空断路器和 SF_6 断路器。

真空开关和 SF_6 开关差不多同时在 20 世纪后半叶出现。今天，真空开关和 SF_6 开关分别在中压领域和高压领域占据绝对主导地位。正因为如此，本书集中讨论这两项技术，当今所有输配电系统电力开关产品都基于这两项技术。

图 1.15 提供了各种曾经用过以及正在使用的电力开关介质和原理的概貌。

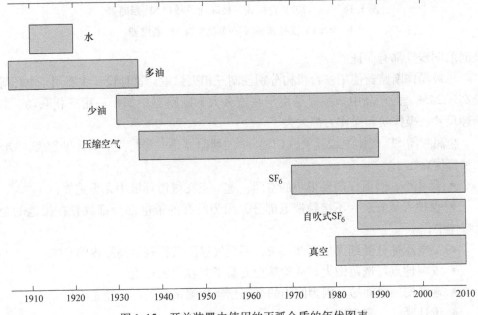

图 1.15　开关装置中使用的灭弧介质的年代图表

高压断路器也可以按照它们的操作方式分类，可分为三极联动断路器和单极操作断路器，如图 1.16 所示。

三极联动断路器的全部三相灭弧室由一个操动机构同时进行操作。这种设计主导着从中压到额定电压 245kV 电压等级的产品。在这些电压等级较低的产品中采用三极联动操作主要是价格原因，它仅需要一台操动机构就可以操作三极。在这些电压等级中，只有在输电线路需要进行单相自动重合闸操作时才使用单极操作断路器。由于三极联动时在机械上是同步操作的，这种断路器无论在合闸还是分闸时各

a)   b)

图 1.16   a）170kV 瓷柱式三极联动单断口 SF$_6$断路器；

b）420kV 瓷柱式单极操作双断口 SF$_6$断路器

极间的同步性都有保证。

单极操作断路器使用三台机构分别控制三相灭弧室。这种设计主要用于电压等级高于 245kV 的产品中，主要是由于在这么大的断路器中如果采用三相联动，其物理尺寸、操作功和操作力都太大了。

金属封闭 SF$_6$气体绝缘开关（GIS）中的断路器是一类特别的高压断路器。GIS 的独特优点在于：

- 尺寸小，因而仅需要很小的空间，这一点在城市环境中尤为重要；
- 保护人员安全，不接触带电部分，因为所有的带电部分都放置在接地的金属罐体中；
- 高电压部分受到保护不被污染，不受气候因素特别是高海拔的影响；
- 安装地点可选范围大，从美学角度易于兼容周围环境；
- 现场安装时间短，因为间隔的全部预制和测试在工厂已经完成；
- 设计紧凑，实现模块化。

GIS 断路器主要采用两种封闭方式：三相共箱和单相共箱（见图 1.17）。

在 170kV 电压等级以上几乎全是单相共箱结构，否则外壳的尺寸会变得太大。在 170kV 电压以下，与单相共箱结构相比，三相共箱结构的优势在于：

- 外壳数量减少到 1/3；
- 间隔的宽度和占地面积显著减小；
- 三相共箱 GIS 在外壳上产生的涡流相互抵消，因此外壳上的电损耗可忽略不计；
- 较大的空间使得 GIS 发生内部故障时气体压力增长较慢；

a)　　　　　　　　　　　　　　　b)

图 1.17　a）123kV 三相共箱 GIS 中的 SF$_6$ 断路器；b）123kV 单相共箱 GIS 中的 SF$_6$ 断路器

- 当发生内部故障时，外壳烧穿的可能性较小，因为相对地故障一般会在几十毫秒内转为相间短路故障；
- 由于气体空间和部件数量的减少，气体泄漏的可能性也减小。

参 考 文 献

[1] van der Sluis, L. and Schavemaker, P. (2001) *Electrical Power Systems Essentials*, John Wiley & Sons Ltd, Chichester, England, ISBN 978-0470-51027-8.

[2] Grainger, J.J. and Stevenson, W.D. Jr. (1994) *Power System Analysis*, Chapters 4, and 5, McGraw-Hill, New York, ISBN 0-07-061293-5.

[3] Duncan, J.D. (1993) *Power System Analysis and Design*, PWS Publishing Co., Boston, ISBN 0-53493-960-0.

[4] El-Hawary, M. (1995) *Electrical Power Systems*, IEEE Power System Engineering Series, IEEE, ISBN 0-7803-1140-X.

[5] Bewley, L.V. (1963) *Travelling Waves on Transmission Systems*, 2nd edn, Chapters 1–4, Dover Publications, Mineola, New York.

[6] Rüdenberg, R. (1962) *Elektrische Wanderwellen*, 4th edn, Parts I, II, IV, Chapters 1, 6, and 17, Springer-Verlag, Berlin.

[7] Rüdenberg, R. (1968) *Electrical Shock Waves in Power Systems*, Parts I, II, and IV, Chapters 1, 6, and 17, Harvard University Press, Cambridge, Massachusetts.

[8] IEEE Std C37.04-1999 (1999) IEEE Standard Rating Structure for AC High-Voltage Circuit Breakers.

[9] IEC 60050-441 (1984) International Electrotechnical Vocabulary – Chapter 441: Switchgear, controlgear and fuses.

[10] Browne, T.E. Jr. (1984) *Circuit Interruption*, Chapter 3, Marcel Dekker, New York, ISBN 0-824771-77-X.

[11] Garzon, R.D. (1997) *High-Voltage Circuit-Breakers*, Chapter 3, Marcel Dekker, New York, ISBN 0-8247442-76.

[12] Nakanishi, K. (ed.) (1991) *Switching Phenomena in High-Voltage Circuit-Breakers*, Marcel Dekker, New York, ISBN 0-8247-8543-6.

[13] Ragaller, K. (1977) *Current Interruption in High-Voltage Networks*, Plenum Press, ISBN 0-306-40007-3.

[14] Flurscheim, C.H. (ed.) (1975) *Power Circuit-Breakers*, Peter Peregrinus Ltd., ISBN 0-901233-62-X.

[15] Jones, G.R., Seeger, M. and Spencer, J.W. (2013) Chapter: Gas-filled interrupters - fundamentals, in *High-Voltage Engineering and Testing*, 3rd edn (ed. H.M. Ryan), IET, Stevenage, UK, ISBN 978-1-84919-263-7.

[16] Blower, E.A. (ed.) (1986) *Distribution Switchgear*, Collins, London, ISBN 0-00-383126-4.

[17] CIGRE Working Group 13.08 (2000) Life Management of Circuit-Breakers, Technical Brochure 165.

[18] CIGRE Working Group A3.06 (2012) Final Report of 2004-2007 International Enquiry on Reliability of High Voltage Equipment, Part 2 – Reliability of High Voltage SF$_6$ Circuit-Breakers, Technical Brochure 510.

[19] IEC 62271-100 (2012) High-voltage switchgear and controlgear – Part 100: Alternating-current circuit-breakers, Ed. 2.1.

[20] IEEE C37.09 (1999) IEEE Standard Test Procedure for AC High-Voltage Circuit-Breakers Rated on a Symmetrical Current Basis.

[21] Kapetanović, M. (2011) *High Voltage Circuit-Breakers*, ETF – Faculty of Electrotechnical Engineering, Sarajevo, ISBN 978-9958-629-39-6.

第 2 章

电力系统中的故障

2.1 简介

现代社会对电力的依赖不断增强，消费者需要价格合理、安全可靠、品质优良的电力供应。电力系统从设计和维护的角度会尽可能减少故障的发生。

在正常的运行条件下，当负载、电压和电流平衡时，三相电力系统可以按照单相来处理。在实际情况中，用单相集中参数电路就可以很好地计算三相电力系统。

故障使得电力系统进入非正常状态。由于短路故障会引起开关动作，易于引起暂态过电压，因而特别值得关注。其原因在于，无论是短路故障引起的大电流还是操作过电压都会导致系统中的设备承受考验。

架空线与接地的物体直接接触可导致线路接地故障，如架空线接触到树木、掉落的树枝、吊车碰到架空线上等原因。另外，绝缘不够也能导致短路，如系统中元器件的绝缘发生故障、山火使空气电离致使绝缘裕度不够，以及绝缘子被污染等引起短路等。还有在维护及修理时人为失误、错误地操作开关等也会引起短路。

然而，最主要的故障类型是雷击故障[1]，当雷电击中架空线上面的避雷线或杆塔时，因感应电压引起系统局部电位升高，导致线路绝缘子发生闪络。大多数输电线的故障为单相接地故障（见 2.4.1 节）。

相间故障可能由大风吹动覆冰的导线擦碰在一起，或者由于导线断裂后搭在下面的导体上而引起。两相接地短路的原因与单相接地短路的原因相近，但发生的概率很低。当三相导体相互接触或同时接地时发生三相短路故障，虽然三相短路发生的概率很低，但故障对系统和元器件都会产生严重的后果。

在一个对称系统中，对称三相短路故障的短路和暂态仍可用单相进行分析，然而，在大多故障情况下电力系统是非对称的。

对称分量法中的序网图法分析非对称三相电力系统非常简便，这是由于在很多情况下物理系统中非平衡部分可以单独考虑，而系统的其余部分可以被看作是平衡的[2]。例如，非平衡负载及故障就属于这种情况。在此情况下，非平衡点的电压、电流等各序对称分量可绘制在序网图中并进行求解。事实上，它们取的是平衡系统在非平衡点（故障点）处的各序对称分量。

因为短路电流对电缆、架空线、母线排和变压器等元器件可能造成损害，所以需要安装保护装置来清除短路故障。

电压互感器和电流互感器为继电保护装置提供运行中的电压和电流数据。继电保护装置处理这些数据，根据整定值来判断是否需要操作断路器将故障部分或元器件隔离出去。

传统的继电保护装置采用电磁式继电器，它们由电、磁和机械部件构成。今天，数字式继电器已取代了电磁式继电器而得到了广泛使用，其优点在于：能够进行自诊断，可以在数据库中记录事件和扰动，可以在现代的变电站中与通信、测量和控制等集成在一起组成一个系统。

对于电力系统而言，可靠的保护是不可或缺的。当系统故障或非正常情况发生时（如：过电压/欠电压，频率过高或过低，过电流等），继电保护装置必须动作以隔离故障部分，使得电网其他部分能够正常工作。故障发生时继电保护装置必须足够灵敏，然而当系统工作处于最大出力状态时继电保护装置又要保持足够稳定，不能误动作。故障还有暂时性特点，例如在传输线上或附近发生雷击，当然不希望这样的暂时故障引起供电中断。

因而，继电保护装置和断路器通常具有自动重合闸功能。自动重合闸是指继电保护装置在检测到异常状况使断路器触头分开后，命令断路器直接重新关合，以检查异常状况是否仍然存在。如故障属于暂时性的，系统就会回到正常情况，从而不会终止供电。如果异常情况仍然存在，继电保护装置将命令断路器重新断开，这样或者可以清除故障，或者可以继续重合闸程序。在大多数情况下，会安装后备保护以提高继电保护装置的可靠性。

从经济角度看，如果在电网的某些部分安装继电保护装置和断路器成本较高时，配电系统会使用熔断器，见 10.12.2 节。熔断器集"基本功能"的电流互感器、继电器及断路器的功能于一体，是一种非常简单的过电流保护装置。熔体直接由所通过的电流加热，当电流超过一定值时熔体熔化，隔离了故障部分或元器件。当故障消除后，被隔离的部分重新送电前需要更换熔断器。

2.2　非对称电流

2.2.1　基本概念

故障电流产生于：

- 因外部原因或内部绝缘失效引起的短路；
- 开关关合故障系统，例如维护后接地连接没有去除。

从电气上讲两者是等效的，唯一的差别是后者在故障电流出现前，先出现负载电流。

电路关合出现的电流暂态过程中包含直流分量。图 2.1 所示为最简单但很有效的电路。图 2.1 为一个单相电路，其交流电源的幅值为 $\hat{U}$，角频率是 ω，电感为 L，

电阻为 R，该电路的数学表述式如下（推导见 5.1.2 节）。

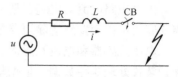

将时间零点（$t=0$）设为短路发生的瞬间，电源电压可以写作

$$u(t) = \hat{U}\cos(\omega t + \psi) \qquad (2.1)$$

图 2.1　产生短路电流的基本电路

式中，ψ 是发生短路时的电压关合相角。

当 $t=0$ 时，短路电流开始出现，其表达式为

$$i(t) = \hat{I}\left[\cos(\omega t + \psi - \phi) - \exp\left(-\frac{t}{\tau}\right)\cos(\psi - \phi)\right] \qquad (2.2)$$

其中

$$\hat{I} = \frac{\hat{U}}{\sqrt{R^2 + (\omega L)^2}}, \quad \tau = \frac{L}{R}, \quad \phi = \arctan\frac{\omega L}{R} = \arctan(\omega\tau) = \arctan\left(\frac{X}{R}\right)$$

$$(2.3)$$

故障电流中包含一个衰减的直流分量，由式（2.2）的右边第二项表示，其直流时间常数为 τ。在暂态特性研究中，经常使用 X/R（这里 $X = \omega L$）代替直流时间常数。这样做的优点是 X/R 已经把工频 $f = \omega/2\pi$ 包含在内。

取决于短路电流的起始时刻（相对于电压波形），有两种极端情况：

1. 短路发生于电压为零时刻（$\psi = \pi/2$）

在这种情况下，直流分量为最大值，使得非对称电流峰值很大。高压断路器标准中规定直流时间常数 $\tau = 45\text{ms}$，在 50Hz 情况下对应于非对称电流峰值 $2.55 I_{sc}$（I_{sc} 为短路电流有效值）。在 60Hz 情况下，非对称电流峰值达到 $2.59 I_{sc}$，这是由于第一个电流峰值来得比 50Hz 情况更早，此时直流分量的瞬时值更大。

非对称电流峰值系数 F_s 定义为

$$F_s = \frac{\max(|i(t)|)}{I_{sc}} \qquad (2.4)$$

在 $t=0$ 时直流分量最大可达到 1.0p.u.（$1\text{p.u.} = I_{sc}\sqrt{2}$）。这只有在电路为纯电感性且 $\psi = \phi$ 时才可能出现，实际电路中不会出现这样大的直流分量。

当这个非对称电流流过系统中的所有元器件时，其最显著的副作用是由于电流峰值很高而产生的电动力的影响。由于电动力与电流二次方成正比，因而非对称电流峰值系数对电动力的影响很大。在支撑件、隔离件、母线导管、变压器绕组等元器件的机械设计中一定要考虑最大非对称电流情况，见 2.3.1 节。在工程实践中短路发生于电压零点时刻这种情况较少出现，因为大部分故障是由于绝缘破坏或闪络引起的，所以短路大多发生于电压峰值时刻。

2. 短路发生于电压峰值时刻（$\psi \approx 0$）

在这种情况下，直流分量为零，电流立即进入稳态，即所谓的对称电流。电流

的完全对称条件不是在电压峰值，而是当 $\psi = \pi/2 - \phi$ 时刻。

上述两种极端情况如图 2.2 所示。

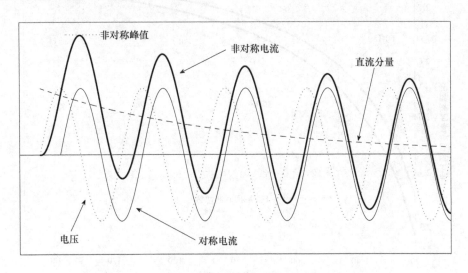

图 2.2　在单相情况下因直流分量导致产生对称电流（短路发生于电压峰值时刻）和
非对称电流（短路发生于电压为零时刻）

由以上所述，非对称电流峰值系数是直流时间常数和频率的函数。直流时间常数直接与电流和电压间的相角 ϕ 有关，由 $\tau = (1/\omega)\tan\phi$ 给出。

一般来说，F_s 是 $\omega\tau$ 的函数。其表达式有很多，其中之一精度达到 0.5%[3]，为

$$F_s = \sqrt{2}\Big[1 + \sin(\phi)\exp\Big\{-\Big(\frac{\pi}{2}+\phi\Big)\frac{1}{\tan(\phi)}\Big\}\Big] \tag{2.5}$$

式中，ϕ 由式（2.3）给出。

图 2.3 给出了在 50Hz 和 60Hz 电路中非对称电流峰值系数 F_s 和直流时间常数 τ 的关系。

图 2.4 给出了 F_s 和 X/R 比值的函数关系。当 $X/R = 14.13$ 时对应于频率 $f = 50$Hz 时 $\tau = 45$ms 的情况。

2.2.2　直流时间常数

虽然在 IEC 标准中直流时间常数规定为 $\tau = 45$ms[4]，但是在实际系统中直流时间常数处于很宽的一个范围，与元器件种类相关。表 2.1 给出了系统中典型元器件的直流时间常数值[5,6]。

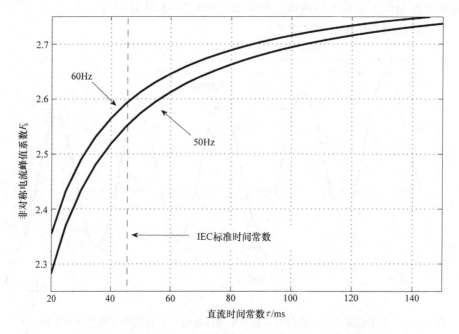

图 2.3　在 50Hz 和 60Hz 情况下非对称电流峰值系数 F_s 与直流时间常数 τ 的关系

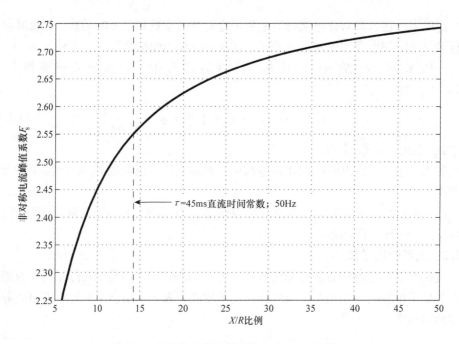

图 2.4　非对称电流峰值系数 F_s 与 X/R 的关系

表 2.1　各种系统元器件的直流时间常数（ms）指导值

元器件	视在功率 S			
	1MVA	10MVA	100MVA	1000MVA
架空线	$U_r < 72.5$	$72.5 < U_r < 420$	$420 < U_r < 525$	$U_r > 525$
额定电压 U_r/kV	$\tau < 20$	$15 < \tau < 45$	$35 < \tau < 53$	$58 < \tau < 120$
发电机	$60 < \tau < 120$	$200 < \tau < 600$	$200 < \tau < 600$	$300 < \tau < 500$
变压器	$20 < \tau < 40$	$50 < \tau < 150$	$80 < \tau < 300$	$200 < \tau < 400$

直流时间常数由于以下原因而增加，部分是由于经济上的考虑[4]：

• 网络中引入分布式发电系统。从而发电机的（次）暂态时间常数数值很大，对直流时间常数造成显著影响。

• 采用铜损较小的低损耗变压器，导致电阻降低。

• 安装具有高短路阻抗的电力变压器以减少系统中标准电压等级数量，其代价是提高变压器电压等级间的转换容量以减少电压降。

• 电力传输线采用更大截面积的导体及更多的分裂导线，以增大现有线路的传输能力。超高压(UHV)大于 800kV 传输线的直流时间常数大于 100ms。

• 增加无功分量（串联电抗器）以限制短路电流，这经常作为一种推迟投资更高开断容量断路器的措施。

非对称电流峰值的增加导致 IEC 断路器标准中引入了对常规时间常数 $\tau = 45$ms 的修正[6]，它取决于额定电压 U_r：

• $\tau = 120$ms（$U_r \leqslant 52$kV），通常以变压器为主的网络；

• $\tau = 60$ms（72.5kV $\leqslant U_r \leqslant 420$kV）；

• $\tau = 75$ms（550kV $\leqslant U_r \leqslant 800$kV）；

• $\tau = 120$ms（$U_r > 800$kV）。

在 IEEE 标准 C37.09[7] 中，也是优先推荐 $\tau = 45$ms，但由系统用户提出的其他数值也被接受。

过去直流时间常数 45ms 被认为对所有情况都足够了。虽然现今已经不再如此，但是所有的试验都基于 $\tau = 45$ms。现在从试验角度有很多尝试使断路器承受更大的时间常数[8,9]。

2.2.3　三相系统中的非对称电流

在三相系统中，三相同时关合产生的非对称电流峰值与单相情况相同，当频率为 50Hz、$\tau = 45$ms 时，其峰值为 $2.55I_{sc}$。此峰值只发生在其中一相上，如图 1.3 中最下面的一相所示。

在三相断路器各极关合有时延的情况下，有可能产生更大的非对称电流峰值[10]。

在中性点非有效接地的系统中，一极的延迟关合会引起非对称电流峰值在 $\tau =$

45ms 时接近 $F_s = 3$。对于工频下的纯电感电路或者说对于直流时间常数无限大的电路，理论上的最大值为 $F_s = 3.34$。

在中性点非有效接地系统中，第一极关合时不产生工频电流，开关极间的延迟事实上就是第二极关合和第三极关合之间的延迟。图 2.5 所示为 50Hz 系统中开关关合极间延迟对非对称电流峰值系数的影响。

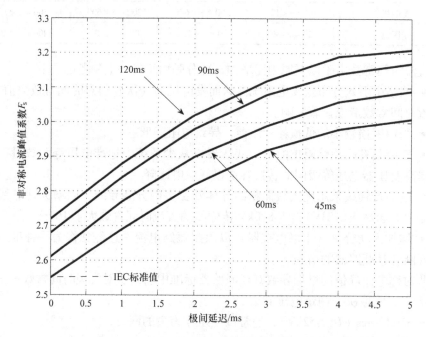

图 2.5　50Hz 中性点非有效接地系统中非对称电流峰值系数 F_s 与开关关合极间延迟的关系

请注意 IEC 标准允许开关在关合操作时极间延迟长达四分之一工频周波[4]。因此可能发生这种情况，虽然以为断路器用 $F_s = 2.55$ 进行试验，但是由于开关的极间延迟使其实际上增加到一个很大的值。

上述情形的最差情况如下：当关合第二极时，第一极和第二极的相间电压为零，四分之一周波后关合第三极。图 2.6 描述了这种情况。

实际的 F_s 值取决于系统的接地方式。

试验站利用这一点产生"极端非对称"电流。由于直流分量可能超过交流分量，它能够在一定时间范围产生电流失零。图 2.7 给出了一个示例，将开关关合的最大极间延迟与大时间常数（这里 $\tau = 133$ms）组合造成电流失零。当直流时间常数越大时，发生电流失零现象的可能性就越大。

电流失零或者电流延迟过零在发电机源故障电流[11]（见 10.1.2 节）以及长线串补[12]情况下可能发生。电流失零造成的首要问题不是产生了非常大的非对称电流峰值，而是断路器在很长的燃弧时间内由于没有电流过零点而无法开断。

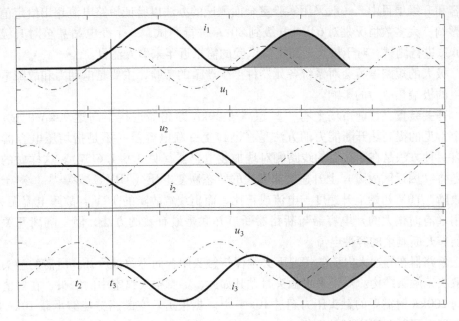

图 2.6 三相短路电流的最大非对称情况。时间 t_2、t_3 分别是第二极和第三极关合的时刻，第一极在 t_2 之前关合

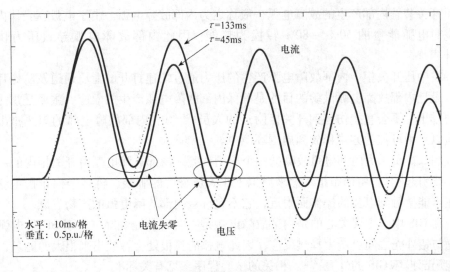

图 2.7 电流失零

2.3 短路电流对系统和元器件的影响

在世界范围内，短路电流增长导致了现有装备承受能力的问题[13]。在变电站

扩容和升级项目中，一般采用实验室全面测试的办法以验证短路电流超出给定值后的影响。大多数情况是对 63kA 升级到 80kA 进行测试，一个变电站甚至对升级至 100kA 进行测试。对于极大短路电流试验的需求近年来引人注目。

极大的短路电流会对系统各元器件产生严重的考验，主要是电动力和故障电弧产生的极端热应力的影响。

开关装置： 目前市场上有一些超高压 80kA 断路器进行了高达 90kA 的试验。一个常见的提高热开断能力的方法是在断口上并联电容器（不是指均压电容器）。还有一种方法是在断路器的线路侧对地加装电容器（见 3.6.1.6 节）。这样做的目的是将（因近区故障）上升速度非常快的暂态恢复电压（TRV）减缓[14]。对于近区故障，TRV 初始上升速度与电流成正比，而出线端故障的 TRV 与故障电流无关。采用（有时很大的）电容器与断路器断口并联是最有效的方法，但是隔离开关必须能够开断剩余的容性电流。

断路器在导通大电流的情况下必须保持触头闭合而不致被斥开。所需的触头压力取决于触头结构。对于平板触头时尤其如此，如真空灭弧室中的触头。在峰值电流为 200kA 时需要的触头压力超过 10kN[15]。据报道真空断路器能够承载 10kA 额定电流，开断电流达 100kA[16]。

发电机断路器具有最大的短电流开断能力（见 10.1 节），它能够开断超过 200kA 的电流[17]。

开关装置内部产生的故障电弧一般称之为内部故障电弧。由于电弧在壳体内部燃烧时电弧能量的 50% ~ 80% 转换为热能，因此内部故障电弧导致压力快速上升[18]。

在中压开关柜中内部故障电弧产生的压力通过快速打开的泄压通道及防爆片释放。设计内部故障电弧试验的目的是确保内部故障电弧产生的效应，主要是炽热气体的排出，不会直接伤害到开关柜附近的人员[19,20]。内部故障电弧的炽热排出物必须以一种可控的方式释放到周围环境中。

图 2.8 所示为内部电弧故障的一个典型试验。内部故障电弧由开关柜内的一根细导线引起[21]。用棉布指示盒来模拟工作人员身着的服装，将多个棉布指示盒放置在可能接触到电弧的操作面附近，它不允许被内部故障电弧的产物点燃。

在 GIS 中，主要关心的是内部故障电弧是否会将外壳烧穿。由于 SF_6 的电弧分解物与铝外壳之间可产生释热反应，因此电弧的弧根处会释放出来很大的能量，这可能局部损坏 GIS 的外壳[21]。相关的试验程序参见有关标准[22]。

隔离开关： 在通过最大短路电流时隔离开关的触头也必须保持闭合。在试验中这一点通过最大非对称电流峰值来验证，典型的通电时间是 0.2s。短时耐受电流试验的标准时间是 1s，这一点在标准 IEC 6227 - 102 中进行了规定[23]。

在非常大的电动力作用下，触头一般会相互斥开。采用特殊设计的触头结构可在电动力的作用下闭合得更紧，但是其结构设计必须保证电动力产生的吸引不致产

图2.8　内部故障电弧试验

生永久变形，特别是对于受电弓式隔离开关。在单相情况下电动力与电流瞬时值的二次方成正比，在动稳定试验中应正确体现非对称电流的峰值。

触头必须避免被斥开而产生燃弧，因为它会导致触头电阻增加甚至导致触头熔焊。热稳定性通过短时耐受电流试验进行验证。图2.9所示为隔离开关通过一个大短路电流的情形。由于右侧电流路径附加的杂散电感的影响，大部分电流通过了触头的左侧部分。

单相隔离开关在执行相关试验时应保证电气环境是三相的，目的是使得其电动力条件与变电站中的情形等价。

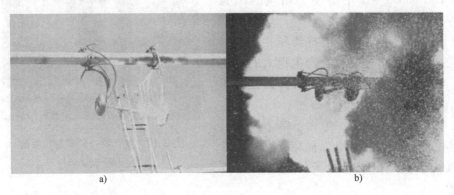

a)　　　　　　　　　　　　　　　　　　　　b)

图2.9　短路电流在隔离开关上产生的电动力：a）在额定短路电流下燃弧不明显；b）将电流的非对称性加大导致触头斥开产生强烈的燃弧（其结构设计与图a不同）

避雷器：当避雷器失效时，其故障电弧不允许导致避雷器外壳及本体发生爆炸。压力释放试验就是为此而设计的。故障由避雷器内部引起，引起的方式可采用细导线或由过电压产生。产品的设计应保证在故障的最初阶段故障电弧就要向外部释放，以防止本体产生爆炸[24]。从图2.10中可以看到这一过程。这是一个试验电流峰值为80kA的聚合物外套式避雷器的压力释放试验，图示为初始电弧的发展过程。

更严重的考验来自于串联电容器组放电电流叠加到工频故障电流的情况。曾经有避雷器做过在245kV电压下，工频故障电流为31.5kA，叠加了来自串补电容器

组的频率为 3kHz、峰值达 447kA 放电电流
的试验（见 10.5.1 节）[25]。

变压器与电抗器：变压器的故障电流
由变压器的短路阻抗决定，因此故障电流
要比前面所举的例子小得多。然而，在二
次侧有可能产生大电流。无论如何故障电
流都会对变压器绕组造成严重的影响，这
种影响是作用于绕组上的径向和轴向电动
力产生的[26,27]。根据过去 16 年来对 200
多台 25MVA 大型变压器短路试验结果的统
计，大约 25% 在短时耐受电流试验中失
败[28]。常见的故障模式是线匝及绕组变
形，变形主要由径向力引起。此外，在短
路电流的电动力作用下发生套管断裂以及
变压器油的喷射也经常见到。

IEC 60075 - 5 中描述了相应的试验
程序[29]。

线路滤波器、串联电抗器和并联电抗
器在通过短路电流时也会产生很大的电动
力，这主要是由于其结构一般为圆柱形而
且结构比较紧凑造成的。

输电线路绝缘子：绝缘子串不应被引
弧角之间燃炽的故障电弧损坏。有时故障
电弧的产生是由于绝缘子的背后闪络造
成的。

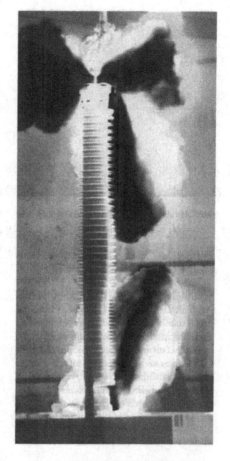

图 2.10 聚合物外套式避雷器的
压力释放试验

大容量燃弧试验的目的是要确定绝缘子串在周围电弧的热应力作用下保持结构
完好无损。试验中应适当地选择故障电流路径，使得由重力和电动力在导体上产生
的机械应力能够被模拟出来。图 2.11 所示为试验中观察到的情景，一个电流为
50kA 的电弧跨接在一个长绝缘子串上。当大容量燃弧试验的电流增加到 100kA[30]
时，绝缘子的表层损伤明显增加。合理地设计引弧角可以将电弧引起的磨损限制在
可接受的程度。实验表明，电弧喷射造成的绝缘材料磨损与电流的积分成正比。

在许多情况下可观察到，如图 2.11b 所示，电弧从引弧角蔓延到分裂导线上。
这样分裂导线将被损坏。自由燃炽的电弧会从其电源处出发到处游走，这是一种自
然现象，在 GIS 的内部电弧故障领域早已熟知[31]。

当一根载流导体通过电流 I，方向为沿导体方向的矢量 I，产生的感应磁场为
矢量 B，所产生的洛仑兹力为 F。如果是一根长直导线，产生的洛仑兹力为

$$F = I(l \times B) \tag{2.6}$$

在试验中导体受到洛仑兹力产生的运动如图 2.12 所示。在二根导体间有一根细导线，位于图中的左侧。试验中电源将大电流引入细导线引起其爆炸，产生的电弧从左边向右边移动。其特性如图所示，由图中可以看出故障电流回路试图将其面积扩大。因此，所产生的电弧总是沿着电动力的方向移动，与电源方向相反。

从另一角度说，载有故障电流的导线相互排斥，这是因为其电流方向相反。在电弧尚未到达的部分不存在斥力，因为这一段还没有电流通过。

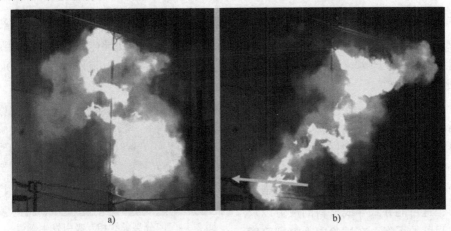

a)　　　　　　　　　　　　　　b)

图 2.11　对长绝缘子串所做的大容量燃弧试验

图 2.12　平行导线间电弧的移动

如果相邻导体中的电流方向相同，导线就相互吸引。图 2.13 所示为试验中四分裂导线通过电流时产生的吸引现象。

架空线组件： 架空线导线在通过短路电流时会剧烈摆动。分裂导线在故障电流下趋向于相互吸引，这会对支撑架产生很强的机械应力。在支撑架设计裕量不够或者当额定故障电流增容时，就可能发生支撑架脱落的情况，如图 2.13 所示。此外，

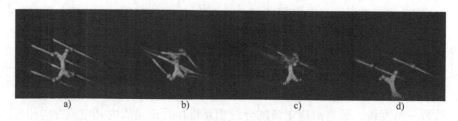

图 2.13　四分裂导线因相互吸引使支撑架脱落

由于架空线导体互相撞击，导体面向分裂导线（例如四分裂导线）中心线的部分会发生变形。在一个电流达 100kA 的架空线试验中，观察到导体发生了明显变形。试验中的导线为 190m 长的钢芯加强铝导线（ACSR），故障电流峰值达到 270kA，时间为 0.34s[30]。

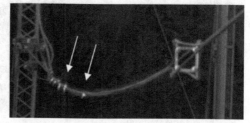

分裂导线在接触瞬间会发生熔化，然后非平衡电流将发生转移，这可能导致导体间产生电弧。图 2.14 所示就是这种情况，其峰值电流达 130kA。伴随着导线间的相互刷蹭以及导线的非弹性变形，这可能导致导线材料的疲劳以及抗拉强度的下降。在试验中观察到跨度

图 2.14　四分裂导线相互吸引发生燃弧

为 500～800m 的导线在 100kA 短路试验后其下垂幅度增加了 2m[30]。

在故障电流情况下导线跳线器和分裂导线支撑架的变形也应被考虑。短路实验中观察到 500kV 架空线的跳线器发生剧烈晃动以致和绝缘子串撞到一起。

母线排与导线：当短路电流的电动力超过母线排及支撑件的设计许用值时，会导致无法预计的结果[32]。在一次变电站实物模型试验中，其基本元器件包括母线排、支撑件和隔离开关等通过电流峰值达 80kA，结果因支撑件缺乏足够的机械强度而使母线排发生碰撞，如图 2.15 所示。

图 2.15　因短路电流电动力导致变电站母线排的倒塌（FGH 工程与测试公司）

在极大短路电流下电流变化率 di/dt 很高，这可能在变电站内感应出涡流电流，而感应出涡流的部位却难以确定。图 2.16 给出了一个示例，这是一个发电机

出口封闭母线的试验，封闭母线是发电厂中用来连接发电机和升压变压器的部件。试验时通过了三相交流电流，电流有效值为275kA，非对称电流峰值达850kA。实验中看到了大量的燃弧，高速摄影记录表明所有的燃弧都来自于试品外部的感应电流，主要位于试验室金属地板之间及其内部。

同样的，软连接由于可以移动，可能因机械力的作用而导致短路，或者因感应电压造成的闪络而短路。两种情况都会引起严重的燃弧。图2.17所示为一个示例。

在一次电流为100kA的架空线试验中，观察到在架空线下方6m处的地板上放置的一段架空线导线因感应电流燃弧受损而无法维修，该导线与试验线路平行，部分地板铺上了金属。

图2.16　发电机出口封闭母线试验时金属地板间因感应电流而产生燃弧

图2.17　一次80kA电流试验中拍摄到的软连接燃弧及造成的损坏

2.4　故障统计数据

2.4.1　短路的发生及特点

在世界范围内关于断路器在服役期间切除燃弧故障最可靠和最完整的信息来自

于国际大电网会议（CIGRE）的 13.08 工作组于 20 世纪 90 年代后期主导的调查。调查搜集了高压电网，特别是架空线发生故障数量方面的信息。工作组搜集到 63kV 及以上电压等级的 900 000 断路器－年[⊖]和 70 000 架空线－年的信息。

统计数据包含了四大洲的 13 个国家。统计包含几相发生短路故障以及自动重合闸操作是否清除了故障的信息。

输电网中大多数短路发生在架空线上，占故障总数的 90%。表 2.2 根据电压水平总结了故障数据。

表 2.2　架空线每百千米×年的短路故障次数[33]

故障次数	系统电压/kV					
	<100	≥100~200	≥200~300	≥300~500	≥500~700	≥700
平均值	11.5	5.1	3.1	2.0	2.0	1.7
90%故障概率	17.3	8.3	4.8	3.3	4.2	没有相关数据

作为经验法则，所有电压等级架空线出现短路故障次数的平均值是每年 1.7 次，这是基于每百千米架空线的故障次数以及每个电压等级线路长度的统计结果。所有电压等级架空线出现短路故障次数的 50% 故障概率和 90% 故障概率分别是每年 1.2 次和 3.3 次。

工作组报告中指出变压器的故障次数为每 100 变压器－年有 3~4 次。变电站母线的故障次数为每 100 变电站－年有 2~3 次。电缆的故障次数远低于架空线的故障次数。

从短路故障引起的电应力角度来看，有几相发生短路故障与自动重合闸操作这两个方面是相关的。

图 2.18 所示为架空线发生短路的故障类型统计结果。可以看到，在较低的电压等级下，70% 的故障属于单相故障，20% 属于两相故障，10% 属于三相故障。在较高的电压等级下，90% 的故障属于单相故障。

进行自动重合闸操作成功清除故障的百分比比较高，如图 2.19 所示。约 80% 的故障在一次合分操作后即被清除。另外的 5% 故障在一次分－合－分－合操作后清除。只有大约 15% 的故障为永久性故障。

2.4.2　短路电流的幅值

有三个短路电流参数非常重要：

I_{sc}：断路器额定短路开断电流，它是指在电力系统中断路器在额定电压下能够开断的最大电流，用型式试验予以证实。

I_{tf}：断路器预期最大短路电流，就是通过短路计算或分析得到的断路器在某特定位置出现故障时所遇到的最坏情况下能达到的最大电流。

⊖　断路器－年：断路器数量乘以服役年数。

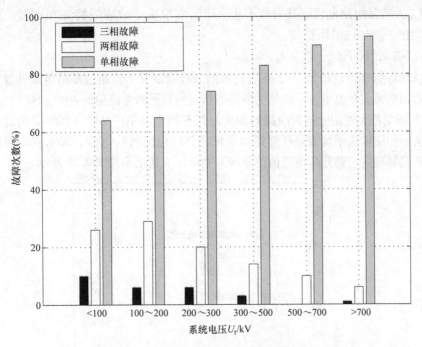

图 2.18　架空线有几相发生短路故障的统计

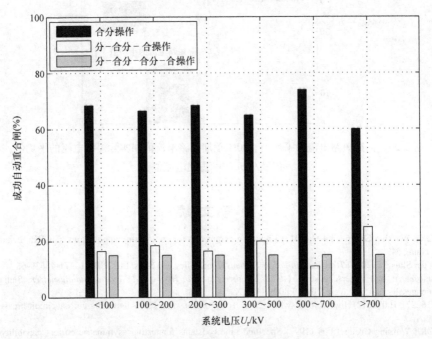

图 2.19　自动重合闸操作成功清除故障的百分比

I_{act}：实际短路电流。其数值不止一个，它取决于故障的特性和位置，如架空线的阻抗、变电站的阻抗等。

在实际情况下，一般有 $I_{act} \leqslant I_{tf} \leqslant I_{sc}$。

从国际标准可以得知[19]，在各种可能的故障情况下，通过短路电流计算得到的断路器预期最大短路电流平均值为断路器额定短路开断电流值的 40%～60%。断路器的 90% 预期最大短路电流为断路器额定短路开断电流值的 70%～80%。由此可以推断，实际短路电流平均值是断路器额定短路开断电流值的 20%，90% 实际短路电流值为断路器额定短路开断电流值的 30%～40%。上述结果如图 2.20 所示。

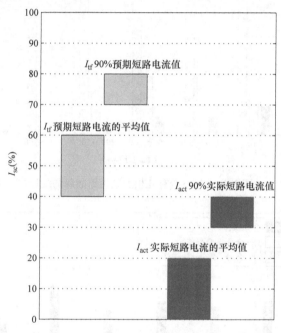

图 2.20　预期短路电流的平均值、90% 预期短路电流值和实际短路电流的平均值，
以及 90% 实际短路电流值

参 考 文 献

[1] CIGRE Working Group C4.407 (2013) Lightning parameters for engineering applications, CIGRE Technical Brochure, 549.

[2] van der Sluis, L. (2001) *Transients in Power Systems*, John Wiley and Sons, Ltd, ISBN 0-471-48639-6.

[3] Slamecka, E. and Waterscheck, W. (1972) *Schaltvorgänge in Hoch- und Niederspannungsnetzen*, Siemens Aktiengesellschaft Erlangen, ISBN 3 8009 1106 X.

[4] IEC 62271-100 (2012) High-voltage switchgear and controlgear – Part 100: Alternating-current circuit-breakers, Ed. 2.1.

[5] CIGRE Working Group 13.04 (1997) Specified time constants for testing asymmetric current capability of switchgear. *Electra*, **173**, 19–31.

[6] van den Heuvel, W.M.C., Janssen, A.L.J. and Damstra, G.C. (1989) Interruption of short-circuit currents in MV networks with extremely long time constant. *IEE Proc.-C*, **136** (2), 115–119.

[7] IEEE C37.09 (1999) IEEE Standard Test Procedure for AC High-Voltage Circuit-Breakers Rated on a Symmetrical Current Basis.

[8] Shimato, T., Chiyajo, K., Nakanishi, K. *et al.* (2002) Evaluation of interruption capability of gas circuit-breakers on large time constants of DC component of fault currrent. CIGRE Conference, Paper 13–304.

[9] Fairey, T. and Waldron, M. (2005) Short-circuit currents with high DC time constants: Calculation methodology and impact on switchgear specification and rating. CIGRE SC A3 & B3 Joint Colloquium, Paper 104, Tokyo.

[10] Kersten, W.F.J. and van den Heuvel, W.M.C. (1991) Worst case studies of short-circuit making-currents. *IEE Proc.-C*, **138**(2), 129–134.

[11] Kulicke, B. and Schramm, H.-H. (1980) Clearance of short-circuits with delayed current zeros in the Itaipu 500 kV-substation. *IEEE Trans. Power Ap. Syst.*, **PAS-99**(4), 1406–1412.

[12] Bui-Van, Q., Khodabakhchian, B., Landry, M. *et al.* (1997) Performance of series-compensated line circuit-breakers under delayed current zero conditions. *IEEE Trans. Power Deliver.*, **12**(1), 227–233.

[13] Janssen, A.L.J., van Riet, M. and Smeets, R.P.P. (2012) Prospective Single and Multi-Phase Short-Circuit Current Levels in the Dutch Transmission, Sub-Transmission and Distribution Grids. CIGRE Conference, paper A3-103.

[14] Urai, H., Ooshita, Y., Koizumi, K. *et al.* (2008) Estimation of 80 kA Short-Line Fault Interrupting Capability in an SF6 Circuit-Breaker Based on Arc Model Calculations. Int. Conf. on Gas Disch. and their Appl.

[15] Barkan, P. (1985) A New Formulation of the Electromagnetic Repulsion Phenomenon in Electrical Contacts at very high Current. Proc. 11th Int. Conf. on Elec. Cont., pp. 185–188.

[16] Yanabu, S., Tsutsumi, T., Yokokura, K. and Kaneko, E. (1989) Recent developments in high-power vacuum circuit-breakers. *IEEE Trans. Plasma Sci.*, **17**(5), 717–723.

[17] Smeets, R.P.P., Barts, H.D. and Zehnder, L. (2006) Extreme Stresses of Generator Circuit-Breakers. CIGRE Conference, Paper A3-306.

[18] CIGRE Working Group A3.24 (2014) Tools for the Simulation of Pressure Rise due to Internal arcs in MV and HV Switchgear. Technical Brochure.

[19] IEC 62271-200 (2003) AC metal-enclosed switchgear and controlgear for rated voltages above 1 kV and up to and including 52 kV.

[20] IEEE Std. C37.20.7 (2001) IEEE Guide for Testing Medium Voltage Metal-Enclosed Switchgear for Internal Arcing Faults.

[21] Smeets, R.P.P., Hooijmans, J., Bannink, H. *et al.* (2008) Internal Arcing: Issues Related to Testing and Standardization. CIGRE Conference, Paper A3-207.

[22] IEC 62271-203 (2003) Gas-insulated metal-enclosed switchgear for rated voltages above 52 kV.

[23] IEC 62271-102 (2001) High-voltage switchgear and controlgear – Part 102: Alternating current disconnectors and earthing switches.

[24] Smeets, R.P.P., Barts, H., van der Linden, W., and Stenström, L. (2004) Modern ZnO surge arresters under short-circuit current stresses: test experiences and critical review of the IEC standard. CIGRE Conference, Paper A3–105.

[25] Dubé, J.-F., Goehler, R., Hanninen, T. *et al.* (2012) New achievements in pressure-relief tests for polymeric-housed varistors used on series compensated capacitor banks. IEEE PES General Meeting, pp. 1–8.

[26] CIGRE Working Group 12.19 (2002) The Short-Circuit Performance of Power Transformers. CIGRE Technical Brochure 209.

[27] Bertagnolli, G. (2006) *Short-circuit Duty of Power Transformers*, ABB, Milano, Italy, 3rd ed.

[28] Smeets, R.P.P. and te Paske, L.H. (2012) Sixteen Years of Test Experiences with Short-Circuit Withstand Capability of Large Power Transformers. Conf. of the Electr. Pow. Supply Ind. (CEPSI), paper 229, Bali.

[29] IEC Standard 60076-5 (2006) Power Transformers - Part 5, Ability to withstand short-circuit.

[30] Yamada, T., Saito, K., Ito, S. *et al.* (1998) Short-circuit Testing of Overhead Line Components up to 100 kA. 12th Conf. of the Elec. Pow. Supply Ind. (CEPSI), Paper 42–11, Pattaya.

[31] Boeck, W. and Krüger, K. (1992) Arc Motion and Burn-through in GIS. *IEEE Trans. Power Deliver.*, **7**(1), 254–261.

[32] CIGRE Working Group 23.11 (2002) The mechanical effects of short-circuit currents in open air substations. CIGRE Technical Brochure 105 (1996) and part II, CIGRE Technical Brochure 214.

[33] CIGRE Working Group 13.08 (2000) Life management of Circuit-Breakers. CIGRE Technical Brochure 165.

第 3 章

故障电流的开断与关合

3.1 简介

本章讨论故障网络中电流的开断与关合。通常情况下，术语"故障电流分断"或"故障电流开断"是指涉及故障情况的开关合分操作。断路器是唯一具有故障电流开断功能的开关设备。而对于故障网络投入系统，则通常使用关合这个术语。例如，系统在维修后错误地没有解除接地，从而导致故障关合。

由开关装置（断路器或接地开关）故障关合导致的系统暂态过程与正常运行中的系统发生故障所产生的暂态过程是一样的：系统无法分辨是断路器将故障关合还是由外部作用引起了故障，如雷击导致闪络引起的故障。

3.2 故障电流开断

一般而言，故障电流开断可以做如下分类：

* 短路故障开断［见以下第1）点和第2）点］；
* 失步故障开断［见以下第3）点］。

发生短路故障是指电流经由错误的路径流通，电力系统中的短路故障大多由气候、环境或者机械作用而引起，例如遭到雷击、线路在狂风暴雨中摇动撞击、树木倒塌或树枝掉落、动物、火灾、挖掘施工等。

故障产生的位置导致其特性不同：

1）在断路器出线端发生单相、双相或者三相短路。这类故障称作出线端故障。

在变电站中也会出现变压器限制的故障和电抗器限制的故障。在这两种情况下，虽然变压器和电抗器作为串联元件限制了短路电流，但对瞬态恢复电压（TRV）的影响还是非常显著。

2）架空线单相对地故障，即线路故障。一种典型情况是近区故障，即线路上距断路器几百米到几千米的位置发生故障。

失步故障是因为电力系统的不同部分操作不同步引起的。

3）当一台断路器连接两个电网时，需要在两个电网失步情况下开断故障电流。此时，断路器两侧都会出现交流恢复电压。在理论上两个电网的相角差可以达到 $180°$。

在失步故障情况下，电流滞后于电压接近 $90°$，TRV 会达到最大值。这是因为 TRV 叠加到工频电压的峰值上，如图 1.7 所示。

3.3 出线端故障

3.3.1 简介

出线端故障是指短路直接发生于断路器出线端的故障。实际上，故障发生在断路器出线端是非常罕见的。故障常发生在与断路器接连的架空线或电缆上，与断路器有一定距离。

在出线端故障情况下，断路器和短路点之间几乎没有阻抗，因此断路器将面对最大的短路电流。断路器铭牌上标注的额定短路开断电流应当比出线端故障电流要大。

在出线端故障的强电弧和大电流的作用下，灭弧室受到的热应力和电动力是最大的。因此断路器出线端故障的试验这样来设计：在完全短路条件下采用不同的燃弧时间和故障电流不同的非对称度来确认断路器的开断能力。

在出线端故障情况下瞬态恢复电压的分析非常简单。其等效电路可以简化为如图 3.1 所示。负载直接与地短接，从而电源侧阻抗转变为短路电抗和（杂散）电容。

在此情况下，$u_{bn} = 0$，因此全部的 TRV 和工频恢复电压都由电源侧提供：$u_{ab} = u_{an}$，如图 3.2 所示。

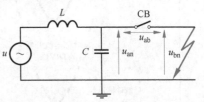

图 3.1 断路器出线端故障的等效电路

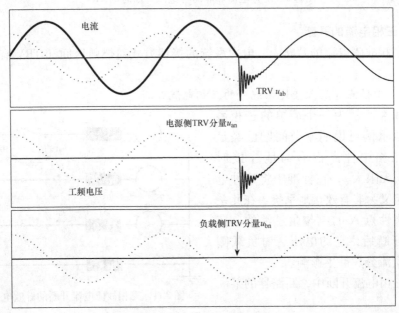

图 3.2 出线端故障的 TRV

TRV 的最大值发生在电流和电压的相角相差 90°时。在感性电路中只有在电流对称情况下这种情况才能出现。在非对称情况下电流零点不对应于电压最大值，从而导致 TRV 峰值降低。图 3.3 中的示例说明了 TRV 的峰值如何受到电流开断时刻瞬时电压值的影响。

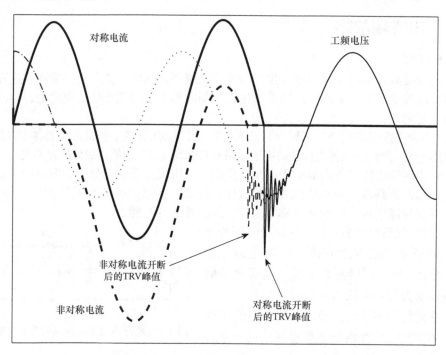

图 3.3 对称电流和非对称电流开断时的 TRV

3.3.2 三相电流的开断

在三相故障电流的开断中，电力系统的接地方式对燃弧区间和 TRV 有显著的影响。

3.3.2.1 中性点非有效接地系统中的三相电流开断

图 3.4 所示为一个简单的三相系统，但该示例对说明本节问题已经足够。当三相中性点没有与地连接时（电抗 X_n 无限大），在标准中将这种电力系统定义为非有效接地系统。在此系统中，中性点 N 的电位是悬浮的。在第一极开断后，它的电压会对负载侧 TRV 的交流分量产生影响。

在三相电流开断中，断路器的某一

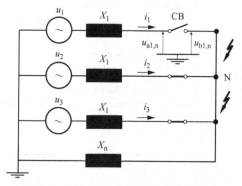

图 3.4 三相故障电流开断的等效电路

极会首先遇到电流零点。如果开断成功的话，这一极被称作首开极。

当首开极开断后，系统中其余的二极发生以下变化，对开断过程产生影响：

- 首开极中的电流在开断后（$i_1 = 0$），其他两相的电流将变为幅值相等、极性相反。电路由三相系统变为两相系统。两相系统中的电流 i_2 和 i_3 可以用下式进行简单的计算：

$$i_2 = \frac{u_2 - u_3}{2X_1} \quad i_3 = -i_2 \tag{3.1}$$

式中，X_1 是各相的短路电抗；u_2 和 u_3 是电源的相对地电压。由此得知第二极和第三极的电流将降低至首开极电流的 $0.5 \times \sqrt{3} = 0.87$ 倍。另外，i_2 和 i_3 同时过零，在纯电感电路中这意味着其中一相提前 30° 电角度过零（i_2）而另一相延迟 30° 电角度过零（i_3）。

- 虽然在电源侧电压对称且相量和为零，但是在故障侧的中性点处对地电压不为零。断路器上的电压可以由下式计算得到：

$$u_2 + i_2 X_1 = u_{b1,n}$$
$$u_3 - i_2 X_1 = u_{b1,n}$$
$$u_{b1} = 0.5(u_2 + u_3)$$
$$u_{a1} = u_1 \tag{3.2}$$

由源电压对称可知 $u_1 + u_2 + u_3 = 0$，或者 $u_2 + u_3 = -u_1$。将其代入式（3.2）中简单计算，得到

$$u_{a1,b1} = 1.5u_1 \tag{3.3}$$

这意味着在三相中性点非有效接地系统中，首开极的恢复电压将达到 1.5p. u. 。TRV 将在 1.5p. u. 的基础上进行振荡，因而其开断条件比单相开断更加严酷。

通常用首开极系数 k_{pp} 这个参数来描述接地方式对 TRV 的影响。这是一个无量纲的常数，表示在电流开断时刻首开极两端的工频电压（即恢复电压）与正常情况下的稳态工频电压之比[注]。因而 k_{pp} 是首开极在单相情况下恢复电压的一个乘积系数。对上述情况而言，$k_{pp} = 1.5$p. u. 。

第二极和第三极同时开断，它们共同承受一个恢复电压 $u\sqrt{3}$，这个电压是两相之间的电压，或者说是施加在串联两极上的线电压。在纯电感电路中，假定电压平均分配在断路器的第二极和第三极上，这样从后二极的过零点开始，每极的工频电压从 $0.5u\sqrt{3}$ 开始恢复，即 0.87p. u. 。在后两极开断后，各极上的恢复电压都将恢复到 1p. u. 。图 3.5 给出了中性点非有效接地系统中的三相电流开断过程。

因此，从 TRV 的角度讲，首开极的情况也要比单相情况严酷得多，要在首开

[注] IEC 62271 - 100，第 2 版，3. 7. 152 条："（三相系统中的）首开极系数。开断三相对称电流时，首开极系数 k_{pp} 是指在其他极电流开断之前，首先开断极两端的工频电压与三极都开断后一极或所有极两端的工频电压之比。"

极系数 1.5 的基础上考虑恢复电压上升率（RRRV）与 TRV 的峰值，而后开极系数则减小到 $0.5\sqrt{3}=0.87\text{p. u.}$，显著降低了 TRV 的严酷性。

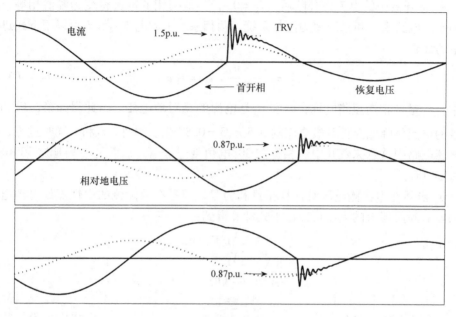

图 3.5　三相故障开断

3.3.2.2　中性点非有效接地系统之外情况下的三相电流开断

在实际情况中，中性点非有效接地系统仅占全部电力系统的一部分。一般情况下只有中压系统采用中性点非有效接地方式。IEC 62271 - 100 标准认为在额定电压 100kV 以下的系统中采用中性点非有效接地方式运行。在额定电压 245kV 及以上的系统中通常采用中性点有效接地方式运行，也就是通过阻抗将其中性点与地连接，这样就出现了零序阻抗。在上述电压之间的范围，即 100kV、123kV、145kV 和 170kV 情况下，中性点非有效接地和中性点有效接地在标准中都被认可。

本节根据系统接地的情况，采用一种通用的方法来推导电流开断特性参数。在 IEC 标准中，确定 k_{pp} 只有三个标准值：

- 对于中性点非有效接地系统，如 3.3.2.1 节所示，$k_{\text{pp}}=1.5\text{p. u.}$；
- 对于中性点有效接地系统，$k_{\text{pp}}=1.3\text{p. u.}$；
- 对于额定电压 1100kV 和 1200kV 的特高压系统，$k_{\text{pp}}=1.2\text{p. u.}$。

假定系统中性点是良好接地（接地阻抗为零），则 $k_{\text{pp}}=1.0\text{p. u.}$。在此情况下相与相之间不发生相互作用，三相系统可以被看作三个独立的单相系统。

根据 IEC 标准[1]和 IEEE 标准[2]，表 3.1 列出了 $k_{\text{pp}}=1.0\text{p. u.}$、$1.3\text{p. u.}$ 和 1.5p. u. 时电流开断的相关参数。

在图 3.6 中，将三种中性点接地方式放在一起进行了比较。注意，这是纯电感电路并且是电流对称的情况。实际电路的情况因功率因数不为零以及故障电流非对称情况而发生变化。

表 3.1　50Hz 纯电感电路在各种接地方式下的 TRV 参数

k_{pp} (p.u.)	参　数	开断极			系统中点接地方式
		第一	第二	第三	
1.0	燃弧时间/ms	t/ms	$t+3.3$	$t+6.7$	良好接地
1.3		t/ms	$t+4.3$	$t+6.7$	有效接地
1.5		t/ms	$t+5.0$	$t+5.0$	非有效接地
1.0	恢复电压（p.u.）	1.00	1.00	1.00	良好接地
1.3		1.30	1.27	1.00	有效接地
1.5		1.50	0.87	0.87	非有效接地
1.0	TRV 峰值 ($k_{af}^{①}=1.4$)（p.u.）	1.40	1.40	1.40	良好接地
1.3		1.82	1.78	1.40	有效接地
1.5		2.10	1.22	1.22	非有效接地
1.0	恢复电压上升率（RRRV） ($Z_{0s}/Z_{1s}^{②}=2.5$)（p.u.）	1.25	1.33	1.5	良好接地
1.3		1.25	1.19	0.86	有效接地
1.5		1.25	0.87	0.87	非有效接地
1.0	电流过零时刻的 di/dt （p.u.）	1.00	1.00	1.00	良好接地
1.3		1.00	0.89	0.57	有效接地
1.5		1.00	0.87	0.87	非有效接地
1.0	电流开断前最后一个半波的电流峰值（p.u.）	1.00	1.00	1.00	良好接地
1.3		1.00	1.00	0.89	有效接地
1.5		1.00	0.87	0.87	非有效接地
1.0	电流开断前最后一个半波的时间/ms	10.00	10.00	10.00	良好接地
1.3		10.00	10.95	9.98	有效接地
1.5		10.00	10.66	8.33	非有效接地

注：参考表 3.2 中关于所有 1p.u. 值的定义。

① k_{af} 称作振幅系数，是 TRV 的过冲振荡系数（见第 13 章）。在 IEC 62271 - 100 标准的 3.7.153 条中考虑了对振荡的阻尼。理论上在无阻尼情况下，$k_{af}=2$。

② Z_{0s}/Z_{1s} 是零序阻抗和正序阻抗之比。在 IEC 62271 - 100 标准的 4.102.3 条中，将这一系数确定为"大致为 2"。

就 TRV 特性而言，三相系统一般采用正序电抗 X_1 和波阻抗 Z_{1s} 来表征。这个电抗可由物理存在的电抗给出（见图 3.4 中的 X_n 和 X_1），或更为常见的是用零序电抗和零序波阻抗给出[3]：

$$X_0 = X_1 + 3X_n$$
$$Z_{0s} = Z_{1s} + 3Z_n \tag{3.4}$$

中性点接地特征可以用零序电抗和正序电抗之比以及零序波阻抗和正序波阻抗之比表示：

$$k = \frac{X_0}{X_1}$$

$$\kappa = \frac{Z_{0s}}{Z_{1s}}$$

(3.5)

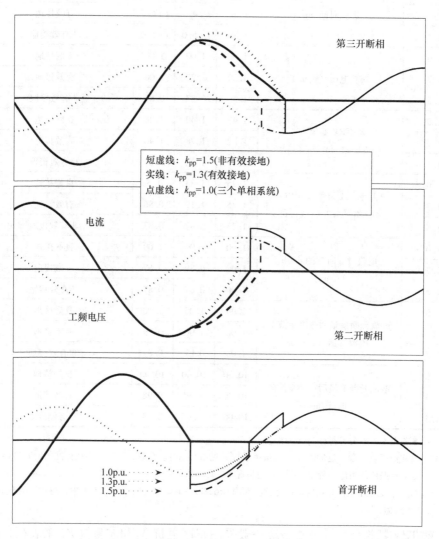

图 3.6 在不同接地系统中的电流开断过程，首开极系数 k_{pp} = 1.0p. u.、1.3p. u. 和 1.5p. u.

首开极系数和电抗比 k 之间的关系如下：

$$k_{pp} = \frac{3k}{2k + 1}$$

(3.6)

在比较简单的情况下，通常有 $1.0\mathrm{p.u.} \leqslant k_{\mathrm{pp}} < 1.5\mathrm{p.u.}$ 。

中性点有效接地系统定义为在所有位置和各种情形下都满足 $k < 3$ 的系统。[○]高压架空线 κ 的取值通常在 $2 \leqslant \kappa \leqslant 2.5$ 的范围内。

使用上述参数，可以计算断路器各极开断后的 TRV 参数。所用到的电抗和波阻抗就是各断口陆续开断后"看到"的有效电抗 X_{eff} 和波阻抗 Z_{eff} 。这样，三相电路就可以简化为特征参数为 Z_{eff} 和 X_{eff} 的单相电路。

表 3.2 给出的公式可以计算任意三相系统中的电流 I 、恢复电压 U_{RV} 和恢复电压上升率（RRRV）。

表 3.2　三相系统中第一、第二和第三开断极的开断参数（用 p.u. 表示）

开断极	开断参数				
	电抗(p.u.)	波阻抗(p.u.)	电流(p.u.)	恢复电压(p.u.)	RRRV(p.u.)
	$X_{\mathrm{eff}} = X_1$	$Z_{\mathrm{eff}} = Z_{1\mathrm{s}}$	$I = \dfrac{U}{X_1}$	$U_{\mathrm{RV}} = IX_{\mathrm{eff}}$	$\mathrm{RRRV} = Z_{\mathrm{eff}}\dfrac{di}{dt} = Z_{\mathrm{eff}}I\omega\sqrt{2} = Z_{1\mathrm{s}}\dfrac{U}{X_1}\omega\sqrt{2}$
$1.0\mathrm{p.u.} \leqslant k_{\mathrm{pp}} < 1.5\mathrm{p.u.}$					
第一	$\dfrac{3k}{2k+1}$	$\dfrac{3\kappa}{2\kappa+1}$	1	$\dfrac{3k}{2k+1}$	$\dfrac{3\kappa}{2\kappa+1}$
第二	$\dfrac{2k+1}{k+2}$	$\dfrac{2\kappa+1}{\kappa+2}$	$\dfrac{\sqrt{3}}{2k+1}\sqrt{k^2+k+1}$	$\dfrac{\sqrt{3}}{k+2}\sqrt{k^2+k+1}$	$\dfrac{2\kappa+1}{\kappa+2}\dfrac{\sqrt{3}}{2k+1}\sqrt{k^2+k+1}$
第三	$\dfrac{k+2}{3}$	$\dfrac{\kappa+2}{3}$	$\dfrac{3}{k+2}$	1	$\dfrac{\kappa+2}{3}\dfrac{3}{k+2}$
$k_{\mathrm{pp}} = 1.5\mathrm{p.u.}$（中性点非有效接地）					
第一	1.5	$\dfrac{3\kappa}{2\kappa+1}$	1	1.5	$\dfrac{3\kappa}{2\kappa+1}$
第二	1	1	$\dfrac{1}{2}\sqrt{3}$	$\dfrac{1}{2}\sqrt{3}$	$\dfrac{1}{2}\sqrt{3}$
第三	1	1	$\dfrac{1}{2}\sqrt{3}$	$\dfrac{1}{2}\sqrt{3}$	$\dfrac{1}{2}\sqrt{3}$

在电网中不同情况下的比值 k 并非一个固定值，而是随着地点和场合发生变化。架空线 X_0/X_1 的典型值为 $2 \sim 3$，电力变压器中性点接地且具有 Δ 绕组的 X_0/X_1 典型值为 $0.5 \sim 0.9$。也就是说短路电流或部分短路电流流经的架空线和变压器对 k 产生影响。如果大部分故障电流流经变压器，该比值 k 会相当低，导致单相接地故障电流可能比三相故障电流都要大。

[○]　$k_{\mathrm{pp}} = 1.3\mathrm{p.u.}$ 是一个大致数值。因为 IEC 定义 $k < 3$，所以 IEC 认为实际情况中的最大值是 $k_{\mathrm{pp}} = 1.27\mathrm{p.u.}$ 。

然而，当短路电流由架空线的电抗所决定时，比值 k 相对较大，此时单相接地故障电流会比三相故障电流要小。

在图 3.7 中示出了开断的故障电流与恢复电压随比值 k 的变化关系。

当发电厂、架空线和变压器退出运行时，比值 k 会发生变化。甚至在变电站的每条线上 k 都不同，因为每条线对故障电流的贡献与故障的情况和具体位置有关。进而随着各级断路器的跳闸以切除故障，比值 k 在此过程中也发生变化。一些实际的和可能的单相和三相故障电流研究结果见参考文献 [4]。

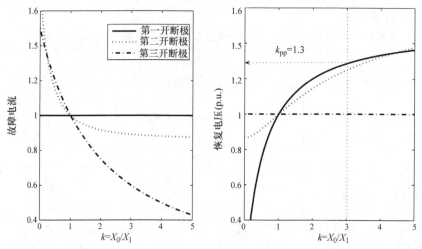

图 3.7 三个开断极的开断电流（$1\mathrm{p.\,u.} = U/X_1$）及恢复电压与 $k = X_0/X_1$ 的关系

3.4 变压器限制的故障

变压器限制的故障（TLF）是指短路的状况主要取决于线路中的变压器。在此情况下，变压器的阻抗是决定短路电流幅值的决定性因素[5]。变压器的 X/R 比值决定了非对称短路电流的峰值系数，变压器的 X_0/X_1 比值决定了单相接地故障电流幅值与多相故障电流幅值的比值。在故障电流开断中，TRV 波形主要由变压器的高频特性决定，变压器的高频特性由杂散电容和泄漏电感来表征。

对于某一电压等级的断路器，变压器限制的故障可以区分为几种不同的情况，如图 3.8 所示。

根据故障出现的位置可分为两种情况：

● 故障发生在与断路器电压不同的出线端或母排上。这种故障称作变压器二次侧故障（TSF）。

● 故障发生在与断路器相同电压的母排上。这种故障称作变压器馈电故障（TFF）。

在变压器限制的故障中，因为变压器阻抗是决定对称短路电流的主要因素，所以几乎 100% 的电压降都降落在变压器上，此时的故障电流在断路器额定短路开断

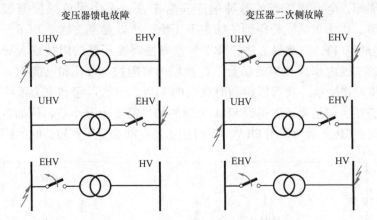

图 3.8　变压器二次侧故障和馈电故障

电流的 10%～30% 之间。因此，与出线端短路故障相比，变压器限制的故障电流相对较小。在出线端短路故障时，因为母排上汇聚着多个电源馈送的电流，所以断路器要开断的故障电流较大。因此，在变压器限制的故障情况下，尽管 X/R 的比值很高，但短路电流不是主要的问题。主要问题在于另一方面，即 TRV，特别是 RRRV 可能比 IEC 标准中规定的 10% 额定短路开断电流（T10）和 30% 额定短路开断电流（T30）试验方式中的考核条件更为严酷。在电压等级 52kV 及以下的断路器中，开断变压器限制的故障的能力以如下方式考核，对变压器二次侧故障电流的开断能力由 T30 试验方式考核（见 IEC 62271 - 100，附录 M），对其他情况由 T10 试验方式考核。

3.4.1　用于计算暂态恢复电压的变压器建模

开断变压器限制的故障时，计算 TRV 最基本的电路如图 3.9 所示，其中 L_{tr} 是泄漏电感，C_{tr} 是杂散电容。

可以用单频电路表示变压器以及变压器与断路器之间的线路，单频电路可以用一个电容和一个电感来表示。该电路主要由变压器短路电感、变压器主杂散电容和线路上所连接装置

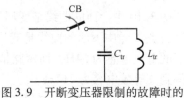

图 3.9　开断变压器限制的故障时的基本等效电路

的电容构成[6]。然而在开关操作电压的频率范围内，既没有杂散电容的准确定义也没有相关的文献记录。变压器专家们最关心的是快速暂态现象，如雷击产生的暂态或者 GIS 中隔离开关操作产生的暂态现象。从建模的角度，他们关心的测量范围是达到兆赫范围的快速和极快速暂态过程。此外，他们主要感兴趣的是匝间和绕组间的过电压，而不是变压器出线端处的过电压。TRV 的频率范围最高可达几百 kHz，主要的频率范围为 10kHz 到几十 kHz。

众所周知，电力变压器的脉冲响应非常丰富，无法用单频模型表达。对于TRV 的计算，因为单频模型得到的结果不正确，所以参考文献［7，8］建议采用频率响应分析（FRA）测量方法。FRA 测量方法将变压器的阻抗或者导纳在一个频带很宽的范围内作为频率的函数。在频域内对阻抗 $Z(\omega)$ 和电流 $I(\omega)$ 做乘积，然后做傅里叶逆变换，就可以得到时域内的 TRV。生产厂家和电力系统通常使用FRA 测量方法，但是要正确得到 FRA 测量的结果需要十分小心，例如首开极如何考虑等。图 3.10 所示为采用 FRA 测量时变压器空载和变压器短路时的频响。

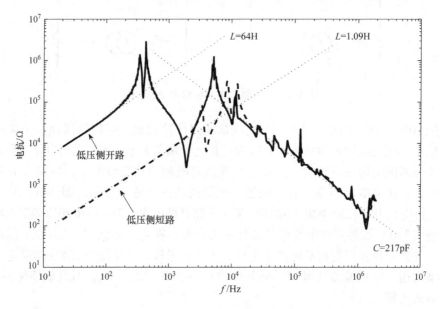

图 3.10　一台 420kV/80MVA 变压器低压侧开路和低压侧短路时的 FRA 模式

图 3.10 中上面的曲线是变压器空载时的 FRA 响应（阻抗），即二次侧（低压侧）开路。图中下面的曲线是变压器低压侧短路时的 FRA 响应。变压器在开路情况下的等效电感为 64H，而短路情况下为 1.09H。在高频段二根曲线是重合的，可以得到其等效电容为 217pF。

图 3.10 清楚地表明，在 FRA 测量中，因为低频段的阻抗随频率线性增加，所以这部分的主要特性表现为电感。图中上面的直线表示空载变压器的（铁心）电感，下面的直线表示短路变压器的漏感。FRA 测量中的二条曲线在高频段表现为纯电容特性，电抗随频率增加线性下降，但其线性关系不如电感部分那样明显。与直线的偏差是由局部 LC 电路的谐振造成的。

这样用 FRA 测量方法得到的电感和电容组成了电力变压器单频模型的主要元件。阻尼可用电阻 R 表示，与图 3.9 中的 L_{tr} 和 C_{tr} 并联。电阻 R 可以在 FRA 测量结果中由谐振频率下的电抗峰值来读取：$R = 200\text{k}\Omega$，谐振频率由主电感和主电容决定。

特征阻抗 $Z = \sqrt{L_{tr}/C_{tr}} = 40\text{k}\Omega$。比值 $R/Z = 5$ 确定了单频响应的振幅系数：$k_{af} = 1.73$，参见参考文献［9］。

对比单频 LC 模型计算得到的 TRV 与 FRA 测量得到的 TRV，会发现由单频模型得到的 TRV 更加严酷，因为无论是 RRRV 还是 TRV 幅值都要更高一些。在多频模型中振幅系数较低，其主要原因在于 10kHz 附近多个谐振频率相互存在干扰。

大约在 500kHz 以上，FRA 测量结果可以用一条直线代表，表示这是一个杂散电容。FRA 图的低频段也可用一条直线近似，表示这是一个泄漏电感。

关于这方面内容的详细介绍见参考文献［10 – 12］。

3.4.2 外部电容

功率为几百 MVA 的电力变压器，其每相的电容从几百 pF 到 1nF；功率超过 500MVA 的变压器，其每相的电容从几 nF 到几十 nF。

断路器与变压器之间可采用电缆或者气体绝缘母线连接，但大多数情况下采用空气绝缘导体来连接。断路器和变压器之间的距离可能有几十米到几百米，连接了数个装置，如电流互感器、避雷器、隔离开关和接地开关等，每个装置都有一定的对地电容。GIS 变电站因为采用了套管和电缆进行连接，所以电容相对较大。电流互感器和电压互感器的对地电容一般很小，大约 150pF 数量级，但也有电容很大的可能性。当采用电容式电压互感器时电容值较大，达到几 nF。外部电容的最小值约为几百 pF 到几 nF，随着额定电压增高电容值增大。

当采用 FRA 方法来绘制 $Z(\omega)$ 图时，外部电容的影响是使其高频段向低频方向移动。谐振频率降低至原来的 $1/\sqrt{C_r/(C_r + C_{ext})}$，其中 C_r 是谐振频率下的主电容。$Z(\omega)$ 的谐振峰值由等效电阻决定，因此不受影响。但是比值 R/Z 将增加，因为此时 $Z = \sqrt{L/(C_r + C_{ext})}$，比原来的 $\sqrt{L/C_r}$ 有所降低。在并联阻尼电路中，如果 R/Z 较小，则意味着品质因数较高，因而 $Z(\omega)$ 的幅值将更大。

如果外部电容足够大，系统将或多或少地趋近于单频响应，这个单频响应由变压器短路电感以及由外部电容增加所决定的变压器电容来确定[13]。这样 TRV 将变为一个简单的单频波形。单频 TRV 的幅值可能会比多频情形高一些。多频情形是由多种频率振荡叠加得到的，因此与单频情形不同。

在 100 ~ 800kV 电压等级，外部电容的最小值可假设为 0.5 ~ 1nF。当线路距离更长时，高压设备的电容也更大。此时更典型的外部电容值可达几 nF 量级。这样大的电容将对 TRV 的频率产生明显的影响。

3.5 电抗器限制的故障

串联电抗器可用于控制潮流。例如，中性点通过电抗器接地时可以限制故障电流（见 10.12.1 节），应用于电动机起动和电弧炉控制时可以限制暂态电流[14]。

一般而言，电抗器对电流进行限制，因此相应的术语叫作电抗器限制的故障（RLF）。然而，当限流电抗器串接时，通常会提高 RRRV[15]。

图 3.11 所示为开断电抗器限制的故障情况下的一个基本等效电路。

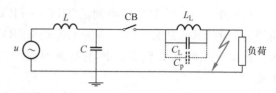

通常，TRV 的负载侧分量由负载侧电路决定，在图 3.11 的振荡电路中电抗器的特征频率 f_R 为

图 3.11　开断电抗器限制的故障时的基本等效电路

$$f_R = \frac{1}{2\pi}\sqrt{\frac{1}{L_L C_L}} \tag{3.7}$$

式中，L_L 和 C_L 分别是串联电抗器的电感和杂散电容。

由于限流电抗器的杂散电容非常小，由此电抗器暂态的特征频率非常高。当一台断路器与这样一台电抗器直接串联时，在开断出线端故障时（电抗器在断路器的电源侧）或者开断电抗器后面的故障时（电抗器在断路器的负载侧）都会面临高频的 TRV。高频的 TRV 将导致 RRRV 远高于标准所规定的值。

在此情形下，必须采取相应的对策，例如在电抗器上加装并联电容器，或将电抗器接地。在中压系统中，此措施非常有效而且经济[16]。

在电抗器上加装并联电容 C_p 会使得电抗器的特征频率降低，从而使得负载侧的 TRV 上升率下降。加装并联电容后负载的频率由 f_R 降低至 f_{Rp}：

$$f_{Rp} = \frac{1}{2\pi}\sqrt{\frac{1}{L_L(C_L + C_p)}} \tag{3.8}$$

有时采取加装并联电容的方式来降低 RRRV，例如当运行情况下的 RRRV 超出了试验时的给定值时[17]。

图 3.12 所示为一个示例，在一个 380kV 的系统中用一台额定电压为 420kV 的断路器开断 30% 的额定短路开断电流时，用一台电容器（$C_p = 50\text{nF}$）与系统中的电抗器（$C_L = 0.2\text{nF}$）并联，使得 TRV 降低到了可接受的程度，即低于 IEC 标准中 T30 开断方式要求的 TRV 的包络线（见 13.1.2 节）。系统中采用这台电抗器将故障电流限制到额定短路开断电流的 0.3 倍。

注意，加装并联电容后虽然使 RRRV 显著下降，但是会使得 TRV 峰值增加，这是由于在振荡频率的低频段阻尼较弱的缘故。

强烈推荐上述加装并联电容措施，除非已经过试验验证，或者采用特殊的断路器确保能够成功开断实际工况中出现高频 TRV 的故障[18]。

上述措施已经过实验验证，如图 3.13 所示。一台 12kV SF₆ 断路器用来开断限流电抗器限制的故障电流。由于电抗器的存在，在 TRV 中引起了一个高达 210kHz 的

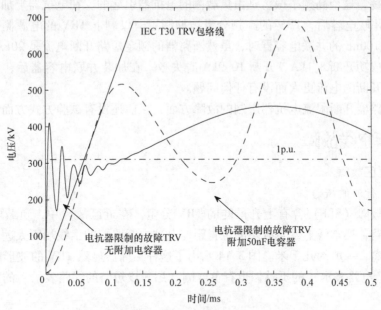

图 3.12　一台 420kV 断路器开断电抗器限制的故障时首开极 TRV 振荡仿真结果。限流电抗器将故障电流限制在额定短路开断电流的 0.3 倍，限流电抗器上并联了一台 50nF 的电容器以降低 TRV 的频率

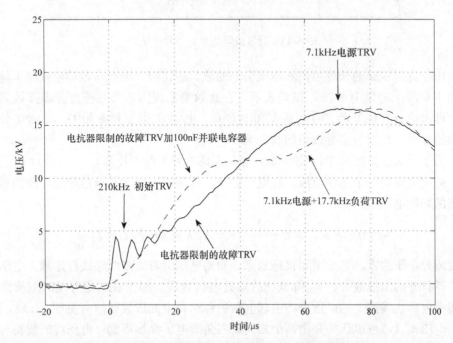

图 3.13　开断电抗器限制的故障时 TRV 初始部分测量结果。实线为没有加装并联电容器情况，虚线为加装 100nF 电容器情况

高频率振荡，这个高频率振荡是由负载侧的电抗器引起的。在电抗器上加装了一个 100nF 的并联电容后，TRV 的高频分量被抑制了，仅剩下 TRV 的电源侧分量。在没有加装 100nF 的并联电容时，虽然断路器的额定短路开断电流是 20kA[19]，但是它只能成功开断 8.1kA，开断 10.9kA 时失败。在加装并联电容器后，该断路器可以成功开断的电流更大而没有任何问题。

在断路器开断限流电抗器限制的故障方面，目前还没有试验方式方面的标准。

3.6 架空线故障

3.6.1 近区故障

3.6.1.1 行波的概念

近区故障（SLF）含有上升最陡的 TRV 分量。在近区故障中，负载电路是一段架空线路，架空线上发生故障的位置距变电站中断路器的出线端不太远，但也有一定的距离，一般约几千米。图 3.14 示出了这种工况。显然 TRV 的波形既有电源侧（用 LC 电路表示）的贡献，也有负载侧（用一段短路的线路表示）的贡献。

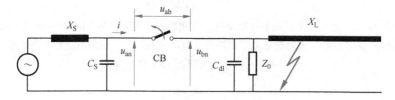

图 3.14 近区故障的单相等效电路

由于此时线路的长度可以和电压暂态的波长相比拟，因此这段输电线路不能再用图 1.9 所示的集中参数 L 和 C 表示。在此频率范围内，必须按照分布参数来处理，即考虑分布在每米上的电感 L' 和电容 C'，电阻 R' 也与频率相关。在考虑分布参数特性时，行波将主导线路的暂态响应[20]。

为了计算线路侧对 TRV 的贡献，必须考虑线路上的电压降。

假定电流是一个感性电流，在电流零点，电源电压处于其峰值附近，断路器线路侧的初始电压 u_{01} 为

$$u_{bn}(0) = u_{01} = \hat{U} \frac{X_L}{X_S + X_L} = X_L \hat{I} = \omega L_L I \sqrt{2} = L_L \frac{di}{dt} \qquad (3.9)$$

在故障处电压为零。对于单相接地故障，初始电压沿着故障线路线性递减，电压从断路器打开的出线端处的 u_{01} 降低到故障处电压为零。因而在电流开断时刻线路带有残余电荷。线路上的电压分布引起电荷的移动，由此形成行波（见图 3.15）。

电压 $u_{bn}(t)$ 可以认为是由两个相同的三角形电压叠加得到。电压波的波长与故障线路的长度相当，每个电压波的幅值在断路器线路侧的出线端处为 $u_{01}/2$，在故障点处电压为零[21]。从电流开断时刻开始，这两个电压波相互叠加。两个电压波

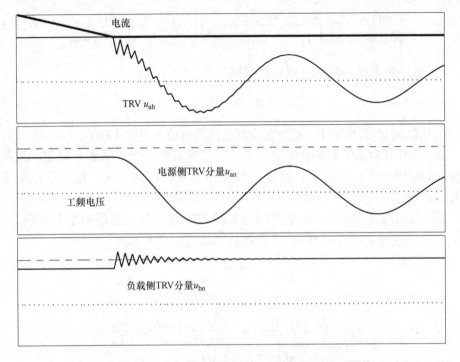

图 3.15   近区故障 TRV 及其分量。短虚线表示电压零线。
在这个时间尺度上工频电压几乎为常数，用点虚线表示 $u(t)$

从初始位置出发，传播的速度 v 相同，但方向相反。

电压行波在故障线路的两个端点被反射：在断路器侧行波被完全反射，幅值加倍，在短路端电压极性被反转。由此线路上任一位置在任何时刻的电压就是这两个电压行波的瞬时值之和。

这样的行波过程导致了断路器上的 TRV 呈现三角波形分量，其初始值为 u_{01}，随时间逐渐衰减到零值。

行波的传播速度 v 为[20]

$$v = \sqrt{\dfrac{1}{L'C'}} \tag{3.10}$$

在短路线路上振荡的三角波周期 T_L 如下式所示，其中 l 为到故障点的线路长度：

$$T_L = 4\dfrac{l}{v} \tag{3.11}$$

将式（3.9）~式（3.11）合并整理，令 $L_L = lL'$ 代入，得到在开断时刻（$i = +0$）线路侧的初始电压上升率为

$$\left.\frac{\mathrm{d}u}{\mathrm{d}t}\right|_{i=+0} = \frac{u_{01}}{\frac{1}{4}T_L} = \frac{\omega L_L I\sqrt{2}}{\frac{l}{v}} = \sqrt{\frac{L'}{C'}}\omega I\sqrt{2} = Z_0\left.\frac{\mathrm{d}i}{\mathrm{d}t}\right|_{i=-0} \tag{3.12}$$

在此引入线路的波阻抗（或特征阻抗）Z_0，定义为

$$Z_0 = \sqrt{\frac{L'}{C'}} \tag{3.13}$$

在 IEC 和 IEEE 标准中，规定架空线的波阻抗值为 $Z_0 = 450\Omega$。

就一个快速暂态的初始响应而言，波阻抗代表着一个"瞬态"电阻。只要暂态持续的时间小于行波沿着线路从头到尾传播的时间的 2 倍，这个近似就是有效的。

从而可以通过波阻抗，将电流刚过零时 TRV 线路侧分量的初始上升率（$\mathrm{d}u/\mathrm{d}t)_{i=+0}$ 与电流即将过零时的电流下降率 $(\mathrm{d}i/\mathrm{d}t)_{i=-0}$ 联系起来。

$$\left.\frac{\mathrm{d}u}{\mathrm{d}t}\right|_{i=+0} = Z_0\left.\frac{\mathrm{d}i}{\mathrm{d}t}\right|_{i=-0} \tag{3.14}$$

TRV 线路侧分量将在 t_p 时刻达到第一个峰值：

$$t_p = \frac{2l}{v} = \frac{2l}{\sqrt{\frac{1}{L'C'}}} = \frac{2l}{\frac{1}{L'}\sqrt{\frac{L'}{C'}}} = \frac{2lL'}{Z_0} = \frac{2L_L}{Z_0} \tag{3.15}$$

它达到的第一个局部最大值（$\hat{U}_{\mathrm{line}}$）为

$$\hat{U}_{\mathrm{line}} = u_{\mathrm{bn}(t=t_p)} = k_{\mathrm{af}}u_{01} = k_{\mathrm{af}}L_L\left.\frac{\mathrm{d}i}{\mathrm{d}t}\right|_{i=-0} \tag{3.16}$$

式中，k_{af} 为振幅系数，代表线路的阻尼。在 IEC 标准中规定架空线的振幅系数 $k_{\mathrm{af}} = 1.6$。

一般来说，从断路器到故障点的架空线长度不用千米来表示，而是用相对于出线端故障电流 I_{sc} 降低的百分比 $\Delta I_{\%}$ 来表示。在标准中规定出线端故障电流 I_{sc} 等于额定短路开断电流。如果在故障线路上实际流过的电流是 I，那么

$$\Delta I_{\%} = 100\frac{I}{I_{\mathrm{sc}}} = 100\frac{L_S}{L_L + L_S} \tag{3.17}$$

在标准中规定用 $\Delta I_{\%} = 90\%$ 和 $\Delta I_{\%} = 75\%$ 来测试断路器的近区故障开断能力，因而得名近区故障或者千米故障。

"近区"线路的实际长度可由下式计算：

$$L_L = lL' = L_S\frac{100 - \Delta I_{\%}}{\Delta I_{\%}} \rightarrow l = \frac{L_S}{L'}\frac{100 - \Delta I_{\%}}{\Delta I_{\%}} = \frac{1}{L'}\frac{U_r}{\omega\sqrt{3}I_{\mathrm{sc}}}\frac{100 - \Delta I_{\%}}{\Delta I_{\%}}$$

$$\tag{3.18}$$

示例：取 $L' = 1.5\mathrm{mH\,km^{-1}}$，对于一个 50Hz、420kV 的系统，其额定开断短路电流为 63kA，当 $\Delta I_{\%} = 90\%$ 时，短路电流减小到 $0.9 \times 63\mathrm{kA}$，由式（3.18）可以

计算得到线路长度 $l = 908\text{m}$。

TRV 的电源侧分量 u_{an} 可以看作是一个单频或多频振荡，因此断路器断口上的 TRV 由线路侧上升很陡的三角波分量和电源侧多频正弦波分量组成。由于三角波分量和多频正弦波分量的叠加作用，实际 TRV 的第一个峰值会略高于由式 (3.16) 给出的线路侧峰值 $\hat{U}_{line}$[22]。

图 3.16 为一个典型的示例。

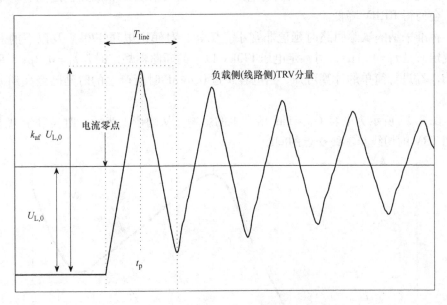

图 3.16　TRV 线路侧分量初始部分的展开图

3.6.1.2　初始瞬态恢复电压

除了架空线以外，所有导体，只要长度和波阻抗超过一定值，都会在电压模式突然发生变化下产生行波作为响应。这对断路器的开断能力产生一定的影响。

除了架空线外，另外一种产生三角波形式 TRV 的导体是母线排。通常母线排是用来将断路器的电源侧与变电站的其他元器件连接在一起。母线排的波阻抗为几百欧，这意味着断路器电源侧的 TRV 也呈现为三角波。由于母线排的长度要比架空线短得多，因此断路器电源侧 TRV 的频率非常高（ >1MHz），使得初始 TRV 上升速度很快。这个初始 TRV 在试验中必须予以考虑，至少当灭弧室和母线排直接连接时必须加以考虑。

当灭弧室放置于接地壳体中时，例如安装在落地罐式断路器或者 GIS 断路器中，套管的杂散电容使得初始 TRV 的影响可忽略不计。

另一方面，对于瓷柱式断路器，初始 TRV 必须加以考虑。

电缆是另一种产生行波的传输线类型。然而由于其波阻抗较小，只有几十欧，相比之下架空线和母线排的波阻抗为几百欧，因此断路器电缆侧 TRV 的上升率很低，在试验程序中也不需要加以考虑。

3.6.1.3　时延

在线路的起始端有一些杂散电容，在图 3.14 中用 C_{dl} 表示，如电流互感器和电压互感器的电容、套管以及支撑绝缘子等的电容等，这些电容的影响是使得 TRV 在最初几个微秒内的电压上升率减慢。这一效应称作时延，用延迟时间 t_d 进行量化。因此，如果在 TRV 上升很快的电路元件（如架空线）和断路器之间有对地电容，会使得 RRRV 降低。

标准采纳的试验回路时延值非常小。例如，对额定电压 170kV 及以下的断路器规定时延 $t_d = 0.1\mu s$，对额定电压 170kV 以上的断路器规定时延 $t_d = 0.2\mu s$。采用 $t_d = C_{dl}Z_0$ 进行简单的计算可知，当电容超过 0.44nF 时所产生的时延已经大到无法接受。

图 3.17 所示为电容 $C_{dl} = 1nF$ 所产生的影响。从图形上表示，时延等于电压零点到 TRV 的切线与零线交点的间距。

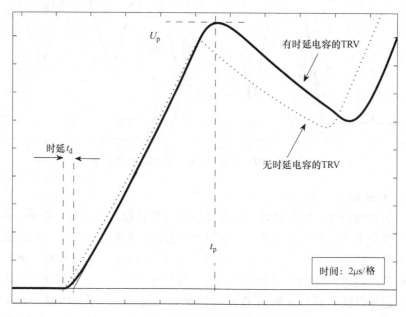

图 3.17　并联电容 $C_{dl} = 1nF$ 对 TRV 时延的影响

这个附加的电容除了产生时延效应外，它还导致 TRV 峰值的增加。

在试验中为了尽量减小时延，通常将 TRV 回路尽可能靠近被试断路器，或者加装复杂的补偿回路。

需要提及的是，只有在理想断路器情况下，由于没有电弧电压，时延才真正存在。因此，时延是对产生一个预期的足够陡的固有 TRV 的测试回路来定的。为了确定时延，可以向测试回路施加一个电压源。这个电压源首先对时延电容器充电，然后 TRV 才开始上升。在 IEC 62271 - 100 标准的附录 F 中规定了确定预期 TRV 波形的方法。

在实际开断过程中，TRV 不需要对时延电容充电，因为电弧电压已经在电流过零前就已经对时延电容充电了。因此在开断中 TRV 无需给电容充电后再开始上升，而是从电流零点开始立即上升而没有任何延迟。

事实上时延电容的影响体现在电流过零前电弧和电路的相互作用中（见3.6.1.5 节）。电容较大时在电流刚刚过零前可以将更多的电流从电弧中分流出来。

在变电站中杂散电容较多，通常比标准中所规定的时延推算出来的最小电容值要大。

3.6.1.4　近区故障对断路器的影响

断路器开断近区故障的真正挑战在于开断后立即出现上升速度非常快的 TRV。这意味着正当断路器从零前的强燃弧中恢复的时候，一个很高的电压立即出现在断口上。

还以 3.6.1.1 节中所举的示例为例，一台额定电压为 $U_r = 420 \text{kV}$、额定开断电流 $I_{sc} = 63 \text{kA}$ 的断路器，频率为 50Hz，开断近区故障。当开断电流为额定短路开断电流的 90% 时，电流零点处的电流下降速率为

$$\mathrm{d}i/\mathrm{d}t = (\Delta I_\% /100)2\pi f\sqrt{2}I_{sc} = (90/100)2\pi \times 50\sqrt{2} \times 63 \times 10^3$$
$$= 25.2 \times 10^6 \text{A s}^{-1} = 25.2 \text{A } \mu\text{s}^{-1}$$

在标准中规定近区故障的波阻抗 $Z_0 = 450\Omega$，由式（3.12）可知，线路侧的 TRV 初始上升速率为

$$\mathrm{d}u/\mathrm{d}t = Z_0(\mathrm{d}i/\mathrm{d}t) = 450 \times (25.2 \times 10^6) = 11.3 \times 10^9 \text{V s}^{-1} = 11.3 \text{kV } \mu\text{s}^{-1}$$

电压将以此速率线性增加直至达到线路侧 TRV 分量的峰值。

线路的等效电感 L_L 可以由式（3.18）计算得出，线电压 $U_r = 420 \text{kV}$：

$$L_L = [U_r/(\sqrt{3}\omega I_{sc})](100 - \Delta I_\%)/\Delta I_\% = [(420 \times 10^3)/(\sqrt{3} \times 2\pi 50 \times 63 \times 10^3)] \times$$
$$(100 - 90)/90 = 1.36 \text{mH}$$

这样就可由式（3.16）得到线路侧 TRV 的第一个局部最大值 $\hat{U}_{line}$：

$$\hat{U}_{line} = k_{af}L_L(\mathrm{d}i/\mathrm{d}t) = 1.6(1.36 \times 10^{-3})(25.2 \times 10^6) = 54.8 \text{kV}$$

这意味着在电流过零前 $4\mu\text{s}$ 时电弧中的瞬时电流为 100A，而电流过零后 $4\mu\text{s}$ 时弧隙上的电压已达 45kV。也就是说在这 $8\mu\text{s}$ 的时间内弧隙的电导率必须急剧变化，从一个很大的电导率降低至一个非常小的电导率。

对断路器设计工程师而言，保证断路器近区故障电流开断能力的主要挑战就在于如何应对这样快速的变化。弧隙介质强度需要在极短的时间内恢复。

弧隙中的残余等离子体会在一定程度上阻止介质恢复。因此，应使得 SF_6 气体以适当的方式流动以确保电弧残余物被快速清除，而气体的流动模式由灭弧室中的喷口及其两端的压力决定。

从电气角度讲，弧隙中的恢复状况可以用弧后电流 i_{pa} 来表征。这是一个非常小的电流，它是在电弧消失后由 TRV 驱动残余等离子体运动所产生的。弧后电流瞬时值 $i_{pa}(t)$ 与触头间隙上施加的 TRV，即 $u_{ab}(t)$ 的乘积就是输入弧后等离子体的实际功率。当输入电弧功率大于外部气流流动对电弧产生的冷却效应的功率 P_{cool} 时，电弧将重燃：

$$u_{ab}(t)i_{pa}(t) > P_{cool}(t) \tag{3.19}$$

这种情形称作热重燃。图 3.18 所示为电流零区测量的两个例子：成功开断和热重燃。

测量和评估电流零区参数，如弧后电流和电弧电导率等，非常有利于指导断路器设计以提高热开断能力[23]。

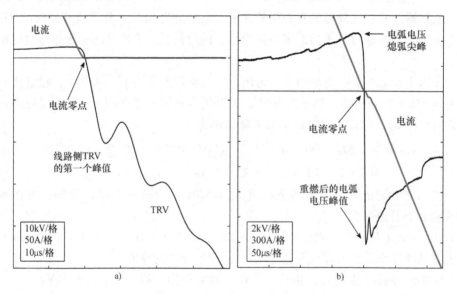

图 3.18 电流零区测量：a）成功开断；b）热重燃

图 3.19 所示为一台高压 SF_6 断路器的电流零区测量结果[24]，它示出了 4 种典型的电流零区现象：

a）成功开断，本例中弧后电流小于几百毫安。

b）成功开断，但是可以观察到明显的弧后电流。这意味着断路器已接近热开断能力的极限。

c）热重燃，弧后电流太大导致超出断路器的热开断能力。

d）热重燃，开断电流远小于断路器开断能力极限值情况下出现的热重燃通常是由于 SF_6 气体流速太慢以致冷却效应不足造成的，比如喷口由于电弧的反复灼烧而变宽，这个过程被称为喷口侵蚀。

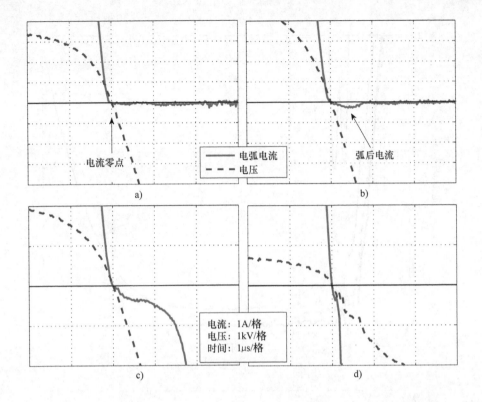

图 3.19 电流零区测量的典型结果：a）成功开断，弧后电流小于临界值；
b）成功开断，弧后电流最大值为 200mA；c）大约 1.5μs 时发生热重燃（弧后电流导致的
开断失败）；d）立即重燃（开断失败）

表征断路器距发生热重燃有多大裕度的一个很好的指标就是电弧电导率 $g(t)$，电弧电导率是电弧电流 $i_a(t)$ 与触头间电弧电压 $u_{ab}(t)$ 之比：

$$g(t) = \frac{i_a(t)}{u_{ab}(t)}$$

在电流过零前上式中的物理量是电弧电流和电弧电压，在电流过零后上式中的物理量为直至发生重燃的弧后电流和 TRV。

从大量的测量中获得了一个很明确的关系，即成功开断的概率与电流过零前 200ns 时的电弧电导率 $g(t = -200\text{ns}) = G_{-200}$ 有关[25]。由图 3.19 中的测量结果推导出的电弧电导率如图 3.20 所示。

图 3.20 中结果与大多数 SF₆ 断路器一样，当 G_{-200} 值小于临界值 G_{lim} 时开断成功，当 G_{-200} 值大于临界值时发生热重燃。

从微观角度上讲，热重燃是在 TRV 的作用下带电粒子的定向移动造成的。在高温的电弧残余物中有大量的带电粒子，它们携带有大量的热能。通过碰撞和电离

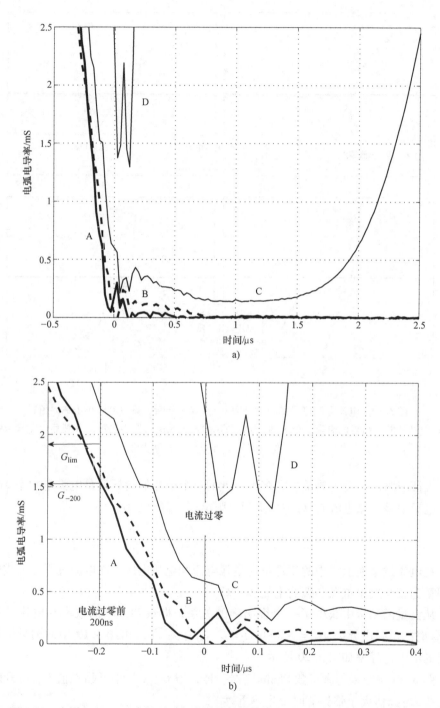

图 3.20　由图 3.19a ~ d 中的弧后电流测量结果推导出的电流零区电弧电导率 $g(t)$

作用，一条新的高导电性的通道可以被建立起来。

在电流刚过零时，粒子密度很高，使得粒子碰撞的平均自由程较短，因此每个粒子从 TRV 作用下的电场中获得的能量也很有限。随着时间的推移，粒子密度降低了，粒子的平均自由程增加了，由于等离子体的扩散作用并且与冷的 SF_6 气体的相互接触，热能也随之减少。

一方面电场能量在不断增加，另一方面随着弧隙中冷气体的注入热能不断减少，同时粒子也在不断消散，两者之间的竞赛最终将决定开断是成功还是失败。

上述竞赛发生在电流过零后的头几个微秒时间内。这就是为什么近区故障 TRV 的第一个峰值只有几十千伏，但是对任何气体断路器而言，伴随着快速上升的 TRV，热应力的考验都如此严峻的原因。

上述描述适合于高气压气体介质中的电流开断过程（SF_6、空气、油中释放的氢气等）。对真空断路器而言，其恢复过程与上述描述完全不同，对于很陡的 TRV 施加在真空灭弧室触头间隙上所产生的应力，目前还了解得很少。经验表明对于非常陡的 TRV，真空断路器承受起来要比 SF_6 断路器容易。

近区故障开断的 TRV 由下面三个参数表征：

• RRRV：当发生近区故障的位置越靠近断路器时（线路更短），短路电流就越大，由式（3.12）可知，RRRV 增加。

• TRV 频率：TRV 三角波的频率因线路长度缩短会增加，其原因在于行波在线路上传播的时间变短［见式（3.11）］。

• 第一个峰的峰值 $\hat{U}_{line}$：故障发生点越靠近变电站，线路上的初始电压降就越低，这个峰值就越小［见式（3.16）］。

对气体断路器恢复过程的研究表明，综合考虑开断电流、RRRV 和 $\hat{U}_{line}$ 等因素对气体中物理过程产生的影响，最困难的开断发生在近区故障情况下。"近"是由标准中规定 $\Delta I_\% = 90\%$ 和 70% 来确定的[26]。特别是在 $89 \leqslant \Delta I_\% \leqslant 93$ 的范围内，线路长度处于临界值，在此情况下为了开断电流所需的冷却功率最大。

正如前面所讨论的，弧后电流过大是热重燃的主要原因。对 SF_6 断路器，弧后电流在几十到几百毫安的范围内，而在真空开断中弧后电流可达几安。

3.6.1.5　断路器与电路之间的相互作用

在电流零区，断路器的电弧与其所处的电路之间具有强烈的相互作用。这个相互作用对于近区故障开断尤其重要，因为在此情况下开断成功的关键取决于 TRV 上升非常快的最初几个微秒。而在其他的开断方式中快速清除电弧残余物就没这么重要。

对于气体断路器，电弧电压起着重要的作用，因为它决定着断路器与电路之间的相互作用过程。

电弧电压是电弧上的电压降，它是电弧中带电粒子相互发生物理作用的结果。

它基本上由三个电压降组成：一个较大的电弧弧柱电压降及两个较低的触头邻近区域的阴极电压降和阳极电压降。

由于气体断路器中的高气压电弧[27-29]和真空断路器[33]中金属蒸汽电弧[30-32]在物理上有根本的区别，因此它们在电弧与电路的相互作用方面是完全不同的。

3.6.1.6 气体断路器中的电弧-电路相互作用

因为开断成败取决于（亚）微秒时间尺度，所以产生高频暂态的寄生电路元器件起着决定性的作用。

在气体断路器中，电弧电压大体在几百伏到几千伏的范围内，电弧电压主要取决于以下因素：

• 电弧长度。一般而言，电弧上的电压降与电弧的长度成正比。电弧的长度可以比触头开距（间隙长度）大得多。尤其在小电流时，电弧在气体中自由漂移，弯曲打折（见图 3.21）。电弧在打折处可以短接，从电弧电压测量上表现为突然跌落。图 3.22 示出了这种情形，这是一个测量到电弧电压发生突然跌落的例子。

• 电弧所处的气体。电弧电压取决于周围介质的多个物理参数[27,34]。在压缩空气中的电弧电压要比 SF_6 中的电弧电压高。

• 弧根处的触头材料。触头材料对电弧电压的影响较小，因为它仅仅影响阳极电压降和阴极电压降。气体电弧的电压降主要在弧柱上，因此触头材料的影响不大。

• 电弧的冷却。电弧的功率等于电弧电流和电弧电压的乘积。在热损耗较大的情况下，电弧通过提高电弧电压来增加功率。特别是在电流减小接近零点时，电弧很细，电弧表面积与体积之比急剧上升，此时对电弧的冷却会使电弧电压迅速增加。

a) b) c)

图 3.21 在高压断路器中电弧在绝缘喷口内弧触头间的运动

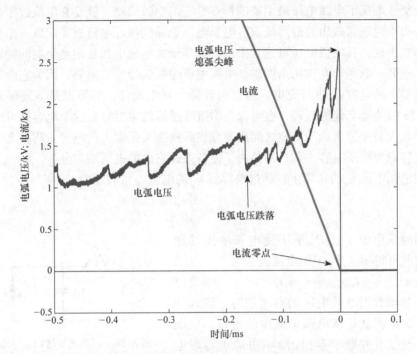

图 3.22 在接近电流零点时电弧电压的随机波动与电压跌落

● 电弧电流。气体中的电弧具有负的伏安特性。这意味着电弧电压随电流下降而上升，反之亦然。当进行冷却时，为了维持能量平衡，电弧对电流减小的反应是增加电弧电压。图 3.23 是一个示例。

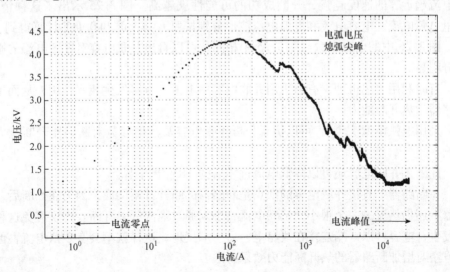

图 3.23 电弧电压与电流关系的一个示例

在交流电压下电弧电压最主要的特点是它的熄弧尖峰，就是在电流过零前几微秒电流很小时电弧做出的最后反应。电弧电压熄弧尖峰在电流过零前以一个很陡的尖峰形式出现，其峰值电压可达几千伏，远高于大电流电弧稳定燃烧期间的电弧电压。从电弧－电路相互作用角度讲，电弧电压熄弧尖峰非常重要，因为它会对并联在断路器上的电容 C_p 进行充电。这个电容是个寄生元件，它可以是落地罐式断路器或 GIS 断路器套管的电容，也可以是附近互感器的电容等。这个电容还可以是有意安装在灭弧室进出线端与地之间或者直接跨接在灭弧室上的电容。跨接在灭弧室上的电容称为均压电容，其目的是为了使各灭弧室上的电压均匀分配。

在电弧电压 u_a 的作用下，通过电容器 C_p 的电流 i_C 可表示为

$$i_C = C_p \frac{\mathrm{d}u_a}{\mathrm{d}t} \tag{3.20}$$

而故障电流 $i_{circuit}$ 几乎不受电弧电压的影响，由此可得图 3.24 中的电流关系为

$$i_{circuit} = i_a + i_C \tag{3.21}$$

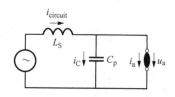

图 3.24　在电流零区电弧－电路动态相互作用的等效电路

这意味着当电弧电压动态增加时，流入并联电容的电流就是从电弧中减少的电流。由此可知，与没有并联电容相比，有并联电容时电流过零前的电流下降速率 $\mathrm{d}i/\mathrm{d}t$ 更小，在临界区域允许电弧有更多时间进行冷却。从而，弧后电流较小，弧隙也恢复得更快。

虽然流入并联电容的电流不大，但是在电流零区它占电弧电流的比重不低。电弧电流趋近零的速度越慢，开断成功的可能性就越高。图 3.25 示出了这种情况，这里电弧电流、电容电流和电弧电压波形分别按照 $C_p = 1\mathrm{nF}$ 和 $0.1\mathrm{nF}$ 计算得到。

图 3.26 中的电容参数与图 3.25 中相同，可以看出并联电容对零区电流的影响十分明显。

有时利用上述机理，有意采用并联电容使电弧－电路发生相互作用，从而增加断路器的热开断能力。

采用电弧模型[34,35]，可以仿真分析并联电容及其他参数对断路器开断能力的影响。

此外，并联电容还可以降低电流过零后的 TRV 上升率。

在断路器上直接并联电容的缺点是断路器的断开并不彻底，因为在开断后，电容器上还仍然流过一个很小的工频电流，必须通过隔离开关开断。为了避免这种情况发生，电容可以一端连接在线路上，另一端接地，这样就不会有残留电流，但这种方法对增加断路器的热开断能力效果有限。

3.6.1.7　真空断路器中的电弧－电路相互作用

真空电弧的电弧电压仅有几十伏。当接近零点时，电流很小，真空电弧的电弧

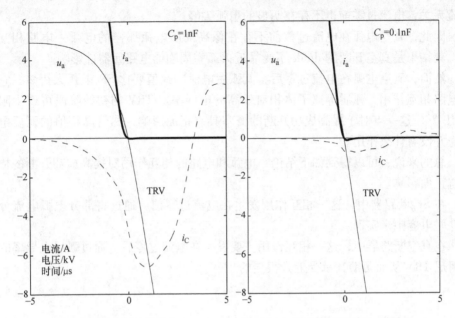

图 3.25 断路器并联电容 $C_p = 0.1\text{nF}$ 和 1nF 时对电流零区 $\mathrm{d}i/\mathrm{d}t$ 的影响

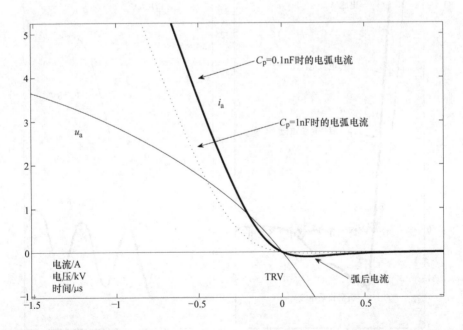

图 3.26 断路器并联电容 $C_p = 0.1\text{nF}$ 和 1nF 对电流零区 $\mathrm{d}i/\mathrm{d}t$ 的影响（放大图）

电压基本为阴极电压降，弧柱上的电压降可忽略不计。真空电弧在电流接近零点时仅仅有几个阴极斑点，其阴极斑点射流相互平行（见 8.3.3 节），因此电弧电压与电流无关，电流过零前也不存在明显的熄弧尖峰[30]。

因此，真空电弧在电流过零前不存在像高气压电弧那样的电弧 - 电路相互作用。其结果是真空开断的 $\mathrm{d}i/\mathrm{d}t$ 不受靠近灭弧室周围的电路元器件影响。

然而，真空电弧在电流过零后，其弧后电流的幅值要比 SF_6 电弧大得多，它会与电路相互作用。弧后等离子体相对较高的电导率对 TRV 的初始阶段可产生阻尼作用[36]。这一点对于提高成功开断的概率具有正面影响，尽管高幅值的弧后电流自身并没有什么作用。

总的来说，可以得到如下结论：电弧和电路的相互作用对提高成功开断的概率具有正面影响。

在 SF_6 断路器中，这一相互作用发生在电流过零前，通过将部分电弧电流分流到并联电容中来实现。

在真空断路器中，这一相互作用主要发生在电流过零后，通过弧后电导率的影响阻尼 TRV 从而帮助其承受上升很陡的 TRV。

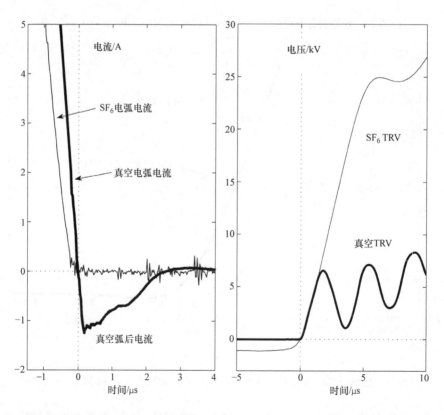

图 3.27 真空断路器和 SF_6 断路器的电流零区特性。测试回路电源电压不同

图 3.27 给出了在 SF_6 断路器和真空断路器中开断近区故障的电流零区测量结果，从中可以看到这两种类型断路器的区别。

3.6.2 长线故障

当故障发生位置距离断路器很远时，称为长线故障（LLF）。长线故障的很多现象与近区故障相近似。故障点和断路器之间的行波在很大程度上决定了 TRV 的波形。TRV 的线路侧分量是已熟知的三角波，由线路的初始电压分布开始，在故障端被负反射，在断路器端被正反射。与近区故障类似，长线故障在三相接地故障开断时最后一极也要面临最大的等效波阻抗。近区故障试验方式关注的就是最后开断极现象或单相接地故障开断，开断电流固定在额定短路开断电流的 90% 或 75%。

长线故障和近区故障的差别在于，长线故障的电流大小主要由架空线的电抗决定，架空线的 X_0/X_1 比值在 1.5 ~ 3.0 之间，因此三相短路电流会显著大于单相接地故障电流。

从而，当三相短路故障发生的位置距断路器远到一定程度时，首开极的 RRRV 要比最后开断极高。首开极的 TRV 峰值也要比最后开断极高。假定每相故障发生的位置刚好使得最后开断极的故障电流与首开极电流幅值相同，这意味着首开极的故障点位置要远得多，行波传输时间也更长，这样就使得首开极的 TRV 峰值要高于最后开断极。

此外，由于断路器到故障点的距离很长，首开极在线路侧会感受到一个可观的工频电压，这是由其他相的故障电流所感应出来的，因而会导致线路侧的振幅系数 k_{af} 高于 1.6，实际上 k_{af} 可达 2.4[37]。因而长线故障首开极的 TRV 条件最为苛刻。最近在 IEC 62271 - 100 标准中采用 T10 试验工况考核长线故障开断的原因，就是由于其 TRV 峰值高的缘故[10]。

一个特别现象是当一个电路平行于故障电路时，它对故障电路产生影响，例如双回架空线或者多路平行的单回架空线的情况。当开断长线故障时，TRV 的母线侧分量向系统注入一个操作过电压。这个操作过电压将通过平行电路到达开断故障的断路器另一端的母线。因而，在此情况下断路器上施加的总的 TRV 包含三部分：

- 故障线路上的三角形行波；
- 系统在断路器母线侧的响应；
- 故障开断时线路另一端注入的操作过电压。

图 3.28 给出了故障出现在线路上的不同位置时这三部分如何相互影响。

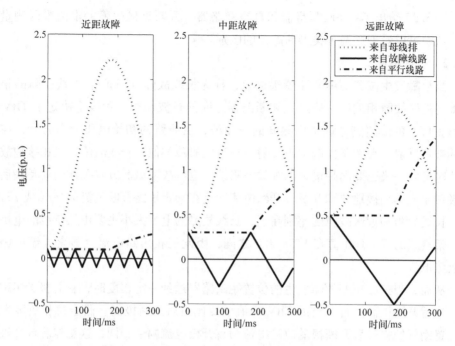

图 3.28　与传输线故障开断有关的 TRV 的各分量

3.7　失步开合

3.7.1　简介

失步（OOP）开合发生的条件是，运行电压相同的两个耦合网络，其等效电源的相角不同，出现部分甚至完全失步（相角差 180°）的情况。电源电压旋转矢量的相角差意味着系统的连接会引起失步电流，必须通过某一侧的断路器加以分断。在两个系统的连接处的某个位置上电压矢量几乎为零，这一位置被称作平衡点。

在实际运行中，在下述情况下需要将两个网络隔开或者将网络的一部分隔开：

1）平衡点与一组发电机 - 变压器连接，发电机运行点处于不稳定情况下，例如切除附近故障所花时间超出了保持发电机稳定运行的临界切除时间；

2）平衡点位于架空线上，这可能发生在出现系统稳定性问题的情况下，例如出现了无功功率不平衡、过载、甩负载或其他强扰动等。

注意，本节所讨论的故障与 1.3 节和 1.4 节不同，在那里所讨论的故障后果通常是产生外部电弧，本节所讨论的则不是这种情况。失步电流要比断路器的额定短路电流 I_{sc} 小得多，但可能比发电机的暂态短路电流甚至次暂态短路电流要大得多（见 3.7.2 节和 10.1.2 节）。

从 TRV 角度来看，这一开断方式的特殊之处在于断路器两边都存在电源，见

图 3.29 中的电源 S_1 和 S_2。

前面所讨论过的所有故障开断方式，其负载侧的 TRV 分量都衰减到零。然而在失步情况下，电源 S_2 侧的 TRV 分量将衰减至 S_2 侧电源的工频恢复电压，如图

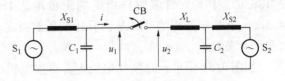

图 3.29　失步故障的单相等效电路

3.30 所示。图中假设两个电源之间的电压相位差为 90°，同时假定其短路电抗相同。

这样造成的结果是，失步开断方式将出现一个峰值非常高的 TRV，而其 RRRV 和开断电流处于中等水平。由于在所有开断任务中失步开断的 TRV 峰值最高，它经常被作为其他特殊开断工况的参考，例如切长线故障或者切除串补线路故障。

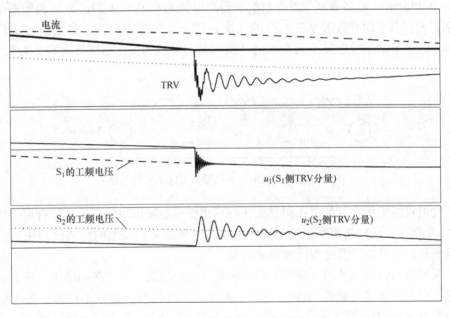

图 3.30　失步故障的 TRV 及其分量

3.7.2　发电机和系统间的开合过程

如果在发电机和电力系统之间如果采用了升压变压器，那么既可以在升压变压器的高压侧开合，也可以在升压变压器的中压侧开合。不仅在系统出现扰动或者发电厂需要退出系统时需要进行开合，而且在发电机和系统间进行同步或失去同步时也需要进行开合。失步的程度取决于发电机和系统之间的失步相角以及发电机转子的励磁状况。一般而言，励磁控制将尽快地将转子磁场灭磁。发电厂还会安装失步保护装置、同步检测装置、同步装置以及其他装置。发电机断路器的相关标准[38]考虑了失步开合工况（见 10.1.2 节），规定了失步角为 90°时，对应的 TRV 峰值为

3.18p. u. 。然而，许多用户指定的失步角达 $180°$，此失步角对应的 TRV 峰值为 4.5p. u. 。失步开断的 RRRV 由升压变压器决定，与变压器限制的故障的情况近似（见 1.4 节）。

如图 3.31 所示，总恢复电压 U_{RV} 由发电机电抗上的电压降、升压变压器上的电压降以及系统上的电压降组成。在电流开断过程中，在电流过零时刻上述电压降为零，总恢复电压 U_{RV} 由零点开始上升：

$$U_{RV} = I_{oop} \cdot k_{pp} \cdot (X_d'' + X_{tr} + X_{sys}) \tag{3.22}$$

式中，I_{oop} 是失步故障电流；k_{pp} 是总的首开极系数；X_d'' 是发电机的次暂态电抗；X_{tr} 是变压器的短路电抗；X_{sys} 是系统的电抗。

总的首开极系数考虑了断路器两侧每个系统的首开极系数。

电压降一般在发电机的（次）暂态电抗上降落得最多。变压器电抗一般为 $0.1 \sim 0.15$p. u. ，而多数现代发电机的次暂态电抗为 $0.18 \sim 0.27$p. u. ，其暂态电抗甚至更大。老式的双极透平发电机的（次）暂态电抗相对较低，典型值为 $0.12 \sim 0.15$p. u. 。通常系统电抗不到发电机（次）暂态电抗和变压器电抗之和的 $1/5$。

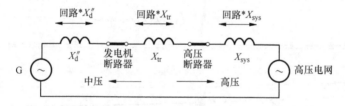

图 3.31　计算发电机断路器恢复电压时的电路

发电机绕组所决定的电压固有振荡频率比变压器绕组决定的电压固有振荡频率低 $2 \sim 3$ 倍。系统的暂态分量通常频率最低，主要由架空线上的行波过程决定。电源侧变压器主导的暂态过程通常频率较高。

断路器两侧电路的固有频率决定了恢复电压的幅值。由于两侧的固有频率相差悬殊，因此断路器两侧的 TRV 各自独立振荡，其峰值有可能并不同步。高压断路器的发电机侧 TRV 的峰值由一个很低的首开极系数 k_{pp}（在中性点接地系统，略小于 1.0）和一个较高的振幅系数 k_{af} 决定。对于低损耗的发电机/变压器组，可以取 $k_{af} = 1.8$。

对于中性点悬浮或者装有消弧线圈的系统，首开极系数取 1.5，最高恢复电压可达 3.0p. u. 。在完全反相情况下，总 TRV 峰值可达 4.55p. u. 。失步角为 $75°$ 时恢复电压达到 1.83p. u. ，TRV 峰值达到 3.1p. u. ，这个数值接近标准给出的首开极系数为 1.5 的系统中的 TRV 峰值 3.13p. u. 。

风力发电机与中压电网联网时发生故障时的失步开合条件见 10.11.2 节的分析。

3.7.3 两个系统间的开合过程

在两个电力系统间进行开合操作的典型情况是出现了功率不平衡或系统不稳定，例如，当系统恢复时出现了大的系统扰动或者保护出现了误动作。比较重要的输电线路会在继电保护系统中安装防失步装置，或者安装一套特殊的系统级保护，以防止系统在严重失步情况下发生解裂。然而，失步电流开断的 TRV 总会带来严峻的考验。特别是对辐射型输电系统，电网需要断路器在失步角高达 180° 时开断失步电流，这个要求高于 IEC 断路器标准[1]。

在系统即将解裂前，平衡点会出现在架空线上或电缆接头处。系统解裂给断路器带来的 RRRV 由断路器看到的等效波阻抗 Z_{eq} 和失步电流 i_{oop} 的下降速率决定：

$$\left.\frac{\mathrm{d}u}{\mathrm{d}t}\right|_{t=+0} = Z_{eq}\left.\frac{\mathrm{d}i_{oop}}{\mathrm{d}t}\right|_{t=-0} \tag{3.23}$$

在线路侧，Z_{eq} 等于首开极的波阻抗，典型值为 350 ~ 400Ω。直到行波从架空线另一端的变电站反射回断路器时 TRV 才得以建立。远端变电站的反射系数取决于当地所连接的若干架空线的等效波阻抗。同样，断路器母线侧的 Z_{eq} 取决于连接到母线上的若干线路。失步电流取决于输电线路两端的失步相角、母线电压和线路电抗。这意味着长输电线路的失步条件由行波现象和系统固有频率决定。

由于行波的影响，线路侧的 TRV 呈现为三角波形（见 1.6.1 节），其峰值的计算方法为行波沿架空线传播时间的 2 倍乘以 RRRV。行波的传播时间正比于线路长度，但 RRRV 随着线路长度增加而降低，这是由于失步电流 I_{oop} 的降低导致的。在特殊情况下还能遇到母线侧的行波，导致 RRRV 和 TRV 的峰值会进一步增加[11]。

对实际电网的计算和仿真表明，失步情况下的 TRV 峰值可以高达 3.3 ~ 3.5p. u.[39]。对范围很广的电网（数百千米）和电流较小的情况，甚至可高达 3.9p. u.[40]。对于范围稍小的电网（数百千米及以下）和电流相对较大的情况，为 3.0 ~ 3.5p. u.。

3.8 故障电流的关合

3.8.1 关合短路电流对断路器的影响

短路电流在断路器上产生很大的应力，这导致以下的要求和挑战：

1）在电流流过触头时，尽管有电动力存在，触头也必须保持闭合。尤其对真空断路器而言，这个要求很有必要。因为真空断路器触头为平板对接结构（触头是平板对平板接触，而不是相互插入式接触的），所以触头在流过大电流时趋于相互排斥，可在很小的触头间隙内产生电弧，导致不可逆转的熔焊。图 3.32 所示为平板对接触头中径向电流产生的斥力。因此，施加足够的触头压力非常必要[41]。另外，真空灭弧室触头的有效接触面积相对比较小，触头分开过程中容易出现熔融的金属桥。

2）在短时耐受电流试验中可以观察到，短路电流的非对称性所起作用很小，而电流通过的时间起主要作用。带有触指式触头的断路器,如SF_6断路器,通常很少遇到上面所讨论的问题,因为从设计上通过大电流时就使得触头抱得更紧。

3)断路器关合故障电路带来了另一种挑战。在关合操作中,随着触头的相互接近,触头间隙耐压强度随时间下降,其速率通常被称作绝缘强度下降率(RDDS)。当电路施加在触头间隙上的电压等于间隙击穿电压时,在这一时刻间隙将被击穿,称为预击穿。预击穿形成的电弧直至触头发生机械接触才熄灭。由于这一预击穿燃弧过程,气体断路器的灭弧室中压力会增加,这会对断路器的合闸及关合位置的闭锁能力带来挑战。在这种情况下,特别是一台机构驱动三极时,触头运动会减缓。在试验

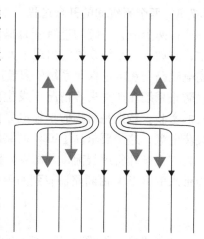

图3.32 真空断路器平板对接触头中电流分布及触头斥力的简化示意图[41]

中需要验证短路电流关合时触头系统的运动与空载情况下差距不大。

4)在真空断路器中,在高温和高触头压力的共同作用下,触头在关合时可能产生熔焊。

5)从触头分离到最终电弧熄灭的燃弧阶段(燃弧时间),触头系统始终受到大电流电弧的作用。在电流非对称性更大情况下电弧能量也明显增加,这是由于电流幅值增加和燃弧时间变长的缘故[42]。这些参量都对电弧能量产生贡献,而产生的电弧能量必须在灭弧室中加以吸收。

6)在IEC 62271-100标准[1]中,规定用T100a试验方式来验证断路器在最大非对称条件下的开断能力,见13.1.3节。

因为短路电流起始于预击穿后,所以预击穿阶段的热应力由短路电流上升率决定。

对于断路器而言,在预击穿阶段电流为对称电流时是最严重的情况,这是因为:

• 对称电流的上升率比非对称电流的大,因此在预击穿燃弧阶段的热应力和气体压力更大;

• 只有在电压最大值时发生预击穿才产生对称电流,因此预击穿燃弧时间也最长。

两种极端情况如图3.33所示。

两种情况如下:一种情况是在电压零点关合故障,产生的非对称电流峰值很大,对系统中的各个元器件都产生了很大的机械冲击力,同时也增加了燃弧时间。

另一种情况是在电压峰值关合故障,产生对称电流。这种情况会在预击穿燃弧

阶段给断路器内部部件带来最大的热应力。

根据相关标准，上述两种极端情况都必须经由关合试验进行测试，见
14.2.3.3 节[43]。

断路器在进行短路关合时，极间会有一定的延迟（相间分散性），在最严重情
况下这个延迟会使得非对称电流峰值系数远大于标准规定的 $F_s = 2.5(50Hz)$ 或者
$F_s = 2.6(60Hz)$，如 2.2.3 节所示。

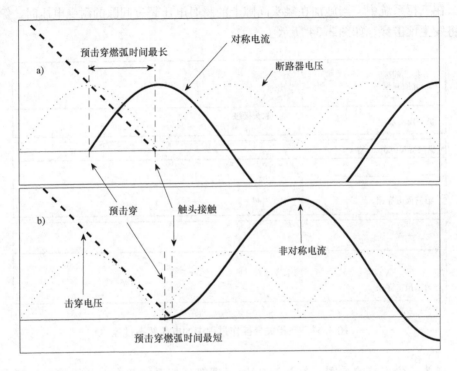

图 3.33　关合操作的预击穿燃弧阶段：a）关合操作中预击穿发生在接近电压峰值，
产生对称短路电流，预击穿燃弧时间最长；b）关合操作中预击穿发生在接近电压零点，
产生非对称短路电流，预击穿燃弧时间最短。

关合背靠背电容器组虽然是正常的负载操作，但是这是另外一种对断路器产生
重要影响的关合操作，详见 4.2.6 节。

3.8.2　三相系统关合时的操作电压暂态

在三相系统中，断路器每个灭弧室触头间隙上的电压暂态都要受到相间相互作
用的影响。

暂态过程伴随着开关装置的预击穿而出现，它可以描述为触头间隙不断降低的
介质强度与施加在触头两端的系统电压二者间的相互作用。

为了简单起见，相互靠近的触头其间隙的介质强度可假定为时间的线性函数，其绝缘强度下降率（RDDS）可以用系统相电压 U 的最大下降率作为基准值取标幺值：

$$RDDS = S_0 \omega U \sqrt{\frac{2}{3}} \tag{3.24}$$

式中，S_0 是标幺化比例因子。

在三相系统中，当施加在触头间隙上的瞬时电压超过间隙的耐受电压时，第一极将发生预击穿，如图 3.34 所示。

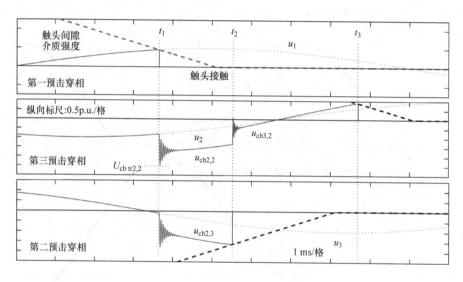

图 3.34 三相关合操作过程中的电压暂态过程

作为一个完整的示例，图 3.34 有助于理解三相系统关合时的操作电压暂态过程。这是对一个 $k_{pp} = 1.5$ 和 $k_{af} = 1.7$ 系统的仿真。其中短虚线表示逐步降低的介质强度，在与相电压 u_1 的交叉点处发生了第一次预击穿（t_1 时刻）。这导致在第二相和第三相上出现了暂态过程，在它们的触头间隙上出现了电压偏移 $u_{cb2,2}$ 和 $u_{cb2,3}$。随后暂态衰减，在 t_2 时刻第三相发生了预击穿，导致出现新的电压偏移 $u_{cb3,2}$。第二相是最后预击穿相，预击穿发生在 t_3 时刻，关合最终完成。

为了清晰起见，在图中各触头的电接通时刻有一个明显的时延。在实际情况下，对于各极同时操作关合的开关，第二极会在第一极发生预击穿后立即发生预击穿（$t_2 \approx t_1$），因为第二极的暂态电压是由第一极的预击穿引起的。

预击穿将产生暂态过程以及相邻两相触头间隙上工频电压的暂时偏移，具体情况取决于电力系统的接地方式。

系统的接地状态通常用零序阻抗和正序阻抗的比值 k（$k = X_0 / X_1$）以及首开极

系数（见 3.3.2.2 节）来表征，对于中性点有效接地系统，$k_{pp} = 1.3$；对于中性点非有效接地系统，$k_{pp} = 1.5$。

在第 i 相（$i = 1$，2，3）发生预击穿后，另外两相触头间隙上建立起的新的工频电压 $u_{cb2,j}$（$j \neq i$）为

$$u_{cb2,j} = \frac{1 - k}{k + 2} u_i - u_j \qquad (3.25)$$

其最大值（p. u）为

$$\hat{U}_{cb2,j} = \frac{\sqrt{3} \ \sqrt{k^2 + k + 1}}{k + 2} \qquad (3.26)$$

式中，u_i 和 u_j 是相电压，相对地电压的幅值是 1p. u. 。

第 j 相将是第二预击穿相，在 t_2 时刻发生预击穿，这又一次导致在还没有关合上的第 n 相（$n \neq i \neq j$）断口上的工频电压出现偏移：

$$u_{cb3,n} = \frac{1 - k}{2k + 1}(u_i + u_j) + u_n \qquad (3.27)$$

其最大值（p. u）为

$$\hat{U}_{cb3,n} = \frac{3k}{2k + 1} = k_{pp} \qquad (3.28)$$

最后，在这个电压的作用下，第三相将在 t_3 时刻发生预击穿。

只有在这个时间之后，全部三相短路电流才得以建立。

有趣的一点是关合过程是开断过程的相反过程，只是开断过程谈论得较多而已，这样可以用式（3.28）来描述首开极恢复电压，用式（3.26）来描述最后开断极恢复电压（见 3.3.2.2 节）。

预击穿过程伴随着暂态过程，暂态过程的频率和峰值由系统中的杂散元件决定。

进一步的研究表明，由第 i 相在 t_1 时刻发生的第一次预击穿引起的第 j 相上的暂态过程，其峰值比第二次或第三次预击穿引起的暂态峰值要高。在图 3.34 中给定的条件下，这个暂态峰值标记为 $U_{cb,tr2,2}$。$U_{cb,tr2,2}$ 的大小取决于第一次预击穿的时刻（t_1），其可能的最大值（p. u）由下式给出：

$$\max\left[u_{cb,tr2,j}(t_1)\right] = \hat{U}_{cb,tr2,j} = \sqrt{\left[\frac{2k_{af} - 2k_{af}k - k - 2}{2k + 4}\right]^2 + \frac{3}{4}} \qquad (3.29)$$

式中，k_{af} 是振幅系数（$1 \leq k_{af} \leq 2$），该系数取决于高频阻尼的情况（见 13.1.2 节）。

表 3.3 给出了各种实际情况中在不同 k 值、首开极系数 k_{pp} 以及 $k_{af} = 1.7$ 条件下的暂态电压值，电压用 p. u. 表示，T 是工频周期，角度是相对于正相序第一预击穿相的电压零点的度数；发生预击穿的次序是 $i \rightarrow j \rightarrow n$。

表 3.3　关合过程出现的暂态（$k_{af} = 1.7$）

零序/正序电抗（X_0/X_1）	$k = X_0/X_1$	1.00	1.38	3.25	∞
首开极系数	k_{pp}	1.0	1.1	1.3	1.5
第 i 极发生预击穿后，第 j 极和第 n 极上稳态电压最大值	$\hat{U}_{cb2,j}$（p.u.）	1.00	1.06	1.27	1.73
第 i 极发生预击穿后，第 j 极和第 n 极上可能出现的暂态电压最大值	$\hat{U}_{cbtr2,j}$（p/u/）	1.00	1.11	1.50	2.36
在第 i 极上出现第一次预击穿的相角，导致第 j 极和第 n 极上出现的暂态过程最大	（电角度）	30.00	39	55	69
当第 i 极上第一次预击穿发生在电压峰值时，第 j 极和第 n 极上的暂态电压峰值	$\hat{U}_{cbtr2,j}$（$T/4$）（p.u.）	0.50	0.69	1.23	2.20[①]
在第 j 极上发生第二次预击穿后，出现在第 n 极上的稳态电压最大值	$\hat{U}_{cb3,k}$（p.u.）	1.00	1.10	1.30	1.50

① 暂态过程峰值。

下面就非有效接地系统中第一次预击穿发生在 $t_1 = T/4$，即电压峰值时刻的情况进行说明。

在预击穿即将发生前，触头间隙上的电压瞬时值用 p.u. 表示为

$$u_{cb1} = 1.0 \quad u_{cb2} = u_{cb3} = -0.5$$

预击穿发生后，由于 u_{cb1} 从 1p.u. 跳到零，所以这个 1p.u. 的跳跃同时转移给 u_{cb2} 和 u_{cb3}，从而它们跳到了 -1.5p.u.。

当 $k_{af} = 1.7$ 时，这些相产生的暂态电压最大值为

$$\hat{U}_{cb,tr2,2}(t = T/4) = \hat{U}_{cb,tr2,3}(t = T/4) = |-1.5 - (k_{af} - 1)(1.5 - 0.5)|$$
$$= 2.20 \text{ p.u.} \tag{3.30}$$

这就是表 3.3 中加标记的值。

基于同样的方法可知，当预击穿发生在 60° 时，即 $t_1 = T/6$，用 p.u. 表示的电压值为：

预击穿之前：　　$u_{cb1} = \frac{1}{2}\sqrt{3}$，$u_{cb2} = -\frac{1}{2}\sqrt{3}$，$u_{cb3} = 0$

预击穿之后：　　$u_{cb1} = 0$，$u_{cb2} = -\sqrt{3}$，$u_{cb3} = -\frac{1}{2}\sqrt{3}$

从而得到：　　$\hat{U}_{cb,tr2,2}(t = T/6) = \left| -\sqrt{3} - (k_{af} - 1)\left(\sqrt{3} - \frac{1}{2}\sqrt{3}\right) \right| = 2.34$

这个值已经与所有情况下的最大值 $\hat{U}_{cb,tr2,2} = 2.36$ 非常接近，它发生在 $t_1 = 0.19T = 69°$ 的情况下（见表 3.3）。

上述分析的重要性在于，预击穿瞬间转移的暂态电压在整个预击穿燃弧阶段都发生作用。预击穿燃弧时间 ΔT_{pa} 可以表示为

$$\Delta T_{pa} = \beta \frac{1}{S_0 \omega} \tag{3.31}$$

式中，β 是在预击穿瞬间相电压的 p. u. 值；S_0 是一个表示关合速度的变量。因为理论上 β 值可以达到 2. 36，所以触头在相互趋近时预击穿的燃弧时间由于相间的相互作用而显著增加了。

相对于电压波形出现短路的时刻决定了非对称短路电流的峰值（见 2.2 节）。这个峰值通常用非对称电流峰值系数 F_S 来表示，它等于最大电流峰值与对称电流幅值之比。

预击穿一般不会引起幅值非常高的非对称电流峰值。原则上讲，只有快速关合的断路器，在 $k_{pp} = 1.5$ 的系统中以 $S_0 > \sqrt{3}$ 的速度在电压零点关合，才会产生最大非对称电流。

一项仿真工作对一台慢速断路器（$S_0 = 0.3$）和一台快速断路器（$S_0 = 1.0$）进行了比较，研究了它们对降低非对称电流峰值系数的影响[43]。研究表明，快速断路器在 90% 概率下非对称电流峰值系数比慢速断路器高 5%。理论上的非对称电流峰值在 50Hz 和 $\tau = 45$ms 时可达 2. 55 p. u.，在实际情况中由于相与相的相互影响不可能达到。

可以证明下述结论成立：

1）在出现电压暂态的理论最大值 2.34p. u. 的情况下，第二相预击穿相的燃弧时间最长。在 $k_{pp} = 1.5$ 的系统中实际出现的电压暂态最大值为 2. 20p. u. 。如果开关没有专门安排极间延迟，系统中实际出现的电压暂态最大值会随着触头开距的减小自然地受到限制。

2）相对于中性点有效接地系统，中性点非有效接地系统的预击穿燃弧时间倾向于增长。

3）专门安排了极间延迟的断路器在关合时会产生的非对称电流峰值更高，产生较长预击穿燃弧时间的可能性也更大。

4）一般而言，预击穿燃弧会增加开关装置的压力，但预击穿燃弧能够将峰值很高的非对称电流对电力系统元器件带来的电动应力减小至中等程度。

除了产生电流以外，系统的关合操作还产生大量的电压暂态过程。当系统上突然加上一个电压时，电压行波将在系统中传播。对这些现象的讨论超出了本章的范围。关心相关细节的读者可参阅参考文献 [9]。

电容器组的关合由于产生很大的涌流，因此无论对实际应用还是对试验测试都带来了巨大的挑战，本书将在 4.2.6 节中对此进行详细讨论。

为了总揽与故障电流开断相关的各显著现象，图 3.35 给出了一张三相短路试验的示波图，示出了在非有效接地系统中一台真空断路器完整的合 – 分操作循环。

在这个试验中，最下面的那一相（C 相）是首开极，其瞬态恢复电压最高，燃弧时间最短。另外，该相在接近电压零点关合，因此其非对称电流峰值最大。注意 A 相和 B 相，在燃弧中电流的第一个过零点未能开断，发生了复燃。它们经历的燃弧时间最长，但 TRV 比 C 相轻松。

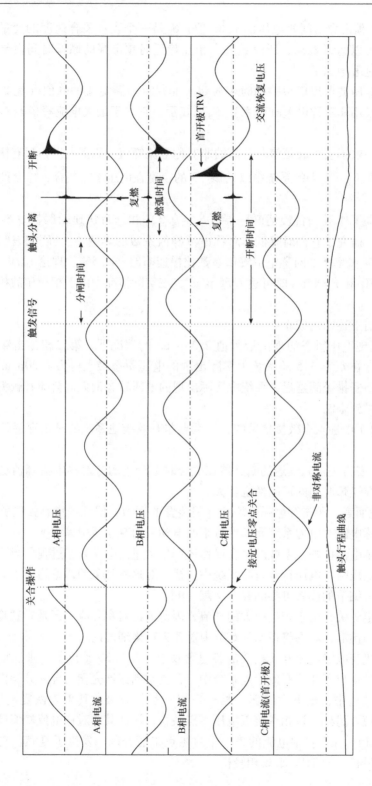

图 3.35　短路试验中一个完整的合－分操作循环。电压波形为断路器两端的电压

参 考 文 献

[1] IEC 62271-100 (2012) High-voltage switchgear and controlgear – Part 100: Alternating-current circuit-breakers. Ed. 2.1.

[2] IEEE C37.09 (1999) IEEE Standard Test Procedure for AC High-Voltage Circuit-Breakers Rated on a Symmetrical Current Basis.

[3] Janssen, A.L.J., Knol, P. and van der Sluis, L. (1996) TRV-Networks for the Testing of High-Voltage Equipment. CIGRE Conference, Paper 13-205.

[4] Janssen, A.L.J., van Riet, M., Smeets, R.P.P. *et al.* (2012) Prospective Single and Multi-Phase Short-Circuit Current Levels in the Dutch Transmission, Sub-Transmission and Distribution Grid. CIGRE Conference, Paper A3.103.

[5] Harner, R.H. and Rodriguez, J. (1972) Transient recovery voltages associated with power system, three-phase transformer secondary faults. *IEEE Trans. Power Ap. Syst.*, **PAS-91**(5), 1887–1896.

[6] Horton, R., Dugan, R.C., Wallace, K. and Hallmark, D. (2012) Improved autotransformer model for transient recovery voltage (TRV) studies. *IEEE Trans. Power Deliver.*, **27**(2), 895–901.

[7] Steuer, M., Hribernik, W. and Brunke, J.H. (2004) Calculating the transient recovery voltage associated with clearing transformer determined faults by means of frequency response analysis. *IEEE Trans. Power Deliver.*, **19**(1), 168–173.

[8] Hribernik, W., Graber, L. and Brunke, J.H. (2006) Inherent transient recovery voltage of power transformers – a model-based determination procedure. *IEEE Trans. Power Deliver.*, **21**(1), 129–134.

[9] Greenwood, A. (1991) *Electrical Transients in Power Systems*, John Wiley & Sons Ltd, ISBN 0-471-62058-0.

[10] Dufournet, D., Janssen, A.L.J. and Hu, J. (2013) Transformer Limited Fault Transient Recovery Voltage for EHV and UHV Circuit-Breakers. Int. High Voltage Symp., Seoul.

[11] CIGRE Working Group A3.28 (2014) Switching Phenomena for EHV and UHV Equipment. CIGRE Technical Brochure 570.

[12] Janssen, A.L.J., Dufournet, D., Ito, H. *et al.* (2013) Transformer Limited Fault Duties for EHV and UHV. CIGRE UHV Colloquium, Session 2.1, paper A3 03, New Delhi.

[13] Kagawa, H., Maekawa, T., Yamagata, Y. *et al.* (2012) Measurement and Computation of Transient Recovery voltage of Transformer Limited Fault in 525 kV-1500 MVA Three-Phase Transformer. IEEE T&D Conference, Orlando.

[14] IEC 60076-6 (2007) Power transformers – Part 6: Reactors. Ed. 1.0.

[15] Li, Q., Liu, H. and Zou, L. (2008) Impact research of inductive FCL on the rate of rise of recovery voltage with circuit-breakers. *IEEE Trans. Power Deliver.*, **23**(4), 1978–1985.

[16] Peelo, D.F., Polovick, G.S., Sawada, J.H. *et al.* (1996) Mitigation of circuit-breaker transient recovery voltages associated with current limiting reactors. *IEEE Trans. Power Deliver.*, **11**(2), 865–871.

[17] Robert, D., Martin, F. and Taisne, J-P. (2007) Insertion of current limiting or load sharing reactors in a substation. Impact on specifications. CIGRE SC A2 Symposium, Bruges.

[18] IEEE Power Engineering Society, C37.011 (2006) IEEE Application Guide for Transient Recovery Voltage for AC High-Voltage Circuit Breakers. Section 4.4.2.

[19] Janssen, A.L.J., van Riet, M., Smeets, R.P.P. *et al.* (2014) Life extension of well-performing air-blast HV and MV circuit-breakers. CIGRE Conference.

[20] van der Sluis, L. (2001) *Transients in Power Systems*, John Wiley & Sons, ISBN 0-471-48639-6.

[21] Peelo, D.F. (2014) *Current Interruption Transients Calculation*, John Wiley & Sons, ISBN 978-1-118-70719-7.

[22] IEC 62271-306 (2012) High-voltage switchgear and controlgear – Part 306: Guide to IEC 62271-100, IEC 62271-1, and IEC standards related to alternating current circuit-breakers.

[23] Ahmethodžić, A., Smeets, R.P.P., Kertész, V. *et al.* (2010) Design improvement of a 245 kV SF$_6$ circuit-breaker with double speed mechanism through current zero analysis. *IEEE Trans. Power Deliver.*, **25**(4), 2496–2503.

[24] Smeets, R.P.P. and Kertész, V. (2000) Evaluation of high-voltage circuit-breaker performance with a new validated Arc model. *IEE Proc.-C*, **147**(2), 121–125.

[25] Smeets, R.P.P. and Kertész, V. (2006) A New Arc Parameter Database for Characterisation of Short-Line Fault Interruption Capability of High-Voltage Circuit Breakers. CIGRE Conference, Paper A3-110.

[26] CIGRE Working Group 07 (1974) Theoretical and Experimental Investigations of Compressed Gas Circuit-Breakers under Short-Line Fault Conditions, Report.

[27] Hoyaux, M.F. (1968) *Arc Physics*, Springer Verlag, Berlin.

[28] Lee, T.H. (1975) *Physics and Engineering of High Power Switching Devices*. MIT Press, ISBN 0-262-12069-0.

[29] Nakanishi, K. (1991) *Switching Phenomena in High-Voltage Circuit-Breakers*. Marcel Dekker, ISBN 0-8247-8543-6.

[30] Anders, A. (2008) *Cathodic Arcs. From Fractal Spot to Energetic Condensation*, Springer, ISBN 978-0-387-79107-4.

[31] Greenwood, A. (1994) Vacuum Switchgear. the Institution of Electrical Engineers, ISBN 0 85296 855 8.

[32] Lafferty, J.M. (1980) *Vacuum Arcs, Theory and Application* (ed. J.M. Lafferty), John Wiley & Sons, New York, ISBN 0-471-06506-4.

[33] Slade, P.G. (2008) *The Vacuum Interrupter, Theory and Application*. CRC Press, ISBN 978-0-8493-9091-3.

[34] Kapetanović, M. (2011) *High Voltage Circuit-Breakers*. ETF University of Sarajevo, ISBN 978-9958-629-39-6.

[35] CIGRE Working Group 13.01 (1998) State of the art of circuit-breaker modelling. CIGRE Technical Brochure 135.

[36] van Lanen, E.P.A. (2008) The Current Interruption Process in Vacuum. Ph.D. thesis Delft University of Technology, ISBN 978-90-5335-152-9.

[37] CIGRE Working Group A3.19 (2010) Line fault phenomena and their implications for 3-phase short- and long-line fault clearing. CIGRE Technical Brochure 408.

[38] ANSI/IEEE C37.013-1997 (1997) Standard for AC-High Voltage Generator Circuit-Breakers Rated on a Symmetrical Current Basis. IEEE New York. IEC 62271-37-013 (2014) High-voltage switchgear and controlgear. Alternating-current generator circuit-breakers".

[39] Bui-Van, Q., Gallon, F., Iliceto, F. *et al.* (2006) Long Distance AC Power Transmission and Shunt/Series Compensation - Overview and Experiences. CIGRE Conference, Paper A3-206.

[40] Amon, J. and Morais, S.A. (1995) Circuit-breaker Requirements for Alternative Configurations of a 500 kV Transmission System. CIGRE SC 13 Colloquium, Brazil, Report 2.3.

[41] Slade, P.G. (1999) *Electrical Contacts*. Marcel Dekker, Inc., ISBN 0-8247-1934-4.

[42] Smeets, R.P.P. and Lathouwers, A.G.A. (2001) Economy Motivated Increase of DC Time Constants in Power Systems and Consequences for Fault Current Interruption. IEEE PES Summer Meeting, 0-7803-7173-9/01.

[43] Smeets, R.P.P. and van der Linden, W.A. (2001) Verification of the short-circuit current making capability of high-voltage switching devices. *IEEE Trans. Power Deliver.*, **16**(4), 611–618.

第4章

负载开合

4.1 开合正常负载

开合负载电流时其主要特征是开合的电流在开关设备的正常负载电流范围内。对于这种工况，我们使用开合这个术语，指接通或断开负载电路。与之相对应，在接通和断开故障电流时使用的术语是关合和开断。

负载电流开合与故障电流的关合与开断的另一个显著区别是两者的操作频率不同：故障电流的关合与开断是非常罕见的事情，而负载电流的开合则是日常的常规操作。

开合正常负载应与开合容性负载或感性负载区别开来。由于容性负载和感性负载的无功特性，它们被认为是"特殊的"开合工况，需要予以特别关注，在试验中也要特别考虑。

将开合正常负载与开合容性负载或感性负载区别开来的主要原因在于，开合正常负载时，其瞬态恢复电压（TRV）比前面讨论过的所有开断工况都要轻松许多。因为正常负载电路的功率因数接近1，因此电流和电压的相位差很小，从而在电流过零时刻恢复电压距峰值较远，如图4.1所示。

对于已经证明具有关合和开断短路电流能力的任何类型断路器而言，开断正常负载电流都是很容易的，因此也不需要规定正常负载开合试验工况对其进行验证。

图4.1中给出了开合感性负载和开合正常负载两种情形的比较：

• 开断感性负载和前面讨论的短路电流开断情况相似，电流在工频电压峰值附近到达零点；

• 正常负载开合时，其电流滞后于电压的相角远小于90°。

可以看到在开合正常负载情况下，由于电路的功率因数很高而具有电阻特性，因此其TRV的振荡很小，幅值很低。

开合正常负载较为轻松，其原因不是因为其电流小（与短路情况相比）。在4.2节和4.3节中将看到，即便是开合的电流比正常负载电流小得多，如果电流在电压峰值附近到达零点，开合也会变得异常困难。这就是开合容性负载电流和感性负载电流时所遇到的工况，其原因是这些负载具有无功特性。

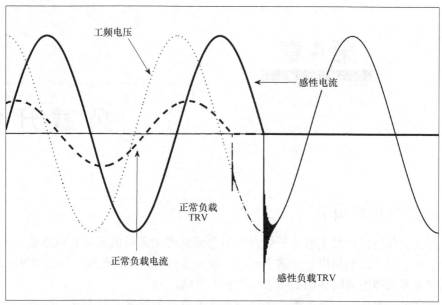

图 4.1 电路功率因数对 TRV 的影响

4.2 开合容性负载

4.2.1 简介

开合容性电流是常规的开合操作，这一点和关合与开断故障电流的情况不同[1,2]。

下述情况是开合容性电流的典型工况：

1) 开合空载架空线路。在此情况下，线路远端的断路器已经将负载切断，而架空线因为具有杂散电容，所以会有小的容性电流流过，变电站中的断路器应开断这个小的容性电流。要开断的容性电流的大小取决于线路的电压等级和长度，也可能与变电站中的某些元器件有关。架空线路的典型电容值范围从单根导线的每相 $9.1nF\ km^{-1}$ 到四分裂导线的每相 $14nF\ km^{-1}$[3]。要开断的电流范围从中压等级的几安到高压等级的几百安。开断电流的大小与线路的长度也有关，一般从几十千米到上百千米。

2) 开合变电站内部元器件。变电站的有些元器件也吸收无功功率而产生容性电流。电流互感器的杂散电容典型值为 $1 \sim 1.5nF$，电容式分压器的杂散电容典型值为 $4 \sim 5nF$，母线的杂散电容典型值为 $10 \sim 15pF\ m^{-1}$。这些元器件产生的容性电流都非常小，通常小于 1A，因此这个电流一般由隔离开关分断[4]，隔离开关通常具有分断小电流的能力（见 10.3.2.3 节）。空气断口隔离开关用来开合长母线，而 GIS 隔离开关用于 GIS 的母线分段（开合母线充电电流）[5]。

3) 开合电缆。与架空线相比，电缆的电容相对较大，因此一般来说电缆的长度虽然不长,但是开合电缆的电流相对较大。电缆的电容值与其类型、设计和电压等级关系非常密切,变化范围较大。空载电缆的电流可以达到几百安。

4)开合电容器组。电容器组是集中参数电容,因此与分布电容不同,电容器组通常会吸收比空载电缆或架空线大得多的容性电流,在实际运行情况中可以达到几百安。从开合电流的角度看,开合电容器组与开合电缆以及架空线在原理上相似。其主要差别在于操作频率:开合空载架空线和电缆的操作属于偶然事件(每年操作一次到几次),而电容器组的开合操作则非常频繁,因为电容器组需要根据系统负载在每天白天、晚上的变化情况提供无功功率。因此,断路器开合电容器组的性能必须基于统计数据予以考虑,需要对大量开合操作的数据进行分析。

断路器在关合电容器组时,由于电容为集中参数,因此会产生一种独特的现象:涌流电流。涌流电流是电容器组吸收的高频暂态电流。由于电容器组的波阻抗远小于电缆和架空线的波阻抗,因此电容器组的关合涌流电流幅值要大得多。如何处理电容器组的关合涌流及其带来的后果,是电力用户和电力开关设计工程师们必须慎重考虑的问题。

4.2.2 开合单相容性负载

单相容性电路的电流开断相对比较容易理解,在实际情况中也容易开断。图4.2示出了一个简化的单相容性电路,图中电源侧是一个单频振荡电路,与前面的例子相同,负载侧是一个集中参数的电容。

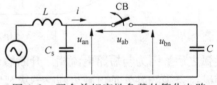

图4.2 开合单相容性负载的简化电路

图4.3示出了开合单相容性负载所产生的系统暂态。因为电流超前电压90°,所以在电流过零时负载上的电压接近峰值。实际上,负载电压甚至要高于电源电压(1p.u.),这是由于负载通过电源电抗吸收超前电流的缘故。所增加的电压(p.u.)用下式计算:

$$\Delta U = \frac{1}{1 - \omega^2 LC} - 1 \approx \frac{Q}{P} = \frac{I_{cap}}{I_{sc,loc}} \tag{4.1}$$

式中,L 和 C 对应于图4.2中的电感和电容;P 是当地的短路有功功率(对应于当地短路电流 $I_{sc,loc}$);Q 是电容器组的无功功率,对应于容性电流 I_{cap}。

从而,负载电容器被充电到电压 $(1 + \Delta U)$ p.u.。当负载侧保持在这个电压上时,电源侧的电压首先经过一个暂态过程,从 $(1 + \Delta U)$ p.u. 衰减到1p.u.,然后继续按照工频变化。从断路器上的TRV的角度看,这意味着一开始有一个小的"电压跳跃",这是一个暂态过程,然后恢复电压按照 $(1 - \cos)$ 的方式继续。在半周之后,断路器上的恢复电压达到最大值,约2p.u.。请注意在容性负载开断中,其恢复电压上升率(RRRV)比迄今为止讨论过的所有故障情况的RRRV都要小得多,事实上,其频率为工频。

虽然"电压跳跃"的幅值不高,但它对开断过程的影响必须考虑,特别是在短

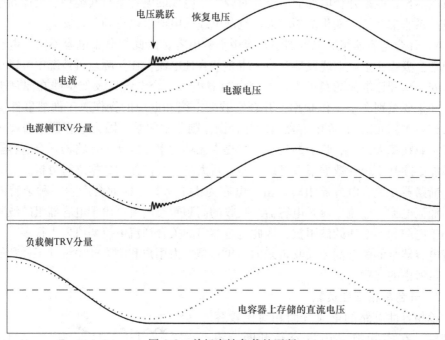

图 4.3　单相容性负载的开断

燃弧之后。因为与短路电流相比开断容性负载的电流很小，所以短燃弧很可能发生。短燃弧带来的好处是可减少断路器灭弧室的电磨损。短燃弧带来的负面后果是，由于燃弧时间很短，电流过零时触头间隙很小，因此电流过零后易于发生击穿。

如果击穿发生在电压较低的水平上，例如发生在"电压跳跃"的暂态过程中，那么与击穿有关的能量就非常有限，一般来说不用关注。但是，如果击穿发生在开断后四分之一工频周期以后，与击穿有关的能量就会相当显著，此时发生的击穿会对系统产生危害。为了区分击穿效应的严重程度，IEC 标准使用术语"复燃"来表征开断后四分之一工频周期内发生的击穿，在四分之一工频周期之后发生的击穿称为重击穿。

图 4.4 示出了复燃与重击穿的差别，图中虚线表示触头间隙的介质强度——为了简单起见，假定触头打开后介质强度随间隙的增加而线性增长。触头在三个不同时刻打开会产生三种完全不同的开断结果：

● 触头在 t_s 时刻打开，其结果是正常开断，不会发生击穿，因为此时燃弧时间足够长，可以保证足够的触头开距，在恢复电压峰值时也不会发生击穿。

● 触头在 t_f 时刻打开，其结果是在相对较高的电压下发生重击穿，这将产生很高的暂态电压和很大的暂态电流，这是由于负载侧电压需要恢复到电源侧电压的缘故。

● 触头在 t_r 时刻打开，其结果是在较低的电压下发生复燃，这被认为是开断过程的一部分，对系统没有危害。虽然原则上讲开断是失败了，但这不存在问题：在另一个电流半波流过后，触头间隙将很容易承受 TRV 和恢复电压。

因为重击穿及其所产生的后果对容性电流开断是最主要的问题，所以需要进行

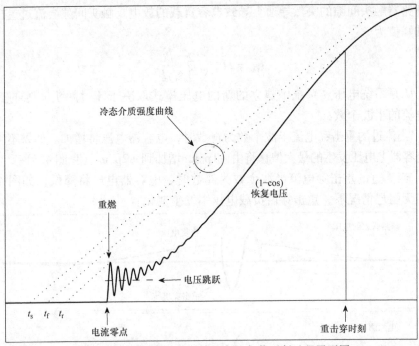

图 4.4　具有电压跳跃的单相容性负载开断过程展开图

细致的研究。

图 4.5 所示为在 TRV 峰值附近发生重击穿的情形。

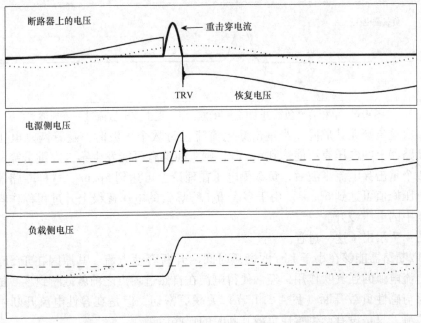

图 4.5　单相容性负载开断时发生重击穿，重击穿电流流过一个半波

断路器触头间隙的突然导通会导致电容负载的放电。触头间隙会流过重击穿电流，其峰值为

$$I_{\text{res}} = 2U_{\text{r}} \sqrt{\frac{2}{3}} \sqrt{\frac{C}{L}} \tag{4.2}$$

式中，U_{r} 是系统电压。系统中建立的新的电压模式取决于流过触头间隙的高频重击穿电流的半波个数：

- 当流过的重击穿电流半波个数为奇数时，电容器电压将增加。如果不考虑阻尼，电容器上电压发生的最大偏移将由 -1p. u. 增加到 $+2\text{p. u.}$（见图 4.5）。
- 当流过的重击穿电流半波个数为偶数时，电容器电压将降低，如图 4.6 所示。在无阻尼情况下，重击穿后负载电压不发生变化。

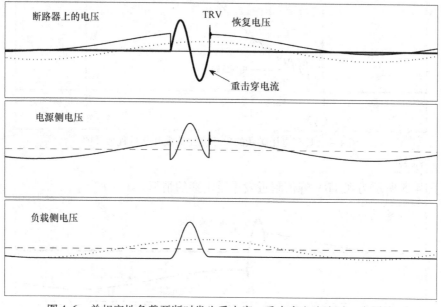

图 4.6　单相容性负载开断时发生重击穿，重击穿电流流过一个周波

多次重击穿尤其危险。当重击穿电流流过奇数个半波时，随着恢复电压的增加，断路器上的电压有可能达到 4p. u.，触头间隙有可能发生第二次重击穿。再经过奇数个重击穿电流半波后，负载侧电压在理论上可达到 5p. u.，这样断路器上的恢复电压峰值可达到 6p. u.。由于多次重击穿导致的电压逐级上升过程称作容性负载开断中的电压级升。

图 4.7 示出了这一过程。

SF_6 断路器能够在小于 1ms 的燃弧时间内开断容性电流。其原因在于 SF_6 气体对小电流电弧的强气吹作用，经常使得电流在自然过零点之前就截断到零。虽然截流现象与感性负载开断（见 4.3.1 节）关联更密切，但是在容性电流开断中也会发生截流，只是没有产生感性负载开断时的那些后果。

除了电压级升对系统元器件产生的绝缘应力外，断路器触头间隙中能量的突然

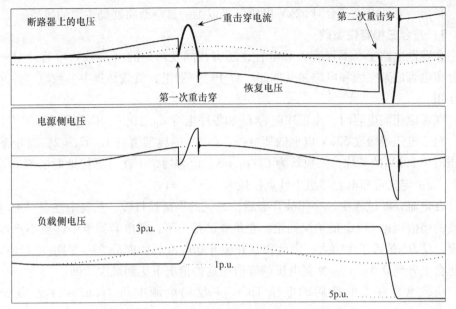

图 4.7　开断单相容性负载时发生多次重击穿

释放会导致绝缘气体压力的突然上升。重击穿有可能造成断路器灭弧室内部部件的损伤，观察到的最明显的损伤就是喷口被打出洞孔。有时也能观察到主触头之间发生重击穿的痕迹。要避免这一点的发生，应在主触头和弧触头之间设置合理的绝缘配合，这种配合的有效性已经得到试验验证[6]。

对断路器容性电流开合能力的要求已成为决定单断口能够达到的最高电压等级的决定性因素。例如，在 420 ~ 550kV 的超高压等级断路器中，灭弧室通常采用双动触头（双动原理）才能达到足够高的介质强度，以承受容性电流开断中恢复电压带来的应力。

一般而言，真空断路器能够开断电流过零时 di/dt 很陡的电流。因此，真空断路器能够在预击穿、复燃、重击穿产生的高频电流过零时将其开断。在系统条件不利的情况下，高频电流的开断可能产生过电压[7]。

真空断路器的触头具有三重功能：承载正常负载电流，承受开合负载电流与故障电流时的电弧，还必须在触头打开时满足绝缘要求。在气体断路器和油断路器中，上述功能由不同的触头系统承担，即由主触头和弧触头分别承担。除此之外，气体断路器中的介质强度主要由气体决定，而真空断路器中的介质强度取决于触头材料、触头表面状况和几何形状。也就是说燃弧过程、烧蚀痕迹以及触头表面微观形态的改变都会影响触头间隙的介质强度。即便触头空载分开也会对介质强度产生影响。在闭合位置触头被压在一起，而超净金属在压到一起时通常会产生冷焊，触头打开后焊点断裂，触头表面上会留下微凸起，这会降低触头间隙的介质强度。触头在闭合时通过大电流会减轻上述影响。而触头分开后的燃弧可以消除触头表面的微凸起等绝缘弱点，使触头得到老炼作用而提高介质强度。

目前，容性电流开合对 52kV 电压等级以上的真空断路器是主要的挑战。

4.2.3　开合三相容性负载

在容性电路中，不仅有负载电容，还有相间及对地的（杂散）电容。对于具有分布电容的架空线和电缆尤其如此。对于电容器组，负载是集中参数电容并起主导作用。

在考虑相间电容时，用正序电容 C_1 和零序电容 C_0 之比 C_1/C_0 加以表征[8,9]。

对于电压等级在 52kV 以上的架空线，C_1/C_0 的典型值是 $C_1/C_0 \approx 2$；对于系统电压低于 52kV 的系统，一般认为 $C_1/C_0 = 3$。电容器组中性点不接地时的 $C_1/C_0 > 100$，而由定义可知电容器组中性点接地时 $C_1/C_0 = 1$。

在电流开断过程中，一相被开断后，系统的平衡被打破，系统中性点对地电压提高的幅值依据 C_1/C_0 的情况而定。在最差的情况下，如电容器组中性点不接地的情况，C_1/C_0 值趋于无穷大，因此在首开极开断电流后的四分之一周期，中性点的电压会上升到 $0.5\mathrm{p.u.}$。恢复电压的峰值在这种情况下达到最大，即：

负载电容存储电荷后的电压 $1\mathrm{p.u.}$ + 反向电源电压 $1\mathrm{p.u.}$ + 中性点偏移 $0.5\mathrm{p.u.} = 2.5\mathrm{p.u.}$。

图 4.8 所示为开断三相电容器组中性点不接地情况的电压和电流波形。如果在首开极开断后的四分之一周期内后开极未能开断，中性点会漂移到 $1\mathrm{p.u.}$，使恢复电压峰值达到 $3\mathrm{p.u.}$。如果极间不同期，恢复电压峰值可进一步上升到 $4.1\mathrm{p.u.}$[1]。

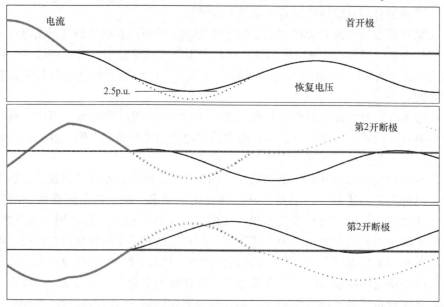

图 4.8　三相容性电流开断。实线曲线表示电流和恢复电压，在首开极开断后四分之一周期时两个后开极将电流开断。点虚线曲线表示在首开极开断后四分之三周期时两个后开极将电流开断的情形

为了防止恢复电压大于 2.5p. u. ，极间不同期性建议控制在四分之一周期内。

4.2.4 延迟击穿现象

4.2.4.1 概要

灭弧室偶尔会在电流开断后较长时间发生击穿，发生击穿时间可长达 1s。这种现象称作延迟击穿，击穿发生后的情况对评价其后果非常重要。

击穿发生后有两种可能的情况：

1) 在击穿后如果触头间隙继续导通，那么这种延迟击穿是重击穿。重击穿对线路及断路器都会产生严重的后果。重击穿通常是型式试验未获通过的判据。

2) 在击穿后如果触头间隙立即恢复绝缘状态，那么这种延迟击穿称作非保持破坏性放电（NSDD）。

在 IEC 62271 - 100 标准中，NSDD 的定义如 3. 1. 126 条所示[10]：

"与电流开断有关的破坏性放电，不会导致工频电流的恢复，或者在容性电流开断的情况下不会导致主负载回路中产生电流。"⊖。

在这个 IEC 标准的 6. 102. 8 条又进一步陈述[10]：

"开断操作后的恢复电压阶段可能会出现 NSDD。但是，它们的出现并不是受试开关装置损坏的标记。因此，它们的次数对于解释受试装置的性能没有影响。为了将它们和重击穿区别开来，应在试验报告中予以报告。没有必要要求专门的测量回路探测 NSDD。它们仅在示波图上看到时才应予以报告。"

在试验中经常观察到 NSDD 现象[11]。自从 NSDD 现象被发现，如何评价 NS-DD 就成为标准委员会中讨论最多的话题之一。虽然 NSDD 不再是型式试验认证中拒绝试验通过的理由，但是普遍认为 NSDD 是开发 36kV 以上电压等级真空开关所面临的一项艰巨挑战。

通常延迟击穿与真空开关联系在一起[12]（参考第 9 章），它不仅发生在容性电流投切中，而且在短路开断中也同样存在。然而，在 SF_6 开关中也观察到了延迟击穿，虽然为数极少，但是它表明这个现象并非真空开断领域所独有。

在小间隙下，虽然原则上真空间隙的击穿场强高于 SF_6 间隙，但是真空间隙击穿电压统计数据的标准差比较大。这就意味着在相对较低的电压下，如工频恢复电压下就可能发生击穿。

真空间隙中发生延迟击穿的根本原因或许与金属微粒有关。这些微粒有可能是燃弧后液滴凝固产生的，它们松散地附着在触头表面，当操动机构分闸时产生振动，微粒就可能脱离触头表面[13]。或者，延迟击穿发生的根本原因有可能是场致发射电流的突然增加，从而导致击穿[14]。

⊖ 这被认为是对 IEC 60050（441 – 17 – 46）标准中 NSDD 定义的改进。在 IEC 60050（441 – 17 – 46）标准中定义重击穿为"电流重新出现"，而没有定义电流的性质，例如是高频电流、涌流电流还是工频电流。

在正常情况下，真空间隙的绝缘恢复得非常快，典型值为几微秒到几十微秒[15]。恢复很快的原因在于真空间隙能够开断击穿后所产生的高频电流。图4.9示出一个高频电流开断的例子。真空间隙在40kV电压下击穿后产生了频率非常高的电流（>1MHz）。尽管此电流的di/dt很高，达到几kA/μs，但是此例中的真空间隙能够在8μs开断这个电流，使得电流导通的时间非常短。这个高频电流是由真空间隙附近的寄生电容对寄生电感放电产生的。

而SF_6气体不具备这种自恢复特性，在SF_6中开断电流必须保证灭弧室在短时内有足够的压力。因此，在SF_6开断过程中，如果在"开断窗口"之外发生延迟击穿，必将导致显著的燃弧，有可能损坏断路器。

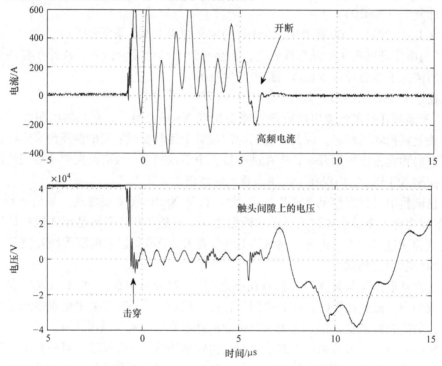

图4.9 真空中发生击穿产生高频电流及其开断

4.2.4.2 延迟击穿引起的暂态

关于如何解释与评估NSDD引起了相当多的讨论，特别是NSDD在实际电路中可能引起的后果。

为了评估的公平性，对相关的击穿情形进行明确的区分是十分重要的，即复燃、重击穿和NSDD。

这三种情形可以在一个案例中观察到，这个案例来自于一台真空断路器的短路试验，如图4.10所示。

这个案例可以用来区分与开关触头间隙击穿相关的暂态过程：

首先，可以看到最上面一相的触头间隙在电流零点附近发生复燃。这一相发生复燃的原因是由于该相的燃弧时间小于最短燃弧时间；在开断过程中出现复燃是一个自然现象。复燃被定义为开断后四分之一工频周期之内发生的击穿。

其次，可以看到中间相的触头间隙发生延迟击穿，触头间隙上的电压从 ΔU_n 跌落到零。由于电流流过时间很短，这种情形被定义为 NSDD。因为系统的中性点没有接地，所以在没有出现 NSDD 的触头间隙上电压上升了 ΔU_n。因此，这些间隙上的恢复电压显著增加，尤其是最上面的那一相。恢复电压的增加很容易导致在电压最高的那一相触头间隙上出现立即击穿，以及引起其他相触头间隙的击穿。如果这种情形没有发生，NSDD 就只是一个单相事件。

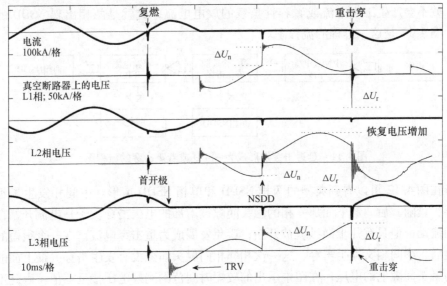

图 4.10 三相开断中出现的复燃、NSDD 和重击穿

一般而言，由一相触头间隙击穿造成的相邻相的电压漂移 ΔU_f 可用下式计算，它与容性负载接地时零序电抗和正序电抗之比（$k = X_0/X_1$，见 3.3.2.2 节）及击穿相的电压降 ΔU_n（电压由 ΔU_n 降到零）有关：

$$\Delta U_f = \frac{k-1}{k+2}\Delta U_n \tag{4.3}$$

对应于 IEC 标准中的两个 k_{pp} 值：

当负载为非有效接地时，$\Delta U_f = \Delta U_n$

当负载为有效接地时（$k = 3.25$），$\Delta U_f = 0.43\Delta U_n$

在图 4.10 中后续发生的情形是，第二次延迟击穿发生在最下面一相的触头间隙中，电压从 ΔU_r 下降到零，这可能是由于前一次的 NSDD 引起的恢复电压升高所致。第二次延迟击穿再次使相邻相的触头间隙电压漂移了 ΔU_r，这立即引起了最上面那一相出现第三次击穿。这造成了最上面那一相和最下面那一相触头间隙的导通，形成了两相间的电流通路。最初这个电流含有多种频率的分量，然后依据触头间隙开断电流的能力，这次延迟击穿可发展成为如下情形：

- NSDD 出现在两相中：在两相击穿后电流立即被开断；
- 重击穿：在短路电流开断时，击穿电流没有立即开断，发展为工频电流，或者在容性电流开断时，主电容负载放电至少持续容性重击穿电流的半个周期。

后一种情况，即重击穿出现在图 4.10 的试验示例中。

从这个案例中我们可以看出，在三相中性点非有效接地电路中，重击穿至少需要断路器的两相灭弧室触头间隙同时发生击穿。最有可能的情况是，第二次击穿是由于第一次击穿造成中性点电压漂移引起的。如果高频击穿电流被其中一个间隙开断，就不会产生工频电流或者容性负载的放电电流，这就是两相出现 NSDD 的情形。图 4.11 是这一过程的流程图。

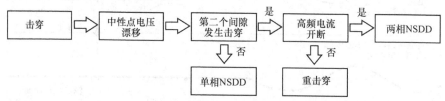

图 4.11　延迟击穿发展成为 NSDD 或者重击穿的流程图

在图 4.12 可以看到典型的两相 NSDD 和单相 NSDD 情形。中间相发生了延迟击穿，紧随其后，最下面那一相的触头间隙被增加的电压击穿。于是电流开始在两相间流动，但只有几十微秒就被开断，避免发展成为重击穿电流。在一个很短的时间之后，中间相又发生击穿，这一次相邻相的触头间隙没有发生击穿。最上面的波形为触头间隙上的电压，在图中示出的较短时间范围刚好电压接近零值，因此不会出现击穿。毫无疑问在 NSDD 电流流动时可以看到感应电压，即中性点电压漂移，$\Delta U_{\mathrm{f}} = 0.5 \mathrm{p. u.}$。首先在两相 NSDD 后出现了中性点电压漂移，然后在单相 NSDD 后出现了中性点电压漂移。

单相 NSDD 伴随着高频电流流过接地电路，而两相 NSDD 会引起高频电流在两相中的流动。

识别电流流经的通道对理解延迟击穿现象是非常必要的。电流流经的通道在图 4.13 中示出，这是一个常见的三相电容电路。

在容性电路中，重击穿引起负载电容的放电。单个触头间隙上出现的 NSDD 放电时间很短，只能引起负载电容很小的一点放电，只有中性点对地的杂散电容 C_{n} 会发生完全放电及极性反转。

可以通过电流清晰地区分重击穿和 NSDD；重击穿必须流过至少半个周波的电流，该电流是主负载电容通过电源侧电抗放电的电流，即涌流（见 4.2.6.1 节）。电压漂移不能用来区分 NSDD 和重击穿，因为在中性点非有效接地系统中重击穿和

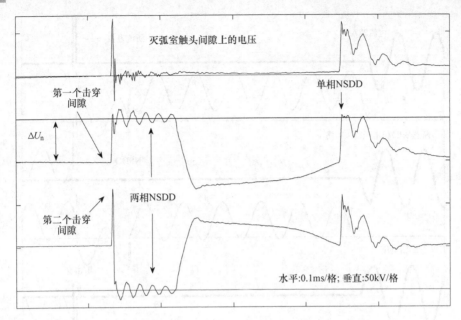

图 4.12　两相 NSDD 和单相 NSDD

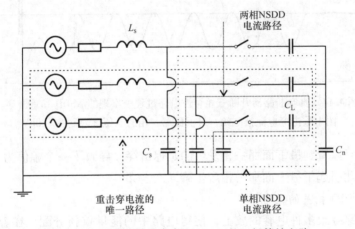

图 4.13　用来分析重击穿和 NSDD 的三相等效电路

NSDD 都会发生电压漂移。

　　图 4.14 给出了在容性电路中发生 NSDD 和重击穿的例子。与图 4.10 中短路电流例子的不同之处在于，容性电路中的电压漂移更高，事实上这是所有电路中能达到的最高电压漂移，这是由于负载电容能够储存电荷的原因造成的。从而，由于图 4.14 中 NSDD 引起的电压漂移比图 4.10 中短路情况下的电压漂移更高，这或许是引起 30ms 后在最下面那一相出现第二次延迟击穿的原因，这次延迟击穿发展成为重击穿，如图 4.14 所示。

　　图 4.15 所示为重击穿部分的放大图。可以看到一个完整的重击穿电容放电电

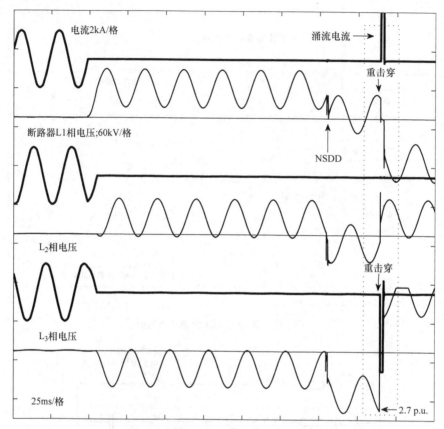

图 4.14 真空断路器开断三相容性电路过程中出现的 NSDD 和重击穿。
图中重击穿电流被限幅，最下面那一相的电压被限制在 100kV

流半波，还可以看到最下面那一相发生的延迟击穿，导致了一个幅值为 ΔU_r 的电压漂移，并由此引起了最上面那一相产生第二次击穿。

4.2.4.3　NSDD 相关的过电压

延迟击穿导致多种电容的放电，使得电路中的能量重新分配。在容性电路中，这可能会在系统中的某些部分产生不希望出现的电压暂态过程。

为了理解这些暂态过程的特性及其起源，基于图 4.16 所示的电容器组"参考"电路进行了仿真研究。在模型中使用了测量数据作为输入参数[16]。

在"参考"电路中采用了很大的 $200\mu F$ 的电容器组，电容器组中性点不接地。连接电容器组的电缆到断路器约 $100m$ 长，其等效的集中电容参数为 $25nF$。在断路器的电源侧，电容相对较大，有 $100nF$，这里假定是采用多芯电缆进行连接的情况。

现在可以进行暂态电压的计算了。图 4.17 所示为流过断路器的电流波形和负载侧对地暂态电压波形，该电流和电压在图 4.16 中给出。在容性电路开断中，断

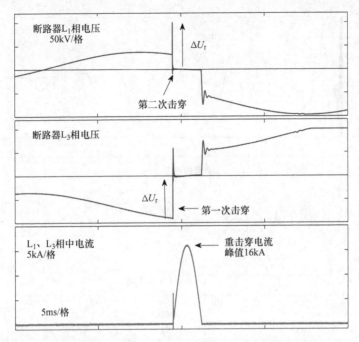

图 4.15　三相容性电路重击穿的放大图，对图 4.14 的虚线框内区域进行了放大

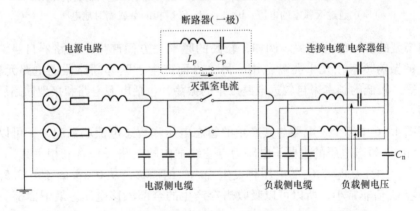

图 4.16　用于仿真 NSDD 导致的电压暂态过程的容性试验电路

路器首开极的触头间隙在恢复电压峰值时发生击穿的情况出现的暂态最为严重，在本例中首开极是 L_1 相。断路器上的电压将达到 2.5p. u. 的水平。

可以看到，负载侧电压偏移的最大值将达到 -5p. u. （对地电压），它出现在健全相 L_3 上，出现在恢复电压峰值发生击穿后的 $33\mu s$ 时刻。注意最大电压出现在并未发生击穿的相上，这反映了三相间的典型的相互作用，这在仿真中已经予以考虑。

在仿真中，假设放电时间足够长，使得上述数值实际能够达到。

在图 4.17 中的电流波形和电压波形中可以看到各种频率的分量，每一频率都

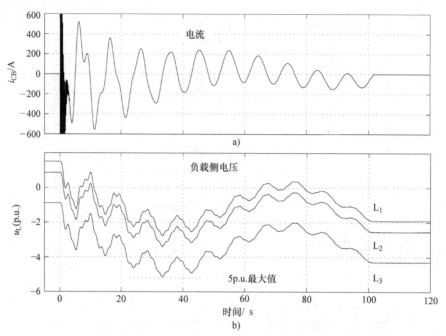

图 4.17　对图 4.16 电路中出现 NSDD 时产生的过电压进行仿真的结果。
a）通过灭弧室的电流；b）L_1、L_2 和 L_3 相的负载侧对地电压

与电路模型的不同部分相关。例如，较高的频率一方面产生于断路器自身，L_p 和 C_p 产生的振荡频率在几十兆赫范围，另一方面产生于紧邻断路器的电路元器件，如电缆等。较低的频率来自较远电路产生的振荡，包括电源电路和接地回路所产生的振荡。

　　把图 4.16 中每个子电路与其产生的暂态电压和暂态电流联系起来，可以发现产生 -5p.u. 暂态电压的主要子电路为点虚线框内的电路（包含三相负载）。在这个例子中，中性点电容 C_n 的电压将发生 4p.u. 的漂移，从 0.5p.u. 到 -3.5p.u.。因为电容 C_n 值非常小，所以可以吸收击穿产生的全部漂移电压。最下面那一相的负载电容上的电压仍旧保持它的初始值 $\left(-\dfrac{1}{2} - \dfrac{1}{2}\sqrt{3}\right)$p.u.，因此其负载侧的电压可达到 $\left|\left(-\dfrac{1}{2} - \dfrac{1}{2}\sqrt{3} - 3.5\right)\right| \approx 5$p.u.。

　　作为上述分析的结论，在电容器组电路中与 NSDD 相关的过电压可能会很高，而 NSDD 电流持续的时间将决定实际上是否会出现显著的过电压。

　　实际中可观察到 NSDD 电流持续时间非常短，其持续时间比振荡电压到达最高值的时间要短得多[15]，因此可以得到这样一个结论，图 4.16 中点虚线框中的子电路产生的振荡在达到峰值前就会被干扰。

　　很明显，假定 NSDD 电流导通的时间非常短，NSDD 的影响就仍然局限在断路

器及其连接电缆的电路中。其结果是由于 NSDD 电流持续的时间非常短，因此其产生过电压的能力受到了抑制。

然而，在特殊情况下，即便是 NSDD 电流持续的时间非常短，也可能引起显著的过电压。例如，当连接到负载上的电缆很短时，在 NSDD 电流持续的典型期间内，也能产生过电压峰值绝对值达到 5p. u. 的电压漂移。

4.2.5 开合架空线

如 4.2.4 节所述，当开断中性点悬浮的电容器组时（$C_0/C_1 = 0$）中性点会完全漂移，而开断中性点接地的电容器组时（$C_0/C_1 = 1$）其恢复电压则与单相开断条件相似。对架空线，其 C_0 和 C_1 的比值介于上述两种情况之间：$C_0/C_1 = 0.6$，因此其中性点漂移要比中性点非有效接地的电容器组的中性点漂移小。首开极上的恢复电压，假设其他极没有开断，将达到 $6/(2 + C_0/C_1)$，即 2.3p. u. 。分析架空线的开合现象最好的切入点是远距离架空线[22]。

由于电力能源交易的增长，输电网的一个明显的发展趋势是电力的大功率远距离传输。这一发展趋势的推动力一方面是由于发电厂距负载中心很远，另一方面是由于大量风力发电机接入电网时带入的随机特性。

增加电力输送能力的方法是对远距离超高压（电压为 500kV 和 800k V）甚至特高压（电压为 1100kV 和 1200kV）交流线路进行并联补偿和串联补偿，或采用直流线路进行连接。苏联的 1150kV 交流输电系统于 20 世纪 80 年代投入运行[17]，日本规划了一个 1000kV 交流输电系统并部分得以实现[18]，中国的 1050kV 交流输电系统于 2009 年投入了商业运行[19]，印度规划了 1200kV 的交流输电系统[20]。

为降低电阻损耗和电晕损耗，采用了分裂导线。为了能够适应性地调节架空线沿线的电压分布以及提高系统的电力传输能力，采用了诸多柔性装置，如晶闸管控制的串联电容器组、柔性交流输电系统（FACTS）和移相变压器等。

远距离传输线在输送有功功率时，输电走廊两端的电压相量有较大的相角差。由于线路具有感抗，因此线路上还有很大的电压降。这个电压降可以通过串联电容器组得以补偿，这是由于串联电容器组在一定程度上抵消了线路的总电抗。在轻载情况下线路电容占据主导地位，此时由于电容效应而使电压沿线路上升[21]。电压沿线路上升是由于电容引起的，因此可以在线路的末端安装并联电抗器来补偿线路电容。电抗器最好是与架空线并联而不是与变电站母线排并联，因为电压上升最严重的情况是架空线空载情况，也就是架空线远端开路、与母线排不连接的情况。

线路越长，电容效应越明显。采用式（4.4）可以计算考虑电容效应时沿架空线电压的分布。式（4.5）是一个近似表达式。

$$U(x) = U_p \cdot \cosh[\beta(l-x)] \tag{4.4}$$

$$U(x) = U_p \cdot \cos[\beta(l-x)] \tag{4.5}$$

式中，U_p 为传输线受电端开路时的相对地电压；$U(x)$ 为沿输电线路的相对地电压，是距离 x 的函数；x 为距线路起始端的长度；l 为线路长度；β 为电压相量 U_p 和 $U(x)$

之间的相角差，β 是频率的函数，$\beta = \omega/c = 2\pi f/c$（50Hz 时 $\beta = 0.001\,\mathrm{rad\ km^{-1}}$，60Hz 时 $\beta = 0.0012\ \mathrm{rad\ km^{-1}}$）。

假定在架空线的馈电端也要将线路切除。在电流开断后，线路的受电端仍带有大量的电荷并有一定的电压。然后架空线的受电端电压 U_p 和馈电端电压 U_s（1p. u.）将由行波进行均衡，最后达到一个平均直流残余电压 U_{dc}，U_{dc} 可以由式（4.6）表示。

$$U_{dc} = U_p \cdot \sin(\beta \cdot l)/\beta \cdot l = U_s \cdot \tan(\beta \cdot l)/\beta \cdot l \tag{4.6}$$

图 4.18 所示为电容效应引起线路受电端电压 U_p 上升的情况。馈电端位于线路起始端，即 U_s（馈电端）$= U_s(x=0)$。图中还示出了电容效应引起平均直流电压 U_{dc} 上升的情况。

行波以正弦振荡的方式出现，它将以 2 倍的幅值叠加在直流电压和恢复电压的工频分量上。这是由于初始的电压分布在线路两端的反射造成的。

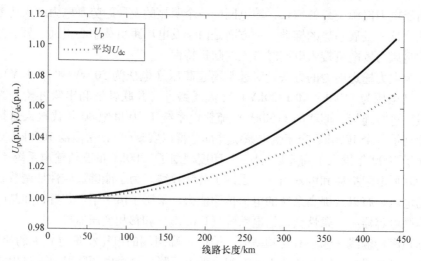

图 4.18　因电容效应引起的传输线受电端开路电压 U_p 的上升和电荷均衡后的平均直流残余电压 U_{dc} 的上升——两者均为线路长度的函数

图 4.19 所示为未并联电抗器时甩空载长线的情形。在线路长度为 440km、频率为 50Hz 的情况下，平均直流残余电压 $U_{dc} = 1.07\mathrm{p.u.}$。

由图 4.19 可以看出，在开断 440km 远距离架空线的充电电流时，首开极的线路侧恢复电压 U_{RV}（p. u）为一个典型的受电容效应影响的波形。线路情况为单相线路，频率为 50Hz，架空线采用完全换位，零序电抗与正序电抗之比 $C_1/C_0 = 1.67$。除了电容效应以外，中性点电压漂移了 0.15p. u.，导致工频恢复电压达到 2.15p. u.，这可以由式（4.7）计算得到，出现在其他两极开断后 90° 电角度时：

$$U_{RV} = \frac{5 + C_0/C_1}{2 + C_0/C_1} \quad [\mathrm{p.\,u.}] \tag{4.7}$$

中性点电压漂移作为 C_1/C_0 函数的详细计算见参考文献［22］，其中考虑了第二开断极和最后开断极的开断时刻。在图 4.19 中，没有考虑行波沿传输线受到的阻尼。实际上，行波会逐步衰减至一个直流电压，其幅值可由式（4.6）计算得到，在本例中这个直流电压是 0.07p.u.。

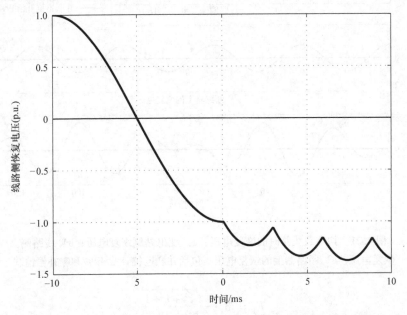

图 4.19　一条未经并联电抗器补偿的 440km 架空线的线路侧恢复电压

当架空线并联电抗器时，架空线上的电压分布会有所不同。当切除线路时，线路的等效电容会与并联电抗器组成谐振电路进行放电，如图 4.20 所示。

假定并联补偿程度为 p，即 $1/\omega L$ 是 ωC 的 $p\%$，那么谐振频率（$1/\sqrt{LC}$）等于 $0.1\sqrt{p}$ 与工频角频率 ω 的乘积。如图 4.21 所示，恢复电压呈现为缓慢增加的低

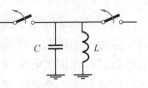

图 4.20　带有并联电抗器补偿的架空线简化电路

频电压模式，其拍频为谐振频率与工频之差，即 $0.1(10-\sqrt{p})$ 乘以工频频率。现场波形图请见 11.4.5.2 节的图 11.14。

在出现单相接地故障时，输电系统中常规的操作是在故障相的两端将线路切除，然后在 1～2s 后进行重合闸操作，这称为单相自动重合闸。进行单相自动重合闸后通常电弧将消失，整个三相电力传输也不会中断。如果在故障点电弧重新出现，就需要三相开断，输电线路上的电力传输也将中断。对于其他两个健全相而言，开断容性的线路电流要比没有接地故障相的容性电流开断更为困难，因为健全相的电压提高了 F_1 倍，F_1 可由下式得到：

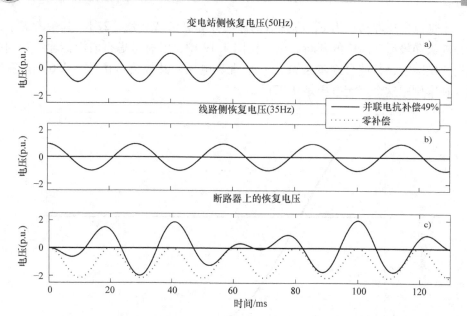

图 4.21　切空载线路时的恢复电压：a）变电站侧恢复电压；b）线路侧
恢复电压；c）断路器上的恢复电压。包括并联电抗补偿 49% 和零补偿情况

$$F_1 = \sqrt{3} \cdot \frac{\sqrt{k^2 + k + 1}}{2 + k} \tag{4.8}$$

式中，$k = X_1 / X_0$。

当输电线路的电压较高、输电线路较长时，由于故障相的静电耦合效应以及电磁感应电压的影响，可维持故障电弧，导致单相自动重合闸不成功。这个能够维持的电弧被称作潜供电弧（见 6.2.4 节）。将三相并联电抗器的中性点经过中性点电抗器接地可减小潜供电弧电流，详见 10.4.2 节。除了单相自动重合闸以外，有些电网采用三相自动重合闸策略，特别是当两条或三条架空线并联运行时。通常，采用三相自动重合闸，潜供电弧可迅速熄灭。另一种减小潜供电弧电流和提高单相自动重合闸可靠性的方法是使用快速接地开关，可在很短的时间里将故障导体直接与地连接，这样就短接并限制了潜供电弧[23,24]，详见 10.4.2 节。这种策略可以在 1~2s 完成自动重合闸[22,25]。

4.2.6　关合电容器组

4.2.6.1　简介

在关合容性负载时，容性负载都会产生一定的涌流。将未带电的电容器连接到电压源上时，电容器上的电压会从零值以很大的 du/dt 上升到电压源电压，从而产生涌流。涌流值与负载电路的波阻抗成反比。电容器组的波阻抗很小，比电缆和架空线要小得多。电缆的波阻抗为几十欧，架空线的波阻抗为几百欧，这是由电缆和架空线的分布参数特性决定的。

由于电缆和架空线的波阻抗相对较高，因而它们在关合时不存在涌流问题，也不会对断路器形成挑战[26,27]。然而，由于电缆电路的电感值较小，还是有可能在电缆系统中产生上升沿很陡的涌流[28]。

电容器组的波阻抗仅有几欧，因此如果不采取限流措施，可能在关合时产生很大的涌流。

关合电容器组时产生的涌流所带来的挑战主要包括以下两个方面：

- 对于开关装置而言，从预击穿开始电流就开始流动，要早于触头的物理接触。由于涌流频率较高，因此在预击穿阶段就会出现电流峰值，这会给灭弧室带来很大的压力（见4.2.6.2节）。
- 与电容器组的拓扑结构有关，变电站母排上可能产生严重的过电压，从而导致电磁干扰（EMI）、电能质量等问题[29]。

无论是涌流还是过电压，其暂态过程的严重程度主要取决于电容器组的拓扑结构。图4.22对此进行了描述。

两种拓扑情况如下：

- 单个电容器组拓扑（一个独立的电容器组）：这种工况是指一组电容器组在关合时，母线上没有连接其他的电容器组。作为一种简单近似，可以假定涌流主要流过系统阻抗 $X_S = \sqrt{R_S^2 + (\omega L_S)^2}$。这一电流路径如图4.22a所示。这种情况的优点是系统阻抗限制了涌流，其带来的问题是母线电压受关合操作的影响很大，产生严重的暂态过程，这导致了电能质量的问题，其波形如图4.23所示。

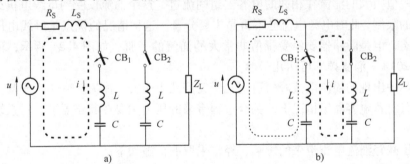

图4.22　a）关合单个电容器组的拓扑结构；b）关合背对背电容器组的拓扑结构。
虚线表示涌流路径

在这种情况下，尽管涌流峰值被限制到几千安，频率限制到几百赫，但是其母线上的电压暂态过程很严重。参考文献［27］中详细描述了其计算过程。

在单个电容器组情况下，其关合过程带来的是电能质量问题，主要对系统产生影响，对断路器影响不大。

- 背对背电容器组拓扑（并联的电容器组）：这种工况是指一组电容器组在关

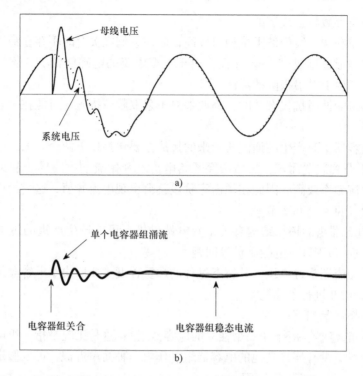

图 4.23　单个电容器组关合：a) 母线电压和系统电压；b) 断路器流过的涌流

合时，母线上已经连接其他的电容器组。这一情形如图 4.22b 所示。在这种情况下有一个幅值很大的涌流在相邻的电容器组间流过，这个涌流仅受到母线电抗或限流元器件的限制，此时电源电流已不再是主要分量。这种情况的优点是母线电压几乎不受影响，但是断路器要经受幅值非常大的涌流的考验。如图 4.24 所示，涌流峰值可达 20kA，涌流频率可达几千赫。

实际中出现的涌流电流峰值可达几千安到几十千安，涌流频率达几千赫。

在背对背电容器组情况下，关合过程带来的压力主要在断路器上，对系统影响不大。

为了减轻涌流电流带来的影响，经常采取的措施如下：

1）加入串联电抗器，以减小涌流电流的幅值和频率，如图 4.22 中所示的电抗器 L。这个电抗器还可以在切电容器组发生重击穿时降低重击穿电流，以及在电容器组附近发生故障时限制涌流（见 10.7 节）。

2）应用选相投切技术（见 11.4.5.1 节）。在此情况下，选择在各相电压零点附近关合，从而消除涌流。这一技术已被广泛应用，但它并不能降低重击穿电流，重击穿电流通常比合闸涌流大。

3）在涌流期间接入非线性元件，例如在电路中接入阻尼电阻[30]。

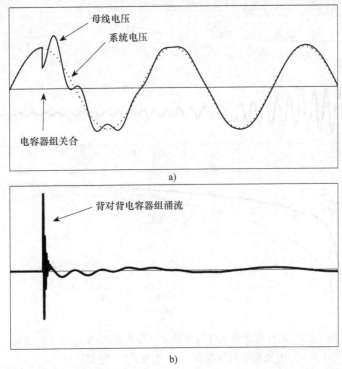

图 4.24 背对背电容器组关合：a）母线电压和系统电压；b）断路器流过的涌流

4.2.6.2 对断路器的影响

从断路器触头间隙发生预击穿开始，涌流电流就开始流动。从这一时刻开始，预击穿电弧将开始燃烧，涌流电流维持着预击穿电弧，直至触头发生物理接触为止。取决于涌流电流的频率和预击穿时间，预击穿电弧可流过很大的电流。

图 4.25 对下述几种情况的电弧能量进行了比较，这里假设电弧能量与电流的积分成正比：

- 关合背对背电容器组，涌流电流峰值 20kA（IEC 62271 - 100 标准规定）；
- 50kA 对称短路电流；
- 50kA 完全非对称短路电流。

由图中可以看出关合背对背电容器组涌流情况下的电弧能量，尤其是能量输入速率特别快。

在关合一般工频故障电流情况下，其电流上升率为每微秒几十安。与之相比，关合背对背电容器组情况下，涌流电流的电流上升率为每微秒几百安，这给 SF$_6$ 断路器的触头系统带来了很大的压力。由于电流上升很陡，这导致了触头间隙内气体产生急速加热和膨胀。主触头和弧触头之间的绝缘配合，必须保证在所有情况下关合时，预击穿都只发生在弧触头之间。由于电容器组放电的暂态电流频率很高，集肤效应将驱使电弧弧根燃烧在静弧触头的周围区域，而不是在触头表面区域均匀燃

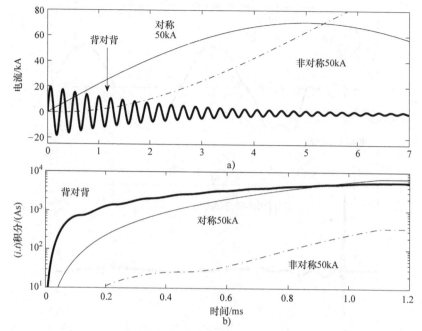

图 4.25　关合背对背电容器组涌流以及关合 50Hz、50kA 的对称
电流和非对称电流：a）电流；b）电流积分

烧。其结果是在多次关合操作后，静弧触头将会变成圆锥形而不是故障电流关合情况下的半球形[31]。反过来，又观察到圆锥形结构增加了主触头之间发生预击穿、重击穿的概率，引起断路器发生故障。

有几例情况，高压断路器在进行背对背电容器组试验后，对触头进行观察检验时发现，即使没有发生重击穿，其喷口也发现了孔洞[33]。故障电流开断时需要建立一定的气体压力，这种孔洞对压力的建立是致命的。

真空断路器并没有分开的主触头和弧触头，因此产生预击穿电弧的触头与分闸位置上承受电压的触头是同一个触头。背对背电容器组关合时的电流很大，在预击穿电弧的作用下，触头表面会发生局部熔化，当触头相互接触时，局部熔化的触头可能会发生熔焊。机构必须设计成能够将触头的熔焊断开，但熔焊点断裂后会在触头局部形成不规则的形状，成为场致增强点。如果在触头打开燃弧期间这些微凸起没有被完全清除掉，它们会影响触头间隙的介质强度。因而，在开断时电流较大或者燃弧时间较长都能削弱熔焊断裂产生的负面影响。

图 4.26 所示为一个完整的背对背电容器组投切试验。图 a 为涌流电流及涌流被开断的情况；图 b 示出了工频容性电流、恢复电压及延迟击穿现象；图 c 示出了重击穿电流，其幅值达到涌流峰值的 2 倍 ［见式 (4.2)］。

试验测试中一种常见的故障是触头关合后因熔焊而不能打开。另外，在背对背电容器组投切试验中出现的延迟击穿现象可能与预击穿电弧及随后的熔焊导致的绝缘性能破坏有关[34]。

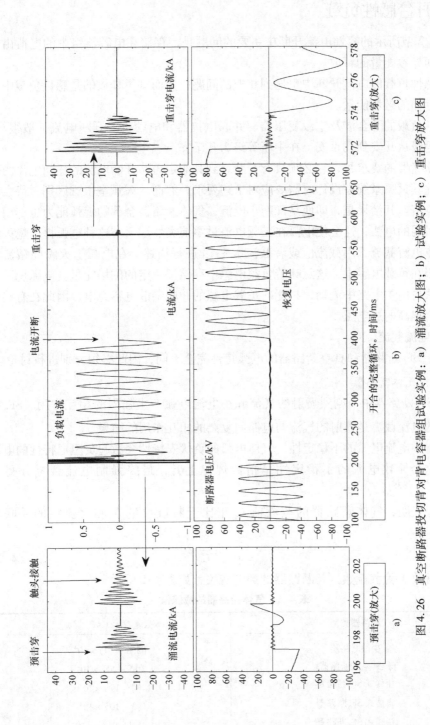

图4.26 真空断路器投切背对背电容器组试验实例：a) 涌流放大图；b) 试验实例；c) 重击穿放大图

4.3 开合感性负载

4.2.2 节所示的容性电流开断中主要的问题是，存储在电容器组中的电荷由于重击穿而导致能量的释放。

在感性负载的电流开断中也遇到相似的问题，然而这里释放的是感性负载中的电流所存储的磁场能量。

感性负载的开合涉及空载变压器、并联电抗器和电动机。开断电流一般很小，在高压等级从几安到几百安，在中压等级为几千安。

对断路器的要求是，它必须具有开断直到其额定短路开断电流的任何电流的能力。因此其灭弧系统在设计时需要应对上述要求。然而，灭弧室很难区别对待大电流和小电流。其结果是，即使是开断小电流，气体断路器全部的熄弧能力也都用来应对很微弱的电弧，这会使电弧在工频电流过零前突然熄灭。这种电弧提前熄灭的现象称作电流截流，用截流值或者截流水平 i_{ch} 进行描述。在电弧熄灭瞬间截流电流被局限在负载电感中，这意味着负载电感中存储了一定的磁场能量。电弧熄灭后电流无法再向主电路中流动，只能向负载电感的并联杂散电容充电，因此在有些情况下产生很高的过电压。

4.3.1 电流截流

由于 SF$_6$ 断路器和真空断路器的电弧特性完全不同，因此必须分别进行讨论。

4.3.1.1 气体断路器

在 SF$_6$ 断路器中，剧烈喷射的气流和小电流电弧产生强烈的相互作用。SF$_6$ 断路器中的电流截流是喷射的气流与电路间复杂的相互作用的结果。

由于小电流电弧的不稳定性，气体电弧的负伏安特性会激起负阻尼特性的电流振荡，这会导致电流的不稳定性呈指数规律上升，最终强制电流到零（另见 10.10.3 节）[35]。

实验表明，气体断路器的截流值 i_{ch} 正比于断口数量 N 和灭弧室的并联电容 C_p：

$$i_{ch} = \lambda \sqrt{NC_p} \qquad (4.9)$$

式中，常数 λ 为截流数，与断路器的类型有关，如表 4.1 所示。

表 4.1 气体断路器的截流值

断路器类型	截流数 $\lambda/(\text{AF}^{-0.5})$
少油断路器	$(5.8 \sim 10) \times 10^4$
压缩空气断路器	$(15 \sim 20) \times 10^4$
压气式 SF$_6$ 断路器	$(4 \sim 19) \times 10^4$
自能式 SF$_6$ 断路器	$(3 \sim 10) \times 10^4$
旋弧式 SF$_6$ 断路器	$(0.4 \sim 0.8) \times 10^4$

实验表明，随燃弧时间的增加，λ 趋向呈正比增加，但在燃弧时间较长时增加更明显。当并联电容 $C_p = 10\text{nF}$ 时，各种类型断路器的截流电流平均值为 4 ~ 20A。

4.3.1.2 真空断路器

真空断路器也会发生截流，但真空断路器发生截流的物理背景与 SF_6 断路器完全不同。真空电弧，或者更准确的名称是金属蒸气电弧，是由很多电弧射流组成的，电弧射流的弧根位于阴极上，称作阴极斑点[36]。每个阴极斑点承载的电流为 30 ~ 50A（见 8.3.3 节）。由于金属蒸气电弧的阴极斑点数量与电流幅值成正比，因此工频电流按正弦下降时阴极斑点的数量随之减少。在接近电流零点时，电弧仅由一个阴极斑点维持，当电流降低至不能够维持阴极斑点时，电流就会跌至零值。由于电流很小时只有单个阴极斑点，无法向弧隙中提供足够的金属蒸气，因此在空间电荷的作用下会引起电弧电压的短暂上升。电弧电压的噪声分量与寄生电路元器件发生相互作用，强迫电弧电流在自然过零点前跌至零值[37]。

对真空断路器来说，因为触头材料提供燃弧介质，即金属蒸气，因此截流电流与触头材料密切相关，典型值为 2 ~ 10A[38]。但特殊用途的灭弧室可以将截流值降低到 0.1A，例如接触器用真空灭弧室，优选了截流值很小的触头材料。真空灭弧室的截流值与电路参数有关，但无法用简单的公式来表示。截流值随并联电容的增大而略微增加[39]，也随电路波阻抗的增大而略微增加[40]。

真空断路器开发的早期阶段主要采用高纯度无氧铜作触头材料，其截流值很大，因此当时电流截流成为一个严重的问题。最近若干年由于采用了特殊的触头材料（见 9.2 节），真空断路器的截流水平已经与 SF_6 断路器没有什么差别了。

4.3.2 电流截流的影响

当负载电感很大时，其感性电流很小，因此开断时容易产生截流。感性负载电流比正常负载电流要小得多，因此断路器很容易开断。截流时存储在负载电感 L_L 中的能量 E_m 为

$$E_m = \frac{1}{2} L_L i_{ch}^2 \tag{4.10}$$

因为开合感性负载时断路器和电路之间将产生很强的耦合作用，所以感性负载开合是一种特殊的开合工况。首先，截流过程是电弧作为一种物理实体与寄生电路元器件之间发生高频相互作用的结果。

对于开关用户而言更重要的一点是，截流所产生的后果与断路器及电路参数直接相关。感性负载开合的基本等效电路如图 4.27 所示，其中 C_L 表示感性负载的杂散电容，该电容值通常很小。

根据电流截流时存储在负载中的能量，可以建立如下的简单关系式：

$$E_{load} = E_e + E_m = \frac{1}{2} C_L \hat{U}^2 + \frac{1}{2} L_L i_{ch}^2 \tag{4.11}$$

式中，假设电流为单相电流，截流发生在系统电压的峰值 $\hat{U}$。负载电路在电流发生

截流后立即开始振荡，并在 L_L 和 C_L 之间交换能量。当负载中的能量 E_{load} 全部转换到杂散电容上时，振荡电压达到最大值

$$\frac{1}{2}C_L u_m^2 = E_{load} \Rightarrow u_m = \sqrt{\hat{U}^2 + \frac{L_L}{C_L} i_{ch}^2}$$

$$= \sqrt{\hat{U}^2 + Z_0^2 i_{ch}^2} \qquad (4.12)$$

由式（4.12）可以明显地看出，

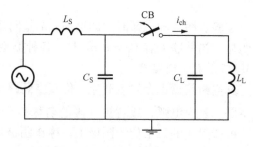

图 4.27　感性负载开合的基本等效电路

负载上电压的最大值不仅取决于断路器特性，即截流电流水平 i_{ch}，而且还与电路特性参数有关，即负载波阻抗 $Z_0 = \sqrt{L_L / C_L}$。当不考虑阻尼时，瞬态恢复电压（TRV）最大值的绝对值为

$$U_{TRVmax} = \hat{U} + \sqrt{\hat{U}^2 + Z_0^2 i_{ch}^2} \qquad (4.13)$$

由此可以看出，在感性负载开断过程中，TRV 的最大值能够达到很高的数值。到目前为止所研究的全部开断工况中，感性负载开断所能达到的 TRV 是最高的。从式（4.13）中还可以看出，在系统电压相同时，电流越小，所产生的过电压就越高，这是由于感性电流小就对应于更大的负载电抗的缘故。同样，寄生电容越小，过电压就越高。另一方面，通过在负载上加装并联电容可以降低截流过电压，尽管并联电容会提高截流值。

图 4.28 是电流开断过程示波图。当电流截流到零时，TRV 立即开始上升，但在这个开断工况中，电压开始上升时的极性与电流过零前电弧电压的极性相同。在这个极性相同的阶段中，负载侧电压的最大值称为抑制峰值。在没有复燃的情况下，TRV 最大值的绝对值称作恢复峰值。

图 4.29 给出了电流开断中有电流截流和没有电流截流情况的对比。可以很清楚地看到电流截流对 TRV 的影响。

4.3.3　感性负载开合的工况

在实际中，感性负载的开合可以分为以下几种工况：

- 空载变压器的开合；
- 并联电抗器的开合；
- 中压电动机的开合。

关于感性电流开合及其与电路的相互作用已经有大量的文献。在国际大电网会议（CIGRE）的 13.02 工作组的报告中对此进行了详尽的叙述[41]，并将成果归纳入相关 IEC 标准[10] 的应用导则中[42]。

4.3.3.1　开合空载变压器

开合空载变压器工况中的开断电流是变压器的励磁电流。变压器的励磁电流很小，最多只有几安，通常小于 1A。这意味着即使电流在峰值时也低于截流电流值，

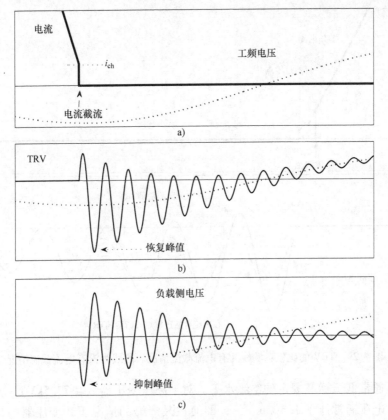

图 4.28　a）电流截流示例；b）相应的 TRV 波形；c）负载侧电压

也就是说断路器的触头只要一分开，电流就立即开断了。这样在很低的电压水平上就会出现重击穿，甚至是多次重击穿。

经验表明，对于现代变压器而言，开断其稳态空载电流不会产生显著的过电压。然而在开断变压器涌流时需要考虑过电压的产生[41]。在这种情况下，涌流有可能达到额定电流的 10～15 倍。为了避免变压器涌流的影响，通常的做法是当涌流与故障电流之比很大时（一般通过测量电流的谐波进行判定），对继电保护进行闭锁。另外，这种情况的过电压也可通过在变压器高压侧的相与相之间或相对地之间加装避雷器进行保护[43]。

实际运行中高压变压器不会频繁地进行开合操作，开断涌流更为少见，因为这意味着在变压器通电后立即将其切除。

由于多次复燃激起内部振荡的可能性已经有了相应的讨论[21]，讨论的结果认为其可能性可忽略不计[44]。当使用真空断路器或真空负荷开关开合干式变压器时，可由于多次复燃引起电压级升。然而，即使在这种工况下激起振荡过电压也不大可能，因为复燃的出现具有一定概率。

可以得到一个总体结论如下：在空载条件下断路器开断现代变压器时，所产生

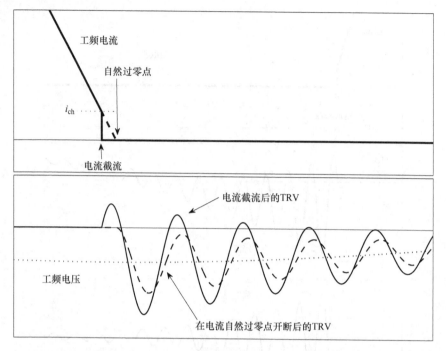

图 4.29   TRV 的比较：实线为有电流截流情况，虚线为没有电流截流情况

的过电压通常低于标准规定的绝缘水平。对于高压变压器（≥72.5kV），文献报道的最大过电压通常低于 1.5p. u.[41]；即便在最严酷的情况下，变压器的功率和励磁涌流都很大时，最高的过电压也在 4p. u. 以下。

对于中压变压器，最高的过电压通常在 2.5p. u. 以下，只有在很特殊的情况下，如干式变压器，最高的过电压在 4p. u. 以下。

对于采用大容量压缩空气式断路器开合老式的采用热卷钢制铁心的变压器来说，采用参考文献［41］中的计算方法就可以对其过电压水平进行相当精确的估计了，计算中断路器的截流特性参数可以由电抗器开断试验提供。

4.3.3.2   开合并联电抗器

开合并联电抗器是感性负载开合中最为常见的操作。安装并联电抗器的目的是为了对架空线的电容进行补偿，投入电抗器或切除电抗器取决于线路的瞬时负载。这就意味着此类开断操作会非常频繁（这一点与电容器组的投切非常类似，见4.2.6 节），因此，即便是仅考虑开合操作的频次，这类工况就不仅需要从电气角度，而且需要从机械角度予以关注。

并联电抗器可以认为是一个带有杂散电容的集中电路元件，因此其等效电路可以被直接简化为一个 LC 电路。

在开断时，实际上是电流截流时，LC 电路会产生一个电压振荡，振荡达到的最高电压值为 U_{mp}，它等于 1p. u.，考虑了电流截流对系统电压的贡献。通常来说，单频振荡的 TRV 的频率较高，根据 IEC 62271 – 110 标准[45]，额定电压为 72.5kV 时其频率为 6.8kHz，额定电压为 800kV 时其频率为 1.5kHz。

与开断容性电流情形相似，开断电抗器时电流很小，因此燃弧时间可以很短。这就意味着在到达电流零点时断路器的触头间隙还没有达到足够大，无法承受 TRV，从而会发生击穿。在这种情况下，击穿被称作复燃，因为它发生在开断后的四分之一工频周期以内，是由高频 TRV 引起的。

与容性电路中出现的重击穿不同，感性电路中出现的复燃的放电能量相对较小，因为它是杂散电容的放电，瞬间流过的是高频复燃电流，触头间隙的绝缘有可能恢复也可能无法恢复。

在复燃电流流过期间，触头间隙只稍微增加，因此其耐受电压也只稍微增加，因而在复燃电流被开断后，又加上来的 TRV 更高，会导致再次复燃。这很容易发生，因为在短暂的导通期内，电抗器中的工频电流仅略微增加，所以第二个 TRV 会更加陡峭，比前一次也更高。这个复燃序列被称作多次复燃或者重复复燃，复燃电压的逐级上升被称作（感性）电压级升。

这个过程的结果是在触头间隙达到足够的耐压强度之前出现了一系列的复燃。这种情况下开断是成功的，但伴随着多次复燃。另一种情况是，尤其是在燃弧时间非常短的情况下，在几次复燃后有一个半波的工频电流流过触头间隙，在工频电流半波过零时触头间隙获得了足够高的介质强度，电流被开断。

对气体断路器和油断路器而言，多次复燃通常产生非常严重的后果，这也是为什么有时把开合并联电抗器称为"断路器的噩梦"，还有一个原因就是它每天都要进行开合操作[46]。

发生多次复燃时能够观察到极高的过电压，可达 3p.u. 以上，而且断路器内部部件也经常发生损坏[47]。11.5.2 节将讨论抑制开合并联电抗器所产生的过电压的方法。

对于真空断路器而言，复燃电流对触头不会造成损坏，但是真空断路器具有开断高频电流的能力，因此复燃电流导通的时间很短，使得真空断路器出现复燃的次数要比 SF6 断路器多得多。因而有时也能观察到多次复燃造成的真空断路器的损坏[48]。

图 4.30 是采用一台 SF6 断路器进行试验的示例。从图中可以观察到在弧隙完全恢复之前发生了 7 次复燃。在每次复燃后，高频电流在触头间隙导通了约 100μs。电抗器负载上的电压最大值达到 2.3p.u. 。如果没有复燃，由截流所导致的电抗器负载上的电压最大值是 1.08p.u. 。TRV 的峰值为 3.3p.u. 。

在此情况下，尽管截流电流很小，在多次复燃后负载电压仍然级升到一个很高的值。

以往的理解认为截流使得电抗器开断比较危险，此例说明事实刚好与以往的理解相反，是多次复燃过程而不是电流截流使得电抗器开断具有潜在的风险。

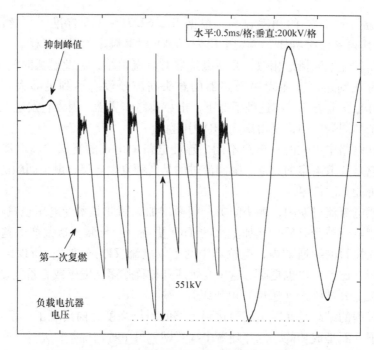

图4.30　SF$_6$断路器在多次复燃时测得的负载侧电压

在图4.31中，将两次试验测量的TRV波形叠加在一起，一个波形是发生单次复燃的结果，另一个是没有发生复燃的结果，由图中可以很清楚地看到单次复燃引

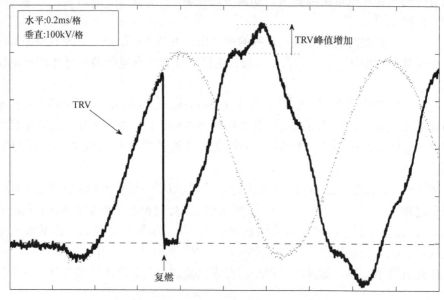

图4.31　产生复燃时（实线）和没有复燃时（虚线）的TRV比较

起了电压上升。

图 4.32 所示为真空断路器开断感性负载的试验结果。图中上面部分所示为首次出现复燃的一极（也是最后开断极）。图中下面部分所示为多次复燃区域的放大图，对图中上面部分在燃弧后 0.5ms 处进行了放大，由放大图可以看出过电压相当显著，高达 3.3p. u.，而且电压上升很陡。

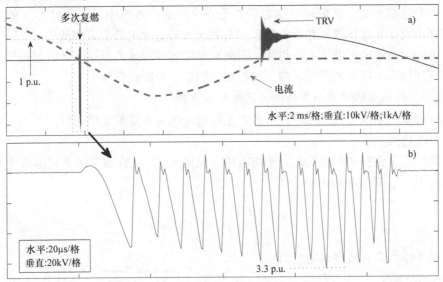

图 4.32　真空断路器的多次复燃现象：
a）开断过程中的电流和 TRV；b）电流首次过零后出现多次复燃的放大图

SF_6 灭弧室的关键部件，如喷口，可能被高频高幅值的复燃电流在灭弧室中所产生的激波损坏[49]。此外，由于复燃电流的 di/dt 极高，可能会改变灭弧室内部的电压配合，使得复燃没有发生在弧触头之间，而发生在触头系统的其他部位。事实上已经多次观察到喷口上的穿孔以及主触头上发生放电的痕迹。

开合并联电抗器对断路器的影响已成为多个研究的主题。在 IEC 标准和 IEEE 标准中提供了相关的应用导则[50]。

选相操作可以避免断路器在开断并联电抗器时发生多次复燃。使用选相操作，而不是随机分开触头，可以使触头在电流过零前较长时间打开，避免燃弧时间过短，在电流过零时可获得足够大的触头间隙。这一技术将在 11.4.5.1 节讨论。

在没有采用选相操作的应用中，现已广泛认可复燃是感性负载开合操作的一部分，试验要证明的只是（多次）复燃仅发生在一个电流零区附近。断路器必须设计得能够承受这样频繁的电冲击。这一点与容性电流开合试验不同，容性开合试验的主要目的是验证某种断路器的重击穿概率是否足够低。

由于开关间隙的击穿时间仅为数十纳秒，因此其 du/dt 值非常之高，造成很陡的前沿。这会对变电站中邻近的设备，特别是变压器造成威胁。

变压器绕组上的电压只要频率分量不超过 1MHz，那么沿各匝的电压分布就是均匀的。然而，一旦电压脉冲变得很陡，1MHz 以上的频率分量就起主要作用，绕组中的电压分布就不再是均匀的，在绕组端部的电压应力变得很大，这是由于电压波是从绕组的端部进入绕组的缘故。

尽管从电绝缘的角度高压变压器的端部都进行了加强处理，但是因复燃引起的电压上升速率太陡，其带来的压力仍然是一个挑战。系统中的任何电容（如金属封闭开关设备和变压器的套管电容）都有利于减轻这个电压上升的陡度。

另外，由于电压波头上升很陡，因此其电磁波的穿透力很强，会引起相关的电磁兼容问题对二次设备产生影响，如控制、测量、诊断设备等[5]。

4.3.3.3 三相电路中开合并联电抗器过电压计算

计算三相系统中开合并联电抗器产生的过电压有大量的文献资料[41,42]。

基本过程如下：

第一步，将三相电路简化为单相电路（见图 4.33），在简化的单相电路中电源电压为 $k_{pp}\hat{U}$，等效负载电感为 L'：

$$L' = L\left(1 + \frac{1}{2 + \dfrac{L}{L_n}}\right) = k_{pp}L \tag{4.14}$$

对于中性点有效接地电抗器：$L_n \to 0$，$k_{pp} = 1.0 L' = L_o$。

对于中性点非有效接地电抗器：$L_n \to \infty$，$k_{pp} = 1.5 L' = 1.5L$。

如 4.3.2 节所述，在电流截流瞬间存储于感性负载中的能量将在某个时刻全部转移到电容器 C_L 中，将其充电至电压 u_m：

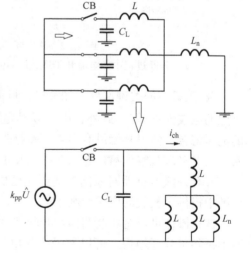

图 4.33 为方便计算，三相电路简化为单相电路

$$\frac{1}{2}C_L u_m^2 = \frac{1}{2}C_L (k_{pp}\hat{U})^2 + \frac{1}{2}L'i_{ch}^2 \Rightarrow$$

$$\frac{u_m}{\hat{U}} = k_{pp}\sqrt{1 + \frac{1}{k_{pp}}\left(\frac{i_{ch}}{\hat{U}}\right)^2\left(\frac{L}{C_L}\right)}$$

$$\equiv k_a + k_{pp} - 1 \tag{4.15}$$

由此，可以计算得到过电压抑制峰值 k_a 为

$$k_a = k_{pp}\sqrt{1 + \frac{1}{k_{pp}}\left(\frac{i_{ch}}{\hat{U}}\right)^2\left(\frac{L}{C_L}\right)} - k_{pp} + 1 \tag{4.16}$$

恢复电压峰值 k_c（即电抗器上的最高电压）为

$$k_c = 2k_{pp} + k_a - 2 \tag{4.17}$$

当忽略阻尼时，断路器上的 TRV 的峰值 k_{TRV} 为

$$k_{TRV} = 2k_{pp} + k_a - 1 \tag{4.18}$$

图 4.34 示出了相关的符号，该图是一台真空断路器（$U_r = 12\text{kV}$，电流 500A）在中性点非有效接地三相系统（$k_{pp} = 1.5$）中开断的首开极试验波形。

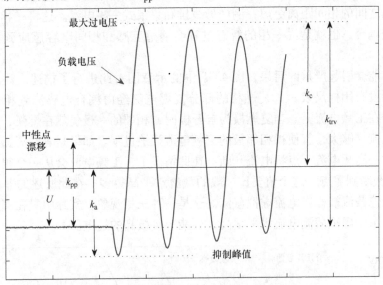

图 4.34　感性负载试验中 TRV 特征参数的符号

在本例中过电压的特征参数为：

- $k_a = 1.45\text{p. u.}$；
- $k_c = 2.4\text{p. u.}$（没有电流截流时，k_c 的预期值为 1.85）；
- $k_{TRV} = 3.4\text{p. u.}$（没有电流截流时，$k_{TRV}$ 的预期值为 2.85）。

电流截流的结果使得负载电压上升 0.55p. u.，或者是 30%。TRV 的频率是 19.2kHz，对应于负载电容 $C_L = 1\text{nF}$。

4.3.3.4　开合高压电动机及虚拟截流现象

第三种主要的感性负载开合操作是切除起动中或堵转的中压等级电动机。只有在这种运行模式下电动机才是感性负载。在稳态运行中电动机的功率因数接近于 1，因此开断稳态运行中电动机时其 TRV 并不显著。因为电动机的机械时间常数远大于其电气时间常数，所以在 TRV 阶段电动机不致于失速，在转速逐步降低时负载侧的电动势仍可保持。

在大多数情况下，高压电动机采用真空断路器或者真空接触器来进行开合，这主要是因为其电压等级处于中压范围内。真空开关的一个突出特点是其高频复燃电流的开断能力要显著高于 SF_6 断路器[51]。有报道指出其 di/dt 的开断能力可达每毫秒几百安以上[52]。除此之外，与输电系统相比，配电系统 TRV 的频率要高得多。因此，真空断路器恢复阶段和导通阶段要比高压 SF_6 断

路器情况短得多，如图4.35所示。在中压系统中复燃也以更快的速率相继出现。因此，在中压配电系统中复燃的次数和重复率要比输电系统高，电压级升也更快，电压上升所达到的 p. u. 值也更高。

与高压并联电抗器开合操作的另一点不同之处在于中压等级电路更紧凑。中压等级导体之间的相间距离更短，例如母线排和集束式三相电缆。这将在相间产生显著的电磁耦合，也就是说一相的暂态过程会通过互感和相间电容感应到相邻的相中去[53]。

这可能会引起严重的后果，图4.35中的示意图对此进行了描述。注意复燃电流和频率没有用标尺表示。复燃相的部分复燃电流经由耦合电感流到相邻相导体中，叠加在工频电流上。当复燃极为首开极时，相邻的一极仍然在燃弧，如果感应的高频电流足够大，就使得相邻极的工频电流强迫过零。如果是真空灭弧室，就有可能在这一高频电流零点将电流开断。在此情况下，工频电流会从一个很大的电流值 I_{chv} 被截断到零点，这个值要比一般的截流水平高得多。在此所述的非复燃极中产生的强迫截流被称作电流虚拟截流。这是一种三相现象，实际中只在真空开关中观察到。由于虚拟截流电流水平很高，可能产生极高的过电压。

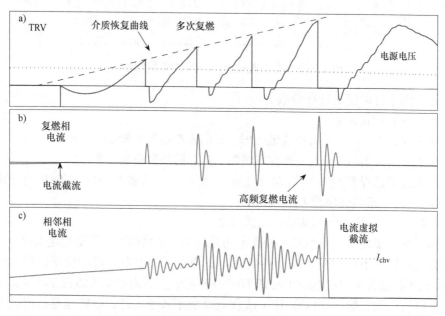

图4.35 来自仿真的虚拟截流示意图：
a) 带有多次复燃的 TRV；b) 复燃极中的复燃电流；c) 相邻极中的电弧电流

电流虚拟截流都是由多次复燃引起的，但只有偶尔的多次复燃会导致虚拟截流。在如下情况下不会发生虚拟截流：

- 如果相邻相的工频电流值很大，叠加高频电流后无法产生零点；

- 如果相邻相间的互感和相间电容很小，那么感应的复燃电流就会很小；
- 如果复燃电路的波阻抗很大，那么复燃电流也会很小。

即便在上述情况下，多次复燃还是有可能发生的，因为多次复燃由燃弧时间（燃弧时间短会增加复燃的可能性）、TRV 频率（TRV 频率高会增加复燃的可能性）和截流电流（截流电流值大会增加发生复燃的可能性）所决定[54]。

在图4.36 中，给出了一个按照 IEC 62271 - 110 标准开合中压电动机试验的示例。可以看到中间极的工频电流由瞬时值237A 被截断到零点，这是由于下面一极的多次复燃级升造成的，在本例中下面一极为首开极。其结果是灭弧室上的电压上升到约 100kV，接近 10p. u. 。

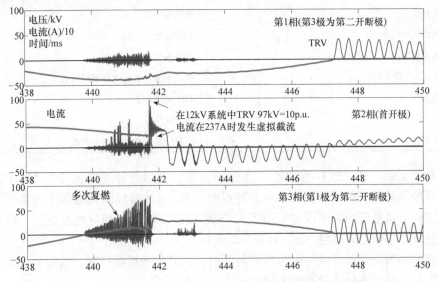

图 4.36　三相测量得到的 12kV 电动机开断试验中的虚拟截流结果

表4.2 给出了实际中对多次复燃和虚拟截流采取的对策。标"＋"的对策表示可以减小其出现概率，标"－"的对策表示可以增加其概率。

虽然可以找到很多原因认为出现虚拟截流的可能性很小，但是出现复燃的可能性很大，对断路器附近的设备可能产生影响。复燃以两种方式对电动机的绝缘产生电场应力：

- 级升电压峰值以及虚拟截流过电压对电动机的相对地绝缘产生电场应力[55]。有过电压超过 5p. u. 的报告[41]。
- 过电压上升速率很陡，会对绕组匝间绝缘产生电场应力。其危险在于，开合并联电抗器时，由复燃导致击穿后，如果电压上升时间足够短，陡峭上升的过电压会导致绕组上电压的分布不均匀[56]。

与变压器一样（见4.3.3.2节），当电压上升时间小于 1μs 时，电动机的冲击电压耐受能力会急剧降低。一份来自制造商的研究报告表明，6.6kV 电动机的冲击电压耐受水平在电压上升时间为 $1.5\mu s$ 时为 6p. u. , 当电压上升时间为 $0.1\mu s$ 时下降到2p. u.[41]。但是电动机绝缘耐受陡波头冲击电压能力的试验还没有标准化，而变压器在这方面已经制定了相关标准[57]。

表4.2 影响多次复燃和虚拟截流的因素

断路器参数	多次复燃	虚拟截流	相互作用机制
电动机功率大	–	+	在邻相引起电流过零的可能性低
负载电缆长	+	+	TRV 频率降低
铠装电缆		+	相间容性耦合弱
集束电缆		–	相间容性耦合强
母线排长		–	相间感性耦合强
相间距离短		–	相间感性耦合强
燃弧时间短	–		介质强度恢复不充分
采用SF_6介质开断		+	复燃电流未开断或开断时间长
截流值高		+	TRV 峰值较高
快速打开	+	+	快速恢复
一极延迟打开		+	在复燃阶段相邻极不会燃弧

参考文献［58，59］推荐了一些保护措施，特别是针对电流小于 600A 的情况。可采用的措施包括：安装缓冲电容器或者 RC 缓冲器以降低电压上升陡度，但这种措施对过电压的幅值没有限制[60]。安装避雷器以限制相对地过电压，但避雷器无法限制电压上升陡度（见 11.3.3.2 节）。

有一种断路器设计成一极为提前打开极，比其他极提前打开，这样可保证首开极发生复燃时后开极还没有燃弧[59]。

参 考 文 献

[1] CIGRE Working Group 13.04 (1994) Capacitive current switching – State of the art, *Electra*, No. **155**, 33–63.

[2] IEEE Power Engineering Society (2005) IEEE Application Guide for Capacitance Current Switching for AC High-Voltage Circuit-Breakers, IEEE Std. C37.012.

[3] CIGRE Working Group 13.04 (1996) Line-Charging Current Switching of HV Lines – Stresses and Testing, Part 1 and 2, CIGRE Technical Brochure 47.

[4] Peelo, D.F. (2004) Current interruption using high-voltage air-break disconnectors. Ph.D. Thesis Eindhoven University, ISBN 90-386-1533-7 (available through http://alexandria.tue.nl/extra2/200410772.pdf).

[5] Smeets, R.P.P., van der Linden, W.A., Achterkamp, M. *et al.* (2000) Disconnector switching in GIS: three-phase testing and – phenomena. *IEEE Trans. Power Deliver.*, **15**(1), 122–127.

[6] Smeets, R.P.P. and Lathouwers, A.G.A. (2000) Capacitive Current Switching Duties of High-Voltage Circuit-Breakers: Background and Practice of New IEC Requirements. IEEE PES Winter Meeting, Singapore, Paper No. 2000WM-690.

[7] Fu, Y.H. and Damstra, G.C. (1993) Prestriking overvoltages during energizing capacitive load by a vacuum circuit-breaker. *IEEE Trans. Electr. Insul.*, **28**(4), 657–666.

[8] van Sickle, R.C. and Zaborszky, J. (1951) Capacitor switching phenomena. *AIEE Trans.*, **70**, 151–159.

[9] Johnson, I.B., Schultz, A.J., Schultz, N.R. and Shores, R.B. (1955) Some fundamentals on capacitive switching. *Proc. AIEE*, **74** (Pt III), 727–736.

[10] IEC 62271-100 (2012) High-voltage switchgear and controlgear – Part 100: Alternating-current circuit-breakers, Ed. 2.1.

[11] Smeets, R.P.P. and Lathouwers, A.G.A. (2002) Non-sustained disruptive discharges: test experiences, standardization status and network consequences. *IEEE Trans. Diel. Electr. Insul.*, **9**, 194–200.

[12] Bernauer, C., Knie, E. and Rieder, W. (1994) Restrikes in vacuum circuit-breakers within 9s after current interruption. *Eur. Trans. on Electr. Power*, **4**(6), 551.

[13] Gebel, R. and Falkenberg, D. (1993) Mechanical shocks as cause of late discharges in vacuum circuit-breakers. *IEEE Trans. Dielct. Electr. Insul.*, **28**, 468–72.

[14] Jüttner, B., Lindmayer, M. and Düning, G. (1999) Instabilities of prebreakdown currents in vacuum I: late breakdowns. *J. Phys. D: Appl. Phys.*, **32**, 2537–2543.

[15] Smeets, R.P.P., Thielens, D.W. and Kerkenaar, R.P.W. (2005) The duration of arcing following late breakdown in vacuum circuit-breakers. *IEEE Trans. Plasma Sci.*, **33**(5), 1582–1587.

[16] Smeets, R.P.P., Lathouwers, A.G.A. and Falkingham, L. (2004) Assessment of Non-Sustained Disruptive Discharges (NSDD) in Switchgear. CIGRE Conference, Paris.

[17] Bortnik, I.M., *et al.* (1988) 1 200 kV Transmission line in the USSR. The first results of operation. CIGRE Conference, Paper 38-09, Paris.

[18] Zaima, E., Shindo, T. and Ishii, M. (2007) System Aspects of 1 100 kV AC Transmission Technologies in Japan: Solutions for Network Problems Specific to UHV AC Transmission System and Insulation Coordination. Int. IEC/CIGRE Symp. on Standards for Ultra High Voltage Transmission, Beijing.

[19] Shu, Y. (2005) Development of Ultra High Voltage Transmission Technology in China. Proc. of the XIVth Int. Symp. on High Voltage Eng., Paper K-01.

[20] Nayak, R.N., Bhatnagar, M.C., De Bhowmick, P.L. and Tyagi, R.K. (2009) 1 200 kV Transmission System and Status of Development of Substation Equipment/Transmission Line Material in India. Second Int. IEC/CIGRE Symp. on Standards for Ultra High Voltage Transmission, New Delhi.

[21] Greenwood, A. (1991) *Electrical Transients in Power Systems*, John Wiley & Sons Ltd, ISBN 0-471-62058-0.

[22] CIGRE Working Group A3.22 (2011) Background of Technical Specifications for Substation Equipment exceeding 800 kV AC, CIGRE Technical Brochure 456.

[23] Agafonov, G.E., Babkin, I.V., Berlin, B.E. *et al.* (2004) High-Speed Grounding Switch for Extra High Voltage Lines. CIGRE Conference, Paper A3-308, Paris.

[24] Toyoda, M. *et al.* (2011) Considerations for the standardization of high-speed earthing switches for secondary arc extinction on transmission lines. CIGRE Colloquium, Paper A3-103, Bologna.

[25] CIGRE Working Group A3.22 (2008) Technical Requirements for Substation Equipment exceeding 800 kV, CIGRE Technical Brochure 362.

[26] CIGRE SC 13 (1979) Circuit-breaker Stresses when switching Back-to-Back Capacitor Banks, *Electra*, No. 62, pp. 21–45.

[27] IEC 62271-306 (2012) High-voltage switchgear and controlgear – Part 306: Guide to IEC 62271-100, IEC 62271-1, and IEC standards related to alternating current circuit-breakers.

[28] Kalyuzhny, A. (2013) Switching capacitor bank back-to-back to underground cables. *IEEE Trans. Power Deliver.*, **28**(2), 1128–1137

[29] CIGRE Working Group 36.05/CIRED 2 CC02 (2001) Capacitor Switching and its Impact on Power Quality, *Electra*, No. 195, pp. 27–37.

[30] Sabot, A., Morin, C., Guilliaume, C. *et al.* (1993) A unique multiporpose damping circuit for shunt capacitor bank switching. *IEEE Trans. Power Deliver.*, **8**(3), 1173–1183.

[31] da Silva, F., Bak, C. and Hansen, M. (2010) Back-to-back energization of a 60 kV cable network – inrush currents phenomenon. IEEE PES General Meeting, pp. 1–6.

[32] Kasztenny, B., Voloh, I., Depew, A. *et al.* (2008) Re-strike and Breaker Failure Conditions for Circuit-Breakers Connecting Capacitor Banks. 61st Ann. Conf. for Prot. Relay Eng., pp. 180–195.

[33] Smeets, R.P.P. and Lathouwers, A.G.A. (2000) Capacitive Current Switching Duties of High-Voltage Circuit-Breakers: Background and Practice of New IEC Requirements. IEEE PES Winter Meeting, Singapore, Paper No. 2000 WM-690.

[34] Smeets, R.P.P., Wiggers, R., Bannink, H. *et al.* (2012) The Impact of Switching Capacitor Banks with Very High Inrush Current on Switchgear. CIGRE Conference, Paper A3-201.

[35] van den Heuvel, W.M.C. (1980) Current chopping induced by arc collapse. *IEEE Trans. Plasma Sci.*, **8**(4), 326–331.

[36] Anders, A. (2008) *Cathodic Arcs. From Fractal Spot to Energetic Condensation*, Springer, ISBN 978-0-387-79107-4.

[37] Smeets, R.P.P. (1986) Stability of low-current vacuum arcs. *J. Phys. D: Appl. Phys.*, **19**, 575–587.

[38] Holmes, F.A. (1974) An Empirical Study of Current Chopping by Vacuum Arcs, IEEE Paper C-74-088-11.

[39] Damstra, G.C. (1976) Influence of Circuit Parameters on Current Chopping and Overvoltages in Inductive MV Circuits. CIGRE Conference, Paper 13-8.

[40] Slade, P.G. (2008) *The Vacuum Interrupter. Theory, Design, and Application*, CRC Press, ISBN 978-0-8493-9091-3.

[41] CIGRE Working Group 13.02 (1995) Interruption of Small Inductive Currents, CIGRE Technical Brochure 50 (ed. S. Berneryd).

[42] IEC 62271-306 (2012) High-voltage switchgear and controlgear – Part 306: Guide to IEC 62271-100, IEC 62271-1, and IEC standards related to alternating current circuit-breakers.

[43] Liljestrand, L., Lindell, L., Bormann, D. *et al.* (2013) Vacuum Circuit Breaker and Transformer Interaction in a Cable System. 22nd Int. Conf. on Electr. Distr., CIRED, Paper 0412.

[44] CIGRE Working Group 12.07 (1984) Resonance Behaviour of High-Voltage Transformers. CIGRE Conference, Report 12–14.

[45] IEC 62271-110 (2012) High-voltage switchgear and controlgear – Part 110: Inductive load switching.

[46] Peelo, D.F., Avent, B.L., Drakos, J.E. *et al.* (1988) Shunt reactor switching tests in BC hydro's 500 kV system. *IEE Proc.-C*, **135**, (5), 420–434.

[47] Bachiller, J.A., Cavero, E., Salamanca, F. and Rodriguez, J. (1994) The Operation of Shunt Reactors in the Spanish 400 kV Network – Study of the Suitability of Different Circuit-Breakers and Possible Solutions to Observed Problems. CIGRE Conference, Paper 23–106.

[48] Du, N., Guan, Y., Zhang, J. *et al.* (2011) 'Phenomena and mechanism analysis on overvoltage caused by 40.5-kV vacuum circuit-breakers switching off shunt reactors. *IEEE Trans. Power Deliver.*, **26**(4), 2102–2110.

[49] Tanae, H., Matsuzaka, E., Nishida, I. *et al.* (2004) High-frequency reignition current and its influence on electrical durability of circuit-breakers associated with shunt-reactor current switching. *IEEE Trans. Power Deliver.*, **19**(3), 1105–1111.

[50] IEEE Switchgear Committee (2009) IEEE Guide for the Application of Shunt Reactor Switching, IEEE Std C37.15.

[51] Smeets, R.P.P., Funahashi, T., Kaneko, E. and Ohshima, I. (1993) Types of reignition following high-frequency current zero in vacuum interrupters with two types of contact material. *IEEE Trans. Plasma Sci.*, **21**(5), 478–483.

[52] Greenwood, A. (1994) *Vacuum Switchgear*, The Institution of Electrical Engineers, ISBN 0 85296 855 8.

[53] Damstra, G.C. (1976) Influence of Circuit Parameters on Current Chopping and Overvoltages in Inductive MV circuits. CIGRE Conference, Paper 13-08.

[54] Smeets, R.P.P., Kardos, R.C.M., Oostveen, J.P. *et al.* (1993) Essential parameters of vacuum interrupters and circuit related to the occurrence of virtual current chopping in motor circuits. IEE Japan Power & Energy, Int. Session, Sapporo, Japan.

[55] Murano, M., Fujii, T., Nishikawa, H. *et al.* (1974) Voltage escalation in interrupting inductive current by vacuum switches. *IEEE Trans.*, **PAS-93**(1), 264–271.

[56] Cornick, K.J. and Thompson, T.R. (1982) Steep-fronted switching transients and their distribution in motor windings. Part 1: system measurements of steep-fronted switching transients; Part 2: distribution of steep fronted switching voltage transients in motor windings. *IEE Proc.-B*, **129**, (2), 45–63.

[57] IEEE Std. C57.142-2010 (2011) IEEE Guide to Describe the Occurrence and Mitigation of Switching Transients Induced by Transformers, Switching Device, and System Interaction.

[58] Nailen, R.L. (1979) Transient surges and motor protection. *IEEE Trans. Ind. Appl.*, **15**(6), 606–610.

[59] Schoonenberg, G.C. and Menheere, W.M.M. (1989) Switching Overvoltages in M.V. Networks. CIRED Conference, Paper 2.17.

[60] Murai, Y., Nitti, T., Takami, T. and Itoh, T. (1974) Protection of motor from switching surge by vacuum switch. *IEEE Trans.*, **PAS-93**, 1472–1477.

第5章

开合过程暂态计算

5.1 解析法计算

5.1.1 简介

开关操作、短路故障以及正常操作中出现的扰动都能引起暂态过电压及高频振荡。电力系统必须能够承受这些过电压，就像能够承受雷击一样不致造成系统元器件的损坏。对于确定绝缘配合、正确的操作流程以及对系统进行足够的保护而言，暂态电压和暂态电流的计算和仿真都极为重要。

暂态现象可以发生在不同的时间尺度里，包括：

- 微秒尺度——在瞬态恢复电压（TRV）的初始上升阶段，尤其在近区故障情况下；
- 毫秒尺度——由开断操作引起的 TRV；
- 秒级尺度——例如在铁磁谐振情况下（见 10.6 节）。

电力系统暂态分析方面的书籍有很多[1-9]。从实际角度出发，考虑开关应用方面的资料可参见相关标准的应用导则[10,11]。在电流开断引起的暂态计算方面，最近出版了一本新书[12]。

在下面的各节中，给出了相关电磁暂态的微分方程解析解和仿真结果。在 2.1 节给出了非对称电流的数学表达式，其推导过程在 5.1.2 节给出。开关分断电流后，开关上的 TRV 由其两侧的振荡电路，即电源侧电路和负载侧电路来决定。在 1.6.2 节中描述了 TRV 的表达式，其推导过程在 5.1.3 节给出。

暂态过程与网络的电压等级和拓扑结构有关，还与系统的短路功率有关。暂态所包含的分量通常有高压传输线和地下电缆的行波，网络中发电机、变压器和集中参数元器件产生的振荡等。

5.1.2 *LR* 电路的关合

图 5.1 所示为一个正弦电压源接到了一个电感和一个电阻的串联电路上。实际上这是断路器关合一条短路的输电线或者一段短路的地下电缆工况的最简单的单相表达方法。电源电压 $u(t)$ 代表了接入系统中所有同步发电机的电动势。电感 L 代表了上述所有发电

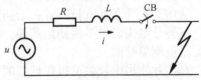

图 5.1　将正弦电压源与一个
LR 串联电路接通

机的内电感以及电力变压器的漏感，还有所有母排、电缆和架空线的电感。电阻 R 代表了电路中所有电阻性损耗。

所有这些元器件被假定为：

- 线性的，即元器件参数与流过电流的幅值和所施加的电压幅值无关；
- 元器件参数不随时间变化，为一个常数；
- 双向同性，即元器件参数与流过电流的方向和所施加的电压的极性无关。

这样就可以在系统分析中应用叠加原理，从而在开关关合后的暂态过程中，电路中的总短路电流 $i(t)$ 是直流分量 i_{dc} 和稳态对称交流分量 i_{ac} 之和：

$$i(t) = i_{dc} + i_{ac} \tag{5.1}$$

开关关合后产生的总电流 $i(t)$ 不仅与电感、电阻，以及网络中的电源有关［在此指电压源 $u(t)$］，还与开关的合闸时刻以及开关合闸瞬间电感中电流的初始状态有关。一般来说，以关合瞬间作为计算的时间起点（即该过程的起始时刻，$t = 0$）。这一起始时刻一般用电压源在这一时刻的初始相角来表征。在本例中，$t = 0$ 的初始条件为 $i(t) = 0$。

对图 5.1 中的电路应用基尔霍夫电压定律，可得一阶常系数非齐次常微分方程

$$Ri + L\frac{di}{dt} = u(t) \tag{5.2}$$

由式（2.1）可知

$$u(t) = \hat{U}\cos(\omega t + \psi) \tag{5.3}$$

式中，$\hat{U}$ 是电压源 $u(t)$ 的幅值；ψ 是短路开始时刻的电压起始相角（也称为动作相角或合闸相角），即开关关合时刻（$t = 0$）的电压相角。

非齐次方程（5.2）的全解可描述总电流，它包括两个分量：

- （直流）暂态分量 i_{dc}。它是一个指数函数，是齐次常微分方程的解，即 $u(t) = 0$ 时的方程解。这个解又称作非强迫分量或自然分量，它表示没有外部驱动电压时电路的一般属性。由于直流分量的幅值必须满足电路受到激励时的初始状态，因而直流分量的初始值与外部驱动电压对称分量初始时刻的瞬时值大小相等但极性相反。

- （交流）稳态分量 i_{ac}。它是一个正弦量，由一个特定的电压源 $u(t)$ 驱动。它是非齐次微分方程的特解，即方程的右端项等于 $u(t)$ 时的解，如式（5.3）所示。它也称为强迫分量，因为它描述了强迫电流与驱动电压呈正比。只要 $u(t)$ 存在，稳态分量就一直存在，并最终与直流分量无关。

直流分量自身并不满足电路的非齐次方程。它实际上是交流稳态电流分量的一个互补函数。因为电感中的磁通不能突变，所以从物理上讲总电流必须从零值开始。从而交流稳态电流只要有一个初始偏移，就必须要产生一个与之对应的直流分量，使得总电流满足零值初始条件。因此，初始电流和稳态电流之间的差值是由直流分量电流填补的。

在实际使用中开关可以在任意时间关合，从而初始相角 ψ 可以是 $0 \sim 2\pi$ 间的任意值。求解微分方程的自然分量，须通过下述特征方程求解 λ：

$$R + L\lambda = 0 \tag{5.4}$$

这个代数方程式是通过将标准形式的暂态分量 $i_{dc} = K \cdot \exp(\lambda t)$ 带入下面齐次

微分方程得到的：

$$Ri + L\frac{\mathrm{d}i}{\mathrm{d}t} = 0 \tag{5.5}$$

由上述特征方程解得特征值 $\lambda = -(R/L)$，从而得到自然分量为

$$i_{\mathrm{dc}}(t) = K \cdot \exp\left(-\frac{t}{\tau}\right) \tag{5.6}$$

式中，t 是从短路开始的时间；τ 是电路的直流时间常数，$\tau = -1/\lambda = L/R$；K 是满足齐次方程 (5.5) 的任意常数。考虑到非齐次方程 (5.2)，这个常数由初始条件决定。

稳态电流作为非齐次微分方程的特解，必须是与驱动电压函数 $u(t)$ 同频率的调和函数，但是其初始相位可能与驱动电压不同。因此，该调和函数特解的一般表达式如下（幅值和相位待定）：

$$i_{\mathrm{ac}}(t) = I_1 \cdot \cos(\omega t + \psi) + I_2 \cdot \sin(\omega t + \psi) \tag{5.7}$$

因为稳态分量必须满足电路的非齐次平衡方程，所以将其代入式 (5.2) 可得

$$R[I_1\cos(\omega t + \psi) + I_2\sin(\omega t + \psi)] - \omega L[I_1\sin(\omega t + \psi) -$$
$$I_2\cos(\omega t + \psi)] = \hat{U}\cos(\omega t + \psi) \tag{5.8}$$

将式 (5.8) 整理得

$$(RI_1 + \omega LI_2)\cos(\omega t + \psi) + (RI_2 - \omega LI_1)\sin(\omega t + \psi) = \hat{U}\cos(\omega t + \psi) \tag{5.9}$$

$$(RI_1 + \omega LI_2 - \hat{U})\cos(\omega t + \psi) + (RI_2 - \omega LI_1)\sin(\omega t + \psi) = 0 \tag{5.10}$$

式 (5.10) 必须在任意时刻都满足，因此只有如下可能：

$$(RI_1 + \omega LI_2 - \hat{U}) = 0 \text{ 和} (RI_2 - \omega LI_1) = 0 \tag{5.11}$$

求解 I_1 和 I_2 得到

$$I_1 = \frac{\hat{U} \cdot R}{R^2 + \omega^2 L^2}, \ I_2 = \frac{\hat{U}\omega L}{R^2 + \omega^2 L^2} \tag{5.12}$$

将式 (5.12) 代入式 (5.7) 可得 i_{ac} 为

$$i_{\mathrm{ac}}(t) = \frac{\hat{U}}{R^2 + \omega^2 L^2}[R \cdot \cos(\omega t + \psi) + \omega L \cdot \sin(\omega t + \psi)] \tag{5.13}$$

将下列已经很熟悉的项引入式 (5.13)（假设复阻抗 $\mathbf{Z} = R + \mathrm{j}\omega L$，$Z = |\mathbf{Z}|$）：

阻抗的幅值 $Z = \sqrt{(R^2 + \omega^2 L^2)}$；

阻抗角 $\phi = \tan^{-1}(\omega L/R)$；

$R = Z\cos\phi$，$\omega L = Z\sin\phi$。

可得

$$i_{\mathrm{ac}}(t) = \frac{\hat{U}}{Z}\left[\frac{R}{Z} \cdot \cos(\omega t + \psi) + \frac{\omega L}{Z} \cdot \sin(\omega t + \psi)\right]$$
$$= \frac{\hat{U}}{Z}[\cos\phi \cdot \cos(\omega t + \psi) + \sin\phi \cdot \sin(\omega t + \psi)] \tag{5.14}$$

cos 和 sin 项可以合并为单独一项，有

$$i_{\mathrm{ac}}(t) = \frac{\hat{U}}{Z}[\cos(\omega t + \psi - \phi)] = \hat{I}[\cos(\omega t + \psi - \phi)] \tag{5.15}$$

式中，正弦电流的幅值 $\hat{I} = \hat{U}/Z$。

这样可得到总电流的完整表达式为

$$i(t) = i_{dc} + i_{ac} = K \cdot \exp\left(-\frac{t}{\tau}\right) + \hat{I}\left[\cos(\omega t + \psi - \phi)\right] \tag{5.16}$$

这里需要通过电路初始条件确定常数 K 的值。开关在 $t = 0$ 时刻关合，但是在 $t = 0$ 之后的瞬间电流仍然为零$[i(0) = 0]$，这是由于电感上的电流要保持连续性。从而

$$i(0) = K \cdot \exp\left(-\frac{t}{\tau}\right)\Big|_{t=0} + \hat{I}\left[\cos(\omega t + \psi - \phi)\right]\Big|_{t=0} = 0 \tag{5.17}$$

$$K = -\hat{I}\left[\cos(\psi - \phi)\right] \tag{5.18}$$

总电流的最终表达式是

$$i_{dc} + i_{ac} = \hat{I}\left[\cos(\omega t + \psi - \phi) - \cos(\psi - \phi)\exp\left(-\frac{t}{\tau}\right)\right] \tag{5.19}$$

这个表达式中的第二部分是总电流的直流分量，它包含 $\exp(-t/\tau)$ 项，因此会以指数方式衰减。$\cos(\psi - \phi)$ 是一个常数，它的值由开关关合瞬间电压的相角和电路阻抗 Z 的阻抗角决定。

现在可以确定三种情况：

1）当 $\psi - \phi = \pi/2 \pm n\pi$（$n$ 是整数）时，直流（暂态）分量等于零，电流立即进入稳态。在这种情况下不会出现暂态过程，我们称之为对称电流。这种情形如图 2.2 所示。

2）当 $\psi - \phi = \pm n\pi$ 时，这对应着开关在比第 1 种情况早 90° 或晚 90°（电角度）时刻关合电路。在此情况下，直流分量将达到最大值，不过这种情况并不意味着总电流的峰值达到最大值。

3）总电流的峰值达到最大值的条件为

$$\frac{\partial i(t, \psi)}{\partial t} = 0 \ \text{和} \frac{\partial i(t, \psi)}{\partial \psi} = 0 \tag{5.20}$$

从而得到

$$\frac{1}{\tau}\exp\left(-\frac{t}{\tau}\right)\cos(\psi - \phi) - \omega\sin(\omega t + \psi - \phi) = 0$$

以及

$$\exp\left(-\frac{t}{\tau}\right)\sin(\psi - \phi) - \sin(\omega t + \psi - \phi) = 0 \tag{5.21}$$

对式（5.21）进行整理，并代入等式：$1/\tan(x) = \tan(\pi/2 \pm n\pi - x)$，可得

$$\psi = \pi/2 \pm n\pi$$

这个简单结果表示在电压为零时关合可使得总电流的峰值达到最大值，与电路参数 L 和 R 无关。此时，虽然直流分量不一定是最大的，但是在初始电压为零时关合可以得到非对称电流峰值的最大值，如图 2.2 所示。

当总电流带有非零直流分量时，统称为非对称电流。

当电源电路的时间常数很大时，例如在非常靠近发电机出线端出现短路故障的情况下，同步发电机的暂态电抗和次暂态电抗会导致产生一个首峰值特别高的短路电流。在大约 20ms 之后，当次暂态电抗的影响不再起作用时，暂态电抗占主导地位，在几秒之后，同步电抗将起主导作用，会进一步减小短路电流的稳态分量。在此情形下，电流的直流分量由发电机的次暂态电抗决定，交流分量由发电暂态电抗决定，因此电流中的直流分量很大，会导致某相电流在几个周期内没有电流零点。关于这方面的内容可以参见 10.1.2 节。对于交流断路器而言，由于没有电流零点，

因此无法开断电流。在数学上对此情况的描述可以将式（5.2）中的 L 由一个常数改为用时变量替代。

5.1.3　*RLC* 电路的开断

在 5.1.2 节中，采用常规微积分的方法求解了包含三角函数形式的时变量的一阶微分方程，对于简单电路这种方法可直接采用。但是当求解复杂电路中由开断引起的暂态过程时，如果采用时域中三角函数的瞬时值进行计算就显得十分冗长和麻烦。

在开断暂态过程的计算中，本节想突出的一点是将两个分立的 *RLC* 电路分别进行处理。这种简化作为一个基础，有助于理解电力开关设备的大多数开断工况。开关将电源电路［包括理想电压源 $u_S(t)$ 和电源侧参数 L_S、C_S 和 R_S］和负载电路（由 L_L、C_L 和 R_L 表示）分开，其电路如图 5.2 所示。

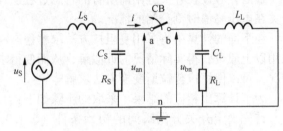

图 5.2　开断暂态过程分析电路

电流开断发生在 $t = 0$ 时刻。当 $t < 0$ 时，断路器闭合；当 $t > 0$ 时，断路器分闸。假设断路器是一台理想断路器，即闭合时阻抗为零，分闸后阻抗立即变为无穷大。

5.1.3.1　符号

$$u_S(t) = \hat{U}\cos(\omega t) \qquad \text{电源电压，幅值为 } \hat{U} \text{，工频角频率为 } \omega$$

$$\omega_{0S} = \frac{1}{\sqrt{C_S L_S}} \qquad \text{电源侧角频率（无阻尼情况，忽略 } R_S\text{）}$$

$$\beta_S = \frac{R_S}{2 L_S} \qquad \text{电源侧阻尼系数}$$

$$\omega_{dS} = \sqrt{\omega_{0S}^2 - \beta_S^2} \qquad \text{考虑阻尼时电源侧角频率}$$

$$\omega_{0L} = \frac{1}{\sqrt{C_L L_L}} \qquad \text{负载侧角频率（无阻尼情况，忽略 } R_L\text{）}$$

$$\beta_L = \frac{R_L}{2 L_L} \qquad \text{负载侧阻尼系数}$$

$$\omega_{dL} = \sqrt{\omega_{0L}^2 - \beta_L^2} \qquad \text{考虑阻尼时负载侧角频率}$$

$$u_{an}(t) = u_{an,s}(t) + u_{an,t}(t) \qquad \text{电源侧电压，包含稳态分量（} u_{an,s}\text{）和暂态分量（} u_{an,t}\text{）}$$

$$u_{bn}(t) = u_{bn,s}(t) + u_{bn,t}(t) \qquad \text{负载侧电压，包含稳态分量（} u_{bn,s}\text{）和暂态分量（} u_{bn,t}\text{）}$$

在计算中采用如下假设：

$$\omega \ll \omega_{0S}$$
$$\omega \ll \omega_{0L}$$
$$\frac{L_L}{L_S} \ll \frac{\omega_{0S}^2}{\omega} \tag{5.22}$$

上述三个不等式是指电源侧电路振荡频率（L_S和C_S）、负载侧电路振荡频率（L_L和C_L），以及各个包含L_L和C_S电路的振荡频率都远高于工频频率。

除此之外，对于阻尼还有如下假设（电源侧和负载侧的振荡几乎没有受到阻尼）：

$$\beta_S \ll \omega_{0S}$$
$$\beta_L \ll \omega_{0L} \tag{5.23}$$

最后，假设在开关分闸前所有的暂态过程已经衰减完毕。需要指出这里只研究开关在电压峰值时刻分闸的情况。

在下面的计算中将采用复阻抗方法求解稳态解，暂态电压采用复数形式。进而采用以上假设获得实际情况的近似解，从而使得求解得到很大简化。对于更复杂的情况，可以使用拉普拉斯变换方法求解[1,13]。

为了计算出相应的结果，采取的步骤如下：

首先确定开关分闸瞬间的初始条件（5.1.3.2 节），然后推导得到稳态分量（5.1.3.3 节），再计算暂态分量（5.1.3.4 节），最后通过将稳态解和暂态解求和并考虑初始条件，计算得到电压 u_{an} 和 u_{bn}（5.1.3.5 节）。

5.1.3.2　初始条件的计算

初始条件为开关分闸瞬间的电流和电压值。首先计算图5.3 中所示并联支路的复阻抗 $\boldsymbol{Z}_C$（复变量用黑体表示）。

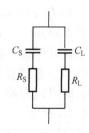

图 5.3　暂态过程计算的子电路 1

为了获得 $\boldsymbol{Z}_C$ 的一个较好的近似，使用假设（5.22）和（5.23），得到

$$R_S + \frac{1}{j\omega C_S} = 2L_S\left(\frac{R_S}{2L_S} + \frac{1}{2j\omega C_S L_S}\right) = 2L_S\omega_{0S}\left(\frac{\beta_S}{\omega_{0S}} + \frac{\omega_{0S}}{2j\omega}\right) \approx \frac{1}{j\omega C_S} \tag{5.24}$$

将类似的方法应用到负载侧，可得

$$R_S + \frac{1}{j\omega C_S} \approx \frac{1}{j\omega C_S},\ R_L + \frac{1}{j\omega C_L} \approx \frac{1}{j\omega C_L} \tag{5.25}$$

采用上述两个近似值，可以得到 $\boldsymbol{Z}_C$ 的一个简单的近似表达式如下：

$$\boldsymbol{Z}_C = \frac{\left(R_S + \dfrac{1}{j\omega C_S}\right)\left(R_L + \dfrac{1}{j\omega C_L}\right)}{R_S + \dfrac{1}{j\omega C_S} + R_L + \dfrac{1}{j\omega C_L}} \approx \frac{1}{j\omega(C_S + C_L)} \tag{5.26}$$

下一步是计算图 5.4 中的复阻抗 $\boldsymbol{Z}$，这是从图 5.2 中的电源看过去，当断路器处于闭合位置时的近似阻抗。这是看到的阻抗，没有断路器。继续使用假设（5.22）和（5.23），得到

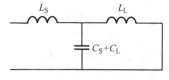

图 5.4　暂态过程计算的子电路 2

$$Z \approx j\omega L_{\mathrm{S}} + \frac{j\omega L_{\mathrm{L}}}{1 - \omega^2 L_{\mathrm{L}}(C_{\mathrm{S}} + C_{\mathrm{L}})} = j\omega L_{\mathrm{S}} + \frac{j\omega L_{\mathrm{L}}}{1 - \dfrac{\omega^2}{\omega_{0\mathrm{L}}^2} - \dfrac{\omega^2}{\omega_{0\mathrm{S}}^2}\dfrac{L_{\mathrm{L}}}{L_{\mathrm{S}}}} \approx j\omega(L_{\mathrm{S}} + L_{\mathrm{L}}) \quad (5.27)$$

由计算得到的阻抗 Z 可以看出电流是纯感性的，因此在 $t = 0$ 时电流为零，电压 u_{an} 和 u_{bn} 相等，其数值是

$$u_{\mathrm{an}}(0) = u_{\mathrm{bn}}(0) = \hat{U}\frac{L_{\mathrm{L}}}{L_{\mathrm{S}} + L_{\mathrm{L}}} \quad (5.28)$$

5.1.3.3　计算 $t \geqslant 0$ 时的稳态电压

现在电源侧和负载侧各自独立变化。电源侧可以用图 5.5 计算。

仍然使用复阻抗方法，得到

$$u_{\mathrm{an,s}}(t) = u_{\mathrm{s}}(t)\frac{R_{\mathrm{S}} + \dfrac{1}{j\omega C_{\mathrm{S}}}}{j\omega L_{\mathrm{S}} + R_{\mathrm{S}} + \dfrac{1}{j\omega C_{\mathrm{S}}}} \approx u_{\mathrm{s}}(t)\frac{\dfrac{1}{j\omega C_{\mathrm{S}}}}{j\omega L_{\mathrm{S}} + \dfrac{1}{j\omega C_{\mathrm{S}}}}$$

$$= u_{\mathrm{S}}(t)\frac{1}{1 - \dfrac{\omega^2}{\omega_{0\mathrm{S}}^2}} \approx u_{\mathrm{S}}(t) = \hat{U}\cos(\omega t) \quad (5.29)$$

由于负载侧没有电源（见图 5.6），从而稳态电压为零。

$$u_{\mathrm{bn,s}}(t) = 0 \quad (5.30)$$

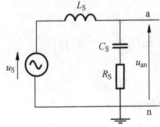

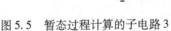

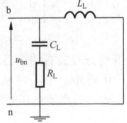

图 5.5　暂态过程计算的子电路 3　　　　图 5.6　暂态过程计算的子电路 4

5.1.3.4　计算 $t \geqslant 0$ 时的暂态电压

电源侧电压很容易计算，因为该电路是熟知的 LRC 串联电路，如图 5.7 所示。

对此电路，基尔霍夫电压方程如下：

$$\boldsymbol{u}_{\mathrm{CS}}(t) + R_{\mathrm{S}}i(t) + L_{\mathrm{S}}\frac{\mathrm{d}i(t)}{\mathrm{d}t} = 0 \quad (5.31)$$

电容上电流和电压的关系为

$$i(t) = C_{\mathrm{S}}\frac{\mathrm{d}\boldsymbol{u}_{\mathrm{CS}}(t)}{\mathrm{d}t} \quad (5.32)$$

图 5.7　暂态过程计算的子电路 5

由上述两个方程，可以得到下面关于 $\boldsymbol{u}_{\mathrm{CS}}$ 的二阶微分方程

$$u_{CS}(t) + C_S R_S \frac{\mathrm{d}u_{CS}(t)}{\mathrm{d}t} + L_S C_S \frac{\mathrm{d}^2 u_{CS}(t)}{\mathrm{d}t^2} = 0 \qquad (5.33)$$

其特征方程为

$$1 + C_S R_S \lambda + L_S C_S \lambda^2 = 0 \qquad (5.34)$$

对这个二阶代数方程求解（复）特征值 λ（$\lambda = \mathrm{j}\omega_{dS} - \beta_S$），由此可以得到（复）时间函数 $u_{CS}(t)$ 为

$$u_{CS}(t) = (\hat{U}_{CS} + \mathrm{j}\hat{V}_{CS})\exp\{(\mathrm{j}\omega_{dS} - \beta_S)t\} \qquad (5.35)$$

可以很容易确认该解满足基尔霍夫电压方程。注意式中的幅值是一个复常量。

当知道 u_{CS} 后，就可以用下式计算 $u_{an,t}$：

$$
\begin{aligned}
u_{an,t}(t) &= u_{CS}(t) + R_S i(t) = u_{CS}(t)\{1 + (\mathrm{j}\omega_{dS} - \beta_S)C_S R_S\} \\
&= u_{CS}(t)\left(1 + \mathrm{j}2\frac{\omega_{dS}\beta_S}{\omega_{0S}^2} - 2\frac{\beta_S^2}{\omega_{0S}^2}\right) \\
&\approx u_{CS}(t) = (\hat{U}_{CS} + \mathrm{j}\hat{V}_{CS})\exp\{(\mathrm{j}\omega_{dS} - \beta_S)t\}
\end{aligned}
\qquad (5.36)
$$

通过类似的方法，可以计算得到 $u_{bn,t}$ 的暂态分量

$$u_{bn,t}(t) = (\hat{U}_{CL} + \mathrm{j}\hat{V}_{CL})\exp\{(\mathrm{j}\omega_{dL} - \beta_L)t\} \qquad (5.37)$$

要得到其实域表达式，需应用负载侧电流和电源侧电流的零初始条件。就是说，电容上电压对时间的导数的实部必须为零。下面所示为电源侧的计算，负载侧的计算是相类似的。

$$
\begin{aligned}
&R_e\left[\frac{\mathrm{d}}{\mathrm{d}t}\{(\hat{U}_{CS} + \mathrm{j}\hat{V}_{CS})\exp[(\mathrm{j}\omega_{dS} - \beta_S)t]\}\right] \\
&= \mathrm{Re}[(\mathrm{j}\omega_{dS} - \beta_S)\{(\hat{U}_{CS} + \mathrm{j}\hat{V}_{CS})\exp[(\mathrm{j}\omega_{dS} - \beta_S)t]\}]
\end{aligned}
\qquad (5.38)
$$

当 $t = 0$ 时方程的右端项必须为零：

$$0 = \mathrm{Re}[(\mathrm{j}\omega_{dS} - \beta_S)(\hat{U}_{CS} + \mathrm{j}\hat{V}_{CS})] = -(\hat{U}_{CS}\beta_S + \hat{V}_{CS}\omega_{dS}) \qquad (5.39)$$

式（5.39）给出了电压幅值的实部和虚部的关系

$$\hat{V}_{CS} = -\frac{\beta_S}{\omega_{dS}}\hat{U}_{CS} \qquad (5.40)$$

由此关系，$u_{bn,t}$ 暂态分量的复幅值为

$$\hat{U}_{CS} + \mathrm{j}\hat{V}_{CS} = \hat{U}_{CS}\left(1 - \mathrm{j}\frac{\beta_S}{\omega_{dS}}\right) \approx \hat{U}_{CS} \qquad (5.41)$$

最后，由 $u_{an,t}$、$u_{bn,t}$ 的复表达式可以得到实域形式的 $u_{an,t}$ 和 $u_{bn,t}$ 为

$$u_{an,t}(t) = \hat{U}_{CS}\exp(-\beta_S t)\cos(\omega_{dS}t) \qquad (5.42)$$

$$u_{bn,t}(t) = \hat{U}_{CL}\exp(-\beta_L t)\cos(\omega_{dL}t) \qquad (5.43)$$

5.1.3.5　计算电压 u_{an} 和 u_{bn}

使用 5.1.3.3 节和 5.1.3.4 节的结果，电压 u_{an} 和 u_{bn} 为

$$u_{an}(t) = \hat{U}\cos(\omega t) + \hat{U}_{CS}\exp(-\beta_S t)\cos(\omega_{dS}t) \qquad (5.44)$$

$$u_{bn}(t) = \hat{U}_{CL}\exp(-\beta_L t)\cos(\omega_{dL}t) \qquad (5.45)$$

常数 $\hat{U}_{CS}$ 和 $\hat{U}_{CL}$ 可以由初始条件确定，见 5.1.3.2 节。

$$\hat{U}_{CS} = - \hat{U} \frac{L_S}{L_S + L_L}$$

$$\hat{U}_{CL} = \hat{U} \frac{L_L}{L_S + L_S} \tag{5.46}$$

根据 5.1.3.1 节的假设，角频率 ω_{ds} 和 ω_{dL} 可以用 ω_{0S} 和 ω_{0L} 分别替代。

断路器开断后所承受的电压 u_{ab}（TRV）为其两侧电压 u_{an} 和 u_{bn} 之差：

$$u_{ab}(t) = \hat{U} \left[\cos(\omega t) - \frac{L_S}{L_S + L_L} \exp(-\beta_S t) \cos(\omega_{0S} t) - \frac{L_L}{L_S + L_L} \exp(-\beta_L t) \cos(\omega_{0L} t) \right]$$

$$\tag{5.47}$$

这就是 1.6.2 节中的式（1.14）。

式（5.47）是一个近似解，只有在 5.1.3.1 节中的假设完全满足的情况下才能够成立。如果振荡接近临界阻尼情况时，有 $\beta \approx \omega_0$，在此情况下所推导的方程就不正确了。

参考文献［13］给出了各种网络中开断暂态现象的完整解析解。

5.2　暂态过程的数值仿真

5.2.1　历史回顾

基于电网络的理想模型对暂态现象进行仿真，成为对电力系统保护的重要设计工具。采用人工方式对暂态过程进行解析计算是一件繁重、冗长、甚至不可能完成的工作，因此从很早开始就开发了模拟模型，即暂态网络分析仪（TNA）。TNA 由模拟单元模块组成，传输线采用集中参数的 π 型 LC 网络。第一个大型的 TNA 建立于 20 世纪 30 年代，直至今日 TNA 仍然用于大型电力系统的研究。价格低廉的计算机（开始是大型机，后来是工作站，目前是个人计算机）对数值仿真技术的发展产生了巨大的影响。有时仍然可以很方便地使用 TNA，但是在大多数情况还是使用计算机程序对暂态现象进行仿真，例如采用广为人知的电磁暂态分析程序（EMTP）。这些计算机程序通常比 TNA 更为精确和便宜，但计算机程序的使用并不总是很方便。

最早开发的计算机程序用于计算无损传输线上行波的传播、折射和反射。对于每个节点，通过各段传输线的特征阻抗值计算反射和折射系数。最早对反射波和折射波进行记录及图形化的人是 Bewley，他采用了网格图方法，该方法发表于 1931 年［14］。Bergeron 方法的应用也取得了丰硕的成果，此方法是瑞士人 O. Schnyder 于 1929 年和法国人 L. Bergeron 于 1931 年提出的，用于解决水利管道系统中的压力波问题［15］。

将 Bergeron 方法用于电网络时，是把集中参数元件如 L 和 C 等用短传输线替代。由此电感变成了一段无损传输线，其特征阻抗 $Z = L/\tau$，行波时间为 τ。同样的方法，并联电容也变成了一段无损传输线，其特征阻抗 $Z = \tau/C$，行波时间为 τ。

几乎所有的电磁暂态计算程序在求解网络方程时都是在时域进行的，但也有程序在频域中进行求解，例如频域暂态程序（FTP），或者采用拉普拉斯变换求解网络方程。使用频域方法的一个巨大优势是高压线和地下电缆的频率特性可以自动求解得到。使用拉普拉斯变换的优点在于，在对其进行反变换返回时域时可以得到解析解。将某个时间参数带入方程后，可以对不同电路参数直接计算电流和电压。对于直接在时域中求解的程序，当电路参数变化时，需要重复进行计算。然而拉普拉斯变换方法也有其缺点，它无法处理非线性元器件，例如避雷器和电弧模型等。

5.2.2 电磁暂态分析程序

电磁暂态分析程序（EMTP）是由 H. W. Dommel 创立的，早在 20 世纪 60 年代他在慕尼黑技术研究所就开始了这项工作[9]。后来他在美国的 BPA（Bonneville 电力公司）继续这项工作。当 Dommel 和他的同事 Scott – Mayer 将 EMTP 的源代码公开后，EMTP 在电力系统暂态分析领域被广泛采用。这一做法既成为 EMTP 的优势也成为其劣势。许多人下功夫对该软件进行开发，但成效并不总是很明显。由此每个能想象到的电力系统元器件都产生了大量的计算机代码，但通常没有足够的文档进行说明。这个问题直到这个软件的商业版本，即 EPRI/EMTP 版本[16]的出现才得以克服。在美国电力科学研究院（EPRI）的努力下，对该程序的大部分内容进行了重新编程、测试和扩展，从而使得该暂态程序的可靠性和功能得到了改进[17]。

EMTP 方法基于基尔霍夫电流定律（KCL）。这意味着所有的电压源 $e(t)$ 须依据戴维南 – 诺顿理论转换为等效电流源。例如，在图 5.8 的电路中，带有内阻 R_2 的电压源 $e(t)$ 需要替换为如图 5.9 所示的诺顿等效电流源。为了对方程进行简化，所有的电阻都用电导 $G_i = 1/R_i$ 表示，其中 i 是电阻元件的序号。

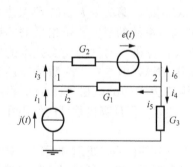

图 5.8 带有等效电压源 $e(t)$ 的电路

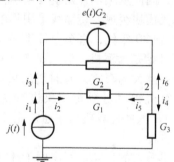

图 5.9 带有诺顿等效电流源 $G_2e(t)$ 的电路

将电压源转换为等效电流源后，对各个节点应用基尔霍夫电流定律。应用基尔霍夫电流定律，对于节点 1 可得

$$-j(t) + G_1(u_{10} - u_{20}) + G_2(u_{10} - u_{20}) + G_2e(t) = 0 \tag{5.48}$$

对于节点 2 可得相似的关系式

$$G_3u_{20} + G_1(u_{20} - u_{10}) + G_2(u_{20} - u_{10}) - G_2e(t) = 0 \tag{5.49}$$

将这两个方程写成矩阵形式

$$\begin{bmatrix} G_1 + G_2 & -(G_1 + G_2) \\ -(G_1 + G_2) & G_1 + G_2 + G_3 \end{bmatrix} \cdot \begin{bmatrix} u_{10} \\ u_{20} \end{bmatrix} = \begin{bmatrix} j(t) - G_2e(t) \\ G_2e(t) \end{bmatrix} \tag{5.50}$$

采用惯例的符号表达矩阵和矢量，可得下面的方程

$$Yu = I$$

式中，Y 是节点导纳矩阵；u 是未知节点的电压矢量；I 是电流源矢量。

这个方法对电感和电容需要进行特殊处理，因为它们会产生微分方程。EMTP将网络的微分方程组转换为代数方程组进行处理。转换的原则是对时变函数 $y(t)$ 在一定的积分间隔内进行梯形数值积分。例如，对下述微分方程进行积分：

$$\frac{dy(t)}{dt} = f(t) \tag{5.51}$$

$$dy(t) = f(t)dt \tag{5.52}$$

$$\int_0^t dy(t) = y(t) = y(0) + \int_0^t f(t)dt \tag{5.53}$$

如果时间间隔 t 被等分为 n 个子间隔，从下面近似关系中可以获得函数 $y(t)$ 在 $t_i + \Delta t$ 时刻的值，这个值以函数 $y(t)$ 在前一个时间步长 t_i 时刻的值为基础：

$$y(t_i + \Delta t) = y(t_i) + \int_{t_i}^{t_i + \Delta t} f(t)dt \approx y(t_i) + \frac{f(t_i) + f(t_i + \Delta t)}{2}\Delta t \tag{5.54}$$

下面对电感元件 L 和电容元件 C 进行推导。通过电感电流 i_L 和电感电压 u_L 之间的关系可以写成

$$\frac{di_L(t)}{dt} = \frac{1}{L}u_L(t) \tag{5.55}$$

$$i_L(t_i + \Delta t) = i_L(t_i) + \frac{u_L(i_i) + u_L(t_i + \Delta t)}{2L}\Delta t = I_L(t_i) + \frac{u_L(t_i + \Delta t)}{2L}\Delta t \tag{5.56}$$

其中

$$I_L(t_i) = i_L(t_i) + \frac{u_L(t_i)}{2L}\Delta t \tag{5.57}$$

对于电容而言，电容电流 i_C 和电容电压 u_C 之间的关系可以写成

$$\frac{du_C(t)}{dt} = \frac{1}{C}i_C(t) \tag{5.58}$$

$$u_C(t_i + \Delta t) = u_C(t_i) + \frac{\Delta t}{2C}(i_C(t_i) + i_C(t_i + \Delta t)) \tag{5.59}$$

$$i_C(t_i + \Delta t) = -i_C(t_i) + \frac{2C}{\Delta t}(u_C(t_i + \Delta t) - u_C(t_i)) = I_C(t_i) + \frac{2C}{\Delta t}u_C(t_i + \Delta t) \tag{5.60}$$

其中

$$I_C(t_i) = -i_C(t_i) - \frac{2C}{\Delta t}u_C(t_i) \tag{5.61}$$

基于这些方程，电感和电容可以用一个电流源和一个电阻的并联等效：

$$R_L = \frac{2L}{\Delta t} \quad R_C = \frac{\Delta t}{2C} \tag{5.62}$$

这意味着如果采用图 5.10 所示的等效电路，任何网络都可以用电流源和电阻来描述。

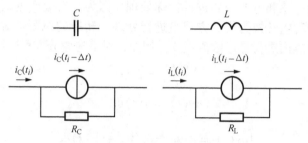

图 5.10　EMTP 用电流源和并联电阻表示电感和电容

这个方法可以用图 5.11 中简单的 RLC 网络来说明。采用图 5.10 中所示的电感和电容等效模型，并将电压源和一个电阻串联用电流源和一个电阻并联来替代，那么该 RLC 电路可以转换为图 5.12 所示的等效电路。为了计算未知的节点电压，采用节点电压法可以得到下面方程

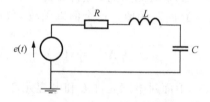

图 5.11　一个简单的 RLC 电路

$$\begin{bmatrix} \dfrac{1}{R} + \dfrac{1}{R_L} & \dfrac{-1}{R_L} \\ \dfrac{-1}{R_L} & \dfrac{1}{R_L} + \dfrac{1}{R_C} \end{bmatrix} \begin{bmatrix} u_1(t_i) \\ u_2(t_i) \end{bmatrix} = \begin{bmatrix} \dfrac{e(t_i)}{R} \\ 0 \end{bmatrix} - \begin{bmatrix} I_L(t_i - \Delta t) \\ I_C(t_i - \Delta t) - I_L(t_i - \Delta t) \end{bmatrix} \tag{5.63}$$

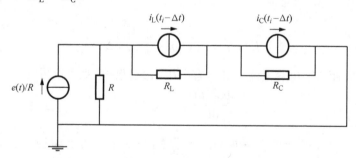

图 5.12　等效的 EMTP 电路

使用矩阵和矢量符号，可以得到以下一般形式的方程

$$\underline{Y}\underline{u} = \underline{i} - \underline{I} \tag{5.64}$$

式中，Y 是节点导纳矩阵；u 是未知节点的电压矢量；i 是电流源矢量；I 是由前一时间步的电流值确定的电流源矢量。

程序实际的计算步骤如下：

- 建立 $\boldsymbol{Y}$ 矩阵并求逆。对于给定的网络结构，这一步只进行一次。然而，网络中的任何开关操作都需要重复进行这一步，因为此时电路的拓扑结构改变了。

- 输入计算时间步长进行循环计算，根据时间步长 Δt 计算式（5.64）等号右边的矢量。通过逆矩阵 $\boldsymbol{Y}^{-1}$ 和右端矢量求解该线性方程组，可解得节点电压 $\boldsymbol{u}$。

- 用式（5.64）的右端矢量计算下一时间步长 Δt 的值。这一过程反复进行，直到给定的全部时间间隔计算完毕。

与其他方法相比，这个"Dommel – EMTP"方法的优点是：

- 简单性：电网络被简化成一组电流源和电阻，它的 $\boldsymbol{Y}$ 矩阵很容易构建。

- 鲁棒性：EMTP 采用了梯形数值积分，这个方法从数值积分来说是稳定的，具有鲁棒性。

然而，这个方法也有一些缺点：

- 电压源可能会产生问题：从简单的 RLC 电路即可看出，当串联电阻很小时，将使 $\boldsymbol{Y}$ 矩阵成为一个病态矩阵。

- 在计算中很难动态改变计算步长。这是因为每次变化都需要重新计算电阻和电流的值，导致 $\boldsymbol{Y}$ 矩阵必须重新求逆矩阵，对于大型网络这需要花费很多时间。

在 EMTP 中电弧模型[18]可以通过补偿方法来处理。对非线性元器件进行仿真时一般采用如下方法：首先不考虑非线性元器件先求得一个解，然后在线性电路基础上采用电流注入法进行仿真[19]。求解步骤如下：首先将非线性元器件开路，然后计算戴维南电压和戴维南阻抗。之后需要满足如下两个方程：

1）网络中线性部分的方程，即从电弧模型看过去的瞬态戴维南等效电路

$$V_{\text{th}} - i \cdot R_{\text{th}} = i \cdot R_{\text{a}} \tag{5.65}$$

式中，V_{th} 是戴维南（开路）电压；R_{th} 是戴维南阻抗；i 是电弧电流；R_{a} 是电弧电阻。

2）非线性元器件自身的方程。应用梯形数值积分方法可得到仿真时刻 t_i 的电弧电阻为

$$R_{\text{a}}(t_i) = R_{\text{a}}(t_i - \Delta t) + \frac{\Delta t}{2}\left(\frac{\mathrm{d}R_{\text{a}}}{\mathrm{d}t}\bigg|_{t_i} + \frac{\mathrm{d}R_{\text{a}}}{\mathrm{d}t}\bigg|_{(t_i - \Delta t)}\right) \tag{5.66}$$

式中，$\mathrm{d}R_{\text{a}}/\mathrm{d}t$ 由电弧模型的微分方程来描述。为了获得同时满足式（5.64）和式（5.65）的解，必须采用迭代方法求解（如采用牛顿 – 拉夫逊法逼近求解）。

从而，求解程序如下：

- 在不考虑非线性支路时求解节点电压；

- 用迭代法求解式（5.64）和式（5.65）；

- 最后将注入电流 i 的响应进行叠加获得最终解。

5.2.3　电磁暂态仿真程序概述

在电磁暂态仿真程序的改进方面，最重要的是关于 EMTP 中的时间步长 Δt。一个系统具有稳态和暂态两种情况。在暂态过程中，需要 Δt 很小。然而在稳态过程中，Δt 可以很大。在 EMTP 中，改变 Δt 意味着重新计算 $\boldsymbol{Y}$ 矩阵及其逆矩阵。

在 20 世纪 70 年代出现了一种新的电网络建模方法，即改进节点分析法（MNA），该方法由 Ho，Ruehli 和 Brennan 提出[20]。这种方法可以直接使用电压源而不需要进行转换。改进节点分析法基于基尔霍夫定律。由这种方法得到的方程是一组微分代数方程（DAE），需要通过微分代数方程求解器进行求解。使用微分代数方程求解器的优点在于 Δt 可以作为系统刚度的函数进行改变。

电网络的第三种表达方法是写成一组常微分方程（ODE），也称作空间状态表示法。这组方程需要通过常微分方程求解器进行求解。与微分代数方程求解器一样，其步长可以改变。

5.3 暂态计算时网络元器件的表示方法

电力系统分析是一个很宽的主题。有趣的一点是电力系统的建模与所关心的时间尺度有关。例如用于 50Hz 或者 60Hz 稳态分析的系统元器件模型，其有效性就受到一定限制，该模型仅对低频现象有效。

对于暂态现象进行仿真，需要网络元器件的频率范围从直流到兆赫级都有效。这需要对电力系统元器件在一个很宽的频率范围内进行建模，但是在这样宽的频率范围内对每个系统元器件都建立可以接受的模型并不容易，事实上对大多数元器件这是不可能的。这是由于这样的模型导致计算效率过低，或者需要更复杂的数据，而这些数据还没有得到。

每种频率范围通常对应于某种特定的暂态过程。根据 IEC 和 CIGRE 的提议，最广泛接受的一种分类方法是把频率范围分为四组：
- 低频振荡（从 0.1Hz 到 3kHz）；
- 慢前沿陡波（从 50Hz 或 60Hz 到 20kHz）；
- 快前沿陡波（从 10kHz 到 3MHz）；
- 超快前沿陡波（从 100kHz 到 50MHz）。

目前已经公布的时域数值仿真建模方面的指导报告列举如下：
- CIGRE 的 33 - 02 工作组发布了暂态计算过程中网络元器件的表示方法的技术报告，它涵盖了最重要的电力元器件，在暂态现象仿真的频率范围内给出了每个元器件表达方式的建议[21]。
- IEEE 的工作组发布了"使用数值分析程序对系统暂态建模与分析"的报告，对几种特定的系统元器件进行了研究并给出了建模指导[22]。
- IEC 标准 60071（TR 60071 - 4）的第四部分对使用数值仿真研究绝缘配合方面给予了建模指导，如 EMTP 类的工具[23]。

系统的建模取决于暂态过程的频率范围——频率越高，范围就越小。应当使建模的系统尽量小。虽然通过先进的图形界面，计算机程序可以容纳一个很大的网络，但元器件数量的增加并不必然得到高的仿真精度，另外，对系统过分详细的表达通常使得仿真时间很长。

很难对损耗进行建模。虽然在有些情况下损耗所起作用并不关键，但在有些仿真中损耗就是至关重要的，例如在求取过电压峰值时。损耗的影响很重要的场合有铁磁谐振和动态过电压情况，包括谐振过电压以及电容器组的开合工况等。在绕组、铁心或者绝缘材料中都会产生损耗。其他的损耗来源包括架空线的电晕放电以及电缆的屏蔽层和护套。

通常用电路分析方法可计算损耗。但在某些场合下，损耗与电磁场无法分开，例如：

- 在绕组中和导体中由磁场引起的集肤效应，它产生与频率相关的绕组损耗；
- 磁心损耗，它与磁通峰值和磁场频率有关；
- 电晕损耗，在电场超过电晕起始电压时就会产生；
- 绝缘损耗，由电场引起，呈现线性特征。

工程师和研究者在仿真本身上仅仅花一小部分时间，大部分时间花在获得元器件的模型参数上。在一个或若干参数无法精确确定的情况下，敏感度分析就变得很有价值，因为分析结果将表明这些参数是关键的，还是它们的影响只是次要的。

将 SF_6 开关的气体电弧作为一个网络元器件进行建模的研究结果很多。CIGRE 的 13.01 工作组发布了这方面的一个很好的调研报告[24]，更多的补充见参考文献[25，26]。

在暂态仿真方面，SF_6 开关的气体电弧广泛采用的是"黑盒模型"，有时也称为"P-T模型"，因为其主要参数是电弧冷却功率和电弧时间常数。各种情况下的模型的基础都是柯西电弧模型和迈耶尔电弧模型：

柯西电弧模型[27]

$$\frac{dg}{dt} = \frac{g}{\tau_c}\left[\left(\frac{u_a}{U_m}\right)^2 - 1\right] \tag{5.67}$$

迈耶尔电弧模型[28]

$$\frac{dg}{dt} = \frac{g}{\tau_m}\left(\frac{u_a i_a}{P} - 1\right) \tag{5.68}$$

式中，g、i_a、u_a 分别是电弧电导率、电弧电流和电弧电压；τ_m、τ_c 是电弧时间常数；U_m 是电弧电压参数；P 是电弧冷却功率。

这两个模型都用一个简单的一阶微分方程描述了电弧电导率的变化率，该变化率是电弧电流和电弧电压的函数。柯西电弧模型比较适用于研究大电流阶段的电弧电导率，而迈耶尔电弧模型则适用于描述电流零区附近的电弧电导率。

这些方程的许多变种及其组合，以及参数作为电流的函数等，都在仿真程序中得以应用[25]。但只有很少的模型能够被大量的高压断路器大容量试验进行验证并提供电弧参数[29]。

对于真空开断电弧而言类似的电弧模型尚不存在。

参 考 文 献

[1] Greenwood, A. (1991) *Electrical Transients in Power Systems*, 2nd edn, Chapters 1–4, John Wiley & Sons Inc., New York, ISBN 0-471-62058.

[2] van der Sluis, L. (2001) *Transients in Power Systems*, Chapter 1, John Wiley & Sons Ltd, Chichester, England, ISBN 0-471-48639-6.

[3] Boyce, W.E. and DiPrima, R.C. (1977) *Elementary Differential Equations and Boundary Value Problems*, 3rd edn, Chapter 3, John Wiley & Sons Inc., New York, ISBN 978-0-470-03940-3.

[4] Edminister, J.A. (1983) *Electric Circuits*, 2nd edn, Chapter 5, McGraw-Hill, New York, ISBN: 978-0-070-21233-6.

[5] Happoldt, H. and Oeding, D. (1978) *Elektrische Kraftwerke und Netze*, 5th edn, Chapter 7, Springer-Verlag, Berlin, ISBN 3-540-00863-2.

[6] Rüdenberg, R. (1950) *Transient Performance of Electric Power Systems: Phenomena in Lumped Networks*, Chapter 3, McGraw-Hill, New York.

[7] Rüdenberg, R. (1974) in *Elektrische Schaltvorgänge*, 5th edn, Vol. **I** (eds H. Dorsch and P. Jacottet), Chapters 2 and 3, Springer-Verlag, Berlin, ISBN 978-3-642-50334-4.

[8] Chowdhuri, P. (1996) *Electromagnetic Transients in Power Systems*, John Wiley & Sons, ISBN 0-471-95746 1.

[9] Ametani, A., Nagaoka, N., Baba, Y. and Ohno, T. (2014) *Power System Transients. Theory and Calculation*, CRC Press, Boca Raton, ISBN 978-1-4665-7784-9.

[10] IEC 62271-306 (2012) High-voltage switchgear and controlgear – Part 306: Guide to IEC 62271-100, IEC 62271-1, and IEC standards related to alternating current circuit-breakers.

[11] IEEE Power Engineering Society, C37.011 (2006) IEEE Application Guide for Transient Recovery Voltage for AC High-Voltage Circuit Breakers".

[12] Peelo, D.F. (2014) *Current Interruption Transients Calculation*, John Wiley & Sons, ISBN 978-1-118-70719-7.

[13] Slamecka, E. and Waterschek, W. (1972) *Schaltvorgänge in Hoch- und Niederspannungsnetzen*, Siemens Aktiengesellschaft, Berlin.

[14] Bewley, L.V. (1951) *Travelling Waves on Transmission Systems*, 2nd edn, John Wiley & Sons, New York.

[15] Bergeron, L. (1961) *Water Hammer in Hydraulics and Wave Surges in Electricity*, ASME Committee, John iley & Sons, New York.

[16] Phadke, A.G., Scott Meyer, W. and Dommel, H.W. (1981) Digital simulation of electrical transient phenomena, IEEE tutorial course, EHO 173-5-PWR, IEEE Service Center, Piscataway, New York.

[17] Dommel, H.W. (1971) Nonlinear and time-varying elements in digital simulation of electromagnetic transients. *IEEE Trans. Power Ap. Syst.*, **90**(6), 2561–2567.

[18] van der Sluis, L., Rutgers, W.R. and Koreman, C.G.A. (1992) A physical arc model for the simulation of current zero behaviour of high-voltage circuit-breakers. *IEEE Trans. Power Deliv.*, **7**(2), 1016–1022.

[19] Phaniraj, V. and Phadke, A.G. (1987) Modelling of circuit-breakers in the electromagnetic transients program. Proceedings of PICA, pp. 476–482.

[20] Ho, C.-W., Ruehlti, A.E. and Brennan, P.A. (1975) The modified nodal approach to network analysis. *IEEE Trans. Circuits Syst.*, **CAS-22**(6), 504–509

[21] CIGRE Working Group 33.02 (1990) Guidelines for Representation of Network Elements when Calculating Transients. CIGRE Technical Brochure 39.

[22] CIGRE Working Group C4.501 (2013) Guide for numerical electromagnetic analysis methods: application to surge phenomena. CIGRE Technical Brochure 543.

[23] IEC TR 60071-4 (2004) Insulation Co-ordination – Part 4: Computational Guide to Insulation Co-ordination and Modeling of Electrical Networks, IEC.

[24] CIGRE Working Group 13.01 (1998) State of the art of circuit-breaker modelling, CIGRE Technical Brochure 135.

[25] Kapetanović, M. (2011) *High Voltage Circuit-Breakers*, ETF – Faculty of Electrotechnical Engineering, Sarajevo, ISBN 978-9958-629-39-6.

[26] de Lange, A.J.P. (2000) High Voltage Circuit Breaker Testing with a Focus on Three Phases in One Enclosure Gas Insulated Type Breakers. Ph.D. Thesis, Delft University of Technology, ISBN 90-9014004-2.

[27] Cassie, A.M. (1939) Arc rupture and circuit severity: A new theory, Report No. 102, CIGRE.

[28] Mayr, O. (1943) Beiträge zur Theorie des statischen und dynamischen Lichtbogens. *Archiv für Elektrotechnik*, **37**(H12), s. 588–608.

[29] Smeets, R.P.P. and Kertész, V. (2006) A New Arc Parameter Database for Characterisation of Short-Line Fault Interruption Capability of High-Voltage Circuit Breakers. CIGRE Conference, Paper A3-110.

第6章

气体介质中的电流开断

6.1 简介

当高压断路器接受分闸命令，打开触头分断短路电流时，在交流电流正弦波的任意时刻触头都会打开。随后，无论何种燃弧介质，电流都将在触头间的电弧中流过。电弧的弧芯是由极热的气体组成的（温度在15000K以上），处于完全电离状态，其电导率与石墨相当。

当电流很大时，高压断路器电弧电压通常仅有几百伏，电弧对系统电流的影响可以忽略。在这个阶段用气流冷却电弧只会使电弧电压略微增高。

为了开断电流，断路器必须等待电流的自然过零点。在电流下降趋于零时，电弧的截面积会减小。当电流抵达零点时，导电通道缩小为很细的线状电离气体。在电流过零点瞬间，没有能量输入电弧。如果电弧能够在这个瞬间消失，电流就能够被成功地开断。然而由于电弧具有热惯性（由电弧时间常数来定量表示），开断是否成功取决于存储在电弧中能量的大小，以及电弧能量的耗散速率。这就意味着在电流刚过零时电弧弧柱仍然具有一定的电导率，因此系统会通过暂态恢复电压（TRV）的方式继续向导电通道输入能量。为了使得开断成功，在电流过零时就要使导电通道有效地冷却。这样，弧柱温度可以快速下降，使得触头间的气体介质由导电状态向绝缘状态转变。

图6.1表明通过冷却气体（等离子体）使其温度下降一个数量级（由5000K降到1500K），就可以使其电导率下降12个数量级以上。这样，气体就从良导体（类似石墨）转变为绝缘体。

因而，电弧特别是电弧熄灭后的残余高温气体需要强有力的冷却。冷却可以通过不同形式实现，例如辐射、热传导、对流以及冷气体与电弧等离子体的湍流混合等。虽然在大电流情况下以及高电弧温度下辐射占主要地位，但是湍流混合一般被认为是在电流零点时最重要的冷却方式。不同的灭弧介质在这方面具有不同的特点。

例如，图6.2所示为高压断路器中最常使用的熄弧介质⊖的热导率和温度的关系：

⊖ 真空断路器的熄弧机制完全不同，因此这种考虑不适用于真空。真空中的开断在第8章讨论。

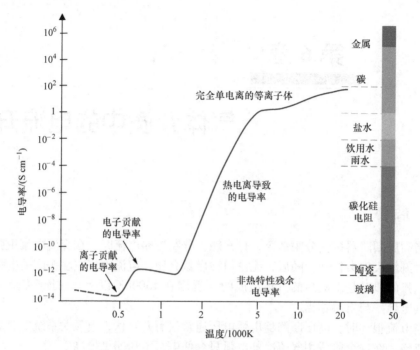

图 6.1　气体的电导率与温度的关系[1]

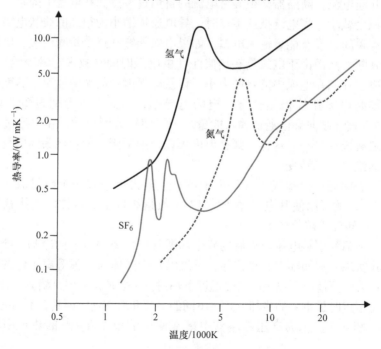

图 6.2　氢气、氮气和 SF_6 的热导率与温度的关系[1]

- 氮气（N_2），压缩空气断路器所用的主要气体成分；
- 氢气（H_2），油断路器中电弧在气泡中燃烧的主要成分；
- 六氟化硫（SF_6），SF_6断路器中使用的气体。

在电流零区阶段，从电弧冷却的有效性观点来看，很明显地在气体从导体转变成为绝缘体的温度范围内要使用热导率高的气体。根据这一判据，可以注意到氮气具有较高的热导率，但是由于氮气高热导的温度区间太大，因而其冷却效果并不理想。这是压缩空气断路器开断近区故障能力较差的原因之一。

氢气的热导率恰好在从导体转变成为绝缘体的温度范围内非常高，这也解释了油断路器具有很好的近区故障开断能力的原因。

SF_6的热导率曲线在导电率应陡降的温度范围有两个明显的峰。这可以解释SF_6断路器开断近区故障性能优异的原因（见3.6.1节）。

气体介质的绝缘特性在电流开断的热过程结束后起着决定性的作用。这在图6.3中可以看到，图中所示为空气、SF_6和矿物油的击穿电压和压力的函数关系。矿物油的击穿电压与压力无关，可以作为一个参考值。冷态SF_6的击穿电压相当于空气的 2 倍。SF_6的击穿电压与频率无关，在 0.3MPa 时即与矿物油相当。图 6.3很明显地表明SF_6的绝缘性能十分优越。这是因为SF_6的分子能够捕获自由电子，从而阻止它们产生雪崩击穿。因此，SF_6气体是一种高压断路器理想的绝缘和熄弧介质。用SF_6作为绝缘介质，断路器每个开断单元所能达到的额定电压值在所有已知的介质中是最高的。

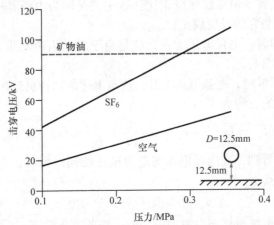

图 6.3　空气、SF_6和矿物油的击穿电压与压力的函数关系[2]

6.2　空气作为开断介质

6.2.1　概述

干燥空气是一种气体混合物，它包含 78.08% 的氮、20.95% 的氧、0.93% 的氩、0.038% 的二氧化碳，以及其他的微量气体。空气中还包含有一定量的水蒸气，约为1%。空气的湿度取决于大气环境和温度，只有在雾天和雨天会达到饱和状态。

空气在正常条件下具有良好的绝缘性能，并且空气普遍存在、可随意使用，因而空气常作为开关设备的绝缘和熄弧介质。它可以被干燥、压缩和存储在高压容器中用于各种用途。

作为绝缘介质，空气可用于电力传输线路、户内和户外的空气绝缘开关设备以及电力系统中的其他诸多应用场合。

空气也可以用作电流开断的熄弧介质，然而在大气压力下它的开断能力较弱，所以空气作为熄弧介质主要用在低压和中压开关中。

6.2.2 通过拉长电弧开断故障电流

已知的最早的熄弧技术和最简单的开断原理可能是简单地通过在空气中拉长电弧来开断电流。图6.4解释了这个原理。它表示一个电路由理想的电压源、电源侧阻抗（$Z_S = \omega L_S$）和开关组成，输出端发生短路。

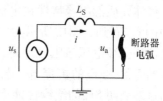

图 6.4　在空气中拉长电弧限制和开断交流短路电流的基本电路

当触头处于闭合位置时，电流流过电路。在开断电流时，开关的触头分开，在触头分开的瞬间触头间产生电弧。电弧电压 $u_a(t)$ 是时间的函数，随电弧发展而变化。一般来说，在气体介质中如下参数会影响电弧电压：

- 电弧电压大致与电弧长度成正比。这主要是因为电弧是一个电阻型的等离子体，它的电阻值与它的长度成正比。
- 当电弧冷却时，电弧电压上升，这是由于电弧因冷却带走能量时，只能通过提高电压来维持自身。
- 当电流趋于零时，电弧电压上升，这与上述的物理机理相同。

图6.4的电路的方程为

$$u_S(t) = L_S \frac{di}{dt} + u_a(t) \Rightarrow \frac{di}{dt} = \frac{1}{L_S}[u_S(t) - u_a(t)] \tag{6.1}$$

由此方程可以看到，在电弧电压与电源电压相同的瞬间，电流不再增加（$di/dt = 0$）。重要的一点是

$$u_a(t) > u_S(t) \Rightarrow \frac{di}{dt} < 0 \tag{6.2}$$

换句话说，当电弧电压超过电源电压时，短路电流将不再上升；反之，它会下降直至电流为零，电弧熄灭。图6.5所示为满足这种条件的情形。

在图6.5描述的开断过程中，下面几个时刻要特别说明：

t_1　电弧电压出现（电弧在触头间产生）电流开始偏离预期电流[⊖]的过程。

⊖　预期电流（与开关装置或者熔断器相关的电路）："当电路中开关装置或者熔断器的各个极都用阻抗可以忽略的导体代替时，电路中将会流过的电流"。（IEC 60050，IEV，#441 - 17 - 01）。

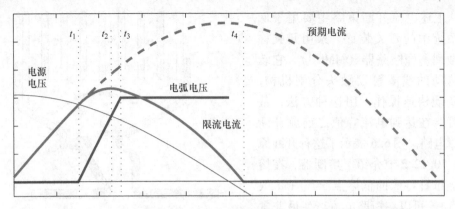

图 6.5　空气中通过拉长电弧限制和开断电流的原理。符号见文字说明

$t_1 \sim t_3$　电弧拉长，电弧电压上升并抑制电源电压的作用，由此电流上升速率相比于预期电流减慢（$t_1 \sim t_2$ 阶段），t_2 时刻的电流峰值低于预期电流峰值。

t_2　电弧电压与电源电压瞬态值相等；从此时开始，di/dt 变为负值，电流开始下降并更早到达过零点。

t_3　电弧电压用直线表达，表明其已达到最大值。

t_4　电流在工频电流自然过零点之前达到零值并被开断。

如果开关能够足够快地建立电弧电压，并且保持足够高的电压值，那么与预期故障电流相比，就可以大幅度减小电流峰值和燃弧时间，从动热稳定性的角度讲对灭弧室和系统中各元器件都非常有好处。

基于图 6.5 所述工作方式的开关被称作限流开关。从技术上讲，以下几种方法可以满足上述条件：

• 触头应当在故障电流产生后尽可能快地分开（t_1 时间必须很短，这通过自动的快速机构实现）。电弧电压要上升得尽可能快；这可以通过载流导体产生的洛伦兹力将电弧"吹"入引弧角或者建立串联的多个电弧（如熔断器，见 10.12.2 节）来实现。上述方法对设计提出的挑战是如何尽量减小电弧滞留时间（即从产生电弧的触头进入引弧角所需的时间）。在一些设计中，除常规的载流导体产生磁场外，还采用特殊的线圈在灭弧室上施加额外的磁场进行"磁吹"，见 6.2.3 节。

• 电弧电压必须达到足够高的水平。在实际中，通常将电弧分割为多段来实现，就是把电弧切成很多段串联的短电弧。电弧分段通过两种途径发挥作用：每一段电弧具有自己的阴极电压降和阳极电压降，叠加在初始电弧上；另外，这也使电弧与灭弧室内的冷栅片接触，通过对电弧的冷却提高电弧电压。

• 当电流达到零点时，在灭弧室（灭弧栅，见 6.2.3 节）内实现开断。这被称作消游离原理[3]。当电流下降到零时，每个电弧段几乎立即消游离。通常灭弧室的器壁用产气材料制造，可以对电弧提供额外的冷却。通过器壁材料产气以帮助开断的过程被称作"器壁产气"。

上述电流开断策略主要用于低压系统中的开关装置。家用开关称作微型塑壳断路器（MMCB），它装有自动的线圈触发触头分闸机构，以实现快速操作。用这种方法，甚至可能在达到电流峰值之前就开断故障电路。图 6.6 展示了这种开断原理。10.12.2 节介绍了熔断器，在熔体上布置特殊的低熔点金属（M 效应点），可以在短路电流产生后非常快地建立很多串联的电弧。

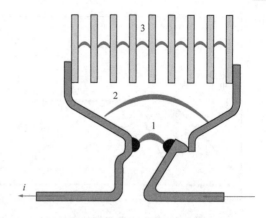

图 6.6　消游离灭弧室中电弧位置的连续变化过程：
　（1）电弧产生位置；（2）电弧在引弧角；
　（3）电弧在灭弧室内被金属栅片分割

工业用的低压断路器，即塑壳断路器（MCB），有时无法满足在第一个预期电流峰值到来前限制短路电流。

在中压系统中，限流原理通常很难实现，实际上只有熔断器可以动作得足够快。然而在有些应用中确保可以产生很高的电弧电压，在 6.2.3 节中给出了示例。

在高压系统中，因为电弧电压不可能提高到接近甚至超过系统电压，所以使用这一原理是不可能的。

在大多数中压和所有的高压应用中，断路器必须等到电流的自然过零点。因此，无论是电力系统还是断路器都必须设计为能够承受完整的预期短路电流，包括非对称电流。

在开断直流电流时，拉长电弧通常是一个常用的解决方法，因为直流电流没有电流零点。图 6.7 中示出了这种情况，通过强迫电流过零，使得短路电流（以电路的时间常数会上升到很大的预期电流值）在出现后很短时间内就被开断。

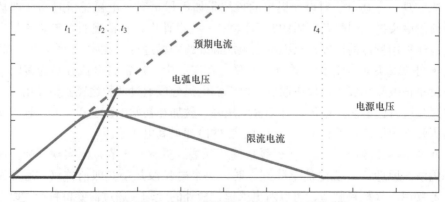

图 6.7　通过提高电弧电压限制和开断直流短路电流的原理

当然，这一原理适合的电压范围最多到中压的较低水平，即几千伏的范围，请参见 10.10 节适合于直流的其他开断策略。

　　在电气工程发展的早期阶段，电压和电流水平都相对较低，通过拉长电弧在空气中开断电流的原理被广泛采用[4]。

　　当时断路器被认为是一种简单的装置。然而，使用大气压下的空气作为电力断路器中的熄弧介质并不像最初认为的那样简单。一旦在大气压力下拉出强电弧，电弧马上就会变得很长。电弧周围相当体积的空气会上升到很高温度，这使得电弧冷却十分困难。通过电离周围空气与大地或者与相邻相之间发生闪络的危险会上升。设计一台采用大气压力下拉长电弧原理的高压断路器在几百千伏系统中开断几十千安时，其触头系统可能需要几十米的触头间隙。

6.2.3　灭弧栅片

　　增加电弧电压的有效方法是使用灭弧栅片。它能够对电弧进行有效的控制。灭弧栅片的主要功能是：

- 引导电弧运动、拉长电弧和通过对流冷却电弧；
- 在绝缘侧壁之间挤压电弧；
- 通过器壁材料产气来冷却电弧；
- 通过金属栅片将电弧切割成许多串联的短弧（电弧段）；
- 通过绝缘栅片的隔离增加电弧长度。

在大多数灭弧栅片中，最少包含上述两种功能。

有两种主要类型的灭弧栅片，它们的特性主要与电弧栅片的材料有关：

- 金属栅片；
- 绝缘栅片。

　　金属栅片灭弧室使得电弧被许多平行的栅片切割为若干短弧。电弧电压会因阳极电压降和阴极电压降而增加，每一个短弧的电压在 15 ~ 20V 数量级。弧柱的电压降与栅片距离有关，它决定了短弧的长度。此外，栅片的热传导加强了对电弧的冷却。

　　金属栅片通常采用钢，因为它的铁磁效应有助于吸引电弧进入栅片并将它们维持在栅片中。在这种类型的灭弧室中，起初电弧是通过引弧角引导电弧进入栅片的，它们是一对特殊设计的喇叭形张角。随后电弧受载流导体产生的电磁力驱使而移动到灭弧栅片深处。

　　暂态恢复电压（TRV）对于断路器的开断能力具有决定性的影响，进而影响着金属栅片的排布。在 TRV 的初始阶段，电压的分布通过弧后短弧的电阻建立。一定时间后，电压分布由栅片之间的分布电容决定。因而，适当设计栅片间分布电容可以改进并实现电压的线性分布。

　　图 6.6 所示为这种类型的灭弧室（称作消游离灭弧室）。消游离灭弧室的熄弧方法通常用于低压断路器，至今在电压 1000V 以下它仍然是最经济实用的技术。

当使用大尺寸的灭弧室时，该类型的断路器甚至能够覆盖配电系统的应用需求。

绝缘栅片灭弧室是另一种结构，其原理是利用绝缘材料制成的栅片拉长和冷却电弧。绝缘的灭弧栅片由各种陶瓷材料制成，例如锆氧化物或铝氧化物。这种类型的灭弧室用于中压配电等级的断路器，其电压可达 24kV，开断的短路电流可达 50kA。这里的电弧冷却和熄灭伴随下述几种过程的综合作用：首先，当电弧被驱使向前运动时要通过由绝缘侧板和绝缘栅片构成的弯曲通道，从而被拉长；同时，电弧在通过狭窄的栅片时会受到挤压；最后，电弧与绝缘器壁接触时会被冷却。电弧类似一个有弹性、可拉长的导体，当它深入狭缝时，它的长度和电压均会不断增加。通过适当设计绝缘栅片，可以进一步拉长电弧，如图 6.8 所示。其中电弧从开始的 CC 位置到 BB 位置，最后达到 AA 位置，长度不断被拉长。

图 6.9 所示为另一种使用若干平行绝缘栅片拉长电弧的原理图。

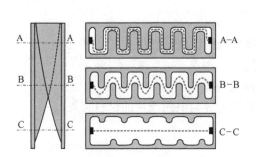

图 6.8　绝缘栅片灭弧室的截面图，其形状使得电弧不断被拉长

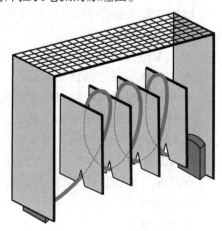

图 6.9　使用若干平行绝缘栅片拉长电弧的原理示意图

电弧的运动通过磁场驱动，它一般由安装在灭弧室外部支撑架上的线圈产生。当断路器处于闭合状态时，线圈不属于主回路的一部分。当断路器开始打开时，电流从主触头转移到弧触头，直至弧触头分开产生电弧。随着触头持续分开，电弧被驱使到引弧角中，线圈接入主回路。这时线圈成为主回路的一部分，并产生额外的磁场，这个磁场驱使电弧进一步深入到灭弧室中。该磁场和所要开断电流之间应有一定的相位滞后，从而在电流过零时仍然有一个力作用于正在熄灭的电弧上。另外，加热绝缘栅片会产生大量的蒸气，必须通过灭弧室顶部敞口排放出去。

尽管空气开断是最古老的开断技术之一，但是空气介质在开断感性负载时没有过电压，与其他介质相比这是一个明显的优势。

空气开关的另外一个优点来自于它开断延迟过零（失零）短路电流的能力，这种情况在某些故障条件下会发生（见 10.1.2 节）。由于电弧电阻高，它们降低

了电路的 X/R 比值，这会影响故障电流的波形从而使电流提前过零。因而，它们具有开断超过 100% 非对称短路电流的能力。实际应用中这常常涉及大型发电机的保护，在短路条件下其直流分量衰减过程中电流可能会延迟过零。

然而，由于电流开断后触头间隙的介质恢复过程相当慢，压缩空气断路器不应作为开断容性电流的优先选择。另一个缺点是它们会对环境造成污染：由于电弧熄灭中炙热气体要释放出来，实际中装置上方需要很大的开放空间，如图 6.10 所示。

空气断路器笨重、有噪声、相对比较昂贵，比新型的真空和 SF_6 断路器需要更多的维护。更重要的是，它的灭弧室中使用的石棉等材料对人体健康和环境有害。

6.2.4　敞开空气中的电弧

电力系统故障电弧的电流可能达到几千安。故障电弧的电压变化很大，但一般在电流 50kA 以下时为 $10 \sim 20 \ \mathrm{V \ cm^{-1}}$，电弧的长度可达 2m。对于长电弧，弧柱上的电压降要远超过阳极和阴极的电压降，全部的阳极电压降和阴极电压降也称作触头电压降。

图 6.10　直流断路器在 1.2kV 电路中开断 20kA 的试验

由不同来源的电弧电压数据可知，电流在 $50 \sim 80 \mathrm{kA}$ 范围内，电弧电压在 $10 \sim 14 \ \mathrm{V \ cm^{-1}}$ 范围内[5-10]。Peelo 给出了对相关现象很好的描述[11]。

在三相短路情况下，例如在母线系统中，通常会有两个电弧，每一个电弧载有一相的短路电流。由于载流导体产生磁场的影响，短路故障电弧会向远离电流源的方向移动。为了减小运动电弧带来的负面影响，母线排间常常通过绝缘包覆或者将母线分段，用带穿墙套管的隔离墙来隔离电弧。

敞开空气中的电弧在超高压、特高压传输线和地之间会形成潜供电弧，潜供电弧的电流为几百安[12-15]。

潜供电弧通常伴随着一次故障电弧的单相跳闸及重合闸过程产生（见 4.2.5 节），其熄灭机理十分有趣。在多回路杆塔平行线路中，驱动潜供电弧的电压来自于健全相与断开的故障相间的感性和容性耦合。提供该电压的电源并不是电流源，但是它能够提供一个恒定的电流，即使在电弧长度增加的情况下仍是如此[16,17]。很多系统试验表明，潜供电弧的电流幅值较小，一般小于 $100A$[18-21]，其电流可以对称或者非对称[22]。潜供电弧的熄灭时间一般小于 1s，因此重合闸时间设定在 $0.5 \sim 1s$ 之间通常是不够的，甚至还有重合闸时间为 0.33s 的报道。该结论是由一项研究得出的，在该研究中一次故障电流为 8kA，潜供电弧长度达 9.3m，在电弧熄灭时电弧电压梯度高达 68 V cm^{-1}[23]。

对空气中自由燃弧进行建模已经有相关文献进行了讨论[24,25]。

此外，对于在空气中开断的隔离开关，经常遇到开断小的容性电流或小感性电流的情况，电流一般为几安（见 10.3.2.3 节）。在空气开断几安以上的电流其电弧自然熄灭需要很长时间，因为电弧的长度必须超过临界长度才能熄灭，而电弧长度受风的空气运动和热对流的影响。

在敞开空气中燃弧时间过长是不能接受的，即使电弧电流很小也不行。

6.2.5 采用压缩空气开断电流

依靠压缩空气气吹来冷却电弧可以明显增强熄弧能力，提高电流的开断能力。这种类型的断路器称作气吹断路器（或者压缩空气断路器）。

在压缩空气断路器中，开断过程中首先会在一对触头间建立电弧，在电弧建立的同时打开气阀，产生一束对着电弧或者沿着电弧方向的高压空气气流，强力的空气气吹对电弧形成了有效的冷却。

根据空气气流方向，有三种基本的气吹类型：

- 纵吹型，空气气流沿电弧轴线方向（见图 6.11a）。
- 横吹型，空气气流沿垂直于电弧轴线方向；
- 径吹型，空气气流沿电弧径向方向（见图 6.11b）。

纵吹型一般用于高电压等级，横吹型仅用于中压等级开断电流特别大的情况。

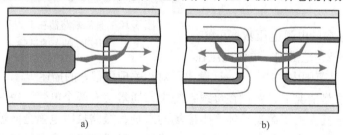

图 6.11 压缩空气断路器中的两种喷口类型：a) 单向喷口；b) 双向喷口

为了在压缩空气断路器中有效地冷却电弧，需要适当地引导气流流向电弧，可采用绝缘喷口或导电喷口来有效地控制气流。两种类型的喷口都可以设计成单向喷口（见图 6.11a）或者双向喷口（见图 6.11b）。单向喷口的空气消耗较低，而双向喷口的开断性能更好。

还有许多其他因素会影响压缩空气断路器的性能。所有这些因素中，就气流强度和电弧冷却效果而言，压缩空气的工作压力和喷口尺寸至关重要。另外，气缸应具有足够的容积，保证在电流的第一个或第二个过零点时，即使没有成功开断也能提供气吹来继续熄灭电弧。

通过多个断口串联可以显著提高断路器的开断能力。断口串联技术的关键在于保证开断过程中各断口的一致性，这一点对空气动力方面、机构方面和电气方面的条件都有要求。在空气动力方面，每个灭弧室的气流条件需要保持相同。在电气方面，暂态恢复电压（TRV）应均匀地分配在各个灭弧室上。由于触头间电容以及断路器与线路连接部分和接地部分之间的固有电容的影响，各断口间的电压分布是不均衡的，因此常采用均压电容或均压电阻来实现均压。串联断口的数量取决于需达到的开断能力和电压等级。每个断口的最大耐受电压取决于灭弧室内的空气压力，通常断口的最大耐受电压是每极串联断口数量选取的依据。

压缩空气灭弧技术自 20 世纪 30 年代开始使用，它过去一直是超高压等级的优先选用技术，直到 SF_6 技术出现后情况才发生改变。

6.3　油作为开断介质

6.3.1　简介

在 19 世纪 90 年代，人们提出了用油作为熄弧介质的思想。由于油具有可燃性，最初这种方法被认为是不可行的。然而，油作为燃料产生热量需要点燃并提供氧气。油是不同碳氢化合物的混合物，油用作熄弧介质时周围没有氧气，在燃弧过程中，油被汽化，汽化的油蒸气被进一步分解，因此电弧并不会将油引燃。

油的主要优点在于它良好的绝缘性能（见图 6.3）以及作为熄弧介质良好的热导率（见图 6.2 中的氢气曲线）。事实上油中的电弧燃炽于油释放出的压缩氢气中。从本质上来说，油断路器是一种氢气断路器。在浸入油中的触头之间燃炽电弧时，会引起油的分解并持续释放出大量氢气。氢气的特点在于，它在所有气体中具有最高的热导率和最低的粘滞系数。在气体分解过程中热导率越高，电弧的冷却和消电离就越快。伴随着压力的增大和分解产物的定向流动，电弧熄灭。此外氢的绝缘强度比空气高 5 ~ 10 倍。这些特性可以在很大程度上解释氢的优越灭弧特性和绝缘特性。

然而，在开断过程中，尤其是在开断大电流时，油会被电弧分解和碳化。油在接触到空气后也会吸收氧气和水分。油的绝缘强度与油的分解产物以及从空气中吸收的水分紧密相关。因此，为了保证开断性能和绝缘性能，对油断路器的维护需要对油的纯度和品质给予特别关注。因此，油断路器需要进行频繁的维护。

对油中的电弧进行建模非常困难，因为这个模型必须考虑三种状态：液态油、气体及电弧等离子体。油断路器中的压力可以达到几兆帕。油断路器的箱体外壳面积很大，如果电弧不能成功开断，箱体外壳必须承受一个很大的力，这有可能导致火灾发生。

另一个问题是开断时产生的大量气体必须从断路器中释放出来，释放时气体中一般都会夹带油。

油的热膨胀系数很高，温度每上升100K会膨胀7%。在户外环境下，这样的温度变化是常见的。这也是大容量的充油箱体不允许完全封闭的另一个原因。

6.3.2 多油断路器中的电流开断

多油断路器将触头安装在充有大量油的箱体中。这种类型的断路器设计相当简单。在最简单的结构中没有灭弧室，通过横臂拉开触头产生电弧，两支电弧串联燃烧。所有的极都装在同一个箱体中，因此三相电弧都在同一个箱体中燃烧。在一个大油箱中简单地将电弧用隔板隔开，电弧的熄灭依靠电弧的拉长、油被汽化产生的高压力和油加热过程中自然产生的湍流效应等。为了实现成功开断，需要产生一个长的电弧，这要经过较长燃弧时间。另外，长弧控制起来也比较困难。图6.12给出了多油断路器的原理。

在油中拉出电弧时，汽化的油形成了气泡，它们包围着电弧，而气泡又被油所包围。气泡所包含的氢比例可达40%～45%，同时还有几种不同的碳氢化合物：10%～12%的乙炔，4%～6%的甲烷以及其他物质。另外，气泡中还有40%左右的油蒸汽和其他少量气体。

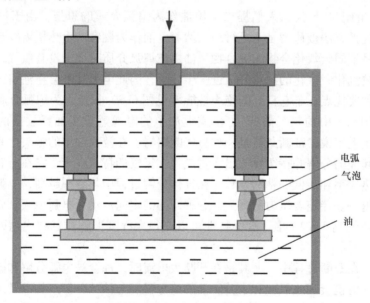

图6.12　多油断路器结构示意图，断路器中没有灭弧室

因为油断路器的电弧存在于气体中，而油断路器中产生气体主要为氢气，所以气体断路器的开断理论对油断路器同样适用。

在油中，对熄弧有利的因素在于：电弧加热气泡中的气体，气体压力会增加，气泡力图膨胀。然而油的惯性作用以及容器壁对内部压力的约束作用制约了气泡膨胀，这样气泡中的压力会上升到几兆帕。气泡内压力上升会使得电弧的冷却和消游离的速度变得更快；除此之外，气体压力的增大还有利于增强燃弧区高温气体的弧后绝缘性能，防止发生复燃和重击穿。

不带灭弧室的多油断流器（电弧在断路器中自由燃烧）通常应用在电压最高15kV、开断电流不大于 200～300A 的场合。这种多油断流器除了开断能力较弱以外，另一个问题是自由燃烧的电弧很难被稳定控制，特别是在电弧较长时更是如此。当开断能量较大时，这类断路器的尺寸也会较大，价格也随着额定值的增加而迅速增长，此时应用多油断流器已不再适合。除此之外，由于有大量的油，火灾风险明显增大。当断路器内部压力过大时，汽化的油或者小的油滴可从断路器壳体中泄漏出来，很容易因火花引燃而发生爆炸。

为解决上述问题，可以在多油断路器中设计一个浸在油中的灭弧室。这项技术开始于 20 世纪 30 年代。图 6.13 所示为简单的油断路器灭弧室的工作原理。触头放置于充满油的灭弧室中，如图 6.13a 所示。当触头分开后，电弧在灭弧室中保持，气体压力上升，如图 6.13b 所示。当运动的触头离开灭弧室时，在强烈的气流和油流作用下，电弧在电流零点熄灭，如图 6.13c 所示。灭弧室的几何设计在很大程度上改善了电弧的冷却过程。

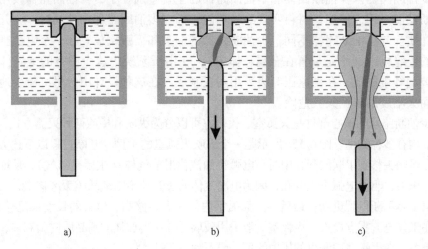

a)　　　　　　　　　　b)　　　　　　　　　　c)

图 6.13　油断路器灭弧室示意图：a) 关合位置；b) 电弧封闭；c) 电弧由氢气气吹冷却

后来，采用泵压机构使得灭弧室的设计得以显著改进，它可产生横向油流，以此对电弧进行进一步冷却（见图 6.14）。

多油断路器额定电压的上限为 330kV，主要是因为用油量过大（330kV 断路器使用超过 50000L 油），同时对于分断和关合的速度要求很高，以及需要使用体积巨大的强有力的操动机构。采用这种设计的多油断路器的开断能力大致与自能式熄弧的少油断路器性能相当。

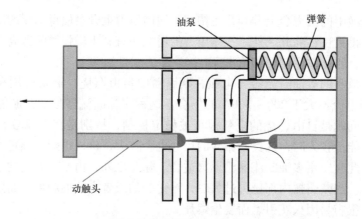

图 6.14   油断路器中具有横向油流的灭弧室截面图

多油断路器主要应用在美国，直到现在仍在广泛使用。少油断路器占据了欧洲市场。

6.3.3   少油断路器中的电流开断

油断路器得到了进一步的发展，出现了一种新型的用油量少的断路器设计，这就是少油断路器。少油断路器和多油断路器的主要差别在于，少油断路器仅用油实现开断功能，用固体绝缘材料实现绝缘功能，而在多油断路器中油同时作为开断和绝缘介质。与多油断路器不同，少油断路器的触头和灭弧室放置在一个电位悬浮的中空的绝缘体中（不是放置在金属箱体中）。在中压系统中这个中空的绝缘体采用强化玻璃纤维制成，在高电压等级采用陶瓷制成。在这种设计中会尽可能少地使用油从而大幅度地降低火灾危险。

少油断路器的核心部件是灭弧室，灭弧室可以分为纵吹和横吹两种灭弧方式，两种灭弧室均有多种类型。图 6.15a 所示是一个纵吹灭弧室的示例。开断过程以下述方式进行：当弧触头移到串联的开孔中时，电弧将油汽化形成气体（主要是氢气），从而增大了气体压力，驱使电弧进入开孔；因为电离气体通过开孔不断地从燃弧区移走，从而电弧等离子体不断得到更新；最后，当灭弧室内的压力足够高、电弧的长度也足够长时，电弧在工频电流零点熄灭。灭弧室一般采用玻璃纤维材料加强的高品质树脂制造，以承受高压力。在灭弧室中测得的压力峰值一般不超过 7MPa[26]。

少油断路器的开断性能与电流和电弧能量相关。大电流时产生的压力高，甚至可能达到毁坏灭弧室的水平。然而在小电流时，产生的压力低，燃弧时间增加并在临界电流时燃弧时间达到最长。同样，在正常开断小电流时，如果自吹效应不充分，那么在燃弧阶段的大部分时间电弧处于不稳定状态，结果会导致开断困难，对纵吹灭弧室尤其如此。

图 6.15b 所示为横吹灭弧室。首先，从灭弧室下部将电弧拉长，压力开始增加，驱使油沿着之字形通道流动。当运动的触头移出灭弧室的下部时，金属封盖关闭，将电弧分成两部分。此时横向流动的油流对电弧进行加强冷却，并驱动电弧向

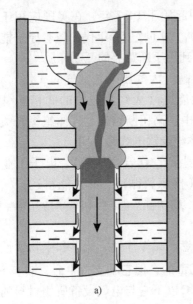
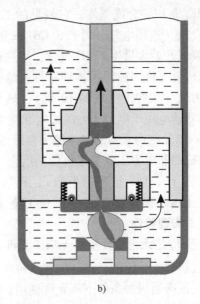

a)　　　　　　　　　　　　　　　　b)

图 6.15　少油断路器中灭弧室的图示结构：a）纵吹；b）横吹

开孔方向移动。电弧电压必须增加，这样才能维持开孔中较长的电弧。就在电弧能够从开孔逃逸出去之前就在开孔入口处被自身短路了。这个过程在整个燃弧过程中持续进行，直到达到电流零点电弧熄灭为止。灭弧室中从开孔出去的炙热气体仍然是电离的，需要适当地设计开孔结构，保证开孔处和断路器其他部分之间不发生击穿。

对于少油断路器而言，触头的关合速度非常重要。例如，如果在电流达到峰值前达到完全关合位置，就可使用较轻便的机构。一般而言，关合速度如果足够快，燃弧能量就会降低，从而减弱高压气体和触头烧蚀对触头的不利影响。但在空载操作中高速关合的触头动能很大，需要被吸收。

少油断路器在输电和配电系统中被广泛使用。直到今天，在某些场合中仍有少油断路器在使用。但是少油断路器已经不再出现在断路器的研发领域。如今真空开断技术在配电领域被广泛应用、SF_6开断技术在输电领域被广泛应用，少油断路器已经过时了。

6.4　六氟化硫（SF_6）作为开断介质

6.4.1　简介

世界上电力系统一直在持续增长，包括装机容量、额定电压和传输功率都在增长，对系统中安装的元器件的可靠性要求也在不断提高，这些都对高压断路器的发展产生了明显的影响。在满足上述要求的竞争中，断路器的传统熄弧介质如空气和油在成本上已不具有竞争力。将六氟化硫（SF_6）气体引入高压断路器，使该领域的发展产生了决定性的变革。

SF_6 是一种合成气体，它最早的工业应用起始于 1937 年，在美国应用于电缆绝缘介质（通用电气公司 F. S. Cooper 的专利）。20 世纪 50 年代，随着原子能工业的发展，开始大量生产 SF_6 气体，用途也扩展到用于断路器的开断介质[27]。

SF_6 具有许多独特的物理特性：绝缘强度高（大气压下是空气的 3 倍）、热开断能力强（大约是空气的 10 倍）、热传导性能好（大约是空气的 2 倍）。因此，SF_6 成功地应用于电力工业的输电和配电装备中：高压断路器、气体绝缘开关设备（GIS）以及结构紧凑的气体绝缘变压器和气体绝缘输电线路（GIL）。

SF_6 的非电力工业应用包括：冶金（铝的生产、镁合金压铸），电子工业（半导体的生产、平板屏幕的生产），科学装置（核燃料循环、高性能雷达、气象测量），土木工程（隔音窗），其他工业（轮胎、运动鞋），医药和军事应用等。

6.4.2　物理特性

纯 SF_6 是无色、无臭、无味、无毒、不易燃、无爆炸性、化学和生物学性能不活泼且热性能稳定的气体。虽然这种气体是无毒的，但它不支持生命，装有 SF_6 的设备在没有通风的条件下不允许使用。在 180℃ 以下它与电气设备所用材料的相容性与氮气相似。

SF_6 气体的密度比空气高很多，在与空气未充分混合的条件下，SF_6 会向地面和低洼处流动，使得气体高度聚集，因此必须采取必要的措施防止发生窒息危险。通过对流和扩散作用，SF_6 与空气十分缓慢地混合，但一旦它们混合就不再分离。

SF_6 的分子量是 146.05，比空气重 5 倍，是已知的最重气体之一。在常温常压下（20℃、0.1MPa）为气态，密度为 6.07 $kg \cdot m^{-3}$。通过压缩可以使其液化，临界点为 45.54℃（临界温度）和 3.759 MPa（临界压力）。它一般以液态的形式装在标准气瓶中。SF_6 气体的高分子量使得它的密度和热容量都很高。

在正常条件下，SF_6 是化学惰性的，不溶于水。它是活性最低的物质之一，在正常条件下它与其他物质间不发生相互作用。

这些特性是由 SF_6 分子的对称结构决定的。六个氟原子围绕中心的一个硫原子，构成一个八面体（见图 6.16）。

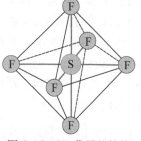

图 6.16　SF_6 分子的结构

氟和硫之间的化学键是目前已知的最稳定的共价键之一。六个化学键构成了非常强的热稳定性和化学稳定性，使得 SF_6 具备惰性气体的属性。SF_6 分子的高度对称性使其分子间作用力很小，因此工作在高压电力设备 0.1～0.9MPa 的压力下，即使在低温时也不会液化⊖。图 6.17 示出了 SF_6 在不同密度下压力与温度的关系。因为在密闭空间内，

⊖　SF_6 断路器的额定充气压力与它的额定温度范围有关。在指定的温度范围内 SF_6 不允许发生液化，因为密度下降将引起运行能力的丧失。

SF_6的压力随温度而变化，所以采用压力计（压力测量仪器）不适合检测气体的泄漏。因为气体的密度保持不变，所以经常采用密度测量的方法来实现这个目的。

与 SF_6 电弧高开断能力相关的气体特性主要有：

- 高热导率；
- 高绝缘强度；
- 快速的热恢复能力；
- 快速的介质恢复能力。

SF_6 的这些特性能够实现弧隙由电的良导体即电弧等离子体，向电的绝缘体的快速转变，并承受恢复电压。

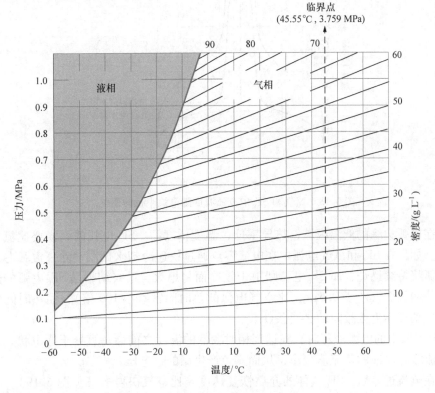

图 6.17　SF_6 的压力、温度和密度之间的关系[2]

电弧等离子体的热导率一般由三部分构成：第一部分是有规则的动能转换（通过粒子间的碰撞）；第二部分是因分解和电离产生的能量扩散；第三部分是原子之间通过辐射的发射和吸收形成的能量转移。

图 6.2 所示为 SF_6、氮气、氢气等离子体的热导率与温度的关系，可以看出曲线具有多个峰值，处于不同温度下。最明显的峰值是气体内部的多原子分子分解以及电离时的峰值。出现热导率峰值的原因之一在于粒子分解时吸收分解能并扩散到

低温区域，而没有吸收分解能的未分解粒子从低温区域扩散到高温区域。除了分解反应引起热导率峰值外，粒子的一次、二次乃至高次电离也是热导率出现峰值的原因。

由于分解温度低、分解能高，SF_6是一种很好的熄弧介质。与氮气相比，SF_6的分解温度范围低得多并且范围很窄。这是SF_6电弧半径很小并且在电流零点具有十分有效的冷却作用的原因。图6.18表明了在接近电流零点时氮气电弧和SF_6电弧温度沿电弧半径的分布。在图示的温度范围内，当气体热导率很高时，热量会沿径向迅速扩散，因此温度梯度很小。

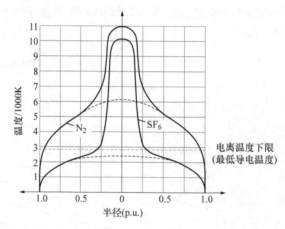

图6.18　氮气和SF_6中电弧温度随电弧半径的变化[2]

在电弧边缘的低温区域，热导率低，温度梯度高。SF_6电弧的半径要比氮气小得多。如果在SF_6和氮气电弧中在电流零点通过快速冷却来试图消除高温弧芯，氮气电弧将持续燃烧，而SF_6电弧则由于较冷而将熄灭。最终结果是SF_6电弧的热时间常数明显低（小于$0.5\mu s$，比空气电弧的热时间常数小100倍），而热时间常数小是成功开断近区故障的必要条件。

当SF_6中的电弧冷却时，在达到相对较低的温度之前会一直处于导电状态，因而电流零点之前的截流值很小，从而避免产生高的过电压。

在电流过零后，SF_6气体的介质恢复速度要比空气快得多（见图6.19）。其原因是SF_6及其分解产物SF_4、SF_2、F_2和F具有很强的电负性（电子吸附性）。

SF_6的电负性特性主要基于两种机理：谐振捕获（$SF_6 + e^- \rightarrow SF_6^-$）以及解离吸附（$SF_6 + e^- \rightarrow SF_5^- + F$）。$SF_6$、空气和氮气的击穿电压的对比数据见参考文献[29]。

分子俘获电子的概率呈现尖锐的高峰，所以称作"谐振"，每种气体分子出现谐振的电子能量是不同的。在较低能量时，谐振捕获电子称作"非解离吸附"。在SF_6中出现谐振的电子能量较低[30]。当电子能量达到$0.01eV$时，非解离吸附在约

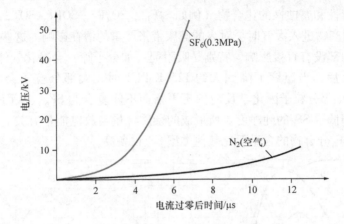

图6.19 电流过零后 SF_6 和空气的介质恢复强度[28]

3.2×10^{-18} m^2 的吸附碰撞截面上产生谐振,会产生 SF_6^-。当电子能量达到 $0.35eV$ 时,由于解离吸附在吸附碰撞截面上产生谐振,因此会产生 $SF_5^- + F$。

具有高迁移率的电子与多原子 SF_6 分子间具有强烈相互作用,进而电子急剧降速并产生低迁移率的负离子。由于这些离子的迁移率很低,在燃弧一段时间后弧柱中会缺乏载流子,这使得 SF_6 成为优异的灭弧介质。

SF_6 的电子俘获能力也是其电流零点后介质恢复能力强、击穿强度高的关键因素。由于自由电子的数量减少,气体的绝缘性能更加稳定。SF_6 是一种独特的电负性气体,因为由于吸附碰撞产生的 SF_6^- 和 SF_5^- 负离子具有非常高的碰撞解离阈值。($SF_6^- + SF_6$)碰撞和($SF_5^- + SF_6$)碰撞释放电子的阈值能量分别为 $90eV$ 和 $87eV$[31]。上述碰撞解离阈值要比这些化学组分的电子亲和能大得多(其中 SF_6 是 $1.02eV$,SF_5 是 $2.7 \sim 3.7eV$)。所以 SF_6 只有在相对高的电场强度下才可能发生击穿。

由于 SF_6 气体的上述优异特性,SF_6 开断技术在过去几十年来成为高压开关技术的绝对主导,目前 SF_6 断路器的性能明显优于其他气体断路器(空气断路器、少油断路器)。

6.4.3 SF_6 的分解产物

在 $750K$ 以上,SF_6 开始分解。在 $3000K$ 以下时,所有的 SF_6 分子将分解为大量的基团(低硫氟化合物:S_2F_2、SF_5、SF_4、SF_3、SF_2、SF、S_4、S_2、F_2),在 $4000K$ 以上所有的分子将会完全分解为单原子——氟和硫(见图6.20)。

在开断过程中,电弧的中心温度达到 $10000K$ 级别。在这样高的温度下,原来在 $750K$ 温度以下的惰性气体变为化学上高度活跃的成分和离子的混合物。这种混合物具有一些不利影响[33]。它能够快速与其他物质——如蒸发的触头材料、水蒸气、空气、容器壁、陶瓷或者杂质——发生反应,形成分解物的副产物,其中一些是具有高度毒性和腐蚀性的化合物（例如 S_2F_{10}、SO_2F_2、SOF_2、SO_2、CF_4、SF_4 和 HF）。这些副产物进入大气时会对人的健康带来严重的潜在影响。这些副产物聚集在开关设备内部没有直接影响，特别是吸附剂（如分子筛）会净化气体。

电弧熄灭后，当温度下降到大约 1250K 以下时，大部分粒子会复合并形成 SF_6。其中一小部分粒子因化学反应的不平衡而不能复合为 SF_6，从而增加了分解物的含量，降低了 SF_6 的纯净度。所形成的杂质含量与放电能量有关。因此，断路器开断后其 SF_6 分解物的含量要比其他类型 SF_6 设备高。

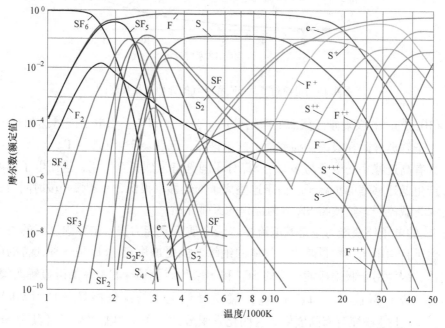

图 6.20 SF_6 分解物含量与温度的关系[32]

在放电过程中或者放电之后的很短时间内（亚秒范围），除了形成低硫氟物（即少于 6 个氟原子的化合物）以外，还会有各种金属氟化物。最重要的有 CuF_2、AlF_3、WF_6 和 CF_4。这些产物通常被称作一次分解产物，以细小的、非导电的、类似灰尘的沉淀物形式存在，会存在于断路器壳体的底部和绝缘体的表面。在正常工况下，它们对绝缘特性没有不利影响。至于铜氟化物，它们以奶白色粉末形式存在，当暴露于大气中时产生蓝色物质，这是由于产生脱水盐的化学反应。

部分分解物的化学性质稳定，其他则非常不稳定，特别是在有水存在的情况下。如果上述分解物暴露于潮湿的地方，将会水解形成二次分解产物，如下列反应所示：

- $F + H_2O \rightarrow HF + OH$
- $SF_4 + H_2O \rightarrow SOF_2 + 2HF$

- $SOF_2 + H_2O \rightarrow SO_2 + 2HF$
- $SOF_4 + H_2O \rightarrow SO_2F_2 + 2HF$
- $CuF_2 + H_2O \rightarrow CuO + 2HF$

这些反应意味着将形成大量的氟化氢（HF）。HF 是一种极强的酸，因而对断路器灭弧室内部材料及保护涂层的选择十分重要。

最常用的金属通常非常稳定且不会劣化，但酚醛树脂、玻璃、强化玻璃材料和陶瓷会受到严重影响。氟氢酸会强烈侵蚀任何包含二氧化硅（SiO_2）的材料（例如玻璃和陶瓷）。因此，在 SF_6 灭弧设备中，这类材料的使用只限于特定条件下。某些类型的绝缘材料 [如 PTFE（聚四氟乙烯）[⊖]、双酚 A 和环氧树脂类] 则不受影响。

SF_6 电弧中最主要的有毒产物是 SOF_2，其在有氧情况下会产生，具体反应如下：

- $S + O + 2F \rightarrow SOF_2$
- $SF_4 + O \rightarrow SOF_2 + 2F$
- $SF_3 + O \rightarrow SOF_2 + F$

这些反应包含了触头材料在燃弧中释放出来的氧。

在燃弧中也会形成其他各种有毒副产物（如 S_2F_{10}）。然而在燃弧条件下所形成的 S_2F_{10} 含量极低，因为在高温条件下产生的活跃的 SF_5 只有在快速冷却时才能形成 S_2F_{10}，而这种条件在电弧中不太可能存在。

为了避免 SOF_2、HF 和某些其他燃弧副产物的形成，在开关首次填充 SF_6 时要保证其高纯度。

低含量的硫氢化合物和其他副产物可以通过分子筛、氢氧化钠（NaOH）和氧化钙（CaO）的 50%：50% 混合物或者活性铝（干燥的铝氧化物 Al_2O_3）有效中和。这些物质非常有效，并且其吸收酸性气态产物的过程是不可逆的。消除这些酸性气态产物是通过经包含上述物质的过滤器进行气体循环完成的，这些过滤器通常安装在断路器上或者安装在特殊设计的 SF_6 处理装置中。

与此同时，过滤器还能干燥 SF_6，保持在低露点[⊖]以用于气体充填。

图 6.21 是露点与气体湿度的函数关系。

如上所述，纯 SF_6 是惰性的，因此它不会引起腐蚀。然而在一定湿度下，SF_6 的一次和二次分解物会形成腐蚀性的电解质，它们或许会引起电力装备的损坏和操作故障。

如果采用一定的工艺仍无法避免分解产物形成，通过避免使用不适当材料可以大幅度消除腐蚀的发生。

⊖ PTFE 最广为人知的名字是商标名称"特氟龙"。
⊖ 露点是在固定气压之下，空气中所含的气态水达到饱和而凝结成液态水所需要降至的温度。

6.4.4 SF₆ 对环境的影响

6.4.4.1 简介

人工合成的气体和材料的释放所产生的大气污染主要有两个效应：一个是平流层臭氧耗竭，会在臭氧层制造空洞；另一个是全球气候变暖，即地球表面平均温度上升，也称作温室效应。

除此之外还应考虑生态病理学问题，即所释放的有毒材料和气体对环境和生命的影响。

在这个领域，已经有大量关于 SF₆ 的安全和可持续利用的研究[34-36]。

6.4.4.2 臭氧消耗

臭氧消耗描述了两个不同但相关联的现象：自 20 世纪 70 年代末以来，地球平流层（臭氧层）

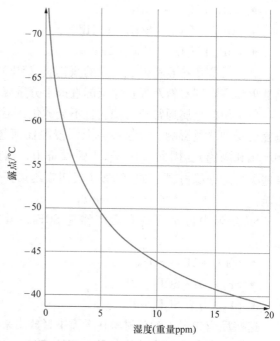

图 6.21 露点与气体湿度的函数关系[2]

的臭氧总量以每 10 年 4% 速度缓慢且稳定地下降；在同一时期，臭氧含量在地球的极地平流层下降更为严重且呈现季节性。后一种现象通常被称作臭氧层空洞。

因为臭氧层能防止大部分有害的紫外线穿过地球大气层，所以臭氧消耗会增加紫外线辐射，国际社会认为这会引起生物学的后果，例如增加发生皮肤癌的概率、对植物造成损害以及减少海洋中的浮游生物。

氧存在三种形式的同素异形体：原子氧（O）、常态氧（O_2）和臭氧（O_3）。在平流层中，当 O_2 分子通过光分解变成氧原子，氧原子与 O_2 进一步复合产生 O_3。臭氧分子吸收 310 ~ 200 nm 之间的紫外光，随后臭氧分解成 O_2 分子和氧原子。其后氧原子加入氧分子重新产生臭氧。这是一个持续的过程，直到一个氧原子重新与一个臭氧分子结合产生两个 O_2 分子时终结：

$$O + O_3 \rightarrow 2O_2$$

臭氧也会被一系列自由活跃的催化剂分解，最主要的是卤族元素，特别是原子氯（Cl）和溴（Br）。平流层中氯原子的主要来源是含氟氯烃（CFC）的光分解。CFC 通常称作氟利昂，通常用作气雾推进剂、发泡剂、制冷剂、溶剂等。一旦进入平流层，氯原子就会因紫外光作用从母化合物中释放出来：

$$CFCl_3 + 光子 \rightarrow CFCl_2 + Cl$$

氯原子通过各种催化循环破坏臭氧分子。最简单的方式是一个氯原子与一个臭氧分子发生反应，形成氧化氯（ClO）并留下一个常态氧分子。氧化氯可以与第二个臭氧分子发生反应产生另一个氯原子和两个氧分子：

$$Cl + O_3 \rightarrow ClO + O_2$$

$$ClO + O_3 \rightarrow Cl + 2O_2$$

一旦一个自由氯原子出现，它就会立即与 O_3 发生反应，从而每个单原子形成反复、多次的催化反应。单个氯原子在被其他反应中和之前能够与 100000 个臭氧分子发生反应。考虑到每年通过 CFC 释放到大气中的氯的量，表明 CFC 对于环境极其危险。

对于 SF_6 而言，唯一的卤素成分是氟。实验室研究表明氟原子参与类似的催化反应。然而在地球的平流层，由于氟与氢的化学吸引力高，氟原子会迅速与水和甲烷发生反应生成氟化氢（HF）。因而，氟原子几乎不可能参与上述催化反应过程。

考虑到 SF_6 的含量要比 CFC 的小 1000 倍，并且在上述环境下 SF_6 几乎不会形成自由氟，显然 SF_6 对平流层臭氧的破坏和削减不构成影响。

6.4.4.3 温室效应

地球的全球平均温度取决于太阳辐射的加热效应和地球红外辐射的冷却效应之间的平衡。一部分红外辐射被反射回地球表面从而不能从大气中逃逸，这被称作温室效应。这会导致地球表面的平均温度比没有温室效应时高。因释放温室气体的增长而打破上述平衡时，温室效应会增强，使得辐射的进出平衡发生偏移，更多辐射被保留下来，从而引起气候系统的变化。

温室气体是指吸收地球的部分红外辐射，并通过辐射将它们返回地球的大气。强的温室效应气体在 $7 \sim 13\mu m$ 波长具有很强的红外吸收能力[37]。温室气体既有在自然环境中产生的（即水蒸气、二氧化碳、甲烷和一氧化二氮等），也有人为释放的［即 SF_6、全氟化物（FFC）、燃烧产物、含氮物和氧化硫等］。目前，自然现象仍是温室效应的主要因素，人类活动对于总的温室效应的贡献很小。然而，随着人类贡献的增长，该问题如今引起了大量关注。根据若干研究，现有趋势如不加以改变，地球的平均温度将会明显提高，全球气候将会改变。

SF_6 是一种能有效吸收红外辐射的气体，特别是在波长大约 $10.5\mu m$ 的范围。另外，与其他大多数自然产生的温室气体不同（即二氧化碳和甲烷），SF_6 非常不易被化学和光学分解，因而它对全球变暖的影响是持久和累积的。SF_6 的大气寿命⊖非常长，估计为 3200 年。SF_6 强烈的红外吸收能力和长寿命是它具有高全球变暖潜势（GWP）⊖的原因，在 100 年时间范围估计比 CO_2（从体量上讲是温室效应的主要贡献者）的 GWP 高 22800 倍[38]。

⊖ SF_6 的大气寿命是指所释放的一定数量的 SF_6 通过自然过程减少到初始量的 37% 所需要的时间。

⊖ 全球变暖潜势（Globe Warming Potential，GWP）是一种估算一定数量温室气体对全球变暖贡献度的度量。它是与二氧化碳的相对比值，二氧化碳的 GWP 被定义为 1。GWP 的计算是在一定的时间间隔上进行的，无论何时引用 GWP 值，该时间间隔必须加以申明。通常时间间隔为 100 年。

SF_6的高 GWP 在 1995 年被广泛了解[39]，在 1997 年被列入京都议定书的温室气体名单中[40]。京都议定书是控制人造温室气体排放的国际公约，该文件中列出了下述温室气体：

- 二氧化碳（CO_2）；
- 甲烷（CH_4）；
- 一氧化二氮（N_2O）；
- 氢氟碳化物（HFC）；
- 全氟化碳（PFC）；
- 六氟化硫（SF_6）。

后面三种物质为氟化物气体或者含氟气体。

SF_6被明确列为 GWP 值最高的气体，要求所有签约国家实现对SF_6的减排。大多数国家的政府已经签约京都议定书并承诺减排温室气体。

欧洲议会和欧洲委员会已经针对特定氟化物温室气体出台了相关规程[41]。欧洲所有的含氟气体的制造商、出口商、进口商被强制要求按照规定格式上报进出口到欧共体的含氟气体总量[42]。

其他的欧洲公约进一步明确了关于高压开关中含氟气体回收的认证[43]。这意味着SF_6开关的维护和气体回收工作只允许由认证人员操作，以减少SF_6的排放。

许多使用SF_6开关的国家开始限制SF_6的排放，例如美国环境保护署（EPA）的强制计划、欧洲的含氟气体规程和日本的SF_6减量计划等[44]。

在欧洲的含氟气体规程（2007）中要求所有含SF_6的大型系统必须以标准配置的方式对SF_6进行检测，在维护、重新注入和拆除过程中要尽可能防止气体释放。虽然目前对少于 6kg 的SF_6的封闭式开关还属于例外，但因非政府组织（NGO）和政党关于限制非碳温室气体的压力，将来可能会对这类装置增加相应措施。

澳大利亚是世界上第一个针对进口SF_6气体进行征税的国家（2012 年中至 2014 年中）[45]。其结果是SF_6的进口商（包括罐装气体或产品和设备中装有该气体）需要按照SF_6的 GWP 水平支付等价的碳排放税，每吨CO_2的碳排放税为 23 澳元。对于SF_6而言碳当量值非常高，为CO_2的 23900 倍（澳大利亚政府取值），其付税值为每吨 23900×23 澳元 = 549700 澳元，约等于 440000 欧元或 577000 美元（2012 年）。

西方气候倡议组织（WCI）于 2007 年创建[46]，该组织的参与者强烈要求各成员方在司法方面采取合作行动以关注气候变化，并共同实施减少温室气体排放的战略。现在其成员有美国的加利福尼亚州和加拿大的不列颠哥伦比亚省、安大略省、魁北克省和曼尼托巴省。检测排放的方法也加以规定：如委托外部进行检查计算，并确认申报的排放值。

在日本，自愿协议和承诺行动要求高压设备SF_6排放从 1998 年的 1.1% 减少到 2011 年的 0.2%。

目前各地区的平均排放水平占存储气体的比例由远小于 1% 到大于 10%。高压

GIS 的泄漏率估计在 0.5%～1%，气体处理的损失率每年为 1%～2%。配电装置中密封型装置运行期间的气体泄漏还是很低的[47]。

SF$_6$ 的高 GWP 值引发了各种旨在减少 SF$_6$ 绝缘输配电设备中气体排放的努力。这些努力包括改进设备密封、改进气体处理程序、系统化的气体回收利用、电力工业的志愿减排计划以及政府的规范性行动。

与电力应用不同，在非电力应用中的 SF$_6$ 通常不可回收。由于气体的"开放"使用，大部分气体立即释放到大气中。自 1995 年起意识到 SF$_6$ 的高 GWP 值后，电力工业的 SF$_6$ 排放有了明显的下降。自 1996 年起，尽管新的 SF$_6$ 设备不断安装，但电力工业的排放明显减少，并且未来有进一步下降的趋势。

多个科学机构监测了与环境相关的各种气体浓度。2009 年大气中 SF$_6$ 的浓度[48]约为 6.4pptv$^\ominus$。这个浓度虽然很低，但以每年 8.7% 的速率在持续增长[37]。

如果按这个速度持续增长，30 年内将会达到 50pptv。以这样的浓度，SF$_6$ 对全球变暖的影响相对于 CO$_2$ 仍然很小。然而，SF$_6$ 的长寿命具有潜在危害。因此，有必要将所有形式的 SF$_6$ 向大气中的排放降至最低。在处理 SF$_6$ 时必须遵循一定的规程以保持气体处于封闭循环，防止任何向环境中的释放。

在人造温室效应气体中，SF$_6$ 的贡献率为 0.1% 左右[49]。按照 IEC 标准所规定的良好的处理程序和方法[50-53]，可以保证在长时间有效运行中将其温室效应降至最低。这些程序和方法是保证工作人员安全和 SF$_6$ 最低排放量的基本要求。现今人们已经很好地建立并广泛了解了安全的概念，目前关注的焦点在于环境兼容性。

今天，特殊的高质量检测装置、用于净化并循环利用 SF$_6$ 的处理系统已经实现商业化，能够将存储的污染气体恢复到新气体的状态[54]。根据对 SF$_6$ 气体排放最小化不断增长的需求，这些装备还会进一步改进。

根据 IEC 60376[52] 标准生产的工业级 SF$_6$ 已经在市场上广泛销售。如果气体不符合规定，它们将按照当地或国际的废物管理办法处理。

当 SF$_6$ 气体的酸度（氟化氢）小于 4000ppmv 时净化效果良好，当酸度较高时，气体由于腐蚀性太强而无法进行净化处理。同样，当 SF$_6$ 的空气含量超过 7500ppmv 时处理效果同样较差，需要返回制造商重新处理。

关于有多少 SF$_6$ 气体被泄漏到大气中尚有争议。尽管每年的泄漏量很小，显然可以预料已经生产的 SF$_6$ 气体的很大比例终会释放到大气中。尽管对存有 SF$_6$ 的气体区域的密封更加严密，但并没有长期效果，因为 SF$_6$ 气体分子一旦泄漏后就没有分解的可能性。只有通过环境可接受的过程被分解的 SF$_6$ 气体才永远不会释放到大气中。

一般来说，减少 SF$_6$ 排放的措施及其对全球变暖的贡献有短期措施和长期措施。

最好的短期措施包括：

$\ominus$　pptv = 每万亿单位体积所含的体积数（即每摩尔干燥空气中 10^{-12}mol 的 SF$_6$ 量）。

- 通过改进密封系统和 SF_6 处理程序以防止 SF_6 泄漏到环境中；
- 系统回收使用过的 SF_6 并且销毁污染气体；
- 志愿减排计划；
- 严格控制气体使用，仅限于在 SF_6 具有明显优势的地方使用（例如高压断路器），从而减少使用量；
- 设备设计时就减少 SF_6 气体的使用。

很明显，最有效的长期措施是完全不使用 SF_6，因此理想的长期解决方案是使用环境可接受的气体或混合气体以替代 SF_6[37]。然而，在这些新的技术发现之前，SF_6 技术仍然是主要的技术。

6.4.4.4 生态病理学及对健康的潜在影响

SF_6 是无毒的，也没有关于其存在急性或慢性毒害方面的报告[53]。由于它在水中的可溶性很低，对地表和土壤中的水没有危害，也不存在食物链中的生态积累现象。因此，SF_6 对生态系统是无害的。

SF_6 是：

- 非致癌的（不会引起癌症）；
- 非诱变的（不会对遗传结构产生诱变）；
- 非硝化的（在食物链中没有富集作用）。

然而，SF_6 的副产物对皮肤、眼睛和呼吸道有刺激作用。在高浓度下，它会引起肺部水肿，长期暴露会引起呼吸衰竭。

在一般情况下，SF_6 密闭在装置内部，所产生的副产物被分子筛和中和复合过程所消除。SF_6 可能因泄漏或者气箱失效（例如内部故障电弧将外壳烧穿）而释放到大气中。从评估健康风险角度出发，必须分清 SF_6 的突然释放是泄漏还是内部故障导致的。

在泄漏情况下，必须考虑长期暴露于气体副产物的影响。产生于电弧和低能放电的副产物，可能从 SF_6 装置泄漏而释放出来，在工作场所的大气中浓度可忽略。在中压和高压环境下的工作场所中发现的浓度要比限定阈值（TLV）⊖小 4 个数量级[53]。

在因内部故障发生 SF_6 突然释放的情况下，采取紧急撤离和通风措施，意味着仅有短暂的暴露。在设备室内会有高浓度的副产物。然而，计算出的浓度不会超过短期暴露规定的限定值[37]。在此情况下，要考虑所有可能的有毒物释放源，因此需要详细了解所有的生成物如金属蒸汽、燃烧的塑料、电缆绝缘物、涂料等产物的作用以及与 SF_6 有关的作用。

⊖ 一种化学物质的限定阈值是一个水平值，在此情况下工人在工作年限内每日连续充分暴露对健康不产生负面影响。

值得强调的是，在任何内部故障情况下，无论是否存在 SF_6，都会产生腐蚀性或毒性的烟。在这些毒烟进入开关室周围的大气中时，研究发现与 SF_6 无关的电弧产物是有毒物的主要成分。进一步说明，在电力设备中使用 SF_6 并不会明显增加内部故障的风险。

SF_6 的副产物具有难闻的刺鼻味道（因硫化氢产生的"臭鸡蛋"味），有刺激作用。由于这个特点，在任何毒害危险发生前，很少量的副产物气就会在数秒内引起准确的报警指示。

综上所述，只要遵循安全规程，在电力设备中使用 SF_6 产生的风险可以达到最小。最主要的安全问题是防止窒息。

6.4.5　SF_6 替代

SF_6 极高的 GWP 值（见 6.4.4.3 节的阐述）要求使用者采取措施尽量减少向大气的排放，其中一种方法就是使用其他气体或者混合气体以替代 SF_6。

寻找 SF_6 替代气体的过程要比预想的困难，因为要找出满足许多基本性能和实际需求的气体需要进行大量的研究和试验。过去几十年来人们一直努力在寻找比 SF_6 更好的气体介质[55]，并发现了很多绝缘性能比纯 SF_6 更好的气体，但因为各种原因不被接受，例如对环境的影响、毒性或者易燃性。

例如，气体必须有高的绝缘强度，这就需要气体是电负性的。然而强电负性的气体通常是有毒的、化学活跃的以及对环境有害的，并具有低蒸汽压，同时意味着气体放电会产生大量的未知分解产物。温和的并且环境友好的非电负性气体（例如氮气），一般绝缘强度较低。N_2 的绝缘强度是 SF_6 的 1/3，同时其特性不能满足断路器应用的基本需求。然而，这些环境友好的气体可以在一定压力和比例下与电负性气体（包括 SF_6）混合使用。

最理想的 SF_6 替代气体应能够用于所有现有的 SF_6 设备中，仅需在硬件、执行、操作、运行程序或者额定值上做很小改变或者不改变。

有三种气体介质从高压绝缘和电流开断角度替代 SF_6 的可能性最大：

● 高气压纯氮气用于高压绝缘。考虑到这种气体的环境友好性，当 SF_6 不是绝对必需时可以采用，对这种技术应当加以研究和改进。

● SF_6/N_2 混合气体（见 6.5 节）：

—低浓度 SF_6（<15%）与 N_2 混合，用于高压绝缘；

—比例相当的 SF_6 和 N_2 的混合，用于电气绝缘和电流开断。

● SF_6/He 混合气体用于电流开断。SF_6 与 He 的混合气体在气体绝缘断路器中显现了良好性能。He 在冷却能力上对 SF_6 有协助作用。SF_6 比例在 75% ~ 25% 之间的 SF_6/He 混合物的绝缘性能在 0.6MPa 压力下比纯 SF_6 要高出约 10%（见图 6.22）。因此，对该混合气体还应进一步研究。

目前有充分的数据来说明气体介质的上述潜能，但还不能充分证明它们的性能。数据分析表明，目前没有气体可以立即作为 SF_6 的替代品用于现有的电力设备

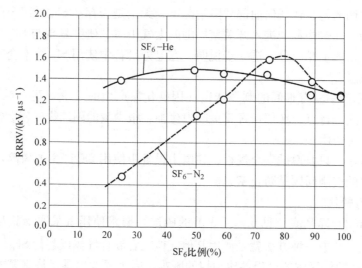

图 6.22　总压力在 0.6 MPa 下恢复电压上升率（RRRV）承受能力与
$SF_6 - N_2$ 和 $SF_6 - He$ 的关系[56]

中。对于气体绝缘输电线路和气体绝缘变压器，主要制约是对已经使用的设备进行重新认证以及对额定值进行重新确定。对于气体绝缘断路器，SF_6 之外的其他气体仍然有许多与性能有关的问题需要确认。

然而，各种混合气体在新设备中显示了应用前景，特别是专门针对这些混合气体设计的设备。

人们已经开展了一些关于 CO_2[57-60] 气体和 CF_3I 气体[61,62] 的研究。自 2012 年以来，市场上已经有使用 CO_2 作为绝缘和开断介质的瓷柱式断路器，电压等级为 72 ~ 84kV，有额定电压等级 145kV 的断路器进行了现场试验[63]。

6.5　$SF_6 - N_2$ 混合气体

将 SF_6 和 N_2 的混合气体作为灭弧介质进行研究有两个理由[64-66]。

其一是改进高压断路器在极寒冷气候（气温低于 $-40℃$）的绝缘和开断性能。在这种环境下断路器中的 SF_6 在工作压力下会发生液化，从而部分失去开断性能。在一定体积下，随着温度下降压力也会下降，而气体密度保持常数。在一定的温度下，当 SF_6 开始发生液化时，气体的压力和密度都会陡降，导致断路器的绝缘强度和开断能力急剧发生劣化。为了防止 SF_6 在低温应用中的液化，在 20℃ 时充到足够的压力。因为混合气体的凝结温度由各成分气体的分压力而非总压力决定，所以绝缘强度的降低可以通过添加液化温度比 SF_6 低得多的气体（实际中使用 N_2）进行补偿。研究发现含 50% SF_6 的 SF_6/N_2 混合气体是有效的灭弧介质。除 SF_6/N_2 以外，其他混合气体也得到了应用，包括 SF_6/CF_4、SF_6/He。

其二是为抑制 SF_6 对全球变暖的影响，需要防止 SF_6 被泄漏到大气中去（6.4.4 节有详细介绍）。显然，使用 SF_6/N_2 不是解决 SF_6 温室效应的长远措施。最有效的方法当然是完全不使用 SF_6，但目前在技术上和经济上均不可行。使用 SF_6 混合气体能够在中短期减少 SF_6 进入大气的速率，从而争取更多时间以进行进一步研究。

大量的研究[67-69]表明，SF_6/N_2 混合气体中的两种组分具有明显的正向协同作用，向 N_2 添加少量的 SF_6 即可明显提高 N_2 的绝缘强度。混合气体的绝缘强度在 SF_6 总量大于 50% 时达到饱和。

SF_6/N_2 混合气体的电击穿特性在非均匀场下显得比纯 SF_6 更不敏感，从而降低了触头表面粗糙度的不良影响。在有自由导电粒子存在时，SF_6/N_2 混合气体比纯 SF_6 的性能更好。SF_6/N_2 混合气体在绝对气压大于 1MPa 时，与纯 SF_6 相比，即便不是更好，至少也是同样好的绝缘气体。因此，SF_6/N_2 混合气体在气体绝缘输电线路上具有很好的工业应用潜力[70,71]。然而，在电力系统使用混合气体仍有阻力，主要是因为 SF_6 能很好地满足目前的需要。另外，在运行、回收、净化混合气体时存在复杂度增加的问题。

含少量 SF_6 的 SF_6/N_2 混合气体虽然具有优异的绝缘性能，但难以实现良好的电弧开断性能。在开断方面熄弧机理起着重要的作用，关于开断性能的效果尚无普遍结论。

采用混合气体会不可避免地导致 SF_6 断路器的开断能力的下降，取决于不同的断路器设计。对于 SF_6/N_2 混合气体，开断能力会下降一个等级，即纯 SF_6 断路器开断能力为 40kA 时，在采用混合气体后开断能力变为 31.5kA。从容性电流开断能力角度则会降低一个电压等级：245kV 纯 SF_6 断路器充入混合气体的额定电压将降为 170kV[72]。

参 考 文 献

[1] ASEA Pamphlet Gas Insulated Switchgear, NT 42-102 E (1982).

[2] Solvay Fluor und Derivate GmbH Brochure: Sulphur Hexafluoride.

[3] Slepian, J. (1929) Theory of Deion circuit-breakers. *Trans. Am. Inst. Electr. Eng*, **48**(2), 523–527.

[4] Pugliese, H. and von Kannewurff, M. (2013) Discovering DC: a primer on DC circuit breakers, their advantages, and design. *IEEE Ind. Appl. Magazine*, **19**(5), pp. 22–28.

[5] Browne, T.E. (1955) The electric arc as a circuit element. *J.Electrochem. Soc.*, **102**(1), 27–37.

[6] Ackermann, P. (1928) A study of transmission line power-arcs. *The Engineering Journal*, **XI**(5).

[7] Tretjak, G.T., Kaplan, V.V. and Kender, E.I. (1935) Free Burning Long Power Arcs in Air, CIGRE Report No. 324.

[8] Eaton, J.R., Peck, J.K., and Dunham, J.M. (1931) Experimental studies of arcing faults on a 75 kV transmission system. *Trans. AIEE*, **50**(4), 1469–1478.

[9] Strom, A.P. (1946) Long 60-cycle arcs in air. *AIEE Trans.*, **65**, 113–118.

[10] Kohyama, H., Kamei, K., Yoshida, D. *et al.* (2013) Study of Interrupting Duties of Delayed Zero Crossing Current in Generator Main Circuit, CIGRE A3/B2 Symposium, paper 421, Auckland.

[11] Peelo, D.F. (2004) Current interruption using high voltage air-break disconnectors. Ph.D. Thesis, Eindhoven University, ISBN 90-386-1533-7 (available through http://alexandria.tue.nl/extra2/200410772.pdf).

[12] Megahed, A.I., Jabr, H.M., Abouelenin, F.M. and Elbakry, M.A. (2003) Arc Characteristics and a Single-Pole Auto-Reclosure Scheme for Alexandria HV Transmission System. Int. Conf. on Pow. Syst. Transients, New Orleans.

[13] He, B., Lin, X. and Xu, J. (2008) The Analysis of Secondary Arc Extinction Characteristics on UHV Transmission Lines. Int. Conf. on High Voltage Eng. and Appl., Chongqing, China, November 9-13.

[14] CIGRE Working Group A3.22 (2008) Technical Requirements for Substation Equipment Exceeding 800 kV, Field experience and technical specifications of Substation equipment up to 1 200 kV, CIGRE Technical Brochure 362.

[15] CIGRE Working Group A3.22 (2011) Background of Technical Specifications for Substations exceeding 800 kV AC, CIGRE Technical Brochure 456.

[16] Monseth, I.T. and Robinson, P.H. (1935) *Relay Systems*, McGraw-Hill Book Company, New York.

[17] Maikapar, A.S. (1960) Extinction of an open electric arc. *Elektrichestvo*, **4**, 64–69.

[18] Edwards, L., Chadwick, J.W., Reich, H.A. and Smith, L.E. (1971) Single-pole switching on TVA's Paradise-Davidson 500 kV line: design concepts and staged fault tests. *IEEE Trans. Power Ap. Syst.*, **PAS-90**(6), 2436–2450.

[19] Hasibar, R.M., Legate, A.C., Brunke, J. and Peterson, W.G. (1981) The application of high-speed grounding switching for single-pole reclosing on 500 kV power systems. *IEEE Trans. Power Ap. Syst.*, **PAS-100**(4), 1512–1515.

[20] Kappenman, J.G., Sweezy, G.A., Koschik, V. and Mustaphi, K.K. (1982) Staged fault tests with single phase reclosing on the winnipeg-twin cities 500 kV interconnection. *IEEE Trans. Power Ap. Syst.*, **PAS-101**(3), 662–673.

[21] Fakheri, A.J., Shuter, T.C., Schneider, J.M. and Shih, J.H. (1983) Single phase switching tests on the AEP 765 kV system – extinction time for large secondary arc currents. *IEEE Trans. Power App. Syst.*, **PAS-102**(8), 2775–2783.

[22] Hasibar, R.M. and Taylor, C.W. (1983) Discussion of: Fakheri, A.J., Shuter, T.C., Schneider, J.M., Shih, J.H. Single phase switching tests on the AEP , 765 kV system – extinction time for large secondary arc currents. *IEEE Trans. Power Ap. Syst.*, **PAS-102**(8), 2775–2783.

[23] Anjo, K., Terase, H. and Kawaguchi, Y. (1968) Self-extinction of arcs created in long air gaps. *Elec. Eng. Jpn.*, **88**(4), 83–93.

[24] Terzija, V. and Kochlin, H.-J. (2004) On the modeling of long arc in still air and arc resistance calculation. *IEEE Trans. Power Deliver.*, **19**(3), 1012–1017.

[25] Kizilcay, M. and Pniok, T. (1991) Digital simulation of fault arcs in power systems. *Eur. Trans. Electr. Power*, **1**(1), 55–60.

[26] Flurscheim, C.F. (ed.) (1982) *Power Circuit Breaker Theory and Design*, Peter Peregrinus Ltd, IEE Power Engineering Series 1, revised edition, ISBN 0-901233-62-X.

[27] Dufournet, D. (2009) Circuit breakers go high voltage. *IEEE Power Eng. Mag.*, 34–40

[28] Boggs, S.A. and Schramm, H.-H. (1990) Current interruption and switching in sulphur hexafluoride. *IEEE Elec. Insul. Mag.*, **6**(1), 12–17.

[29] CIGRE Study Committee 15 (1974) Breakdown of gases in uniform fields. Paschen curves for nitrogen, air and sulfur hexafluoride. *Electra*, **32**, 61–82.

[30] Raju, G.G. (2006) *Gaseous Electronics – Theory and Practice, The Book*, CRP Press, Taylor & Francis Group, ISBN 0-8493-3763-1.

[31] Christophorou, L.G. and Brunt, R.J. (1995) SF6/N2 mixtures basic and HV insulation properties. *IEEE Trans. Diel. Electr. Insul.*, **2**(5).

[32] Ragaller, K. (1977) *Current Interruption in High-Voltage Networks*, Plenum Press, ISBN 0-306-40007-3.

[33] CIGRE Working Group B3.25 (2014) SF6 Analysis for AIS, GIS and MTS, CIGRE Technical Brochure 567.

[34] CIGRE Taskforce B3.02.01 (2003) SF$_6$ Recycling Guide (Revision 2003), CIGRE Technical Brochure 234.

[35] CIGRE Taskforce B3.02.01 (2005) Guide for the Preparation of Customised Practical SF$_6$ Handling Instructions, CIGRE Technical Brochure 276.

[36] CIGRE Working Group B3.18 (2010) SF$_6$ Tightness Guide, CIGRE Technical Brochure 430.

[37] Christophorou, L.G., Olthoff, J.K. and Green, D.S. (1997) Gases for electrical Insulation and arc interruption: Possible Present and Future Alternatives to Pure SF$_6$. NIST Technical Note 1425.

[38] Intergovernmental Panel on Climate Change (2007) 4th Assessment Report Working Group 1 Ch. 2.10.2: Climate change.

[39] CIGRE Working Group 23.02 (2001) SF6 in the Electric Industry, Status 2000.

[40] United Nations, Kyoto Protocol to the United Nations Framework Convention on Climate Change (1998) http://unfccc.int/resource/docs/convkp/kpeng.pdf, accessed 4 April 2014.

[41] Regulation (EC) No. 842/2006 of the European Parliament and of the Council of 17 May 2006 on certain fluorinated greenhouse gases. Official Journal of the European Union, L161/1 (2006).

[42] Commission Regulation No. 1493/2007 of 17 December 2007 establishing, pursuant to European Regulation (EC) No. 842/2006 of the European Parliament and Council, the format of reports submitted by producers, importers, and exporters of certain fluorinated greenhouse gases. Official Journal of the European Union, L332/7 (2007).

[43] Commission Regulation No. 305/2008 of 2 April 2008 establishing, pursuant to European Regulation (EC) No. 842/2006 of the European Parliament and Council, minimum requirements and the conditions for mutual recognition for the certification of personnel recovering certain fluorinated greenhouse gases from high-voltage switchgear. Official Journal of the European Union, L92/17 (2008).

[44] Fushimi, Y., Ichikawa, Y., Oue, T., Yokota, T. *et al.* (2004) Activities for Huge SF$_6$ Emission Reduction in

Japan. CIGRE Conference, Paper B3-213.

[45] www.cleanenergyfuture.gov.au/cleanenergy-future/our-plan/ and www.environment.gov.au/atmosphere/ozone/sgg document calculating the equivalent carbon price on synthetic greenhouse gases, accessed 4 April 2014.

[46] WCI, Inc., USA (Western Climate Initiative),(2014) http://www.wci-inc.org/ accessed 4 April 2014.

[47] Biasse, J.-M., Otegui, E. and Tilwitz-von Keiser, B. (2010) Benefits of proper SF6 handling to reduce SF6 emissions for sustainable Electricity Transmission and Distribution. China Int. Conf. on Elec. Distr. (CICED).

[48] US National Oceanic and Atmospheric Administration, (2009) NOAA Earth System Research Laboratory GMD Carbon Cycle - Interactive Atmospheric Data Visualisation, (http://www.esrl.noaa.gov/gmd/ccgg/iadv), accessed 4 April 2014 .

[49] Ecofys Emission Scenario Initiative on Sulphur Hexafluoride for Electric Industry (ESI-SF6), Update on global SF6 emissions trends from electrical equipment, ed. 1.1.07 (2010).

[50] IEC 61634, 1995 (1995) High-voltage switchgear and controlgear - Use and handling of sulphur hexafluoride SF_6 in high-voltage switchgear and controlgear.

[51] IEC 60480, 2nd edn, 2004-10 (2004) Guidelines for the checking and treatment of sulphur hexafluoride SF_6 taken from electrical equipment and specification for its re-use.

[52] IEC 60376, Ed. 2.0, 2005-06 (2005) Specification of technical grade sulphur hexafluoride SF_6 for use in electrical equipment.

[53] IEC TR 62271-303 Ed. 1.0, 2008-07-23 (2008) High-voltage switchgear and controlgear – Part 303: Use and handling of sulphur hexafluoride SF_6.

[54] Alexander, B., Robbie, D., Marenghi, M. and Kiener, M. (2012) SF6 and a world first. *ABB Rev.* No. 1, pp. 22–25.

[55] Okubo, H. and Beroual, A. (2011) Recent trend and future perspectives in electrical insulation techniques in relation to sulphur hexafluoride SF_6 substitutes for high-voltage electric power equipment. *IEEE Electr. Insul. Mag.*, March/April, 27(2), 34–42.

[56] Grant, D.M., Perkins, J.F., Campbell, L.C. *et al.* (1976) Comparative Interruption Studies of Gas-Blasted Arcs in SF6/N2 and SF6/He Mixtures. Proc. 4th Intern. Conf. on Gas Disch. And their Appl., IEE Conf. Publ. No. 143, pp. 48–51.

[57] Suzuki, K., Nishiwaki, S., Kawano, H. *et al.* (2008) Characteristic of Large Current Making Switch to Verify Making Performance of High Voltage Switchgear. Int. Conf. on Gasdisch. and their Appl.

[58] Colombo, A., Barberis, F., Berti, R. *et al.* (2007) CO2 and its Mixtures as an alternative to SF6 in MV circuit-breakers. CIGRE SC A3 Int. Techn. Coll., Rio de Janeiro.

[59] Udagawa, K., Koshizuka, T., Uchii, T. *et al.* (2011) CO2 Circuit Breaker Arc Model for EMTP Simulation of SLF Interrupting Performance. Int. Conf. on Pow. Syst. Transients, Delft, Paper 64.

[60] Wada, J., Ueta, G. and Okabe, S. (2013) Evaluation of breakdown characteristics of CO_2 gas for non-standard lightning impulse waveforms: breakdown characteristics in the presence of bias voltages under non-uniform electric field. *IEEE Trans. Dielect. Electr. Insul.*, 20(1), 112–121.

[61] Kasuya, H., Kawamura, Y., Mizoguchi, H. *et al.* (2010) Interruption capability and decomposed gas density of CF3I as a substitute for SF6 gas. *IEEE Trans. Dielect. Electr. Insul.*, 17(4), 1196–1203.

[62] Kamarudin, M., Albano, M., Coventry, P. *et al.* (2010) A Survey on the Potential of CF3I gas as an Alternative for SF_6 in High-Voltage Applications. UPEC Conference.

[63] ABB Brochure High-voltage CO_2 circuit-breaker type LTA, Publication 1HSM 9543-21-06en (2012).

[64] Kynast, E. (2005) Investigations Concerning Discussed Alternatives to SF6 in HV Equipment for Insulating and Arc-Extinguishing Properties. CIGRE SC A3/B3 Colloquium, paper 306.

[65] CIGRE Working Group 23.01 (2000) Guide for SF_6 gas mixtures, CIGRE Technical Brochure 163.

[66] Boeck, W., Blackburn, T.R., Cookson, A.H. *et al.* (2004) (Task Force D1.03.10 on behalf of CIGRE Working Group D1.03), N_2/SF_6 Mixtures for Gas-Insulated Systems. CIGRE Conference, Paper D1-201.

[67] Christophorou, L.G. and Brunt, R.J. (1995) SF6/N2 mixtures basic and HV insulation properties. *IEEE Trans. Dielect. Electr. Insul.*, 2(5), 952–1003.

[68] Rokunohe, T., Yagahshi, Y., Endo, F. and Oomori, T. (2006) Fundamental insulation characteristics of air, N2, CO2, N2/O2, and SF6/N2 mixed gases. *Electr. Eng. Jpn*, 155(3), 619–625.

[69] Diessner, A., Finkel, M., Grund, A. and Kynast, E. (1999) Dielectric Properties of N2/SF6 mixtures for use in GIS or GIL. Int. Symp. on High Voltage, Paper No. 3.67.S 1 8.

[70] Koch, H. (2011) *Gas Insulated Transmission Lines (GIL)*, John Wiley & Sons, ISBN 978-0-470-66533-6.

[71] CIGRE Working Group B3/B1.09 (2008) Application of Long High Capacity Application of Gas-Insulated Lines in Structures, CIGRE Technical Brochure 351.

[72] Peelo, D.F., Bowden, G., Sawada, J.H. *et al.* (2006) High voltage Circuit Breaker and Disconnector Application in Extreme Cold Climates, CIGRE Session Paper A3-301.

第7章

气体断路器

7.1 油断路器

从历史的角度看，油断路器是最早应用于大容量开断的断路器。在油断路器中电流开断是在油的分解产物氢气（H_2）中实现的（见 6.3 节），因此油断路器被归为气体断路器。在 20 世纪初，油断路器的开断能力足够满足当时电力系统的需求。在世界范围内，油断路器目前仍然在电力系统中使用，但很早以前就停止开发了。

油断路器按照所使用的油量分为多油断路器和少油断路器。

多油断路器的开断原理见 6.3.2 节，其设计很简单：一对触头浸在油里，不配灭弧室。J. N. Kelman 在 1901 年设计和安装了一台由简单断口构成的断路器，这是美国最早的一批断路器中的一台[1]，它能够在 40kV 电压下开断 300 ~ 400A 的电流。图 7.1 所示为 Kelman 设计的油断路器，它由两只装满了水油混合物的木桶组成。两个串联的断口由一个公共的连杆操作。这台断路器工作了不到一年，从 1902 年 4 月到 1903 年 3 月。它在短时间间隔内多次开断电流后，燃烧的油喷到周围的木制品上引起了火灾。这导致人们对断路器技术开始了详细研究。

图 7.1　Kelman 设计的油断路器，安装于 1901 年（40kV/300A）[1]

在 20 世纪 30 年代，油断路器中已加装了简单的灭弧室，但对油箱本身并没有明显改进。多油断路器在美国得到了广泛的应用。

在 72.5kV 及以下电压等级，三相通常封闭在同一个油箱内（见图 7.2a）。在更高的电压等级，油断路器具有三个独立的油箱（见图 7.2b）。

a)   b)

图 7.2   a) 单箱油断路器；b) 多箱油断路器

多油断路器需要很大的外壳和大量的油，以保证断路器带电部分与接地外壳之间的绝缘距离足够。例如 145kV 断路器需要大约 12000L 油，而在 245kV 断路器中要增加到超过 50000L 油。这需要特别的地基以支撑断路器的自身重量和承受断路器操作时的力。

多油断路器直到 20 世纪 90 年代中期还在制造并且仍在运行中，有时需要 8 个断口串联[2]。

与目前的断路器技术相比，多油断路器的机械寿命和电气寿命相当短。它们需要频繁的维护，将油中燃弧产生的碳颗粒清除掉。否则，油的绝缘性能会下降，显著增加变电站爆炸和火灾的风险。

由于油价格很昂贵，为了降低断路器的价格，人们开发了用油量很少的新型断路器，即少油断路器。比起美国，这类断路器在欧洲应用得更普遍，其开断原理见6.3.3 节。

多油和少油断路器主要的区别在于少油断路器中油仅作为灭弧介质，而将固体绝缘材料作为绝缘介质，而在多油断路器中油起到灭弧和绝缘两方面的作用。

少油高压断路器属于瓷柱式断路器。它使用固体绝缘支撑将带电部分与地之间进行绝缘，因此所使用的油量大大减少。在中压应用中采用强化玻璃纤维材料作绝缘子,而在高压应用中使用陶瓷作为支撑绝缘子。

　　直到 20 世纪 70 年代,在很长时间内少油断路器在断路器技术中占主导地位,特别是在 145kV 以下时每极仅需要一个灭弧室或断口就足够了。这保证了油断路器结构简单、重量轻、价格便宜,但仍需要频繁的维护。

　　瑞典于 1952 年建设了世界上第一个 380kV 电网,为此将模块化概念应用于瓷柱式少油断路器中,开发了双断口的瓷柱式 170kV 少油断路器(见图 7.3)和每极四断口的 420kV 断路器。还有为 750kV 系统设计的多断口少油断路器,但未能竞争过压缩空气断路器。压缩空气断路器首先于 1960年应用于苏联的 525kV 系统,后来于1965 年应用于加拿大的 735kV 系统,1969 年应用于美国的 765kV 系统。

图 7.3　瓷柱式 170kV 双断口少油断路器

7.2　空气断路器

　　大气压下在空气中开断电流的基本原理很简单:分开触头拉长电弧。

　　只是将电弧拉长的这种技术的开断能力相当有限,对于这些简单空气断口的开断装置,要提高其开断能力,必须通过安装灭弧栅片或者对触头间电弧采用空气气吹。在空气中开断电流的方法仍在广泛使用,几乎所有的低压断路器都采用这种方法(见 6.2.2 节)。在中压场合,空气开断需要采用陶瓷灭弧栅片并借助外加磁场的作用。虽然大气压下空气的绝缘强度相对较低,但是这种原理仍然有效。

　　采用绝缘的灭弧栅片,通过将电弧驱入绝缘栅片间狭窄的缝隙并使之拉长,可实现电弧的冷却和熄灭。此外,当电弧与绝缘栅片接触时也会被冷却。通常通过安装在外部支架上的线圈产生"磁吹"使电弧在磁场的作用下运动。图 7.4 所示为这种断路器的示例。

　　相对于大气压下的空气,压缩空气具有更高的绝缘强度和更好的导热性能。因此设计更高额定电压的断路器采用压缩空气气吹原理。压缩空气气吹原理采用压缩空气吹向电弧,一般采用沿着电弧长度方向(即纵吹)方式。在超高压系统中这种技术使用了超过 50 年,直到 SF_6 断路器出现这种技术才被替代。

　　压缩空气气吹熄弧原理的研究在 20 世纪 20 年代起源于欧洲,在 30 年代得到进一步发展。压缩空气断路器在 20 世纪 50 年代得到广泛应用，开断能力达到 63kA，在 70 年代甚至达到 90kA。特别是在北美，在电压等级为 500～800kV 范围这种类型的断路器至今仍在使用。

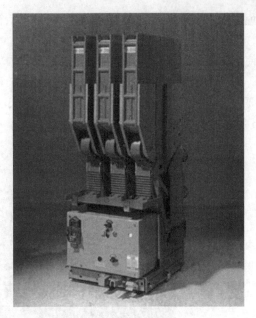

　　压缩空气断路器具有开断能力强、开断时间短的优点，但灭弧室的介质恢复能力相对较低。对介质恢复能力的限制来自于触头的分闸速度慢。设计成多断口可有效提高分闸速度。从图 7.5 可以看到，对于额定电压 420kV 以上的空气气吹断路器，每极需要10 个甚至 12 个断口串联。更先进的断路器可设计成在 500kV 时仅需要串联 6 个灭弧室即可满足需求。

图 7.4　空气断路器，额定电压为 15kV，采用磁吹原理

图 7.5　每极 14 个灭弧室的 765kV 压缩空气断路器（ASEA 公司 1968 年产品）

　　多断口设计面临的主要困难是需要保证每一个灭弧室在相同的空气动力学和电气条件下运行。从空气动力学角度看，每个灭弧室必须保持相同的气流条件。为了

避免因压力下降而影响气流条件，必须对每个灭弧室使用独立的气阀。从电气角度，恢复电压必须均匀地分配在每对触头上。为了改善断口电压分布，在实际中通常使用均压电容或者均压电阻。

另一个困难是灭弧所需的气体压力很高，高达 3MPa。因而，压缩空气断路器需要强有力的气体压缩机，其工作噪声很大，特别是将电弧吹向周围空气时，如图 7.6 所示的自由喷射式断路器的噪声就很大。

图 7.6　自由喷射式压缩空气断路器的灭弧室

压缩空气断路器工作快速可靠，特别适于大电流开断场合。因此，几乎所有的大容量实验室都把它作为主断路器使用（见 14.2.2 节）。

在目前的应用中，有些中压和高压压缩空气断路器表现出很好的稳健性和可靠性。甚至在使用几十年后，通过翻修和重新测试，其使用寿命仍可显著延长[3]。

7.3　SF$_6$断路器

7.3.1　简介

首次将 SF$_6$ 气体用于电流开断的工业应用是在 1953 年[4,5]，但在此之前人们对 SF$_6$ 气体优异的绝缘特性的了解已经有 40 多年的时间了。SF$_6$ 气体用于电流开断的最早应用是电压为 15～161kV 的高压负荷开关，开断能力为 600A。1956 年美国西屋公司开发了第一台高压 SF$_6$ 断路器（见图 7.7）。

仅仅过了几年时间，1959 年西屋公司生产了第一台具有高短路开断电流能力的 SF$_6$ 断路器。这是一台落地罐式断路器，它能够在 138kV 电压下开断 41.8kA，在 230kV 电压下开断 37.6kA 的电流。其开断性能已经非常可观，但是该断路器每极需要三个灭弧室，同时用于吹弧的 SF$_6$ 气体压力高达 1.35MPa，这些不足仍需改善。SF$_6$ 断路器的双压式设计仅仅流行于 20 世纪 60～70 年代中期的美国市场。其竞争主要来自于单压式或压气式断路器。

一开始压气式断路器的开断电流水平较低，但具有高开断能力的压气式断路器从 1965 年开始进入市场。

从 20 世纪 70～80 年代，压气式断路器的额定电压上升到 800kV，设计明显简化，大幅度减少了每极灭弧室的数量及操作功。图 7.8 给出一个示例。由此断路器的可靠性得以大大提高。关于断路器可靠性的数据参见 12.1 节。

图 7.7　额定电压为 115kV 的 SF$_6$
断路器（西屋公司，1956 年）

图 7.8　额定电压为 72.5kV 的落地罐式
SF$_6$ 断路器（西门子公司）

1980 年，成功开发了第一台单断口 245kV、40kA 的压气式断路器并通过了型式试验。20 世纪 90 年代，日本开发了单断口 420kV 和 550kV 断路器以及双断口 1000kV 和 1100kV 断路器[6]，如图 7.9 所示。其后中国研制了 1100kV 双断口断路器[7,8]。以上工作确立了 SF$_6$ 断路器在整个输电电压等级的主导地位[9]。

图 7.9　日本开发的额定电压为 1000kV 的双断口 GIS 断路器

压气式灭弧室的改进使其可使用操作功很小的机构，图 7.10 给出了在降低操作功方面的进展。但操作功的降低不会低于一个极限值。

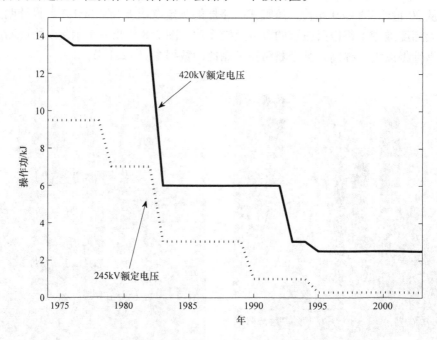

图 7.10　245kV 和 420kV 断路器在过去的若干年中每极的操作功降低的情况 [2]

自 20 世纪 80 年代以来，产生了新的开断原理——自能式技术。自能式技术利用电弧自身的能量产生所需的（部分）压力吹弧以开断电弧。

在发展压气式断路器的同时，还开发出旋弧技术。传统的开断过程中电弧的冷却通过气体流动吹拂电弧来实现，而旋弧灭弧室中的电弧由开断电流产生的磁场来驱动并旋转。此技术的目标在于减少操作功，但是到目前为止旋弧技术的开断性能还赶不上其他技术。

总的来说，SF_6 断路器可分为 4 种类型：
- 双压式断路器；
- 压气式断路器，在一个稳态压力下操作；
- 自能式断路器，也是在一个稳态压力下操作；
- 旋弧式断路器。

7.3.2　双压式 SF_6 断路器

实际上双压式 SF_6 断路器与纵吹式压缩空气断路器原理相同，只是用 SF_6 气体代替了空气来吹弧。双压式 SF_6 断路器大多为落地罐式断路器，灭弧室装在一个箱体内，与油断路器使用的箱体类似，里面充有低压力的 SF_6 气体。另设一个高压储气室，通过吹气阀与低压力箱体隔离，里面充有压缩的高压力 SF_6 气体。在断路器操作时,吹气阀与触头同步打开,SF_6 气流吹拂冷却电弧。每次开断后,SF_6 通过过滤和压缩返回高压储气室以重新使用。

SF_6 气体在 1.6MPa 时的液化温度大约为 10℃,因此必须在高压储气室中安装加热器以防止高压力下的 SF_6 气体液化。气体加热不仅要消耗额外的能量,加热元件还会增加故障的可能性。当加热器不工作时,断路器就不能运行。

双压式 SF_6 断路器最主要的缺点是:

- 由于使用吹气阀门,导致机械结构复杂;
- 物理尺寸大;
- 所需 SF_6 气体量大;
- 由于运行压力高,泄漏可能性大;
- 需要另外的压缩机系统以保持 SF_6 的高压力;
- 为了防止 SF_6 气体液化,需加装加热器,会消耗能量。

这些缺点是双压式断路器从市场上消失的原因。

7.3.3 压气式 SF_6 断路器

所有压气式断路器的共同特点是在分闸操作中压缩灭弧室内的 SF_6 气体,通过汽缸与固定活塞的相对运动对气体进行压缩。在大多数压气式断路器的设计中,都是在触头运动过程中压缩汽缸(见图 7.11)。随着气体压力的增加,气体在喷口中流动,吹拂电弧等离子体。很重要的一点是压气式断路器能保证从短燃弧时间到长燃弧时间范围都可以有效地气吹。这通过适当地调节压缩行程来达到。

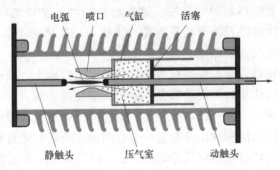

图 7.11 压气式 SF_6 断路器的工作原理

压气式灭弧室的压力与电流相关。在空载条件下,没有电弧存在,压气室内的典型的最大压力为填充压力的 2 倍(见图 7.12 中的曲线 a)。然而,在大电流燃弧条件下,触头之间的电弧会阻塞喷口气流,这称作喷口阻塞。喷口中的电弧像一个截面随时间变化的阀门一样与气流相互作用,引起压气室内气体压力的增加。有一种情况是在大的瞬时电流值下,喷口暂时被阻塞或者喷口直径明显缩小时,喷口中的电弧能量不能被有效释放。在这种情况下,电弧能量导致压力上升。压气室内的最大压力可以达到空载时最大压力的几倍,如图 7.12 中的曲线 b 所示。因此,开断电流时压力会显著增高。当电流下降趋于零时，电弧直径也会减小，气体流动空间增大。气体在电流零点时可完全流过喷口，从而实现最大冷却效果。

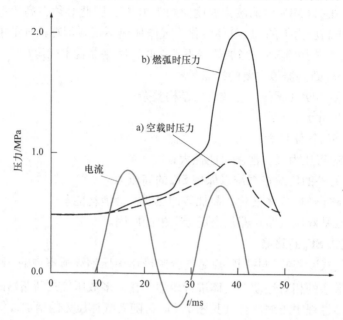

图 7.12　压气室内的压力：a）空载操作；b）开断 40kA 非对称短路电流情况[10]

电弧阻塞会引起喷口材料的烧蚀。这些材料的汽化会增加压气室内的气体质量。这个效应会在大电流开断时明显提高气体压力、气体密度以及气体质量输运；它也会进一步影响压气式断路器的触头运动特性[11]。

压气室内压力越高，对断路器机构操作功的要求就越大，以防止断路器触头因操动机构受到的反向作用力而运动减慢、停止甚至反向运动。开断所需的吹气能量几乎全部由操动机构提供。开断电流越大，所需的力就越大。因而，压气式断路器需要大功率操动机构以能够输出高能量，而合闸操作所需的能量要比分闸小得多。

由不同的压缩气体以强迫电弧冷却的方式，压气式 SF_6 灭弧室的喷口设计可分为如下几类（见图 7.13）：

- 绝缘喷口单吹式；
- 绝缘喷口部分双吹式；
- 绝缘喷口完全双吹式；
- 绝缘和导电喷口复合完全双吹式；
- 导电喷口完全双吹式。

每一种设计都有自己的特点和最适合的应用场合。在同样吹气压力下，完全双吹式的熄弧能力要比单吹式的强。然而在双吹灭弧室中达到特定压力所需的压气室更大（见图 7.13c、d 和 e），对机构操作功的要求也更高。因此，最常用的方式是单吹式（见图 7.13a）和部分双吹式（见图 7.13b）。部分双吹是一种折中方案，能够在不增加充气压力和操作功的情况下将开断能力提高 20%。

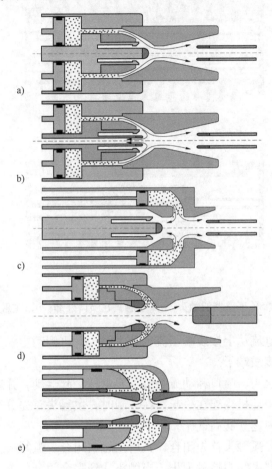

图 7.13　SF_6 压气式断路器的喷口设计：a）绝缘喷口单吹式；
b）绝缘喷口部分双吹式；c）绝缘喷口完全双吹式；
d）绝缘和导电喷口复合完全双吹式；e）导电喷口完全双吹式[12]

压气式断路器中——实际上在所有的高压断路器中——都装有两套触头系统以使触头的两种功能分开，这可以从图 7.14a 中看到：

- 承载额定电流的功能由主触头承担；
- 耐受电弧的功能由弧触头承担。

电流由主触头流过，主触头位于喷口外侧。在这个位置主触头能够获得更好的冷却效果，并且容易实现较大的通流截面，以承载较大的额定电流。

只有在额定电流较小的情况下，才把主触头和弧触头都放置在喷口内，如图 7.14b 所示。

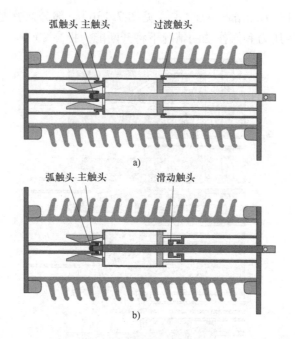

图 7.14　压气式 SF_6 断路器的触头：a）主触头在喷口外部；b）主触头在喷口内部

在合闸位置，电流从上接线端子流到静主触头，再到动主触头，并通过导电杆及梅花触头流到下接线端子。

压气缸、动主触头、喷口和动弧触头与导电杆一起运动，并通过装在绝缘支撑座内的绝缘拉杆与操动机构连在一起。在分闸时，主触头首先分开。电流流经弧触头，同时在压气缸内建立起高气压。

在合闸操作中，弧触头首先闭合，其后主触头闭合。弧触头在发生预击穿后导通预击穿电流，直到主触头接触为止。当触头达到完全闭合位置，压气缸被冷气体重新充满，准备进行下一次分闸操作。

在灭弧室的上部有一个过滤器，里面装有吸附剂（活性氧化铝的分子筛），以吸收水分和大部分 SF_6 燃弧分解物，特别是硫化氢（见 6.4.3 节）。这个过程很快并且很有效，因而 SF_6 分解物产生的腐蚀是很小的。

灭弧室还有防爆片，在预定的压力下会打开。

压气式断路器的最大优点是灭弧室结构非常简单，从而保证了可靠性，并且整个设备的机械寿命长。另外，可以通过减少每极的灭弧室数量提高在高电压下的可靠性。由于 SF_6 优异的特性，使得 800kV 及以上的压气式断路器仅包含两个灭弧室（见图 7.15）。有些制造商已经开发出额定电压 550kV 的压气式断路器，每极仅有一个灭弧室。

压气式断路器的优点使其在落地罐式断路器和金属封闭式 SF_6 气体绝缘开关设

图 7.15 800kV 压气式 SF$_6$ 断路器的一极，每极有四个灭弧室，旁边是
一台 123kV 三极联动式断路器，每极有一个灭弧室（ABB 公司）

备（GIS）中得到了很好的利用，因为它极大地减小了开关设备的尺寸。

然而，压气式断路器的行程相对较长，需要操作功很大，只能由复杂的大功率操动机构提供。压气式断路器所需的操作功要比油断路器大得多。简单可靠的弹簧操动机构仅能用于短路电流小于 40kA 的情况。对于 40kA 以上的短路电流开断，则需要气动或者液压机构，这会导致断路器成本增加，而且与弹簧操动机构相比，可靠性也较差。

7.3.4 自能式 SF$_6$ 断路器

自能式断路器为单压式断路器，但原理与压气式断路器不同，其不同点在于为冷却电弧而建立气体压力的方法不同。在压气式断路器中，压缩 SF$_6$ 气体的能量来自于操动机构，而自能式断路器主要通过电弧释放的热能加热气体以增加气体压力。自能式的名字来自于将第一台自能式断路器引入市场的制造商。其他的制造商使用了不同的名字：自压式、自动膨胀式、电弧辅助式、热辅助式、自动压气式等，它们的原理相同。

在所有的气体断路器中，电弧的热能都会在灭弧室内增加气体压力。

实际运行经验表明，断路器由于开断能力不够而失效的情况很少。断路器主要的失效原因是机械方面的（见 12.1.3 节）。开关设备制造商致力于开发简单而可靠的操动机构。为了达到这个目的，断路器开发的工作重点在于减小操动机构在分闸操作时的阻力。这一思路引导开关设备的开发向自能开断的方向发展。如图 7.10 所示，断路器操动机构的操作功已经得到显著降低。自能式开断技术代表了高压断路器发展的一个里程碑。

自能式开断的灭弧室非常简单，如图 7.16 所示。触头装在一个封闭的灭弧室中，如图 7.16a 所示。触头分离后，电弧在一个封闭的空间燃烧一段时间，电弧迅速释放热能，造成灭弧室内压力瞬间上升，如图 7.16b 所示。当弧触头移出喷口时，形成强烈的气吹来冷却电弧，如图 7.16c 所示。

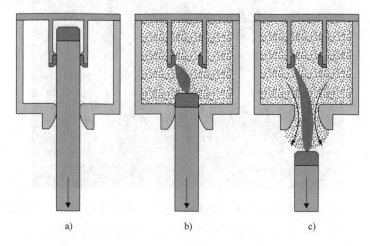

图 7.16　自能式 SF_6 断路器的基本原理：a）合闸位置；b）封闭电弧；c）电弧的气吹和熄灭

然而这种开断方式不能实现全电流分断。这种开断方式在开断小电流时可能存在问题，因为小电流的电弧能量不足以产生足够高的气体压力以有效吹弧。因而，在过去 20 年间发展了自能式和压气式相结合的断路器。

相对较低的气吹压力可以开断大约 30% 的额定短路电流，此时所需能量来自操动机构。对于更大的电流，电弧自身产生的能量可产生足够的压力来有效冷却电弧。

还有其他方法减轻电弧产生的压力对操动机构产生影响，例如配过压阀的自能式双气室灭弧室。过压阀能够防止触头系统减慢或者停止运动。图 7.17 是使用这一原理的自能式灭弧室示例。

在开断小电流时（几千安以下），该灭弧室与传统压气式断路器的工作方式类似。SF_6 气体在压气室 V_2 中压缩，压缩的气体通过固定容积的热膨胀室 V_1 和喷口喉部沿电弧轴向流动，如图 7.17b 所示。这种情况下热膨胀室的压力不高，不足以用来关闭过压阀 7，过压阀处于打开状态，热膨胀室和压气室连通构成一个压气室。

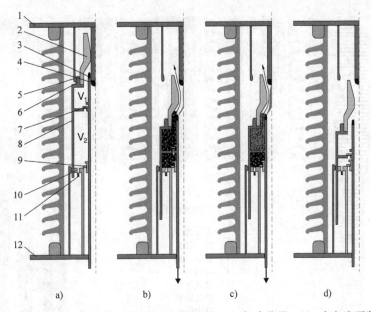

图 7.17　配过压阀的 SF_6 自能式双室灭弧室：a）闭合位置；b）小电流开断；

c）大电流开断；d）打开位置

V_1—热膨胀室　V_2—压气室　1—上接线端子　2—喷口

3—动弧触头　4—静弧触头　5—静主触头　6—动主触头　7—过压阀

8—压气缸　9—回气阀　10—活塞　11—过压阀　12—下接线端子

　　在开断更大的短路电流时，电弧产生的热能在热膨胀室 V_1 中积累，由于气体温度上升，同时在压气室和静止活塞之间的气体被压缩，造成热膨胀室 V_1 的压力上升。压力升高到一定程度时使得过压阀 7 关闭。开断所需的所有 SF_6 气体均在热膨胀室 V_1 内，热膨胀室内的气体压力上升仅仅由于电弧加热造成（见图 7.17c）。几乎与此同时，在压气室内的气体压力达到一定值，足够打开过压阀 7。因为压气室内的气体通过过压阀得以释放，所以操动机构不需要额外的操作功来压缩 SF_6 气体吹拂电弧，因而能保持必要的触头速度以承受电流开断后的恢复电压。

　　随着喷口喉部打开，加上电流瞬时值降低、电弧直径减小，热膨胀室和周围空间的气体压力差形成了通过喷口沿着电弧吹拂的气流，在电流过零时电弧熄灭。

　　在合闸时，回气阀打开，SF_6 气体被吸入热膨胀室和压气室。

　　这种类型的自能式灭弧室在相同的开断能力下，所需的操作功比传统的压气式灭弧室低 50%~70%。

　　图 7.18 所示为另一种高压断路器灭弧室设计。它也使用了自能式和压气式相结合的方法[13]。这种灭弧室在传统的压气式灭弧室基础上进行了改进，在静触头支撑座上添加了一个辅助活塞。

　　在分闸过程中，当触头刚刚分离、封闭电弧出现几毫秒时，电弧的热效应就使

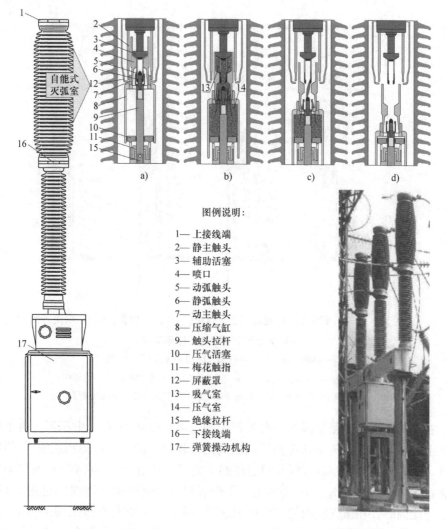

图例说明:

1— 上接线端
2— 静主触头
3— 辅助活塞
4— 喷口
5— 动弧触头
6— 静弧触头
7— 动主触头
8— 压缩气缸
9— 触头拉杆
10— 压气活塞
11— 梅花触指
12— 屏蔽罩
13— 吸气室
14— 压气室
15— 绝缘拉杆
16— 下接线端
17— 弹簧操动机构

图 7.18 145kV SF$_6$ 断路器,采用自能式和压气式相结合的熄弧原理及弹簧操动机构:

a) 合闸位置;b) 封闭电弧;c) 电弧熄灭过程;d) 分闸位置

得压缩气缸和辅助活塞之间的 SF$_6$ 气体压力上升。在开断较大电流时,电弧的热效应起主要作用,引起上述封闭容积内 SF$_6$ 气体压力的明显上升。

由辅助活塞导致的压力增加所产生的力与操动机构驱动力方向一致,帮助操动机构实现分闸操作。吸气室的压力上升可以部分甚至全部补偿压气室的压力上升。因此,这种灭弧室同样利用了自压缩原理。在辅助活塞离开喷口的瞬间,一股强烈的气流会冷却电弧,这个气流是由压气室内电弧加热导致的能量增加和弹簧操动机构的能量共同驱动的。从这一时刻直到触头行程结束,这种灭弧室与传统的压气式灭弧室没有差别。在电流零点,电弧熄灭、电流被开断。

在开断小电流时,由压气活塞的压气效应和辅助活塞的吸气效应共同驱动流过

喷口的 SF_6 气体。

在触头分开后的几毫秒内吸气室和压气室共同组成一个室，它是一个封闭的空间并且尺寸在不断减小。这意味着这个室具有相对高的压力，这有利于降低开断容性电流时的重击穿概率。

从机械结构的角度看，实际上这种灭弧室的结构与传统压气式结构一样简单。将自能式、自补偿式和压气式灭弧室与低操作功的弹簧操动机构相结合，可以使操动机构非常可靠。

所有上述设计都属于单动式灭弧室家族，这是最简单的设计，只有一组动弧触头和动主触头。

7.3.5 双动原理

对于更高的电压等级，灭弧室必须具有更长的触头间隙和更快的分闸速度。增加触头速度需要更多的动能，因为运动物体的动能与质量和速度的二次方成正比。

因此，最高电压等级的断路器需要大操作功的操动机构。包含了自能式、自补偿式和压气式熄弧原理的单动灭弧室可以通过双动原理进一步优化，该原理引入了两个反向运动的弧触头。

图 7.19 所示为双动式断路器的灭弧室。灭弧室上部的触头可动，触头通过连杆与喷口相连，这样下部的触头和上部的触头能够向相反方向运动。用这种方法，操动机构所需的速度可以下降，因为有效触头速度是上下两个触头间的相对速度。即使每个触头的速度为相对速度的一半，总速度仍然等于 100% 单动设计的速度。

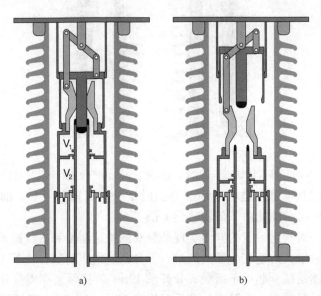

图 7.19 触头双动式 SF_6 灭弧室：a）合闸位置；b）分闸位置

V_1—热膨胀室 V_2—压气室

假定运动部件的质量相同，所需动能会下降 4 倍。当然实际情况不会这样，因为更高的额定电压要求的绝缘距离更远，运动质量也会增加。总操作功还包括压缩气体所需能量，这个能量对单动结构与双动结构的压气室的要求是相同的，因为自能原理也可以与双动技术相结合。

还有一种设计可以使上部的屏蔽罩运动，以此优化电场分布以达到更好的绝缘特性。如果屏蔽罩与上部触头的速度不同，那么这种设计称作三动原理。

采用这种原理能够减少操作功、降低运动负荷，因此对于提高操动机构和断路器的可靠性有积极作用。然而，双动灭弧室比单动灭弧室复杂，因此双动灭弧室的可靠性会降低。

7.3.6 倍速原理

双动原理的一个可能的替代方案是双倍触头速度灭弧室，如图 7.20 所示。

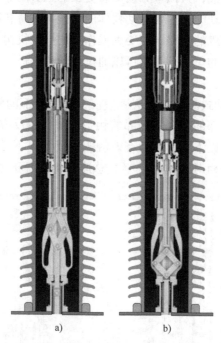

图 7.20　具有倍速触头的 SF_6 灭弧室：a）合闸位置；b）分闸位置

倍速原理的基本思想是将运动部分的质量分作两部分——上部质量和下部质量——临时将一部分动能由下部转移到上部。

可以使用一对特定形状的导向实现动触头的稳定驱动和直线运动。同时，由导向的形状控制动触头的速度。导向的第一部分是直线平行的，使其上下两侧的速度相同。导向的曲线部分起始于弧触头分开前 12mm。其后上部质量开始加速，同时运动链的下部质量减速。在触头分开后只维持 10ms 的加速。随后导向再次变为直线平行的，上下两侧速度再次相同。余下的触头行程与没有倍速机构时相同。

倍速触头或者双动触头结合自能式、自补偿式和压气式原理，可以明显减少分闸操作功。与第一代压气式断路器相比，这种结合能够将操作功减少约一个数量级。这很好地体现了自 1970 年以来高压 SF_6 断路器的发展进步。

另外，自能式原理还减少了熄弧所需的 SF_6 气体总量，从而将灭弧室的总体积减少 40%[2]。这对经济和环境而言都很重要。

7.3.7　旋弧式 SF_6 断路器

几乎所有的 SF_6 断路器都是强迫 SF_6 气体沿着电弧轴向流动以冷却电弧。然而，在利用磁场旋弧的 SF_6 断路器中，电弧以旋转的方式在静止的 SF_6 气体中运动。电弧的旋转由电流产生的洛仑兹力来实现。其效果与压气原理相同：只要开断电流产生的磁场足够强，就可以实现对电弧的有效冷却和电流开断。

磁场旋弧式原理很大的优点在于触头间隙短、操作力小、操动机构的操作功低。因此，旋弧式 SF_6 断路器与压气式断路器相比价格便宜、结构紧凑。电弧旋转还有一个优点是通过强迫弧根运动，可以减轻触头烧蚀。然而到目前为止旋弧式断路器在高压领域还未像其他熄弧技术那样成熟。在大多数情况下，需要辅助采用压气方式以增强小电流的开断能力。

参 考 文 献

[1] Wilkins, R. and Cretin, E.A. (1930) *High Voltage Oil Circuit Breakers*, McGraw Hill.

[2] Dufournet, D. (2009) Circuit breakers go high voltage. *IEEE Power Energy Mag.*, 34–40.

[3] Janssen, A.L.J., van Riet, M., Smeets, R.P.P. *et al.* (2014) Life Extension of Well-Performing Air-Blast HV and MV Circuit-Breakers. CIGRE Conference, paper A3-205.

[4] Lingal, H.J. (1953) An investigation on the arc quenching behaviour of sulfur hexafluoride. *AIEE Trans.*, **772**, 242–246.

[5] Methwally, I.A. (2006) New Technological Trends in High-Voltage Power Circuit Breakers. IEEE Potentials, pp. 30–38.

[6] Yamagata, Y., Toyoda, M., Hemmi, R. *et al.* (2007) Development of 1 100 kV Gas Circuit Breakers - Background, Specifications, and Duties. IEC/CIGRE UHV Symposium, Beijing, Paper 2-4-3.

[7] Lin, J., Gu, N., Wang, X. *et al.* (2007) The Transient Characteristics of 1 100 kV Circuit Breakers. IEC/CIGRE UHV Symposium, Beijing, Paper 2-4-4.

[8] Riechert, U. and Holaus, W. (2012) Ultra high-voltage gas-insulated switchgear - a technology milestone. *Eur. Trans. Electr. Power*, **22**(1), 60–82.

[9] Brunke, J. (2003) Circuit-breakers: Past, present and future. *Electra* **208**, 14–20.

[10] ABB Publication, Live Tank Circuit Breakers - Application Guide, Edition 1.1 (2009-06).

[11] Gajić, Z. (1998) Experience with Puffer Interrupter Having Full Self-compensation of Resulting Gas Pressure Force Generated by the Electrical Arc. CIGRE Conference, Rep. 13-103, Paris.

[12] Berneryd, S. (1982) Design and Testing Principles for SF_6 Circuit Breakers, ASEA HV Apparatus, LKU 12-80 Rev. 1.

[13] Kapetanović, M. (1996) SF_6 Circuit breakers for outdoor installation 72.5 to 170 kV, 40 kA, Type SFEL. 11th CEPSI Conference, Kuala Lumpur.

第8章

真空中的电流开断

8.1 简介

自从 1890 年提出第一个真空开断技术的专利[1]，并在 20 世纪 20 年代首次被应用性实验验证以来，在真空中的电流开断就被认为是一种控制供电网络中潮流的有效办法。

早在 1926 年就进行了利用真空开关在 16kV 电压条件下开断 101A 电流的实验，如图 8.1 所示。实验结果报告如下[2]："真空开关开断实验的一个显著特点是，每一次示波记录都表明开关分闸操作时所产生的电弧在触头打开后的第一个半波结束时就熄灭了。而只有使用非常好的油开关进行开断操作才能够给出这样的结果"。

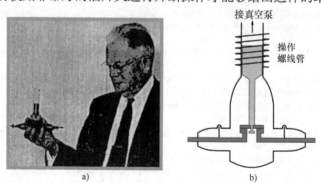

a)   b)

图 8.1   第一只真空开关的示意图及其发明者 Sorensen 博士（1926 年）

图 8.2 为发表的第一张真空中电流开断的示波图，开断电流为 101.2A，电压为 16.1kV。

真空中电流开断的基本原理基于真空在稳态条件下是一种众所周知的绝缘介质，无法提供电流传导的路径[3]。而电流开断及开断后介质恢复则是因为电弧残余物的自然扩散。这一点与其他技术不同（如气体断路器），气体断路器的设计及其性能与机械方式产生的气流紧密相关。

真空中的开断完全不同于在"经典的"熄弧介质 SF_6、空气和油中的开断，它的开断特性完全取决于从触头上由真空电弧释放出来的金属蒸气[4]。因此，有必

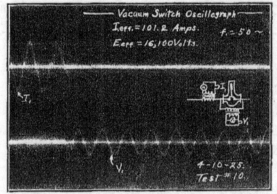

Fig. 5—Oscillogram Showing Current Opened by Vacuum Switch and Voltage Across Switch at Opening
I_{eff} = 101.2 amperes　E_{eff} = 16,100 volts　f = 50 cycles

图 8.2　发表的第一张真空中开断电流的示波图（经 IEEE 许可[2]）

要深入研究真空、真空电弧以及真空灭弧室中的触头材料。

8.2　作为开断环境的真空

真空这个词来自于拉丁文"vacuus"，意思是"空"，但是实际上没有哪个空间可以完全是"空"的。经典概念中气体压力等于零的理想真空只是一种哲学概念，并且从来没有被观察到。

在日常使用中，真空这个术语被用来描述气体稀薄的空间体积，其气体压力小于大气压。这种真空的概念对于移除一个容器中部分空气的技术是有意义的，即通过降低一定体积中的压力产生不同水平的部分真空。残留的气体压力是描述真空度的主要指标，虽然具有一定的随意性但是大体可以按下面的范围划分[4]：

低真空：$10^5 \sim 10^2$ Pa⊖；

中真空：$10^2 \sim 10^{-1}$ Pa；

高真空：$10^{-1} \sim 10^{-5}$ Pa；

超高真空：$< 10^{-5}$ Pa。

真空主要采用绝对压力来测量，压力越低表示真空度越高。当绝对压力与大气压相差大于两个数量级时，其压力差几乎保持不变。因而，完整的性能描述需要进一步的参数。其中一个最重要的参数是残余气体的平均自由程，用于描述分子在两次碰撞之间的时间内平均移动的距离。当气体密度下降时，平均自由程增加，当平均自由程大于容器约束范围时，就达到了高真空。只有高真空可以用作电弧熄灭的介质，其原因在于真空在 10^{-2} Pa 以上时介质强度会突然下降，如图 8.3 所示。图 8.3 即巴申曲线[5]，它给出了两个触头之间的击穿电压与触头距离乘以压力的函数关系。

⊖　SI（国际标准）的压力单位是帕斯卡（N/m^2），简写为帕（Pa）。巴（bar）是压力的技术单位，$1Pa = 10^{-2}$ mbar。

大气压下空气分子的自由程很短，大约是 70nm，所以分子始终处于碰撞的状态。

随着压力的下降，当自由程等于或大于容器的约束尺度时，转折点出现。在这种情况下，分子将更加频繁地与容器的器壁碰撞而非分子之间碰撞。在这个尺度范围内，气体被认为处于分子流状态，流体力学的连续性假设不再适用。这个转折点可以用无量纲的努森数（Knudsen number）⊖表示。对于一

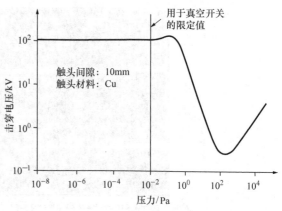

图 8.3 巴申曲线（示意图）

个圆柱管，努森数定义为气体分子的平均自由程与其半径之比。当比值小于 0.01 时，气流具有黏性；当比值大于 1 时，气流具有分子特性；而这两个界限之间被称作过渡区域。

在过渡区域内的介质强度相比黏性气体出现下降。这种现象是带电粒子的平均自由程增加的结果。施加在带电粒子上的电场力将提高其动能，导致初始的雪崩过程最终发展为介质击穿。这就是汤逊击穿机制，存在于黏性流体状态的气体。

在低气压时汤逊机制不再有效，因为在高真空状态下由于气体密度太低而不可能发生雪崩。这就是为什么气体中的击穿机理在分子流状态下不适用的原因，也导致此种状态间隙的介质击穿强度非常高。

存在多种机理导致真空中的介质发生击穿[6]。一般来说与局部等离子体的产生有关，它们有足够的密度使得发生电子雪崩。产生局部的等离子的原因有：

• 在阴极上，由于局部具有非常高的电流密度，从而引起强烈过热使得微观发射点发生爆炸（焦耳效应）；

• 在阳极上，由于高能电子流的轰击（在一定条件下它也会产生 X 射线发射）；

• 由于触头材料所吸附的或表面存在的气体释放，引起局部气体密度上升；

• 松弛粘附在真空灭弧室内各部件上的带电金属颗粒，由于受到冲击或者静电力的作用而被释放出来，撞击到吸引它们的触头上。

所有这些效应都发生在触头表面，导致击穿强度与触头电极表面相关，而不是像气体、流体和固体那样由空间过程决定。因为真空灭弧室的触头必须既承担开断功能还承担绝缘的功能（与 SF_6 断路器相比，其主触头用于绝缘，燃弧触头用于开断），所以真空触头的表面状况无法确定。

这会对真空间隙的绝缘产生如下不利影响：

• 真空介质的绝缘水平大致随触头间距离的二次方根而正比例增加（见 9.10.1 节）；

⊖ 努森数被定义为分子平均自由程长度与物体的物理特征长度的比值。

- 与高密度介质相比，真空灭弧室的绝缘水平具有一定的随机性并且分散性较大；
- 在恢复电压比之前所承受的电压值低的情况下也会发生延迟击穿，见4.2.4 节；
- 机械操作和燃弧会改变触头表面状态并产生微粒；
- 真空开关设备的绝缘水平不能保持不变，而是会随时间发生变化；
- 不能认为老练后所获得耐受电压水平可以永久保持。

因而，当介质的绝缘可靠性是基本要求时，真空不是很好的、稳定的绝缘介质，例如对于隔离开关的应用就是如此。

游离的微粒所引起的击穿能够解释实验中展示的击穿电压与触头材料机械特性之间的关系（见图 8.4a）。在电应力的作用下，机械强度弱的材料会释放出大量的金属微粒从而引起击穿。

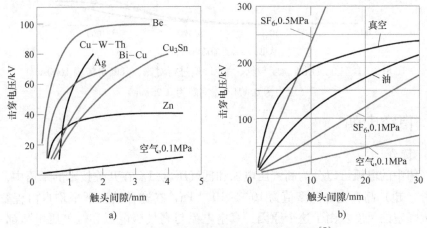

图 8.4 a）真空中各种触头材料的击穿特性[7]；

b）真空与空气、油以及 SF$_6$ 击穿电压的比较[8]

在对触头进行抛光或者在间隙上施加一定时间的高电压后，高真空中触头间隙的耐受电压会显著提升。如果施加的参数得当，这个老练过程会在很大程度上改善触头的表面状况。但是，在开关装置中，老练只能在开关设备安装之前进行，而不能在运行过程中进行。这是因为开关电弧会不断地改变触头的微观几何形状和结构。

高真空中的击穿特性不服从巴申定律。高真空中的介质强度在触头间距达到几厘米时都高于目前所使用的其他灭弧介质（见图 8.4b）。很明显在直到 150kV 电压范围真空都占据优势地位。然而，对于更大的开距，真空中击穿电压特性曲线不再保持线性，击穿电压也不再随着触头开距增加而明显增长。因此，真空断路器在输电电压等级应用中遭遇的主要挑战是其电介质特性（9.10 节）。

在真空中燃弧后的介质强度恢复时间极短。这是因为等离子残余物和金属蒸气向触头和金属屏蔽罩扩散并吸附的过程既迅速又有效，很快地将开关间隙的载流子及中性粒子清除，其恢复速度要大大超过大气压下的氢、氮和SF$_6$。图8.5说明了真空中触头开距为6.25 mm时，开断1600A电流后介质强度快速恢复的过程。

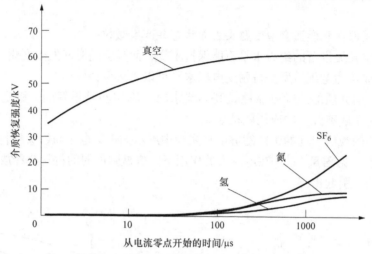

图8.5　真空介质恢复速度与氢、氮和SF$_6$进行对比，开断电流为1600A[9]

（压力为0.1MPa，间隙为6.25mm）

8.3　真空电弧

8.3.1　简介

气体中的电弧可以分为高气压电弧和低气压电弧。在开关技术的术语中，真空意味着（超）高真空，典型值为$10^{-6} \sim 10^{-4}$ Pa，在这种情况下平均自由程要显著大于灭弧室的尺度。由于这个原因，真空电弧与高气压电弧和低气压电弧都不同。因为真空电弧与气体电弧的物理过程的差异如此之大，所以需要单独安排一节介绍真空电弧。

初看上去，真空电弧这个术语是矛盾的，因为电弧的弧柱中包含正离子和电子，然而根据定义它们不应该存在于绝对真空中。真空电弧合理的定义是一种仅存在于金属蒸气中的电弧，金属蒸气是由于燃弧而从触头中释放出来的。在电弧熄灭后，金属蒸气的密度快速降为零，使得灭弧室重新回到高真空状态。由于原来燃弧通道的周围是高真空，因此粒子从电极之间区域扩散得非常快，从而有助于每一台开关都具有快速介质恢复能力。

因而在熄弧方面，与气体介质相比（例如空气、汽化的油或者是SF$_6$），真空开关除了从阴极和阴极表面发射出来的材料外，不包含其他能够维持等离子体的材料。所以，与真空电弧相关的物理过程可以被认为是由金属触头表面决定而不是触头间的绝缘介质所决定。

在真空电弧中，固体阴极和电弧等离子体在阴极斑点处发生剧烈的相互作用，而我们仅部分了解此物理过程。这些阴极斑点位于固体触头和电弧等离子体的界面区域，具有很小的尺寸（几十微米）和很高的电流密度（对稳态的电弧阴极斑点而言数量级为 $10^{12} \mathrm{A \ m}^{-2[10]}$）。阴极斑点区域内材料的发射维持着电弧，从而阴极斑点烧蚀阴极，保证了电流连续性。

在电流小于 10kA 时，阳极是电弧电流的被动收集者。当电流大于几千安时，真空电弧开始与阳极表面发生相互作用。这导致大量能量输入阳极，引起阳极金属的局部熔化并形成阳极斑点（见 9.1 节）。阳极斑点的尺寸要比阴极斑点大得多，也是真空开断一个主要的挑战。在电流过零时，阳极斑点与阴极斑点不同，由于其尺寸大而来不及固化，因此还会持续向触头间隙释放金属蒸气，这会减慢恢复过程。现在已有技术方案可避免产生大范围的阳极熔化，即使对于最高电流等级也有效[11]。

8.3.2　阴极鞘层和阳极鞘层

在两个触头上有一个厚度大约 10nm 的很薄的过渡区，通常被称作鞘层。

在阴极鞘层区域（见图 8.6），发射的电子被阴极表面和鞘层边缘之间的电压差所加速。在鞘层之外，电子的能量足够电离中性粒子。大部分新产生的离子受到鞘层电压降的作用加速向阴极表面运动。通常，在真空电弧中有占总离子电流大约 10% 的离子的运动方向为朝向阳极运动，与电场方向相反。离子的速度会因离子轰击阴极表面以及与蒸发出原子的碰撞而下降。

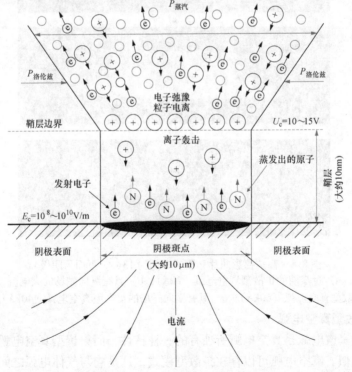

图 8.6　阴极斑点理想化几何形状和物理过程以及位于它上方的放电圆锥

阴极鞘层是通过近阴极的强电场电离金属蒸气而建立起来的，由此导致这一区域的离子密度和电场强度迅速上升。

阳极鞘层既可以是排斥电子的也可以是吸引电子的（见图8.7）。等离子体中近阳极的随机热运动的电子会形成流入阳极的电流，而如果此电流超过外部电源所需要的电流时，阳极鞘层对电子是排斥的（负阳极压降）。这种状态也可能反转，当电弧携带

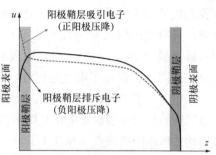

图8.7　触头间隙内沿着真空电弧的电压分布

足够大的电流而等离子体密度却足够低时，形成的阳极鞘层是吸引电子的（正阳极压降）。与负压降阳极鞘层不同，正压降阳极鞘层不稳定，它的不稳定性会引起鞘层电压降出现大幅度的快速上升，而从外部可以观察到电弧电压出现毛刺。

真空电弧主要有两种模式：扩散型和集聚型（见图8.8）。

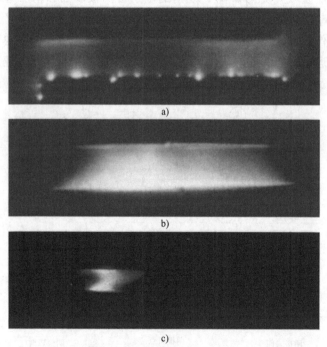

图8.8　高速摄影照片（曝光时间为$13\mu s$，下面为阴极）：
a）过零前的扩散型真空电弧（2kA）；b）具有纵向磁场的大电流扩散型真空电弧（60kA）；c）具有横向磁场的集聚型真空电弧（40kA）[12]

8.3.3　扩散型真空电弧

扩散型真空电弧是真空电弧所独有的一种特性，而集聚型真空电弧则与气体电弧的表现类似。真空电弧可以存在扩散型模式，这是它与气体电弧之间最显著和最基本的差别。

扩散型真空电弧的特点是存在大量快速运动的发射中心，即阴极斑点，它们彼此独立，每个阴极斑点所承载电流在 30～100A 之间。一般来说，从每个阴极斑点所发射的粒子（离子、电子和蒸气原子）与相邻阴极斑点发射的粒子没有相互作用。在这种情况下，扩散型真空电弧由大量彼此平行、独立运动的电弧组成。尽管载有相互平行的电流，这些阴极斑点电弧却相互排斥，使得扩散型电弧趋于全部占据可能的阴极表面。它们还与外部磁场发生相互作用，但作用方向与安培定律确定的方向相反：这称作反向运动，至今还没有从物理上得到充分理解。

在电流达到一定值之后，独立的电弧通道开始相互吸引和作用，形成单一的等离子体通道：集聚型电弧。

小电流真空电弧（小于几千安）以扩散模式存在，而大电流真空电弧如果没有外部磁场的作用，其特性表现为集聚型电弧。由扩散型电弧转变为集聚型电弧的临界电流值随电极的形状、尺寸和材料而变化，还与电弧电流的变化率有关。开断电流时扩散型真空电弧要比集聚型容易开断得多。

在所有的真空灭弧室中，电弧都是因为触头在分断电流时形成的。在触头分开的瞬间，特别是当电流通路只剩下最后一个接触桥时，电流密度变得非常大，使得触头之间形成的金属桥熔化。如果触头继续分离，这个液态金属桥将被电弧电流加热并且变得不稳定。液态金属桥的爆炸导致了金属蒸气电弧的出现。这个电弧将处于扩散或者集聚模式，并且很有可能从一种模式转化为另一种模式，一直维持到电流过零。

使用现代光学方法发现，阴极斑点直径的典型值为几十微米[13]（见图 8.9 中的示例）。

阴极斑点的寿命在微秒和亚微秒范围内，并且在阴极表面随机运动，不断地产生新的发射点。

即使通过时间分辨率相对低的方法观察，也揭示了阴极斑点的运动。触头表面污染物会强烈影响阴极斑点的运动以及电流密度。从而，在氧化层覆盖的金属表面可观察到快速移动的阴极斑点，每个阴极斑点载流 1～10A，直径为几微米，称作 1 型阴极斑点，这类阴极斑点的移动速度范围为 $100～1000ms^{-1}$[14]。2 型阴极斑点（例如在真空灭弧室的清洁表面上）一般移动要慢得多，同时载有更大的电流。

目前，对于阴极斑点的物理过程还远未被揭示。取决于阴极材料发射过程，有两种阴极斑点模型被提出：阴极材料的蒸发模型和爆炸模型。

第一种模型基于阴极斑点处触头材料的蒸发。阴极斑点的高温是由于高电流密度（$>10^{12} A\ m^{-2}$）[10]造成焦耳发热以及从阴极上面的电离区中轰击阴极的离子流的能量共同造成的。这个模型还假设斑点前出现正鞘层，将形成很高的电场强度（$10^{10} V\ m^{-1}$数量级），降低了逸出功并显著放大了阴极的电子发射。

根据第二种模型，一个阴极斑点过程是由于反复的爆炸和短时发射行为构成的。产生等离子体的爆炸是因为阴极微凸起处强烈的焦耳发热形成了发射中心。理

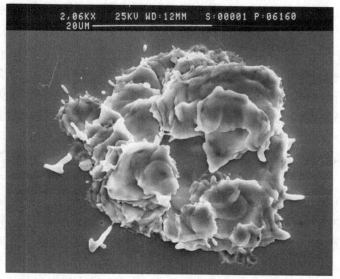

图 8.9　阴极表面由 43A 电流在 100ns 内产生的阴极斑点残坑

论假设阴极材料的发射以微凸起的爆炸产生等离子体的方式进行。发射中心的寿命有限，不能够维持稳定的阴极斑点。爆炸发射的概念解释了非稳定的阴极斑点中等离子体的产生。

　　无论阴极材料的发射机制如何，在宏观层面上阴极斑点是低密度、准中性的等离子体的来源。这种等离子体是由电子和离子组成的，通常离子是二价的[15]。这种等离子体的一个特点是离子的高速度，其能量要高于由电弧电压推算出的值。这些由阴极斑点喷射出来的离子可以抵达阳极，并形成与电子电流方向相反的离子电流。由于离子的速度很快，因此从阴极斑点产生的离子穿过触头间隙的时间很短（典型值 <1μs）。这样在电流过零时，当最后一个阴极斑点停止作用后，阴极斑点产生的等离子体消失得非常迅速。

　　阴极斑点周围的触头区域是中性金属蒸气的来源，金属蒸气在阴极前被直接电离，并以扩散的方式从阴极向阳极传输。它们大致上为圆锥形，锥体的顶点在阴极斑点处，如图 8.10 所示。有一个与电磁力相反的效应形成了锥形，电磁力趋于使电弧的电流线收缩（箍缩力），而金属蒸气的压力趋于使等离子体扩散。

　　在真空中开断通常第一次电流过零时电弧就能够有效地熄灭，这是由于电弧处于扩散模式，阳极仍保持温度较低。在电流过零极性翻转后燃弧时的阳极变为阴极，这样就不容易发射维持电弧电流所需的电子和离子这些载流电荷。从而，在第一次电流过零瞬间电弧就完全熄灭。真空几乎立即重新获得绝缘能力，并能够承受暂态恢复电压。

　　在扩散模式中，不存在传统的电弧弧柱，触头的烧蚀极小（每库仑几十微克[16]）。

理想情况下，稳定的扩散型真空电弧将在触头间维持，直到电流自然过零点。然而在实际情况下，幅值为 2 ~ 10A 的电流还未到达电流零点时就被开断了，具体值与触头材料有关。电弧无法承载电流逐步到零点的现象称作电流截流（见 4.3.1.2 节）。这种现象可能导致过

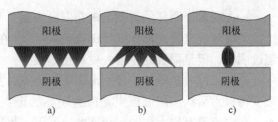

图 8.10　真空电弧的基本模式：a）扩散型模式；b）电弧在阳极收缩；c）集聚型电弧模式

电压，幅值大致与截流值成正比。过电压是由仍然存储在电感中的磁场能量引起的，在开断像堵转的或起动中的电动机以及空载变压器等感性负载时问题会较为突出。

在小电流扩散型真空电弧中不存在弧柱，这表明电流截流现象与阴极斑点的动态特性以及电弧的不稳定性有关，电弧的不稳定是阳极鞘层中缺乏离子的表现。这种离子缺乏现象可能是因为在不断产生阴极斑点熔坑的过程中有不成功的爆炸发射，由此导致由阴极斑点进入等离子体的离子质量流不连续而形成的。在小电流时，这种不稳定性现象大量发生。电流的进一步减小将导致出现电弧不稳定现象的可能性显著提高。出现不稳定性现象后，电路中电流依然按照预期值减小，这意味着电流继续减小时电弧出现不稳定性概率的提高。如果出现持续的不稳定性现象，并且电流在进一步下降，将导致电弧出现不稳定的可能性更高[17,18]。

这种电流阶梯式下降的现象可经常观察到，特别是在电弧熄灭的最后几微秒，电流通常分为若干步达到零点[19]。

电流不稳定现象即截流现象在很大程度上取决于阴极材料。能够保证小截流值的触头材料熔点较低，蒸汽压较高，通常也不耐烧蚀。因此，触头材料要求有小的截流值和大的开断能力是相互矛盾的。因而必须要非常仔细地选择触头材料的组分，以便发现最优结果以满足实际应用中的需要。目前大多采用 CuCr 触头材料用于真空断路器，AgWC 触头材料用于真空接触器。采用这些材料已将截流值降到了可以接受的值，大致与 SF_6 断路器相当。

8.3.4　集聚型真空电弧

图 8.10a 给出了扩散型真空电弧的示意图。在扩散型模式下，只有阴极活跃，而阳极是阴极等离子体射流的被动接收者。在这种放电模式下，阳极是不发光的。当真空电弧的电流增加到超过几千安时，阳极在真空电弧中开始扮演活跃角色。首先，触头间等离子体由于自身磁场的箍缩作用在阳极侧发生一定程度的集聚（见图 8.10b）。随着电弧电流进一步增加，将会发生如下一些变化：

1）电弧电压增加，并且出现较大噪声分量；

2）阳极电压降开始变为正值；

3）阳极离子密度增加。

一个或多个明亮的斑点出现在阳极表面，并伴随着阳极的局部熔化。这是一种过渡的电流放电模式称作点状斑点模式[20]。在这种模式下，阳极材料的烧蚀可能超过阴极，但是阳极的净损失材料还是很少。

当电流进一步增加，开始出现阳极斑点，其温度接近阳极材料的沸点，并且阳极变得极为活跃。阳极斑点是极为明亮的斑点，并且是金属蒸气和离子的充足来源。在电流没有增大到一定程度的情况下，可以观察到几个小的阳极斑点而非一个大的斑点。电流进一步增大会导致这些小斑点融合成为一个大的阴极斑点。在阳极斑点模式下，阳极烧蚀非常明显。

最后，一个清晰的弧柱将阳极斑点和阴极连接起来（见图8.10c）。在这种模式下阴极斑点倾向于在弧柱的阴极端集聚。这种电弧模式被称作集聚型真空电弧。

当需要供给阳极的电流大于等离子体中的热运动电子流时，真空电弧就转换到集聚型模式。电弧电流超过热运动电流时，必须建立起正阳极电压。这个临界转换电流值受触头间隙几何形状、阴极材料以及阳极材料的强烈影响。触头的直径与开距比值大时，临界电流值大。高蒸气压并且易于电离的阴极材料的临界电流值也大。难熔并且热导率高的阳极材料的临界电流值也比较大。

集聚型真空电弧电弧电压和电弧能量大，阳极和阴极发生严重烧蚀，并且触头间等离子体的温度和密度都比较高。当电弧进入集聚型模式时，能量散失的电极面积小，会引起局部过热和明显汽化。因而，如果集聚型真空电弧不在触头表面移动，那么触头表面会局部过热和发射金属蒸气（甚至在电流过零点之后），这样电弧在电流零点被熄灭的能力将大为降低。产生新的发射点的可能性增大，同时由于金属蒸气密度高，介质强度也会降低。

8.3.5　磁场控制的真空电弧

8.3.5.1　概述

真空电弧无法采用机械方法冷却，唯一的可能的控制方法是通过磁场与电弧的相互作用来实现。这个磁场可以通过改变触头的几何形状以产生合适的电流通路的方法来实现。通过改进触头几何结构引入磁场相互作用以提高大电流开断能力的方法非常有效。

采用两种不同的原理可以避免在开断大电流时真空电弧的收缩：

● 横向磁场（RMF，也称作TMF）原理，集聚型真空电弧由自身产生的径向磁场驱动，沿触头表面外侧圆周快速旋转；

● 纵向磁场（AMF）原理，由触头自身产生的纵向磁场，真空电弧维持在扩散模式。

横向磁场和纵向磁场均是通过设计特殊的电流路径来产生，由触头片下面的线圈结构或者触头自身来提供。

8.3.5.2　横向磁场原理

集聚型真空电弧可以被看作是一个导体，电流通过电弧且流动方向与触头轴线平行。如果一个径向的磁场加在这个导体上，所产生的电磁力（洛伦兹力）将使得电弧在触头表面旋转。

　　螺旋槽触头（见图 8.11）可以实现这样的效果。这种触头产生横向磁场，在真空电弧上形成沿切向的电磁力。收缩的电弧在触头表面上旋转，速度可以高达 $400ms^{-1}$[21]。集聚型真空电弧因为必须产生载流子使其速度受到限制。因为集聚型真空电弧的行为与高气压电弧相似，所以金属蒸气压力可以接近大气压力。其结果是局部阳极的表面温度接近于触头材料的沸点。速度的上限可由电弧加热触头表面以获得足够的金属蒸气密度所需的时间来估计。这样的高速度确保触头的烧蚀和熔化较少，从而明显增加电流开断能力。

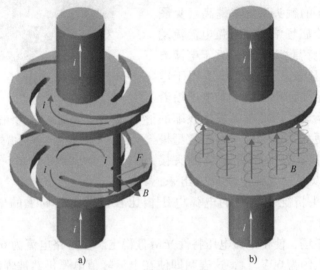

图 8.11　工作原理：a）横向磁场触头；b）纵向磁场触头
（i—电流，B—磁通密度，F—电磁力）[22]

　　螺旋槽触头的狭槽宽度的设计必须综合考虑[23]。如果狭槽宽度太大，电弧无法跨过，使得电弧运动停滞，进而造成表面过热。如果狭槽宽度过小，可能被熔化的触头材料填充从而改变电流的路径。这将导致横向磁场减弱，电弧运动停滞。

　　即使电弧在运动，旋转的真空电弧仍然保持在集聚态。所以，电弧的能量会引起触头材料产生明显的过热并熔化。弧根处的高气压将熔化的触头材料以液滴的形式喷出。这种过程也是冷却触头的一种方式。能量随喷出的材料而被带走，然后这些材料又凝结在周围的器壁上，导致较大的触头磨损。

　　横向磁场触头系统的主要优点在于它的结构简单。螺旋槽触头的另外一个优点是当触头处于闭合状态时电流可以由导杆直通，保证在流过额定电流工况时能量损耗较小。

　　横向磁场触头系统可以保证将电流开断能力提高到 50kA。要进一步提高开断能力到 63～80kA，可以使用纵向磁场触头系统。

其他控制电弧的横向磁场的方式是使用如图 8.12 所示的杯状横磁触头。在这种情况下，由于电流必须沿给定的路径流动，将以一个相对触头轴线的特定角度在触头之间产生横向磁场。这样在触头表面不存在影响电弧移动的不连续（狭槽）问题。

8.3.5.3 纵向磁场原理

真空断路器的开断能力还可以通过使用产生纵向磁场的触头系统来提高（见图 8.11b）。当一个磁场施加在电弧电流流动的方向上时，电荷载流子沿垂直于电流方向的移动会明显减少。这尤其适用于电子，因为其质量要远小于离子。电子沿着磁力线作回旋运动，因此电弧发生收缩的临界电流值将更大。电弧保持在扩散型模式，这保证了只有较小的能量被触头接收。这一点可以通过电弧电压反映出来，

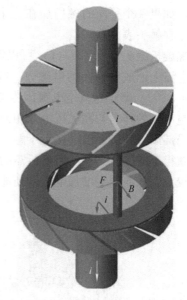

图 8.12　杯状横向磁场触头结构系统示意图，用于产生控制电弧的横向磁场[23]（施耐德电气公司）

与横向磁场触头情况下测得的电弧电压相比较，纵向磁场下的电弧电压要低得多[24]。

采用纵向磁场，使得电弧电压特性光滑且稳定。在短路电流为 63kA 时，电弧电压仍很低，大约为 60V[25]，这表明即使在电流峰值电弧仍然被强制处于扩散型模式。

与纵向磁场触头系统光滑的电弧电压所不同，横向磁场触头系统所表现的是典型的旋弧电压特性，体现了真空电弧在大电流情况下的高速移动。

图 8.13 的电弧状态图形象地示出纵向磁场下真空电弧保持在扩散型模式的时间要比横向磁场更长。例如，虚线给出了开断短路电流燃弧时间为 8ms 时，在不同电弧模式下持续的时间。

在图 8.13a 的纵向磁场触头系统情况下，真空电弧在最后一个金属桥的位置产生，在触头刚分开时刻的电弧初始阶段为集聚型。不管电流瞬时值大小，随后电弧立即从集聚型转变为扩散型。即使电流值很大，真空电弧一直保持为扩散型模式，直到电流第一次过零时被开断。

在图 8.13b 的横向磁场触头系统情况下，真空电弧首先是集聚型且稳定的电弧，随后是集聚并旋转的电弧，最后是扩散型电弧。

纵向磁场作用下的真空电弧特性使得纵向触头特别适用于开断极大的短路电流（>50kA）。纵向磁场触头使得电弧收缩的临界电流值更大；同时，电弧为扩散型，

因此电弧能量以及触头的烧蚀都明显下降。在短路电流开断范围，更加复杂的纵向磁场触头要比传统的横向磁场触头更占优势。在额定频率为 16.7Hz 的铁路电力供电系统，是另一个纵向磁场触头具有优势的领域。由于燃弧时间长，采用纵向磁场触头的真空灭弧室被安装到此类系统中，短路开断电流水平高达 31.5kA。

在更大的触头开距，例如用于更高电压的真空断路器，纵向磁场的优势就不再显著。

就电弧电压而言，纵向磁场有两种效果：阳极电压降下降，同时弧柱电压上升。这种效应使得当电流和磁感应强度处于特定组合时电弧电压达到最小值。这一点可以从图 8.14 中看到。

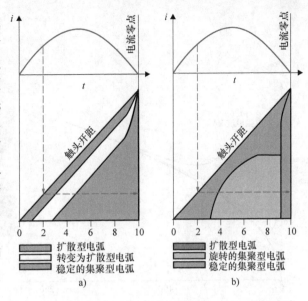

图 8.13　电弧状态图：a）纵向磁场；b）横向磁场[24]

决定纵向磁场触头结构的最主要参数是触头尺寸以及电流与磁场的相位关系。最理想的情况是所开断的大电流和它所产生的磁场之间没有相位差。然而，由于触头系统的固有损耗，这种理想状况总是无法达到。一个重要的参数是变化的磁场在触头中所产生的涡流。这个涡流既会造成相位差，也会减小纵向磁场强度。当触头表面被分成两个部分，每个部分磁感应强度方向相反时，涡流电流会较小。这是因为只有被涡流包围的面积会受影响，在此面积中只通过一个方向的磁力线。相对于传统的单极纵向磁场触头，这种触头系统被称作两极纵向磁场触头。

在许多纵向磁场触头中，纵向磁场是由位于触头背面的线圈产生的（见图 8.15）。

另一种产生纵向磁场的方式是利用 C 形马蹄铁式铁片放置在触头背面。通过适当的设计，这种方式可以产生足够的纵向磁场分量。图 8.16 所示为这种技术。这种产生纵向磁场的方法其优点在于，采用适量的铁心，使磁力线趋于通过对面的铁心形成穿过触头间隙的闭环，而不是以圆环路径闭合于同一铁心。

还有一种解决方案是强迫电流流过灭弧室外部的线圈，如图 8.17 所示。

由于在真空中没有对流，实际中唯一的散热途径是通过铜导电杆的热传导。其结果是能量损耗使得额定电流通流能力降低（见 9.8 节）。

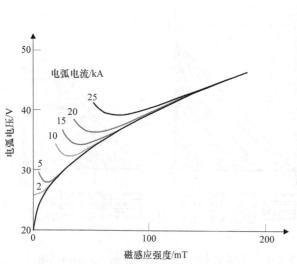

图 8.14　真空电弧电压与磁感应强度和
电弧电流之间的相关关系[26]

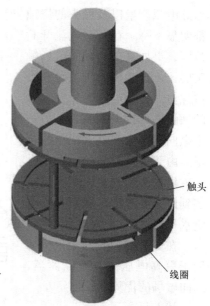

图 8.15　触头背面的线圈产生控制
电弧的纵向磁场[23]
（经施耐德电气公司授权）

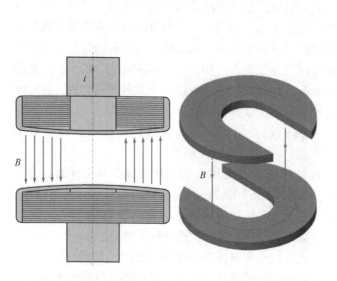

图 8.16　在触头背面的"马蹄形"铁心产生控制
电弧的纵向磁场[27]（经伊顿电气公司授权）

图 8.17　由外部线圈产生控制
电弧的纵向磁场[23]
（经施耐德电气公司授权）

参 考 文 献

[1] Enholm, O.A. (1890) Device for transforming and controlling electric current, U.S. Patent 441,542.

[2] Sorensen, R. and Mendenhall, M. (1926) Vacuum switching experiments at California Institute of Technology. *Trans. AIEE*, **45**, 1102–1105.

[3] Greenwood, A. (1994) Vacuum Switchgear, IEE, ISBN 0 85296 855 8.

[4] Slade, S. (2008) *The Vacuum Interrupter. Theory, Design and Application*, CRC Press, ISBN 13: 978-0-8493-9091-3.

[5] Kuffel, E. and Zaengl, W.S. (1984) *High-Voltage Engineering. Fundamentals*, Pergamon Press, ISBN 0-08-024212-X.

[6] Picot, P. (2000) Vacuum Switching, Cahier Technique, Schneider Electric, No. 198.

[7] Selzer, A. (1972) Vacuum interruption – a review of the vacuum arc and contact functions. *IEEE Trans. Ind. Appl.*, **8**(6), 707–722.

[8] Müller, A. (2009) *Mittelspannungstechnik, Schaltgeräte und Schaltanlagen*, Siemens AG, Ausgabe 19D2.

[9] Cobine, J.D. (1963) Research and development leading to the high-power vacuum interrupter – a historical review. *IEEE Trans. Power Ap. Syst.*, **PAS-82**, 201–217.

[10] Daalder, J.E. (1978) Cathode Erosion of Metal Vapour Arcs in Vacuum. Ph.D. Thesis, Eindhoven Univ. of Techn. Available at http://alexandria.tue.nl/extra3/proefschrift/PRF3A/7805322.pdf accessed 4 April 2014.

[11] Boxman, R.L., Goldsmith, S. and Greenwood, A. (1997) Twenty-five years of progress in vacuum arc research and utilization. *IEEE Trans. Plasma Sci.*, **25**(6), 1174–1186.

[12] Schramm, H.H. (2003) Introduction to High-Voltage Circuit-Breakers. CIGRE SC A3 Tutorial.

[13] Daalder, J.E. (1981) Cathode spots and vacuum arcs. *Physica C*, **104**(1–2), 91–106.

[14] Rakhovsky, V.I. (1987) State of the art of physical models of vacuum arc cathode spots. *IEEE Trans. Plasma Sci.*, **PS-15** (5), 481–487.

[15] Davis, W.D. and Miller, H.C. (1969) Analysis of the electrode products emitted by dc arcs in a vacuum ambient. *J. Appl. Phys.*, **40**, 2212–2221.

[16] Daalder, J.E. (1976) Components of cathode erosion in vacuum arcs. *J. Phys. D: Appl. Phys.*, **9**(16), 2379.

[17] Smeets, R.P.P. (1989) The origin of current chopping in vacuum arcs. *IEEE Trans. Plasma Sci.*, **17**(2), 303–310.

[18] Smeets, R.P.P. (1987) Low Current Behaviour and Current Chopping of Vacuum Arcs. Ph.D. Thesis, Eindhoven Univ. of Techn. Available at http://alexandria.tue.nl/extra3/proefschrift/PRF5A/8704511.pdf accessed 4 April 2014.

[19] Smeets, R.P.P., Kaneko, E. and Ohshima, I. (1992) Experimental characterization of arc instabilities and their effect on current chopping in low-surge vacuum interrupters. *IEEE Trans. Plasma Sci.*, **20**(4), 439–445.

[20] Miller, H.C. (1983) Discharge modes at the anode of a vacuum arc. *IEEE Trans. Plasma Sci.*, **PS-11**(3), 122–127.

[21] Dullni, E. (1989) Motion of high-current vacuum arcs on spiral–type contacts. *IEEE Trans. Plasma Sci.*, **17**(6), 875–879.

[22] Fink, H., Heimbach, M. and Shang, W. (2000) Vacuum Interrupters with Axial Magnetic Field Contacts. ABB Techn. Rev. No. 1.

[23] Picot, P. (2000) Vacuum Switching, Cahier Technique Schneider Electric No. 198.

[24] Fink, H. (1987) Vakuumschalter zum einsatz in mittelspannungsnetzen, *Vakuum-Technik*, **36**(4), 118–125.

[25] Fink, H., Gentsch, D., Heimbach, M. *et al.* (1998) New Developments of Vacuum Interrupters Based on RMF and AMF Technologies. IEEE 18th Int. Symp. on Disch. and Elec. Insul. in Vac., Eindhoven.

[26] CIGRE Working Group 13.01 (1998) State of the art of circuit-breaker modelling. CIGRE Technical Brochure 135.

[27] Eaton Co., Insulating and Switching Media in Medium Voltage Distribution and Medium Voltage Motor Control. White Paper IA08324006E.

第9章

真空断路器

9.1 真空灭弧室的基本特性

与其他类型的断路器相比，真空断路器的机械结构最为简单。其基本构成就是装在真空泡中的固定触头和运动触头。当触头分离时，从阴极（负极性触头）释放出来的电离的金属蒸气提供了燃弧介质。这一点与气体或油灭弧室不同，其电离气体由触头间的灭弧介质所提供。当电流到达零点，真空电弧中停止电离和蒸气凝结的速度非常快，保证了电流的有效开断，事实上这个过程与暂态恢复电压（TRV）的上升率无关，见8.2节。

第一个严格的真空中的开断试验是在1926年进行的（见8.1节），在此之后开关的设计者们都被真空灭弧室的巨大优越性所吸引。

真空开关虽然概念很简单，但因为缺乏相应的支撑技术，它的开发所需的时间和研究则要远多于其他开关装置[1-3]。

第一个问题就是需要制造出含气量极低的触头材料，也称作不含气触头。进行除气是为了防止材料中的气体释放出来后使得真空度劣化。这些气体积累到一定程度时会在燃弧过程中影响真空度。

另一个问题是缺乏适当的技术，将陶瓷或玻璃外壳与金属部件进行封接，即陶瓷金属封接技术，使得所封接的灭弧室在20～30年寿命期内保持高真空度。早期的真空灭弧室还有一个弱点是它们使用纯铜或者难熔金属如钨或者钼作为触头材料，以捕获燃弧期间释放的气体，导致出现电流截流并引起严重的过电压。除此之外，还有一个难以克服的困难，真空中高度清洁的触头表面会在正常接触压力和无负载的情况下产生严重的冷焊。

除了机械方面十分简单之外，真空灭弧室没有气体或者液体，不会燃烧，没有喷射的火焰或者灼热气体。由于气体分子之间没有非弹性碰撞，真空电弧开断在电流零点后具有最快的介质强度恢复速度。这意味着不存在类似于气体中的雪崩效应引发介质击穿。

由于真空中的触头间隙小，电弧长度短，电弧电压低，因此释放的电弧能量大约是SF_6电弧的1/10，甚至比在油中的电弧能量还小。低电弧能量使得触头的烧蚀最轻。操作真空开关所需的机械能相对比较小，这使得采用简单、可靠、安静的弹簧操作机构成为可能。

真空开关所具有的优点是克服技术困难的动力。在20世纪50年代末，经过长时间的研发，真空断路器产品开始出现在实际应用中。随着等离子体物理方面的进步，以及触头冶金技术和陶瓷封接技术的发展，提供了制造真空灭弧室所需的解决方案，使得真空灭弧成为现实。最终，在1962年，通用电气公司第一个将商业真空断路器引入市场，从此真空断路器成为中压等级电网中电流开断的稳定、可靠的选择。

真空断路器的基本部件是真空灭弧室，也称作真空泡。灭弧室是由陶瓷和金属部件封接组成的真空密封容器，并且通过排气达到高真空，其内部的压力低于10^{-2}Pa。在灭弧室内部装有一对触头。触头的分开是通过拉动一个连接金属波纹管的可动触头实现的，这是因为任何密封圈都无法保证气密性以维持所需的真空度。电弧由触头表面释放的金属蒸气维持，并且随着触头的打开而被拉长。当电流过零后电弧熄灭，随后金属蒸气凝结在固体表面。

如8.3.5节所述，真空灭弧室的介质恢复特性受到阳极斑点的强烈影响，这与材料的类型和组分有关。阳极斑点是尺寸相对较大的熔化金属"池"，在电流接近峰值时产生。如果它们尺寸太大并且在电流过零点时没有固化，就会持续蒸发出金属蒸气并削弱介质恢复。因而，在触头系统中需要设计电弧控制装置（见8.3.5节）以防止阳极斑点的形成。同样重要的是在开断过程尽量减小触头上的能量输入和能量密度。为了实现这个目的，电弧应当保持扩散，以尽量减小每平方毫米所输入的能量，或者强迫电弧在触头边缘进行圆周运动。

由于没有机械的方法来控制真空电弧，唯一影响等离子体的方法是利用它们与磁场之间的相互作用。有许多种解决方案可实现这个目的，但是最实用的两种方法是：

- 电弧电流与它所产生的横向磁场之间的相互作用（见8.3.5.2节）；
- 采用由线圈产生的纵向磁场（见8.3.5.3节），线圈既可以是灭弧室内触头系统的组成部分，也可以安装在灭弧室外部。

真空灭弧室的开断能力还与触头的表面积有关。较大面积的触头结合纵向磁场具有很好的开断大电流的能力[4]。额定电流也与触头表面积有关。故触头面积应该足够大以吸收电弧能量而不致变得过热，并且在闭合位置可以提供足够的接触面积及接触点，使得通过额定电流时所产生的能量损耗尽量小。

真空灭弧室的开断能力取决于触头开距、触头表面积以及触头与金属蒸气屏蔽罩之间的空间。

由于真空的介电强度很高，真空灭弧室的内部尺寸可以设计得很小。然而，灭弧室外部也需要保证足够的介电强度。从而，很大程度上外部介电强度决定了灭弧室绝缘部件的长度。一些灭弧室特别设计为放置在SF_6气体中，这样灭弧室的长度要比使用干燥空气进行外部绝缘的灭弧室短得多。

图 9.1 所示为两种最主要的灭弧室设计。

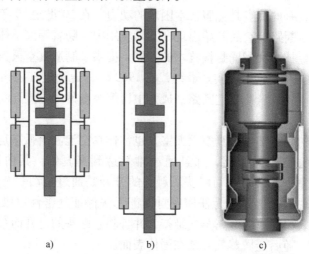

图 9.1　真空灭弧室设计，触头和屏蔽罩尺寸相同：a）灭弧室长度较短而直径较大；
b）灭弧室长度较长而直径较小；c）图 a 所示设计的真空灭弧室截面图[5]

在图 9.1a 所示设计中，触头由位于灭弧室中部的金属蒸气屏蔽罩所包围，屏蔽罩用来保护陶瓷绝缘外壳的内壁，使其不会因沉积了过多金属蒸气而具有导电性。两个端屏蔽罩防止金属蒸气从端盖板反射到瓷壳上。在大多数设计中，由于需要考虑电场应力的分布，中部屏蔽罩的电位处于悬浮状态[2]。

端屏蔽罩还起到另外一个作用：减轻陶瓷和金属交界面的电应力。这个位置称作三相交界点，即绝缘体、导体和真空的交界点。此处是沿面放电的起始点，从而导致沿面击穿。在三相交界点，尽量减小电应力可以降低击穿的可能性。

图 9.1a 所示设计的灭弧室长度稍微大于其直径，这样它的导电杆较短，使得机械和传热的设计较为简单。

图 9.1b 所示设计为另一种结构，这里真空灭弧室的直径减小，但代价是长度增加。其中部屏蔽罩成为外壳的一部分，使得绝缘外壳被分成两个相等的部分，灭弧室两端各有一段瓷壳。有一个屏蔽罩用来保护波纹管，以防护熔化的触头颗粒刺穿波纹管。

很重要的一点是中部屏蔽罩应有足够的热容量和导热性以吸收热流，使得其温度不致过高。

真空开关技术已经被证明非常适合应用于中压系统。72.5kV 和 145kV 的商业化高压灭弧室已经在市场上出现，但目前除了在日本外还没有获得广泛应用。新的高压真空断路器将会迅速在市场上出现（见 9.10 节）。

真空断路器如图 1.13 所示。

9.2　真空开关的触头材料

真空断路器能够成功应用在很大程度上取决于触头材料的特性及制备工艺。

在真空开关中应用的触头材料必须满足许多不同的要求，它们有时是相互矛盾的：

- 与真空的绝缘特性相容性好；
- 纯度高；
- 含气量低；
- 具备一定的机械强度；
- 接触电阻低；
- 电导率高；
- 热导率高；
- 不易熔焊并且熔焊后断裂力小；
- 截流水平低；
- 电弧电压低；
- 合适的热电子发射特性；
- 燃弧期间产生足够的等离子体；
- 电弧熄灭后介质强度恢复速度快；
- 燃弧产生的烧蚀轻并且均匀；
- 有足够的吸气⊖效果。

没有纯金属具有以上所有特性，能够适用于真空灭弧室中。但是复合材料或者2~3种金属的合金材料具有满足多种要求的可能性。

真空环境为触头材料提供了明显的有利因素：不存在环境气体能够通过氧化或者其他途径污染触头表面，从而可以考虑那些在气体断路器中不适宜使用的材料。清洁的触头表面还有助于接触电阻在真空开关整个寿命周期内保持稳定。但是，清洁的触头表面可以引起触头的严重冷焊。

有一个基本的问题是需求之间相互矛盾，即开断小感性电流需要低截流特性的材料同时需要耐电弧烧蚀能力强，这实际上限制了真空断路器的开断能力。这个矛盾涉及触头材料的蒸气压，即好的触头材料的蒸气压必须是：

- 足够高以维持电弧尽可能接近交流电流的过零点以减小截流电流；
- 但是不能太高，以避免电流过零后继续发射而使得电弧复燃。

用于真空的触头材料可以分作纯金属和合金。

9.2.1　纯金属

纯铜（Cu）能满足真空灭弧室的大多数需求。它具有良好的热导率和电导率，

⊖　吸气是活性气体被适合的反应物质化学俘获的过程。吸气材料通常由锆、铝等材料或者钡和镍等材料构成。

与真空有很好的绝缘特性相容性，在开断大电流时性能优越。然而它的主要缺点是会形成很强的冷焊，这是由于两个清洁的表面压在一起并加热时，固态晶格相互渗透的结果。难熔金属可以获得很好的绝缘强度，它们的熔焊比较脆从而容易断裂。然而难熔金属主要的缺点是它们很容易形成热电子发射，限制它们的开断能力。同时，它们的电导率较低并且截流水平高。

柔软的或者机械强度低的金属也不予考虑，因为它们不能承受真空断路器正常操作中触头的快速关合产生的冲击。

9.2.2 合金

由于在纯金属中找不到综合性能尚可的触头材料，更多的努力用于开发合适的触头材料，探索了多种合金材料在真空灭弧室中应用的可行性。

铜-铬（CuCr）触头在真空断路器中获得了广泛应用。一个例子如图9.2所示。在铜中混入比例大约为25%重量的铬表现出特别的适用性[4]。不可能采用传统的冶炼技术来制备组分比例为50%的CuCr材料，因为铬和铜不相溶，即使在液态也如此。

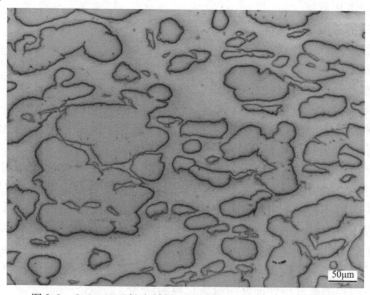

图9.2　CuCr75/25触头材料（经 Plansee Powertech AG 授权）

有两种粉末冶金方法适用于制造CuCr材料：①CuCr粉末混合物的烧结（混粉法）以及②将液态铜渗入多孔烧结的铬骨架中（熔渗法）。实验证明采用熔渗法生产的CuCr触头比混粉法生产的触头开断性能优良。

在开断过程中，CuCr合金材料表现出相当好的熔化和固化特性，这也是它们作为触头材料在真空环境中表现优良的原因。在经受电弧烧蚀时，CuCr触头的表面产生平而且浅的熔化池，随后重新固化为光滑的表面。这个特性带来了许多优点。由于它们的熔化深度浅，熔池的固化速度很快，可以快速地重新建立触头间隙的介质强度。触头表面没有尖刺和粗糙物，保证了 CuCr 材料在很小的触头间隙时就能够稳定地耐受高电场强度。这使得灭弧室的尺寸可以被减小。同时，触头材料的尺寸也可以减小，因为当触头间隙小时，大部分燃弧中汽化的材料可以凝聚在触头表面，又可重新使用。

较高的铬分量也可以降低最大截流电流值大约 5 倍，从铜的大约 16A 降到 CuCr 的 3A。

9.3　真空开关的可靠性

真空灭弧室必须保证在几十年的运行中气密性良好，但是由于在生产技术上遇到困难，直到 20 世纪 60 年代后期以真空开关才获得大规模商业化应用。自此之后，电压 40.5kV 及以下的真空开关被快速推广应用。如今，真空开关在配电系统中具有主导地位[6]。参考文献 [4] 对于真空开关的市场占有率做出如下估计：

- 北美和日本：接近 70%；
- 北欧：大约 80%；
- 南欧：没有统计，但一般性的趋势是由真空断路器替代 SF_6 断路器；
- 中国、印度以及东南亚：接近 85%；
- 南美、非洲、中东以及俄罗斯：接近 80%。

制造商已经证明具有制造高可靠性的真空开关的能力。参考文献 [7，8] 报告了美国从 1991～1994 年真空断路器可靠性的数据。这些数据表明，平均无故障时间（MTTF）高达至少几十年。最近，制造商宣称 MTTF 数据为 40000 真空灭弧室－年[9]。

9.4　电寿命

真空开关的电寿命很长，因为它们的电弧电压低同时触头烧蚀量小[10]。通常来说，电寿命受限于触头的烧蚀和金属蒸气在灭弧室内陶瓷内壁上的沉积。

触头的电磨损率正比于电弧中所通过的电荷量，因为燃弧会从触头上去掉一些质量。对于阴极而言，一般情况下扩散电弧的电磨损率数据大约为每库仑电荷 $10\mu g$[3]。像横向磁场触头结构中的触头狭槽通常会增加烧蚀量，因为金属蒸气穿过这些狭槽后将不再回到触头表面。这也是横向磁场触头比纵向磁场触头的电寿命短的原因[11]。

根据测量推断，将厚度 3mm 触头材料烧蚀完毕估计需要在负载电流下进行几十万次操作[12]。通常把 3mm 厚的触头材料烧蚀完作为电寿命结束的判据。真空灭弧室的寿命取决于机械寿命而非电寿命。

按照开断故障电流估计，真空断路器能够至少进行 30 次额定短路电流开断。图 9.3 所示为纵向磁场触头表面被电弧烧穿的照片。图 9.4 是横向磁场触头被严重烧蚀的照片。熔化的残留物沉积在触指之间，降低了磁路的有效性。在这两个短路开断试验的例子中，触头都达到了寿命极限。

图 9.3　纵向磁场触头损坏标志电寿命结束

图 9.4　横向磁场触头严重烧蚀标志电寿命结束

9.5　机械寿命

中压等级真空断路器的触头行程较短（在 10mm 量级），并且运动质量较低

（在千克范围）[13]，从而具有操作功低的优点。

　　真空灭弧室的机械寿命取决于波纹管，通过波纹管可以在保持真空密封的前提下使动触头运动。波纹管的寿命是波数、直径、伸缩量和运动加速度的函数，可设计为满足几万次操作的需求[3]。

9.6　开断能力

　　真空开断具有介质恢复迅速的特点。这有利于开断 di/dt 值非常高的电流以及恢复电压上升率（RRRV）非常高的暂态恢复电压（TRV）。这一特性被用于开发真空发电机断路器[14]，它需要在开断过程中同时面对高的 di/dt 和 RRRV 值（见10.1 节）。此外，开断变压器限制的故障[15]，也有高的 RRRV。

　　这种卓越的开断特性产生一个缺点，就是真空断路器能够开断电弧复燃或者重击穿之后的高频电流。由于真空断路器能够开断高频电流，因此每次开断后恢复电压都会提高（多次复燃，多次重击穿，参见4.3.3 节和4.2.2 节）。在有些情况下，会产生很高的过电压，需要采取保护措施[16,17]。

　　由于这种特点，真空断路器有时被称作"硬开断设备"。SF$_6$断路器一般需要更长的介质恢复时间，在开断无功电流时可能一开始就失败了，而不会在成功开断前进行多次尝试，但这样产生过电压的可能性就要小。

　　真空开断的优势在于它无需外部帮助就能开断电流，而 SF$_6$断路器就不可避免地需要建立一定的压力。固定开距的真空断路器即具有很好的开断能力，如4.2.4.3 节所述的非保持破坏性放电。介质强度重建并非轻而易举。SF$_6$断路器在固定断口下就无法开断因延迟击穿或其他未预料到的击穿产生的高于一定值的电流。由于从原理上讲真空间隙总是可以随时进行电流开断，无需机械地建立熄弧压力，因此最短燃弧时间要比 SF$_6$断路器短得多，真空断路器约为几毫秒，而 SF$_6$断路器则为 $10 \sim 15\mathrm{ms}$。

9.7　绝缘耐受能力

　　真空灭弧室的绝缘耐受能力受到触头表面情况和灭弧室内的微粒的显著影响。从而，燃弧过程对绝缘耐受能力非常重要。这也可通过对真空间隙施加电压进行老练反映出来。作为制造过程中的一个步骤，所有的真空灭弧室都要通过施加高的交流电压进行老练[18]。其目的是通过在可控条件下对真空间隙进行击穿以消除表面微凸起和其他场致电子发射点来提高击穿电压。如果这个过程处理得当，初始击穿电压可以增加 $3 \sim 4$ 倍[18]。当老练中放电的能量过大时，将产生新的或更强的场致电子发射点，这就是去老练效应。因而，高电压装置在放电瞬间释放的能量大小对绝缘耐受能力十分重要[19]。

　　由于真空中的击穿基本上由电极表面状况决定，而电极表面的（微观）几何形状取决于燃弧和开断历史，因此真空间隙的绝缘特性比 SF$_6$间隙难以预测[20,21]，这

是因为 SF_6 气体间隙的击穿基本上由气体决定。这意味着真空间隙在相对低的电压下有一定的击穿概率，这使得在隔离开关中使用真空灭弧室具有一定挑战性[22,23]。

9.8 电流传导

真空断路器采用平板对接式触头。这意味着接触电阻相对较高，特别是在触头表面被大电流电弧烧蚀之后。这会限制灭弧室所能承载的额定电流。为了减小接触电阻以及克服大电流情况下的触头电动斥力（电动斥力试图将触头分开，见 2.3 节），需要在机构合闸操作过程中对触头弹簧施加一个额外的触头压力。

真空灭弧室触头的一个优点是它们对于触头氧化或者灭弧室内部产生的污染并不敏感。

真空灭弧室设计上的一个挑战是触头接触面产生的热量无法像 SF_6 灭弧室那样通过对流传导出去。这意味着热量必须通过触头导电杆传导到外部环境中。有时为了增加额定电流需要在触头导电杆上安装散热器。

特别是在高电压等级应用中，真空灭弧室为了满足外部绝缘强度的要求而设计得比较长，这会限制额定电流值。

即使没有电弧，真空中的触头在闭合时也容易被焊上，这是清洁金属表面压在一起时的自然产生的相互作用。在有预击穿电弧存在的情况下，由于电弧能量的作用熔焊会更加严重。操作机构的设计必须保证能够将熔焊的触头拉开。

9.9 真空度

对于真空灭弧室而言，主要的要求是保证长时间（通常为 20~30 年）的 10^{-1}~ 10^{-5} Pa 的高真空，以保证断路器在全寿命周期中在短间隙下的高击穿场强以及在半个周波能够开断工频电流。

为了满足这一要求，在真空灭弧室中使用的材料需要满足如下条件：

- 用于灭弧室内部的材料必须极度纯净，没有微孔、裂痕和缺陷；
- 触头材料必须在真空炉中加热以完全除气，除去任何气体杂质；
- 陶瓷 - 金属封接必须具有高度气密性；
- 真空灭弧室中必须放置吸气材料，以捕捉封装后存在的自由气态粒子。

在中压应用中的经验表明，真空灭弧室漏气不太可能发生。近年来，真空灭弧室漏气重新成为感兴趣的问题，其原因在于许多在现场安装的中压开关装置运行寿命已经超过 30 年，用户们开始询问是否可以延长这些装置的使用寿命。在参考文献 [24] 中，得出了真空灭弧室在 12~38kV 范围内表现良好的结论。与真空灭弧室漏气有关的真空断路器故障是非常罕见的。中压的应用经验表明真空断路器能够工作超过 30 年[9]。然而，参考文献 [24] 的作者在另一份报告中指出，在研究了超过 200 台旧的灭弧室（已经工作超过 30 年）后，发现因真空灭弧室漏气，其平均无故障时间（MTTF）从 40000 真空灭弧室 - 年陡降至刚过 400 真空灭弧

室 – 年[25]。

在大多数实际情况中，真空断路器的开断操作会改善真空度。由于从触头上发射的金属蒸气等离子体射流会捕获残余气体粒子，并将它们嵌入沉积于触头和屏蔽罩等表面上的镀膜层中，故而真空电弧自身起到了提高真空度的作用。因而，有电弧的操作有助于改善灭弧室内的真空度。

在生产阶段，气体压力必须保证低于 10^{-4}Pa，这是因为 10^{-2}Pa 是确保仍然具有开断能力的极限。从而，真空灭弧室在初始阶段的真空度裕度相当高，并且吸气材料能够帮助灭弧室保持在所需的（超）高真空状态。

在真空断路器中，在线监测灭弧室的真空度可以采用如下方法[26]：

第一种方法是通过实时监测真空灭弧室中的真空度来预测漏气。这种方法使用潘宁⊖或者皮拉尼⊖原理，需要将真空电离规永久性地装在灭弧室上。

第二种方法是检测真空灭弧室的漏气失效。这可以与断路器的设计统一考虑，如同某些真空接触器中所采用的方法，利用作用在波纹管上的大气压力作为接触器闭合时触头压力的一部分，这样如果某一极真空灭弧室漏气失效这个单元就无法合闸。理论上局部放电探测器可以持续监测真空度。

还有一种获得关于真空状态的实时信息的方式是采用光纤系统，在正常真空状态下光可以传输，在失去真空状态下光就被阻碍。

在实际运行中很少采用任何真空度测量或者在线监测系统来指示是否真空灭弧室漏气，因为一般来说真空度在线监测系统的可靠性比真空灭弧室自身的可靠性低。这意味着增加这类真空度在线监测装置将降低真空断路器的可靠性。

市场上现有几种真空度检测装置，是通过测量灭弧室触头打开时的电压耐受能力来实现检测的。

9.10　高电压等级真空开关

9.10.1　简介

真空开关技术在配电系统的巨大成功导致人们开始探索发展用于输电电压等级的真空开关。另一个主要的驱动力是替代 SF_6 这种性能优异但又具有强烈温室气体效应的开关介质（见 6.4.4.3 节）。国际大电网会议总结了在 52kV 以上电压等级采用真空开关的影响[27]。

有两种提高开关间隙绝缘强度的方法以满足输电电压水平需要达到的绝缘要求。

一种是增加触头开距。但是，真空间隙的击穿电压 U_b 并不与间隙长度 d 成正比（在气体中成正比），U_b 与 d 满足如下关系：

⊖　通过测量电场和磁场综合影响下的电离电流来测量压力。

⊖　通过测量低压力环境下发热导线的热损耗来测量压力的方法。

$$U_b = A \cdot d^\alpha \tag{9.1}$$

式中，α 是一个小于 1 的参数；A 是一个常数。这个指数关系是因为真空中的击穿是表面效应[28]，完全由触头表面情况所决定。在 SF_6 中，击穿是空间效应，与间隙长度呈线性关系，击穿过程主要由绝缘介质和压力所决定，而非触头结构和表面状况决定。

另一种方法是设置两个或多个串联间隙，如果电压能够理想化地均匀分布在各个间隙上，那么耐受电压水平可以在总串联间隙长度小于单断口间隙长度的情况下实现。

这两种解决方案的真空开关产品在 72.5kV 以上市场上都存在。

9.10.2 高电压等级真空断路器的发展

据报道，第一台商业化的输电等级真空断路器出现在 1968 年的英国，采用了 8 只真空灭弧室串联用于 132kV 的断路器中[29]。这台断路器工作了超过 40 年。

美国在 20 世纪 70 年代中期，将每极 4 只真空灭弧室串联布置的结构[30]用在 145kV 系统中，以替换多油断路器[31]，还计划采用 14 只灭弧室串联用于 800kV。

在研发多断口的同时，日本研究者开发了商业化的单断口真空灭弧室，电压等级达到 145kV[32]。

1986 年，有两种真空断路器被报道[33]：一种是单断口 84kV 真空断路器，额定开断电流为 25kA，另一种是 145kV 电压等级的真空断路器样机[34]。

如今商业化的单断口真空灭弧室电压等级已经达到 145kV，商业化的双断口罐式真空断路器已经发展到 168kV[35]和 204kV。

自 21 世纪初以来，由于对强温室气体 SF_6 在全球变暖潜势方面的影响的关注（见 6.4.4.3 节），使得对于高电压等级真空开断方面的研发大大加强，见图 9.5 中的示例。

图 9.5 72/84kV 罐式真空断路器，真空灭弧室外部绝缘
使用干燥空气（经 Meidensha 公司授权）

中国在研究和开发高电压等级真空断路器方面起到突出的引领作用，报道了电压为 252kV 的单断口真空灭弧室设计[36]，用于 550kV[37] 甚至 765kV[38] 电压等级的模块化特高压断路器的未来概念设计（见图 9.6）。

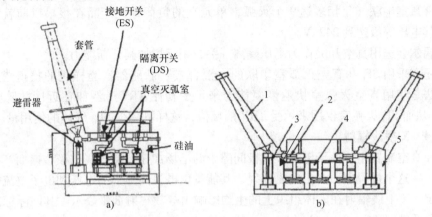

图 9.6　硅油绝缘的特高压真空断路器概念设计图：a）日本概念图（550kV），由 4 个断口构成（经 IEEE 授权）[39]；b）中国概念图（750kV），由 6 个断口构成（经西安交通大学授权）[38]

1—套管　2—隔离开关　3—避雷器　4—真空灭弧室　5—油

9.10.3　高电压等级真空断路器的实际应用

从 20 世纪 70 年代后期到 2010 年间，日本 5 家制造商向市场提供了额定电压在 52kV 及以上的真空断路器总共约为 8300 台[40]。大约 50% 提供给电力公司用户，50% 提供给工业企业用户。柜式 GIS（C - GIS）占高电压等级真空断路器应用的 50%，主要用于工业用户。

在日本高电压等级真空开关设备得到频繁使用的原因是，用户认可其维护量少（与 SF$_6$ 断路器相比较）、极好的频繁开断能力以及适宜于农村配电系统等优点。

高压真空断路器的可靠性可以与 SF$_6$ 相媲美。一项在日本用户中针对用于 72.5kV 输电系统的高压真空和 SF$_6$ 断路器的故障率调查表明[27]，操动机构的机械故障是主要的故障模式。没有因高压真空断路器的过电压而引起问题。然而，真空和 SF$_6$ 断路器出现故障的次数太少，因而无法根据服务年限给出故障趋势。

2013 年，针对高电压等级真空断路器的研发工作主要集中于东亚。日本公司在 20 年前就展现出成熟产品的可行性，然而这些产品主要应用于日本国内市场，应用在一些特殊用途的场合。

在中国高电压等级真空断路器发展非常快速，不久将会在 72.5kV 和 126kV 等级获得大规模应用。

欧洲研究和开发高电压等级真空断路器的报道开始于 20 世纪 90 年代中期[41-43]。欧洲公司正在将高压真空断路器推向市场，并开始了挂网运行以获得在这一领域的经验[44,45]。在新一代高电压等级真空断路器中，已避免使用 SF$_6$ 作为真空灭弧室的外部绝缘气体，而采用氮气和干燥空气。

美国公司尽管很早开发过高电压等级真空断路器，但是并没有将高电压等级真空断路器技术商业化。不过，针对负载电流开合尤其针对电容器组负载，采用多个真空灭弧室串联（每相多达 9 个灭弧室单元）的负荷开关产品在很早以前就出现了，其电压等级达到 242kV。

偶尔会选用真空开关作为高压隔离开关，用于增加其开断能力。

还有采用 SF_6 和真空灭弧室串联的"混合式"断路器实验样机的报道[46,47]。其想法是使用真空灭弧室快速恢复能力来承受初始 TRV（例如在近区故障开断中），从而 SF_6 灭弧室仅用来承受 TRV 的峰值，这样可减少 SF_6 气体的使用量。

9.10.4   X 射线辐射

在真空装置中，由于电子被电极间隙中的电场加速，与金属电极碰撞而产生 X 射线。在这个过程中，产生电磁辐射，其能量由电极间隙上的电压和电子电流密度所决定。X 射线辐射在人体组织上的生物影响由等效辐射剂量表示。其国际标准单位是希沃特（Sv）；$1Sv = 1J\ kg^{-1}$。

为了标定 X 射线的限定辐射剂量，需要考虑自然背景下的辐射剂量，这个值大约是 $0.3\mu Sv\ h^{-1}$。调查表明[48]，直到额定电压为 36kV 的灭弧室产生的 X 射线辐射剂量仍然在 $1\mu Sv\ h^{-1}$ 以内，即使在施加远高于额定电压的工频耐受电压时也是如此。

尽管真空灭弧室的 X 射线辐射剂量与其设计和触头表面粗糙度有关，但直到额定电压 145kV 都在 $1\mu Sv\ h^{-1}$ 的限定值之内[49]。根据 IEC 标准 62271 - 1，X 射线的辐射水平应当在最大工作电压 U_r 下，距离 1m 时不超过 $5\mu Sv\ h^{-1}$。

9.10.5   高压真空断路器与高压 SF_6 断路器的比较

专家们已形成共识，认为高电压等级真空断路器可成功开断故障电流[27]。真空断路器已经被证明能够开断电流幅值非常大、TRV 上升率非常高的故障电流。在这一点上真空断路器甚至优于 SF_6 断路器。这在开断例如变压器限制的故障和电抗器限制的故障等应用中尤其有用（见 3.4 节和 3.5 节）。

发展高电压等级真空开关设备的主要动力来自于不再使用 SF_6、减少（灭弧室的）维护量以及长的电气寿命。然而，在运行中缺乏监测真空度的实用方法则是一个缺点。

对于高电压等级真空开关设备而言，主要的挑战来自于容性负载和感性负载的开断。真空中击穿电压的分散性大是影响容性开断的主要因素，这一问题在频繁开断电容器组时十分突出。试验统计表明，在电容器组的开断中，特别是涌流电流很大时，在较高电压等级下发生延迟击穿的可能性会增加（见 4.2.6 节）。建议采用特殊设计的高压真空灭弧室来投切电容器组。

真空断路器在开断并联电抗器（感性负载）时，复燃次数（不是指复燃概率）会比 SF_6 断路器多（见 4.3.3.2 节）。在开合小容量的高压电抗器，特别是直接与断路器连接的电抗器时），推荐在必要时采取保护措施。另外，还可以针对开合并联电抗器进行优化设计。高电压等级真空断路器的截流水平与 SF_6 断路器相比基本上没有差别[50]。

仅仅从技术角度来看，与 SF_6 断路器相比真空技术具有以下明显的优势[27]：

- 真空灭弧室不包含温室气体；
- 真空断路器（不含 SF_6 时）寿命终结后在处理上无特别要求；
- 在发生爆炸时没有污染物；
- 真空灭弧室在全寿命周期中是密封的（无需气体处理装置，灭弧室不需要维护）；
- 操作能量低意味着操动机构简单，维护量少；
- 开断后介质恢复非常快；
- 燃弧时间短使得设计两周期内完成开断的断路器成为可能；
- 真空断路器在延迟击穿后还能开断电流；
- 重击穿和复燃通常不会损坏灭弧室内部部件；
- 真空灭弧室的电气功能不受低环境温度的影响（不发生液化）；
- 具有很高的操作次数，包括短路开断（电寿命长，见 12.2.2 节）。

真空开关设备用于输电电压等级时的弱点在于：

- 在相同额定电压等级下成本要高于 SF_6 技术（至少目前如此）；
- 高电压等级的运行经验有限；
- 运行寿命还未确认；
- 因为真空灭弧室的热量向外传出困难，所以额定电流等级很难提高；
- 在运行中缺乏实用的真空度监测方法；
- 在 145kV 以上时，甚至在更低电压，每极需要多个断口；
- 真空灭弧室的绝缘性能与开合历史有关，并且分散性大；
- 在开合无功功率负载时（并联电抗器、电容器组）可能需采用特殊的设计

或者保护装置。

参 考 文 献

[1] Cobine, J.D. (1963) Research and development leading to the high-power vacuum interrupter – a historical review. *IEEE Trans. Power Ap. Syst.*, **82**, 201–217.

[2] Greenwood, A. (1994) *Vacuum Switchgear*, IEE, ISBN 0 85296 855 8.

[3] Slade, P.G. (2008) *The Vacuum Interrupter. Theory, Design and Application*, CRC Press ISBN 13: 978-0-8493-9091-3.

[4] Garzon, R.D. (1997) *High-Voltage Circuit-Breakers*, Chapter 3, Marcel Dekker, New York, ISBN 0–8247442-76.

[5] Christian, R., Paolo, G. and Kim, H. (2003) The Integrated MV Circuit-Breaker – a New Device Comprising Measuring, Protection and Interruption. 17th Int. Conf. on Electr. Distr., Barcelona.

[6] Falkingham, L.T. (1999) Appendix A to Ph.D. Thesis: Vacuum Interrupter Technology and its Historical Development, available at https://dspace.lib.cranfield.ac.uk/bitstream/1826/838/3/All%20Appendix.pdf accessed 4 April 2014.

[7] Briggs, S.J., Bartos, M.J. and Arno, R.G. (1998) Reliability and availability assessment of electrical and

mechanical systems. *IEEE Trans. Ind. Appl.*, **34**(6), 1387–1396.

[8] Hale, P.S. and Arno, R.G. (2000) Survey of Reliability and Availability Information for Power Distribution, Power Generation, and HVAC Components for Commercial, Industrial and Utility Installations. Ind. and Comm. Power Systems Techn. Conf., pp. 31–54.

[9] Renz, R., Gentsch, D., Slade, P. *et al.* (2007) Vacuum Interrupters – Sealed for Life. 19th Int. Conf. on Electr. Distr. (CIRED), 21–24 May, Paper 0156.

[10] Reuber, C., Gritti, P. and Kim, H. (2003) The Integrated MV Circuit-Breaker – A new Device Comprising Measuring, Protection and Interruption. CIRED Conference.

[11] Slade, P. and Smith, R.K. (2006) Electrical Switching Life of Vacuum Circuit-Breaker Interrupters. Proc. of the 52nd IEEE Holm Conf. on Electr. Contacts.

[12] Schlaug, M., Dalmazio, L., Ernst, U. and Godechot, X. (2006) Electrical Life of Vacuum Interrupters. XXIInd Int. Symp. on Disch. and Electr. Insul. in Vac., Matsue.

[13] Dullni, E., Fink, H. and Reuber, C. (1999) A Vacuum Circuit-Breaker with Permanent Magnetic Actuator and Electronic Control. CIRED Conference.

[14] Smeets, R.P.P., te Paske, L.H., Kuivenhoven, S. *et al.* (2009) The Testing of Vacuum Generator Circuit-Breakers. CIRED Conference, Paper No. 393.

[15] Smeets, R.P.P., Hooijmans, J.A.A.N. and Schoonenberg, G. (2007) Test Experiences with New MV TRV Requirements in IEC 62271-100. CIRED Conference, Session I, Paper 0378.

[16] Müller, A. and Sämann, D. (2011) Switching Phenomena in Medium-Voltage Systems – Good Engineering Practice on the Application of Vacuum Circuit-Breakers and Contactors. PCIC Conference, Paper Ro-47.

[17] Schoonenberg, G.C. and Menheere, W.M.M. (1989) Switching Overvoltages in Medium Voltage Networks. CIRED Conference.

[18] Ballat, J., König, D. and Reininghaus, U. (1993) Spark conditioning procedures for vacuum interrupters in circuit-breakers. *IEEE Trans. Electr. Insul.*, **28**, 621–627.

[19] Leusenkamp, M.B.J. (2012) Impulse Voltage Generator Design and the Potential Impact on Vacuum Interrupter De-conditioning. XXVth Int. Symp. on Disch. and Electr. Insul. in Vac., Tomsk.

[20] Betz, T. and König, D. (1998) Influence of Grading Capacitors on the Breaking Capability of Two Vacuum Circuit-Breakers in Series. XVIIIth Int. Symp. on Disch. and Elec. Insul. in Vac., Eindhoven.

[21] Nitta, T., Yamada, N. and Fujiwara, Y. (1974) Area Effect of Electrical Breakdown in Compressed SF6. *IEEE Trans. Power Ap. Syst.*, **PAS-93**(2), 623–629.

[22] Hae, T., Utsumi, T., Sato, T. *et al.* (2013) Features of Cubicle Type Vacuum-Insulated Switchgear (C-VIS). CIRED Conference, paper 1201.

[23] Schellekens, H., Shiori, T., Picot, P. and Mazzucchi, D. (2010) Vacuum Disconnectors. An Application Study. XXIVth Int. Symp. on Disch. and Elec. Insul. in Vac.

[24] Falkingham, L. and Reeves, R. (2009) Vacuum Life Assessment of a Sample of Long Service Vacuum Interrupters. CIRED Conference, Paper 0705.

[25] Reeves, R. and Falkingham, L. (2013) An appraisal of the insulation capability of vacuum interrupters after long periods of service. 2nd Int. Conf. on Elec. Pow. Eq. – Switching Techn., paper 1-P2-P-P5, Matsue, Japan

[26] Parashar, R.S. (2011) Pressure Monitoring Techniques of Vacuum Interrupters. CIRED Conference, paper 0234, Frankfurt.

[27] CIGRE Working Group A3.27 (2014) The Impact of the Application of Vacuum Switchgear at Transmission Voltages. CIGRE Technical Brochure.

[28] Latham, R.V. (1981) *High Voltage Vacuum Insulation: The Physical Basis*, Academic Press, Inc., ISBN 0-12-437180-9.

[29] Falkingham, L. and Waldron, M. (2006) Vacuum for HV applications - Perhaps not so new? - Thirty Years Service Experience of 132 kV Vacuum Circuit-Breaker. XIInd Int. Symp. on Disch. and Electr. Insul. in Vac., Matsue.

[30] Shores, R.B. and Philips, V.E. (1975) High-voltage vacuum circuit-breakers. *IEEE Trans. Power Ap. Syst.*, **PAS-94**(5), 1821–1830.

[31] Slade, P., Voshall, R., Wayland, P. *et al.* (1991) The development of a vacuum interrupter retrofit for the upgrading and life extension of 125 kV to 145 kV oil circuit-breakers. *IEEE Trans. Power Deliver.*, **6**, 1124–1131.

[32] Umeya, E. and Yanagisawa, H. (1975) Vacuum Interrupters, Meiden Review, Series 45, pp. 3–11.

[33] Yanabu, S., Satoh, Y., Tamagawa, T. *et al.* (1986) Ten Years Experience in Axial Magnetic Field Type Vacuum Interrupters. IEEE PES, 1986 Winter Meeting, 86 WM 140-8.

[34] Saitoh, H., Ichikawa, H., Nishijima, A. *et al.* (2002) Research and Development on 145 kV, 40 kA One-Break

Vacuum Circuit-Breaker. IEEE T&D Conference, pp. 1465–1468.

[35] Matsui, Y., Nagatake, K., Takeshita, K. *et al.* (2006) Development and Technology of High-Voltage VCBs; Brief History and State of Art. XXIInd Int. Symp. on Discharges and Elec. Insul. in Vac., Matsue.

[36] Wang, J., Liu, Z., Xiu, S. *et al.* (2006) Development of High Voltage Vacuum Circuit-Breakers in China. XXIInd Int. Symp. on Disch. and Electr. Insul. in Vac., Matsue.

[37] Homma, M., Sakaki, M., Kaneko, E. and Yanabu, S. (2006) History of vacuum circuit-breakers and recent developments in Japan. *IEEE Trans. Dielect. Electr. Insul.*, **13**(1), 85–92.

[38] Liu, D., Wang, J., Xiu, S. *et al.* (2004) Research on 750 kV Vacuum Circuit-Breaker Composed of Several Vauum Interrupts in Series. XXIst Int. Symp. on Disch. and Elec. Insul. in Vac., Yalta, pp. 315–318.

[39] Okubo, H. and Yanabu, S. (2002) Feasibility Study on Application of High-Voltage and High-Power Vacuum Circuit-Breaker. XXth Int. Symp. on Disch. and Elec. Insul. in Vac., pp. 275–278, Tours.

[40] Ikebe, K., Imagawa, H., Sato, T. *et al.* (2010) Present Status of High-Voltage Vacuum Circuit-Breaker Application and its Technology in Japan. CIGRE Session 2010, Paper A3-303.

[41] Giere, S., Knobloch, H. and Sedlacek, J. (2002) Double and Single-Break Vacuum Interrupters for High-Voltage Application: Experiences on Real High-Voltage Demonstration-Tubes. CIGRE Conference, Paris.

[42] Schellekens, H. and Gaudart, G. (2007) Compact high-voltage vacuum circuit-breaker, a feasibility study. *IEEE Trans. Dielect. Electr. Insul.*, **14**(3), 613–619.

[43] Godechot, X., Ernst, U., Hairour, M. and Jenkins, J. (2008) Vacuum Interrupters in High-Voltage Applications. XXIIIrd Int. Symp. On Disch. and Electr. Insul. in Vac., Bucharest.

[44] Brucher, J., Giere, S., Watier, C. *et al.* (2012) 3AV1FG – 72.5 kV Prototype Vacuum Circuit-Breaker (Case Study with Pilot Customers). CIGRE Conference, Paper A3-101.

[45] Newton, M. and Renton, A. (2013) Transpower's Adoption of non-SF6 Switchgear. CIGRE B3 Symp. Managing Substations in the Power System of the Future, Brisbane.

[46] Smeets, R.P.P., Kertész, V., Dufournet, D. *et al.* (2007) Interaction of a vacuum arc in a hybrid circuit-breaker during high-current interruption. *IEEE Trans. Plasma Sci.*, **35**(4), 933–938.

[47] Cheng, X., Liao, M., Duan, X. and Zou, J. (2010) Study of Breaking Characteristics of High-Voltage Hybrid Circuit-Breaker. XXIVth Int. Symp. on Disch. and Elec. Insul. in Vac., Braunschweig, pp. 449–452.

[48] Renz, R. and Gentsch, D. (2010) Permissible X-Ray Radiation Emitted by Vacuum-Interrupters/ - Devices at Rated Operating Conditions. XXIVth Int. Symp. on Disch. and Elec. Insul. in Vac., Braunschweig, pp. 133–137.

[49] Yan, J., Liu, Z., Zhang, S. *et al.* (2012) X-Ray Radiation of a 126kV Vacuum Interrupter. XXVth Int. Symp. on Disch. and Elec. Insul. in Vac., Tomsk.

[50] Tokoyoda, S., Takeda, T., Kamei, K. *et al.* (2013) Interruption Behaviours with 84/72 kV VCB and GCB. 2nd Int. Conf. on Elec. Pow. Eq. – Switching Techn., paper 2-A1-P-1, Matsue, Japan.

第10章

特殊开合工况

有些开合工况与输配电系统中的标准开合工况不同，本章对其中最重要的几个工况进行讨论。

10.1 发电机电流分断

10.1.1 简介

当断路器的额定电压与发电机的额定电压相匹配时，将该断路器称为发电机断路器。发电机断路器位于发电机和升压变压器之间。在不使用发电机断路器时，可在升压变压器的高压侧安装断路器。这种解决方案的优点在于发电机和变压器之间的大电流连接比较简便（采用发电机母线）。而采用发电机断路器的优点在于可将厂用电接到升压变压器的中压侧，系统可以对厂用电持续供电。图 10.1 示出了发电机断路器的功用。

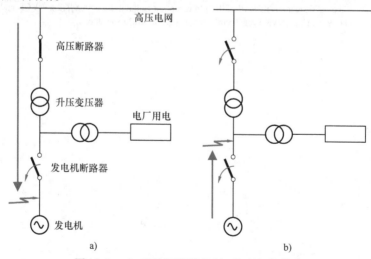

图 10.1 a）系统源故障和 b）发电机源故障

发电机断路器的电气和机械性能与标准的中压配电开关有很大不同。在世界范围内唯一覆盖发电机断路器特殊需求的标准是 ANSI/IEEE C37.013 标准[1]。除了额定值和其他相关特性外，该标准还包括了发电器断路器的型式试验导则。

发电机断路器和普通用途断路器在开断方式方面的主要区别是：

（a）负载电流开合

大型发电机单元的负载电流可以高达 50kA，这通常需要强迫冷却。

开断负载电流后，发电机断路器两侧的电路各自独自振荡，产生的暂态恢复电压（TRV）是电源侧振荡分量和负载侧振荡分量之和。

（b）系统源故障

在这种情况下，故障电流主要由系统通过升压变压器提供。与所有其他故障情况相比，该故障电流是最大的，因为变压器和高压系统的短路阻抗通常比发电机的（次）暂态阻抗小。与一般用途高压断路器的情况不同，发电机断路器在承受最大的短路电流之后需承受最高的 TRV。由于升压变压器和辅助变压器的杂散电容很小，在此情况下产生的恢复电压上升率（RRRV）很高。图 10.1a 示出了这种故障的电路简图。

较小容量的发电机用一根电缆将升压变压器与发电机断路器连在一起。电缆的等效电容可以明显降低 RRRV，电容值与电缆长度有关[2]。在某些设计中，在断路器柜中装有缓冲 TRV 的电容。

（c）发电机源故障

在这种情况下，故障电流主要由发电机供给，如图 10.1b 所示。发电机源故障会引起一个直流分量，直流分量值有可能比对称短路电流还要高，由此产生一个很大的非对称电流，可能引起电流延迟过零[3-6]。在变电站和架空线故障中，故障电流的交流分量幅值不变（见 2.1 节），而在发电机源故障中，故障电流的交流分量幅值 $A(t)$ 随时间衰减，这是由发电机特殊的暂态特性造成的[7]。

发电机的阻抗和相关的时间常数通常用下面的量表示：

X''_d　次暂态电抗；

T''_d　次暂态时间常数；

X'_d　暂态电抗；

T'_d　暂态时间常数；

X_d　同步电抗；

T_a　电枢时间常数。

发电机源故障电流 $i_{gs}(t)$ 可表达为一个对称的工频电流 $i_{ac}(t) = A(t)\cos(\omega t)$ 和一个直流分量 $i_{dc}(t)$ 之和：

$$i_{gs}(t) = A(t)\cos(\omega t) + i_{dc}(t) \tag{10.1}$$

$$i_{gs}(t) = \frac{P\sqrt{2}}{U\sqrt{3}}\left\{ \left[\left(\frac{1}{X''_d} - \frac{1}{X'_c} \right)\exp\left(\frac{-t}{T''_d} \right) + \left(\frac{1}{X'_c} - \frac{1}{X_d} \right)\exp\left(\frac{-t}{T'_d} \right) + \frac{1}{X_d} \right] \times \cos(\omega t) - \frac{1}{X''_c}\exp\left(\frac{-t}{T_a} \right) \right\} \tag{10.2}$$

式中，P 和 U 分别是发电机额定有功功率和额定电压。式（10.2）描述了在电网中发电机的暂态特性，波形图如图 10.2 所示。在图的下半部分，特别标出了这类故障的独特特性:"电流失零"或电流延迟过零。这意味着在这个阶段,发电机断路器无法开断故障电流。

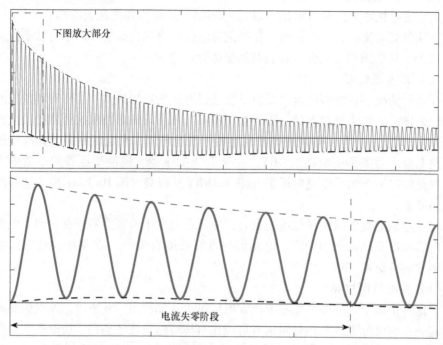

图 10.2　单相发电机源故障电流及"电流失零"阶段的放大图

断路器电弧和故障电弧会减小电路的时间常数,因为电弧电阻叠加在电路电阻上[8],从而使得电流的延迟过零比没有电弧情况提前。在图 10.3 中,SF_6 断路器

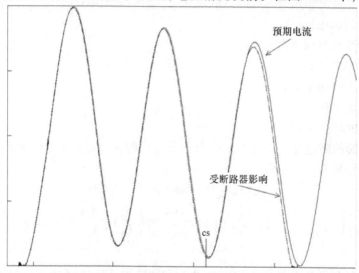

图 10.3　试验中测得的发电机源故障预期电流(断路器保持闭合)和受到电弧电压影响的电流波形("受断路器影响");cs—触头分开。时间:15ms/格,电流:65kA/格

的电弧电压有效地减小了发电机源故障电流的直流时间常数，将燃弧时间缩短了非对称电流的一个周期[9]。故障电弧的电弧电压对减小燃弧时间也做出了贡献。当故障电流为 70kA 时，测得故障电弧的电弧电压大约是 $10V\ cm^{-1}$[8]。

即便高的电弧电压意味着对灭弧室产生高的热应力，对于电流提前过零，高电弧电压仍是个优势（压缩空气电弧的电弧电压很高，SF_6 电弧电压稍低一些）。真空断路器的电弧电压很低，无法使电流零点提前。然而，真空发电机断路器已经成功通过了试验[10]，这说明其开断发电机源故障电流的能力很强。

在发电机源故障情况下，电路的固有直流时间常数在标准中规定为 $T_a = 133ms$[1]。发电机电抗限制了短路电流，使得发电机源故障电流比系统源故障电流小。对于 TRV 的影响也同样：由于发电机的固有电容相对较大，发电机源故障的 TRV 上升率（RRRV）要比系统源故障的 RRRV 低，标准中规定的发电机源故障的 RRRV 最大值大约为系统源故障的一半。

（d）失步故障

失步情况发生在发电机断路器进行关合操作时，当断路器一侧的发电机相位和断路器另一侧的外部电网相位不同步时产生失步故障[11]。另一种情况是系统不稳定造成发电机与系统之间失步，这时发电机断路器必须跳闸（见 3.7.2 节）。

失步故障的开断难度取决于失步角 δ。因为当 $\delta > 90°$ 时发电机会发生危险，所以在大约 $\delta = 90°$ 时继电保护动作。标准规定的失步故障 TRV 值是额定电压下失步角为 90° 的情况。然而，容量较小的发电机可能出现大的失步角[12]。

当失步角 $\delta = 90°$ 时，失步电流大约为系统源故障电流的 50%。在电压方面，发电机断路器开断失步故障时，其 TRV 的 RRRV 大致与系统源故障的 RRRV 相当，但峰值接近系统源故障的 2 倍。

在 ANSI/IEEE 标准[1]中规定失步电流为系统源故障电流的一半。

图 10.4 为 ANSI/IEEE 标准给出的额定电压为 24kV 的发电机断路器在各种开断工况下的 TRV 波形[1]，所涉及的发电机额定容量从 200MVA 到 400MVA。作为比较，根据 IEC 62271-100 标准[13]，图中给出了 24kV 普通用途断路器在 100% 短路电流开断时的标准 TRV 波形。很明显，发电机断路器除了开断电流大之外，其 TRV 也要比普通用途断路器严酷得多。

对于小容量发电机，即使是小于 100MVA 的情况，其系统源故障的 TRV 的 RRRV，也高达普通用途断路器 T10 开断工况的 2.6 倍[14]。

一般而言，发电机的中性点不接地。因此，首开极的工频恢复电压是系统相对地电压的 1.5 倍，参见 3.3.2.1 节。

因为发电机断路器直接安装在发电厂出口处，所以发电机断路器必须具有极高的可靠性[15]。

10.1.2　发电机断路器

发电机断路器最早采用高压力压缩空气吹弧的方式在灭弧室中开断电流。由于

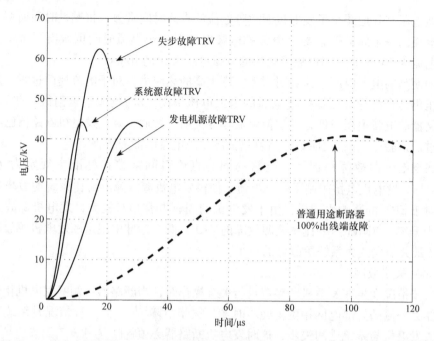

图 10.4　标准中规定的 24kV 发电机断路器在不同故障工况下的 TRV 波形，并与 24kV 普通用途断路器的 100% 故障的 TRV 波形进行比较

空气作为熄弧介质恢复到非导电状态的时间常数很长，因此为了显著降低 RRRV 以利于开断，会在灭弧室上并联电阻。然而采用并联电阻后还需要第二个灭弧室来开断并联电阻上的电流。

　　第一台专门用于发电机的断路器于 1970 年交付使用，它由三个分立的金属封闭单元组成，使用压缩空气作为熄弧介质和机构运动的操作介质。自此之后，对这种发电厂专用设备的开发一直在持续进行。

　　使用 SF_6 作为熄弧介质的新一代发电机断路器在 20 世纪 80 年代进入市场，它利用电弧自身热能的加热作用与压气作用相结合，实现了以较小的操作功达到高开断能力，即自能式技术，见 7.3.4 节。它通过在灭弧室上的并联电容器（缓冲电容，见图 10.5 中的部件 10）来降低 RRRV，起到有利于电流开断的作用。

　　在大多数情况下，试验站的短路容量可能不足以对发电机断路器进行直接试验，必须采用合成回路试验方法。如果发电机断路器的灭弧室装有并联电阻，合成回路的高压电容器组的能量通常不足以产生直接试验方法那样的 TRV 波形。因而必须采用分部试验方法，对开断中燃弧阶段的热特性和弧后阶段的介质恢复特性分别进行测试[16-20]。

　　发电机断路器必须能够承载发电机的满载电流，同时确保在所有时间都具有足够的绝缘水平，除上述明确的要求以外，它还必须能够实现以下功能：

- 发电机与主系统的同步；

- 将发电机从主系统中隔离；
- 关合、承载和开断直到满载的发电机负载电流；
- 关合、承载和开断系统源短路电流和发电机源短路电流；
- 关合、承载和开断失步电流。

所有实现这些相关功能的开关器件都可以集成在发电机断路器的封闭外壳内，也可以独立安装。这些开关器件包括与发电机断路器串联的隔离开关、接地开关、短路开关、电流互感器、电压互感器、缓冲电容器和避雷器。

根据发电厂的类型，其他开关器件，如汽轮机和水轮机的起动开关，以及水电厂用的制动开关也可以集成在发电机断路器的封闭外壳内（见图 10.5）。

除了有容量很大的 SF_6 发电机断路器用于（大型）发电厂的发电机保护之外，市场上还有真空发电机断路器[22]，其故障电流开断水平可达到 72kA 甚至更大[10]。

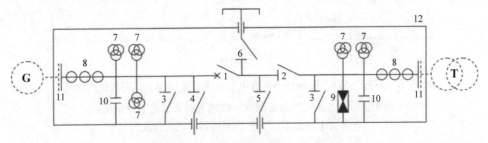

图 10.5　发电机断路器系统[21]

1—断路器　2—隔离开关　3—接地开关　4—起动开关　5—背靠背起动开关　6—短路开关/制动开关
7—电压互感器　8—电流互感器　9—避雷器　10—缓冲电容器　11—接线端子　12—外壳

10.2　输电系统中的电流延迟过零

电流延迟过零是指在出现非对称短路电流情况下，当电流的直流分量比交流分量大时，电流与零线没有交点的情形。

对于靠近发电厂的输电等级断路器而言，电流延迟过零发生在特定的发电机操作模式下，如欠励磁模式、过励磁模式、满载或空载模式，或发生在特定故障情况下，通常为三相同时短路情况或三相非同时短路情况[23]。对巴西伊泰普变电站的 550kV 断路器进行的研究表明，理论上最大的直流分量出现在这样的工况下，在二相间线电压为零时刻发生二相线对线短路故障，然后在第三相对地电压为零时刻发展为三相短路故障[24]。后续的短路试验证实了断路器强迫电流过零的能力，强迫电流过零是由断路器吹弧时产生的高电弧电压造成的。

在图 10.6 中给出一个试验示例，示出一台 SF_6 断路器的电弧电压能够显著地将电流零点提前。

对一个带有串联补偿的 735kV 系统的研究进一步表明，在断路器处于特定的

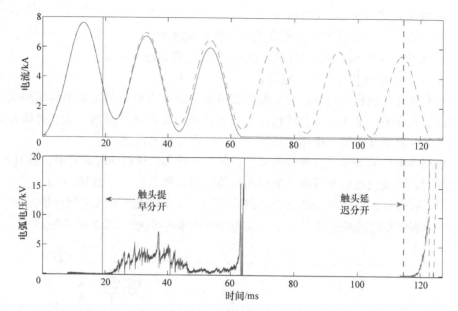

图 10.6　一台 245kV SF_6 断路器在有电流延迟过零情况下的开断试验结果，

图中实线为触头提早分开情况，虚线为触头延迟分开情况。

上图为电流波形，下图为断路器上的电压波形

位置和特定脱扣顺序下，能出现电流延迟过零[25]。后续试验又一次证明了高电弧电压对电流提前过零具有正面影响。

　　总而言之，对于输电等级断路器而言，在多种偶然性的共同作用下可以出现电流延迟过零，但是实际上这种可能性不大。

10.3　隔离开关开合

10.3.1　简介

　　隔离开关是通常满足以下功能的开关装置：

　　● 隔离。隔离开关的空载分闸是常规操作，将系统元器件从带电部分隔离开来。隔离对电力系统元器件的安全维护、维修和更换都是必需的。只有在隔离和接地后操作人员才能够接近和接触这些元器件。在许多国家，都要求在带电部分和工作部分之间必须有可见断口。

　　为了将介质击穿的可能性降到最小，大的触头开距成为一种必要。

　　● 转换。变电站的典型拓扑是双母线结构。当正常负载电流的馈电需要从一条母线转换到另一条时，通常用隔离开关将电流转换到并联的母线上，转换期间电流不发生中断，电流保持连续。由于存在并联母线，隔离开关上的电压很低，电流转换没有任何问题。

　　即使在短路情况下隔离开关也必须保证可靠闭合（见 2.3 节）。隔离开关的操

作通常在开放的空气中如户外变电站，或者在 SF_6 气体中如气体绝缘变电站（GIS）。

10.3.2 空载电流开合

10.3.2.1 简介

隔离开关不是为了开断电流而设计的，因为在实际中它们只用来对电力系统的局部或者元器件进行隔离。然而，在 GIS 和空气绝缘变电站（AIS）中，需要隔离的空载部分具有一定的固有电容，它导致隔离开关需要切除一个容性电流。在切除 GIS 的空载部分时，这个电流约为几十毫安，在切除长母线、断路器均压电容器或者其他带电部分如短电缆时，这个电流可以达到几百毫安。即便在切除如此小的电流时也可以引起显著的操作过电压，特别是在高电压等级 GIS 中的隔离开关操作时更是如此。

隔离开关在切空载电流时，其特性是由隔离开关缓慢运动的触头之间的燃弧过程决定的。在 GIS 中隔离开关触头的运动可以持续几秒，在空气绝缘变电站中隔离开关触头的运动时间可达几十秒。与开断负载电流和故障电流的燃弧过程不同，隔离开关电弧是一个由击穿、燃弧、开断和重击穿等组成的连续的快速过程。这一连续过程的参数，如击穿电压、燃弧时间以及发生燃弧的频率等在很大程度上取决于开断介质和隔离开关附近的电路拓扑结构。

10.3.2.2 在 GIS 中的隔离开关开合

因为 GIS 中的母线段很短，所以隔离开关需开断的电流很小，大约在毫安量级。实际上在 GIS 中的空载电流不超过 0.5A[26]。开断这个小电流引起的弧触头之间的放电只能持续几微秒，但这么短的时间已足够平衡负载侧和电源侧之间的电压。这个电荷转移过程会产生一个特快速瞬态过电压（VFTO）。VFTO 的幅值等于负载侧和电源侧的电压瞬时值之差乘以一个过冲系数或峰值系数。

由于隔离开关操作的速度相对较慢，每次对隔离开关进行关合和开断操作时在隔离开关的触头间都会出现大量的预击穿和重击穿。

隔离开关的开合过程需要至少 100ms。在隔离开关打开时，VFTO 的幅值在增加，在隔离开关关合时，会产生一系列幅值下降的暂态波。

根据 VFTO 对设备的影响可以分作内部 VFTO 和外部 VFTO[27,28]：

- 内部 VFTO：行波产生于内部导体和外壳之间，对内部绝缘产生的应力很大。

- 外部 VFTO：在 GIS 外壳的非连续部分，如窗口和套管处，部分电磁波逃逸到外部，从而产生：

– 暂态电磁场（TEMF）。它对 GIS 连接的主要设备如变压器和测量互感器产生电磁干扰（EMI）。

– 行波。行波由 GIS 传输到架空线上，对连接的设备（变压器、测量互感器）产生影响。

- 瞬态外壳电压（TEV）。它对二次设备产生电磁干扰。根据 IEC 62271 – 1 标准[29]，在对二次系统产生的电磁扰动中，GIS 中隔离开关切空载电流操作是最严重的工况[30,31]。

图 10.7 所示为 145kV 三相共箱式 GIS 的隔离开关进行通电操作时的典型试验结果，图 10.8 所示是进行隔离时的典型结果[32]。电压波形的每一次垂直跳跃都是开关间隙发生了一次击穿造成的，击穿后由于电流很小电弧随即熄灭。在隔离过程中，由于触头间隙不断增加，击穿的间隔也逐步变长；通电操作与此相反，预击穿的间隔逐步变短。这些击穿在 GIS 内部引发了 VFTO。

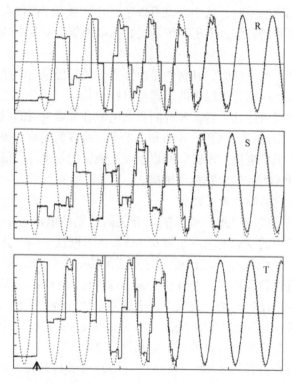

图 10.7　三相共箱 GIS 中隔离开关的合闸操作。实线：负载侧电压；
虚线：电源侧电压。时间：15ms/格；电压：25kV/格

隔离开关将 GIS 的空载部分隔离后，部分电荷积累在负载侧电容中，如果不考虑相间电容耦合的影响，累积电荷产生的最大电压值 $\hat{U}_t = -1$p. u. 。这个值对应于电源对地额定电压的峰值。在随后的合闸操作中预击穿有很大的可能性发生在电源电压的相反峰值上 $\hat{U}_s \approx 1$p. u. ，这样负载侧电压将在 2p. u. 乘以一个峰值系数 A_f 的范围内振荡，标准中规定 $A_f \geq 1.4$。这样，形成的相对地电压峰值 $\hat{U}_{p0,m}$ 为

$$\hat{U}_{p0,m} = |\hat{U}_s + (A_f - 1)(\hat{U}_s - \hat{U}_t)| = 1.8\text{p. u.} \tag{10.3}$$

而相与相之间的电压 $\hat{U}_{pp,m}$ 为

$$\hat{U}_{\mathrm{pp,m}} = |1 + \hat{U}_{\mathrm{s}} + (A_{\mathrm{f}} - 1)(\hat{U}_{\mathrm{s}} - \hat{U}_{\mathrm{t}})| = 2.8\,\mathrm{p.u.} \tag{10.4}$$

这发生在一相或其他两相上的电荷积累达到 1p. u. 时。

产生最严重 VFTO 的预击穿发生在如下情况：在前一次隔离操作后，GIS 被隔离的部分还带电，而电源侧电压处于相反极性的相对地工频电压最大值上。在图 10.7 中用箭头指出了这种情况。初看上去，这种情况下电压的最大跳跃应当是 2p. u. 。然而，三相共箱式 GIS 的隔离开关面对的情况是，由于相间电容耦合的影响，GIS 隔离段的电压有可能超过 1p. u. （见图 10.8）。这个电压跳跃会以电磁波的方式开始在 GIS 壳体内传播。

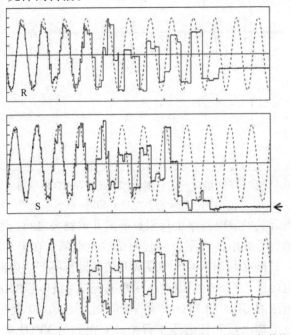

图 10.8　三相共箱 GIS 中隔离开关的分闸操作。实线：负载侧电压；
虚线：电源侧电压。时间：15ms/格；电压：25kV/格

为了进行认证，在 IEC 62271 - 102 标准的附录 F[26] 中规定了试验方式 1（母线带电开合方式）。在这种试验方式下电源侧相对地交流电压为 1.1p. u. ，负载侧预充电到一个负的直流电压 - 1.1p. u. ，然后隔离开关关合。系数 1.1 是一个安全系数。在试验中，应当测量导体与外壳间的暂态电压，即暂态对地电压（TVE），测量用的电容传感器位于 GIS 内部，距隔离开关触头 1m 以内。GIS 内部的 VFTO 既是高压又是高频，因此其测量很具挑战性[33-35]。

图 10.9 是一个典型的 VFTO 电压波形，示出了由图 10.7 中箭头指出的第一次电压跳跃引起的 VFTO 细节。波形中兆赫兹级的振荡来自于电磁波在 GIS 内部的反射，较低频率来自于外部电路。

VFTO 会导致放电等离子体相对于相邻导体的电位暂时上升。因为 GIS 设计得

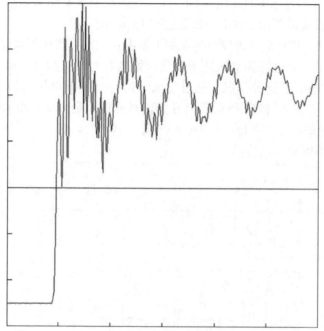

图 10.9　在 GIS 中隔离开关合闸操作引起的 VFTO 电压模式[32]。
时间：1μs/格，电压：50kV/格

很紧凑，所以隔离开关的放电基本上局限在隔离开关触头之间，不会发展成对外壳或者其他相导体的先导放电，否则会引起内部故障电弧。在 IEC 62271 - 102 标准中的附录 F 规定，试验必须确认 GIS 中隔离开关的动作不产生内部电弧故障。

因为最高额定电压的 GIS 的雷电冲击耐受电压与系统电压的比值相对较低[36]，所以在最高额定电压的 GIS 中 VFTO 成为一个问题。图 10.10 表明了这个问题，图中示出了世界上三个超高压和特高压工程中计算得到的 VFTO 幅值[37] 及其与 GIS 中标准耐受电压的比较[38]。在最高额定电压等级，GIS 中隔离开关操作产生的预期 VFTO 水平可以超过额定雷电冲击耐受水平。另外，在 GIS 变电站中隔离开关的操作过电压要比使用 SF$_6$ 和空气混合绝缘的混合技术变电站（MTS）中的要高。在额定电压超过 800kV 时，VFTO 成为决定 GIS 设计尺寸的限制性绝缘参数。

提高 GIS 中隔离开关触头的运动速度有助于减小 VFTO 的幅值。除此之外，还可以通过采用阻尼电阻[39]或者在每相导体上安装同轴磁环[40]来降低 VFTO 的幅值。也可考虑使用谐振器来消耗 VFTO 的能量，使该能量在 GIS 内部安全的地方通过火花放电进行释放[41]。

参考文献［27，42，43］对 GIS 隔离开关开合相关的技术和经验作了很好的综述。

10.3.2.3　在开放空间中的隔离开关开合

在开放的空间中用隔离开关开断小电流时，在空气中产生一个自由的电弧，在

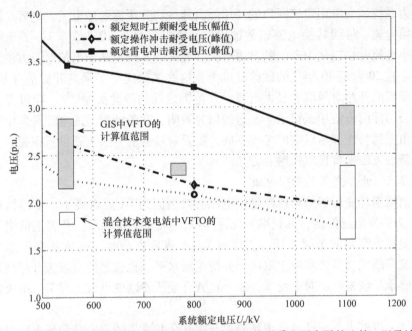

图 10.10 计算得到的 GIS 中的 VFTO 幅值与 GIS 的相关耐受电压水平的比较，以及计算得到的混合技术变电站中的 VFTO 幅值[36]

两个缓慢分离的触头之间燃炽，电弧位于隔离刀的顶部。因为没有有效的熄弧方式，所以电弧拉得很长，燃弧时间也很长。一般来说，随着系统电压和开断电流的增加，电弧长度和燃弧时间也增加。电弧拉长后不会保持为触头上弧根之间的一根直线，而是会趋近于系统的带电部分。图 10.11 展示了一个很长的即将熄灭的隔离开关电弧。这个电弧的驱动电压为 173kV，电流为 2.1A，持续了 2s。

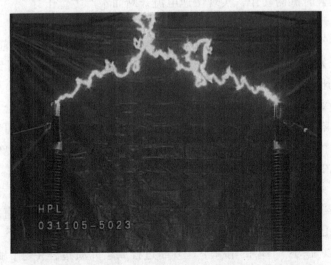

图 10.11 一台隔离开关在 173kV 电压下开断 2.1A 电流时产生的飘忽不定的电弧

电力系统通常采用空气断口的高压隔离开关切变压器励磁电流、电容电流以及母线转换电流。母线转换电流通常被称作回路电流（见10.3.3节）。关于隔离开关开断小电流时在空气中产生的自由电弧，北美的实践是基于电弧触及方法，这种方法建立在20世纪40年代的试验基础上，这些试验建立了隔离开关的开断电流、电流开断后的开路电压以及最大电弧触及范围之间的经验关系[44]。而世界上大多数电网公司倾向于使用试错法。最近的研究表明，在各种类型的电流开断中隔离开关的自由燃弧特性都与以前的考虑不同，需要对过去的方法重新进行审视，包括推荐一个新的方法来替代电弧触及方法[45]。

10.3.2.3.1　开合变压器励磁电流

目前低损耗变压器的高压侧励磁电流的典型值为1A或者更小。变压器高压侧的TRV为临界阻尼振荡，其频率为几百赫兹，如图3.10所示。开关上的交流恢复电压主要是电源侧的工频电压。当电流为1A或者更小时，电弧基本不体现热效应，电流开断成功与否实际上取决于介质绝缘水平，也就是说当触头开距增加到足够大能够承受恢复电压时电流就开断。在开合变压器励磁电流工况下，电弧触及现象不明显。

总体上说电力系统已经认识到隔离开关开合时发生的重击穿和预击穿对变压器的绝缘结构有负面影响。重击穿和预击穿都会产生涌流。因为重击穿和预击穿通常发生在电压峰值附近，而最大涌流发生在电压过零时（见11.4.5.4节），所以涌流一般会受到限制。另外，由于燃弧时间较短，因此电弧触及范围不会太大。由于涌流电流的影响，涌流效应延长了燃弧时间。

可以采用诸如弹簧储能鞭打机构或者叫鞭打式机构的高速装置[46]来防止重击穿的发生，这种机构在隔离开关的主隔离刀打开的无弧阶段保持不动，当主隔离刀打开到一定位置时机构动作，实现快速电流开断而不产生重击穿。

10.3.2.3.2　开合容性电流

当使用空气绝缘的隔离开关开合容性电流时，用户的需求通常超过0.5A，即对GIS隔离开关的要求[47]。要求开合的容性电流范围从变电站的母线排和互感器的小于1A到开断短距离电缆和传输线的10A（见4.2节）。

事实上隔离开关的电流开断是伴随多次重击穿的反复开断-关合过程。这一点从图10.12中隔离开关的电弧电流和电压可以看出。在图10.13中可以看到，每到一个电流零点（每半波一个零点）电流就被开断，紧接着在工频恢复电压峰值发生重击穿。只有在非常接近最终电弧熄灭时才能观察到在一个半波内重燃超过一次。

对于电流大于1A的情况，开断过程由热过程主导，表现为重击穿电压比较低，并且每个半波仅发生一次重击穿。重击穿将沿着先前的电弧通道发生，先前的电弧通道可能已经比较长，并且卷曲迂回地向上运动。在这种模式下，电弧触及已经变得相当长。在小于1A的情况下，开断过程属于介质过程主导，此时通常在比较高的电压下发生重击穿，电弧也更局限于触头之间。

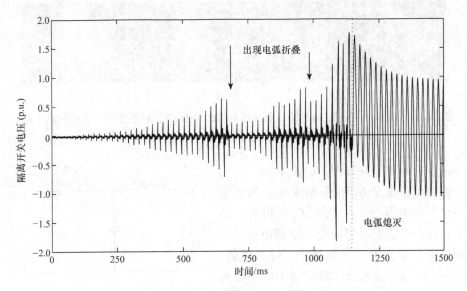

图 10.12　隔离开关电弧电压的演变过程

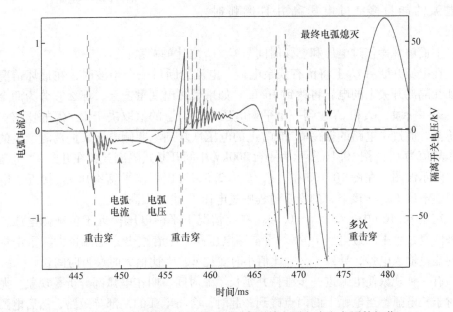

图 10.13　在接近最终电弧熄灭时隔离开关电弧电流和电压的细节

图 10.14 示出了这两种模式,可以看到它们在重击穿时发光强度上的差别。

由负载电流输入的能量和由重击穿过程输入的能量所维持的电弧维持都在同一电弧通道中,重击穿过程取决于电源侧电容 C_S 和负载侧电容 C_L 的值[48,49]。分析

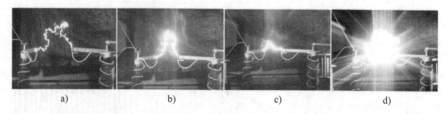

图 10.14　隔离开关电弧：a）热过程主导电弧的稳态；b）热过程主导电弧的重击穿；
c）介质主导电弧的稳态；d）介质主导电弧的重击穿[48]

这一过程的基本电路如图 10.15 所示。

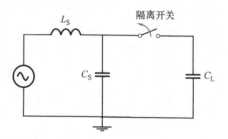

图 10.15　隔离开关开合容性
电流的基本电路

在发生重击穿 C_S 和 C_L 两个电容器会趋向一个平衡电压后，在 C_S 比 C_L 大得多的情况下，这个平衡电压将接近于电源电压。在这种情况下输入电弧的能量少，过电压低，燃弧时间也短。这种模式通常是 GIS 中隔离开关操作时发生特快速瞬态过程的情况。然而，当 C_S 远小于 C_L 时，情况正相反，即输入电弧的能量多，过电压高并且燃弧时间长。

下面解释操作过电压和燃弧时间与 C_S/C_L 之比的关系：

在电流开断后 C_L 上将留有残余电荷，电流开断后一个半波时，在最坏情况下施加在隔离开关上的电压将达到 2p. u. 。如果最终出现重击穿，那么它分为两个阶段：第一阶段，C_S 和 C_L 达到一个平衡电压 U_{eq}，U_{eq} 的值取决于 C_S/C_L 的比值；第二阶段，通过主电路的振荡 C_S 和 C_L 上的电压恢复到电源侧电压，振荡时产生的过电压峰值为 U_p。图 10.16 所示为一台 300kV 中间开断式隔离开关在开断 2A 电流时的实际示波图。在图 10.16a 中，$C_S/C_L = 2.5$，可以看出平衡电压 U_{eq} 接近于电源侧峰值电压 $U_{S.p}$，接下来的恢复过程中过电压 U_p 也不太高。

在图 10.16b 中，$C_S/C_L = 0.04$，在此情况下平衡电压接近于负载侧电压，接下来恢复过程中的过电压 U_p 高。重击穿电压高意味着重击穿电流也大，重击穿电流的能量输入电弧，导致 C_S/C_L 比值小时要比 C_S/C_L 比值大时燃弧时间长。

有一种现象使电弧进一步维持并延长燃弧时间，叫作电弧部分折叠现象。尤其是对于长电弧，当电弧上的两点碰到一起时，会将电弧的一部分短路，然后电弧发生折叠。断路器电弧也可出现类似现象（见 3.6.1.6 节中的图 3.21），只是出现的概率小。电弧折叠后变短，由于维持短弧需要输入的能量比维持长弧所需的少，因此电弧可持续更长的时间。

鞭打式机构也广泛用于容性电流开断。然而这类隔离开关基本上属于介质型开断装置，电弧的热效应限制了其应用，迄今这种限制还没有被明确。过去没有隔离

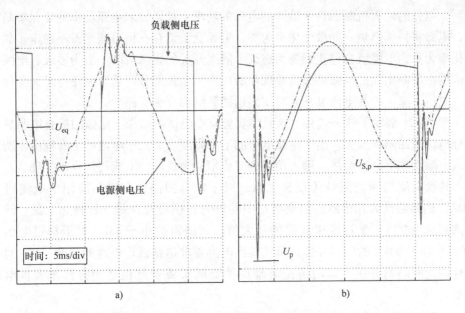

图 10.16 隔离开关的容性电流开断，发生重击穿时隔离开关负载侧电压和电源侧
电压之间的平衡过程：a) $C_S/C_L = 2.5$；b) $C_S/C_L = 0.04$

开关的试验标准，用户只能依靠产品说明书上对设备性能的描述。然而这些描述可能并没有基于实际的试验回路。IEC 发布的技术报告 62271 - 305[47] 规定了空气断口隔离开关，无论带或者不带辅助开断装置，都应进行容性电流开断能力试验。

10.3.3 母线转换用开合

　　母线转换用开合，也称作回路开合，是将电流从一条母线转换到另一条并联的母线上。其等效电路如图 10.17 所示。

　　与隔离开关并联的导电回路在很大程度上限制了母线转换时隔离

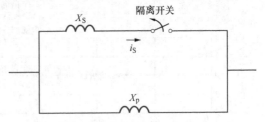

图 10.17 分析母线转换用开合工况的基本电路

开关上的电压，因此母线转换电流可以比 10.3.2.3 节讨论的容性电流或者励磁电流大得多。标准中规定了隔离开关在电流转换后施加在打开断口上的电压，对空气绝缘隔离开关规定为 100 ~ 330V，对于气体绝缘隔离开关规定为 10 ~ 40V[26]。规定电压值上的差异是由于空气绝缘变电站的回路长度要比 GIS 大得多造成的。

　　一旦触动触头打开，电弧就会自由飘动。在刀头的移动、热效应和洛伦兹力的共同作用下，电弧会拉到较长的长度。当电弧拉长时，电弧电压会增加，迫使电流流入并联支路，这个过程一直持续，直至电弧熄灭为止。当隔离开关中的电弧电压等于初始电流 i_S 乘以回路的总阻抗时电弧就会熄灭，即

$$u_a = i_S(X_S + X_p) \tag{10.5}$$

然而，电弧的熄灭机制源自于输入的电弧的功率：如果输入电弧功率的变化率是正的，电弧将持续燃烧；如果变化率为零，电弧会继续存在但可能变得不稳定。如果变化率为负，电弧就会停止燃烧而熄灭。隔离开关的燃弧时间一般为秒级，电弧触及范围由不断出现的电弧部分折叠现象所决定。电弧部分折叠现象使电弧又变得活跃，电压下降，一些电流又从并联支路返回到隔离开关支路中。

图 10.18 展示了这一过程，这是在实验室中测试的结果。电弧的折叠很明显使部分电流返回隔离开关。由于电弧电压的下降幅度显著大于电流的上升幅度，所以输入电弧功率下降。最终，输入功率的变化率变为负值，电流转换得以实现。

转换电流与回路阻抗为反比关系。对于输电回路，在实际应用中电流可达100A，回路阻抗为几十欧。但变电站中的母线转换用开合是一种特殊工况，转换电流高达 1600A，是标准中规定的最大值，回路阻抗小于 1Ω。对于额定电压为1100kV 和 1200kV 的隔离开关，母线转换电流要求达到额定电流的 80%[26]。对于这种用途的隔离开关，有时需配有辅助换流触头或者其他适当方法来实现电流开断。

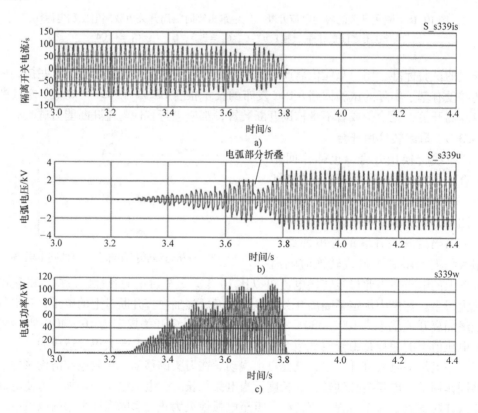

图 10.18　母线转换用开合过程，图中示出了电弧折叠现象：
a) 隔离开关回路的电流；b) 隔离开关的电弧电压；c) 电弧功率

10.4 接地

10.4.1 接地开关

接地开关是机械开关装置，用于将线路的一部分接地，能够承受一定时间的线路异常情况下的电流，如短路电流，但接地开关不需要承载线路正常情况下的电流。接地开关可具有关合短路电流的能力。

在采用同塔多回输电线路的情况下，即多条输电线路共用同一个杆塔时，由于不带电的线路或地线与相邻的带电线路之间的容性耦合或感性耦合效应，因此不带电的线路或地线上会有电流流过。接地开关用于将这些不带电的线路或地线接地，从而会执行下述开合操作：

- 当线路一端的接地连接处于打开工位，线路另一端的接地开关在执行开合操作时要开断或关合一个容性电流；
- 当线路一端接地，线路另一端的接地开关在执行开合操作时要开断或关合一个感性电流；
- 持续承载上述容性电流和感性电流。

接地开关开合的感应电流幅值取决于线路间的容性和感性耦合系数，以及电压值、负载情况和平行架空线的长度。

在接地开关相关的 IEC 标准[26]中，对输电线路接地用接地开关的开合要求进行了标准化。

快速接地开关具有将带电部件接地的能力，即关合短路电流的能力。通常它们带有弹簧操动机构，E1 级接地开关具有关合 2 次额定短路电流的能力，E2 级接地开关具有关合 5 次额定短路电流的能力。不具有短路电流关合能力的接地开关定义为 E0 级。

10.4.2 高速接地开关

高速接地开关是一种特殊类型的快速接地开关，它是一种单极操作的开关装置[50]。在 IEC 标准[26]中，这种开关装置被称为高速接地开关（HSES）。高速接地开关用于单极自动重合闸（SPAR）。当线路保护断路器在线路两端进行单极开断以切除架空线的单相故障后，紧接着（例如 1s 内）进行合闸操作。在"死区时间"（即故障相导体被断开的短时间）内，由线路的健全相与故障相之间的静电感应和电磁感应产生的电压维持，在已经切除故障电流的电弧通道中可能继续流过潜供电流，如 6.2.4 节所示。当线路电压等级很高以及架空线路很长时，潜供电弧的持续时间会很长，这会对成功执行单极自动重合闸带来威胁。这是由于在电弧拉长、风的冷却效应等外界因素的影响下，不太确定潜供电流是否会在一定时间内消失。如果未能成功执行单极自动重合闸，将导致线路两端的断路器进行三相开断，由此带来切掉负载以及系统变得不稳定等风险。

几十安的潜供电流一般在几百毫秒内熄灭，但电流达到 100A 时持续时间可能超过1s。

降低潜供电流的传统方法是采用并联电抗器中性点接小电抗。当中性点小电抗调到与换位架空线路的零序电容相等时潜供电流变得最小。

另一种解决方案是采用切除并联电抗器的方法，它尤其适用于不换位的架空线，即切除某个健全相的并联电抗器[51]。对于单回长架空线而言，采用并联电抗器中性点接小电抗和切除并联电抗器方法是完美的解决方案，而对于短架空线路而言（没有安装并联单抗器），这些方案成本太高，并且对于双回架空线这些方案没有什么效果。

在这种情况下采用高速接地开关是解决潜供电弧的一个有效方法。它将故障相接地，这样原故障点的潜供电流就转移到高速接地开关中。通常的做法是在线路两端都配有高速接地开关，如图10.19所示。图中上面的电路为正常情况，或者在双回线路中是正常线路。图中下面的电路示出当最下面的一相出现故障时，在故障位置的两侧的线路保护断路器开断故障电流后，这一相的高速接地开关关合，潜供电弧被旁路，电弧熄灭。

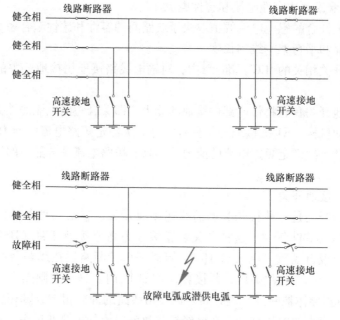

图 10.19 单相自动重合闸时采用高速接地开关的工作原理

其操作顺序如下：①线路两侧的断路器切除单相故障；②在几百毫秒内线路两侧相应极的高速接地开关关合；③在关合大约0.5s之后高速接地开关打开；④在1s"死区时间"以内，线路断路器执行单极自动重合闸的关合操作。

与断路器一样，高速接地开关也装有灭弧室和快速操动机构。从电气角度上说，高速接地开关的任务是开断由健全相通过静电感应和电磁感应产生的电流以及开断平行回路的相电流。最严重的情况是高速接地开关在打开的瞬间，这个先前的健全相流过了一个故障电流。这种情况可能发生在雷雨天，闪电直击线路或者打到线路附近时。在雷雨天沿着同一通道发生连续的闪电是很常见的现象，这一点应当在高速接地开关的工况中予以考虑。

另外，需要特别提及的一点是在同一时间内执行单极自动重合闸操作的次数，即在不威胁系统稳定性的前提下能够断开的相的数量。这与远距离电力传输有关，尤其是电压在800kV及以上时[52-55]。在三个单回架空线路平行布置的情况下，可以考虑采用三相自动重合闸（TPAR），这样潜供电弧就不是问题。然而在双回架空线路情况下就得采用单极自动重合闸，并采用高速接地开关进行配合，这样每极就可以单独进行操作。在双回架空线路情况下总共有6极，每相有2极，因此可在同一时间内进行多次单极自动重合闸操作，只要保证至少在不同的两相中有2极处于闭合位置进行能量传输即可。这样的架空线操作方法叫作多相自动重合闸（MPAR）。

10.5 与串联电容器组有关的开合

10.5.1 串联电容器组的保护

在长输电线路上安装串联电容器组，也叫作串联补偿。串联补偿可以减轻沿线路的电压降低，并减小馈线端电压和受电端电压间的相角差，以增加线路的传输能力和系统稳定性。如果在串联电容器组后面发生故障，因为总阻抗减小，所以故障电流要比没有串联电容器组时大。另外，在开断故障电流时，电容器被充电，在电流零点时电容器上的充电电压正比于短路电流。因此，串联电容器组时产生的TRV峰值会比没有串联电容器时高。其原因在于，一方面是由于故障电流变大，另一方面是由于串联电容器组上又增加了一个直流电压。还有，连接在同一条母线上的其他架空线的串联电容器组也会在母线侧增加相应的直流电压。如果没有限制措施，串联补偿后开断故障电流时的TRV可以达到相当高的峰值[56]。

降低TRV峰值已经有许多措施，这些措施中的大部分可用来保护串联电容器组。将金属氧化物电阻片（MOV）与串联电容器组并联可对出现的高电压进行保护。其他保护措施还包括采用火花间隙来限制电容器组上的电压，以及采用触发间隙[57]、快速保护装置、旁路开关[58]、晶闸管控制串联电容器组技术等。可用阻尼电抗器来限制涌流电流。为了限制TRV峰值，可采用避雷器与大地连接的措施或采用金属氧化物电阻片与断路器并联等措施（见11.3.3.2节）。快速保护装置的触发信号既可由给断路器发出跳闸指令的线路保护装置提供，又可由串联电容器组的保护装置提供。这样在切除故障时串联电容器组被旁路，对TRV峰值不再产生影响。

在IEC 60143-1标准[59]中给出了多种串联补偿电容器保护方式的范例。

图10.20所示的串联补偿电容器保护方式采用金属氧化物电阻片、限流电抗

器、火花间隙和旁路开关，实现了完全保护（见 10.5.2 节）。

不使用金属氧化物电阻片或者火花间隙也可以进行保护，虽然这在超高压系统中很少见，但是也有仅仅采用旁路开关保护串联电容器组的情况。

当串联电容器组的放电电流叠加在工频故障电流上时，可产生极端的工况。据报道，在一次避雷器压力释放试验中，

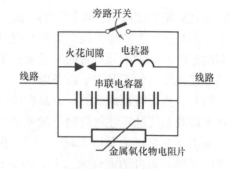

图 10.20 串联电容器组保护的基本电路图

电压为 245kV，在 60Hz、31.5kA 的故障电流上叠加的串联补偿电容器组放电电流为 3kHz、峰值高达 447kA[60]。

10.5.2 旁路开关

为了在线路故障情况下保护串联电容器组，也为了对补偿水平进行调节，需要一种快速开关装置，即旁路开关（见图 10.21）。旁路开关闭合时可对串联电容器组进行金属短路，如果还并联有金属氧化物电阻片、火花间隙或者快速保护装置，也一并将其短路。对于旁路开关的要求，可参见标准 IEC 62271-109[61]。

图 10.21 串联电容器组保护用旁路开关

为了保证保护装置的快速投入，要求旁路开关的关合时间短。因此，旁路开关的操动机构的合闸操作一般要比分闸操作快。旁路开关还用于故障清除后将电容器重新投入传输线中或用于调节补偿水平。

10.5.2.1 绝缘强度

在旁路开关的设计上，由于对不同部件（即旁路单元和支撑极柱）的绝缘水

平要求不同，因此旁路开关的对地空气净距与断口上的空气净距通常不等。旁路开关的对地绝缘水平取决于输电线路的额定电压，通常大于 300kV。

旁路单元的绝缘水平应与串联电容器组和其他保护装置的额定电压值相匹配。旁路开关的额定电压取决于串联电容器组的从单相到三相的绝缘水平，再根据 IEC 62271 - 1 标准[29]选取最接近的额定电压值来确定，一般低于 300kV。因此，旁路开关在设计中通常采用单断口，对于参数要求较高的情况，采用尺寸稍小一点的双断口设计。

10.5.2.2　关合旁路电流

旁路开关在关合串联电容器组时会因电容器组放电而产生极大的涌流，旁路开关必须能够关合这个涌流。虽然串联的限流电抗器会限制这个放电电流，但是涌流峰值仍有可能超过 100kA。

另外，在涌流的高频率及高幅值的共同作用下，给预击穿过程（在触头关合中产生的燃弧过程）带来了相当可观的燃弧应力，因为在预击穿期间涌流已经到达峰值。

普通用途断路器所面临的工况远没有这种工况的燃弧应力大。对于普通用途断路器而言，其最严重的关合工况是关合背靠背电容器组（见 4.2.6 节），即旁边的并联电容器组已经投入的情况下，再投入一组电容器。

对触头系统和操动机构进行适当的设计可防止触头发生不可分离的熔焊和过于严重的磨损。触头系统必须能够应对强磁场产生的电动力、燃弧带来的压力上升以及触头（磨损）产生的摩擦力[62]。取决于输电线路的故障情况，旁路串联电容器组时实际出现在旁路单元上的关合电流和电压并不相同。在正常工作条件下的关合，只有电容器组的放电电流通过旁路开关。这个电流的取值取决于旁路平台装置的设计（串联电容和阻尼装置）。标准中规定其峰值最高为 100kA，频率最高为 1kHz。

在输电线路发生故障的情况下，串联电容器组的放电电流会叠加在线路故障电流上。在这种情况下，通常在线路断路器还没有来得及开断故障电流时，旁路开关就先关合了。

10.5.2.3　串联电容器组的重新投入

旁路开关必须能够在满负载条件下断开旁路电路，将串联电容器组（重新）投入到线路中，从而负载电流从旁路电路转移到串联电容器组中。基本上这属于负荷开关的操作，只是其恢复电压有些特别，具有（1 - cos）的容性特性，这是由于电容器的存在造成的。这个开断工况与 IEC 62271 - 100 标准的 6.111 条所规定的容性电流开断试验不同，不同之处在于其恢复电压的频率是工频电压和具有（较高）频率的暂态电压叠加所决定的，暂态电压来自于线路电抗和串联电容的相互作用。其结果是恢复电压达到峰值的时间要比标准容性开断的恢复电压的工频半波时间短。为了用一个试验方式覆盖 50Hz 和 60Hz 的大多数应用，标准规定恢复电压达到峰值的时间为 5.6ms，恢复电压的波形具有（1－cos）的形状[61]。因为理论上重击穿电流甚至比旁路关合电流还要大，所以重击穿的风险必须降到最小，以避免重击穿电流。

10.5.2.4 技术

由于关合操作中的电流很大、频率很高，因此关合过程中的预击穿电弧能量给旁路开关的触头材料带来了极大的应力。这个应力会因相应的物理效应而增大，例如集肤效应会导致触头表面区域形成高电流密度。为了减小触头的磨损，可以采取以下三种措施：

- 减小预击穿时间；
- 优化电流分布；
- 改进触头的抗磨损性能。

减少预击穿电弧时间可以通过降低电场强度使得触头间隙首次放电时的开距更小，或者提高旁路开关的关合速度来实现。为了达到这个目的，可以在旁路开关中采用绝缘喷口并配备双动弧触头系统来实现。通过使静弧触头运动，使得弧触头相对主触头的合闸速度有明显提高。

首次放电发生在静弧触头和动弧触头之间。一直到弧触头闭合预击穿电弧才停止燃烧。因为弧触头的尺寸很小，所以触头表面区域的电流密度变得很大，因此主触头必须立即关合。

10.6 开合操作导致的铁磁谐振

当一个电容与一个电感和一个小电阻串联时有可能发生串联谐振，其谐振频率主要由电容和电感决定。当激励的频率达到谐振频率的量级，特别是达到谐振频率点时，电容和电感上将出现很高的电压。电容和电感上的电压相位相反，互相抵消。如果电感的磁路由铁磁材料构成，那么谐振所导致的高电压将使得磁路饱和并产生很大的励磁电流。磁路饱和的结果使得工频电压和工频电流产生了畸变。另外带有铁磁材料的电路具有非线性特征，可能在一个很宽的频率范围内引起谐振。由铁磁材料引起的谐振现象称作铁磁谐振。应避免出现铁磁谐振，因为铁磁谐振引起的过电压和过电流很大，可能会引起设备的损坏以及对电力系统的干扰。避免发生铁磁谐振的最好方法是调节串联电路的电容和电感以避开铁磁谐振的条件，还有就是在一次侧或二次侧电路上增加阻尼。

虽然最核心的问题是找到导致铁磁谐振的条件，但这个现象非常复杂[63]。因为铁磁谐振具有非线性特性，所以它可能以不同的稳态方式出现。铁磁谐振的产生与系统参数紧密相关，并且对初始条件非常敏感[64]。为什么开合操作能够触发铁磁谐振？其原因在于开合操作改变了初始条件。当然系统中的其他变化也可能引发铁磁谐振，如产生故障、电压跃变以及谐波等。

下面列举了一些可能引起铁磁谐振的系统条件：

● 电压互感器通过一台处于分闸状态断路器的均压电容器与工频电压源相连（例如母线）。在这种情况下避免铁磁谐振的方法包括打开隔离开关、在电压互感器上并联一个大的电容（例如架空线）或者在电压互感器的二次侧接入阻尼电阻。

● 电压互感器经一定的零序电容接入中性点非有效接地系统。解决的方案是将零序电容增大（加装电缆或者电容器）。

● 三相断路器在投运或切除变压器或并联电抗器时某极被卡住。其原因在于单极或者两极带电时零序电容或者相间电容（取决于变压器中性点的处理方式）起着重要作用。避免出现这种情形的方法是检测极间不同期性，然后自动开合被卡住极或者其他断路器。当变压器带载时会限制发生铁磁谐振的风险。

当负荷开关的一相或两相被卡住或者喷射式熔断器的一相或两相断掉也会出现同样的问题[65]。

● 装有并联电抗器的单极自动重合闸线路或者直接与变压器相连的单极自动重合闸线路。在这种情况下限制铁磁谐振风险的办法是保持并联电抗器的励磁特性曲线的线性达到 1.3p. u. 或者更高，以及变压器带载。

● 在中性点电压与二次侧及其电压互感器之间有容性耦合的中性点非有效接地系统中发生单相故障。在故障清除后由于中性点电压还可以维持，因此增加了铁磁谐振的风险。对于可维持的铁磁谐振，在二次侧中性点以及在电压互感器二次侧加装阻尼装置可减小其风险。

应注意铁磁谐振引起的过电压也可能发生在健全相上[66]。

如果想更深入地了解铁磁谐振、解释如何在一次及二次电厂和保护系统中应对铁磁谐振的物理机理，这已经超出了本书的范围，请参考关于铁磁谐振的文献[67-69]。

10.7　并联电容器组附近的故障电流开断

在发生故障的地点附近存在电容器、特别是电容器组时，虽然这不属于容性电流开断的工况，但它对故障电流的开断也会产生不可忽视的影响。

一般来说电容对于 TRV 的影响是降低了其上升率，其原因在于 TRV 的频率降低。TRV 的等效频率 f_{TRV} 可近似表达为

$$f_{TRV} = \frac{1}{2\pi}\sqrt{\frac{1}{L_S C_p}} \qquad L_S = \frac{U_r}{\sqrt{3}\omega I_{sc}} \tag{10.6}$$

有时利用电容的这种影响来降低 RRRV，例如当实际运行中 RRRV 超过试验时的给定值时，当加装串联限流电抗器使 RRRV 高到不可接受时就属于这种情况，参见3.5 节。

在电容器组附近发生短路的情况下，产生的 TRV 受电容器组电容（C_b）的影响很大。其基本电路如图 10.22 所示。

图 10.23 比较了两种情况的 TRV：一种情况是故障电流开断的标准 TRV

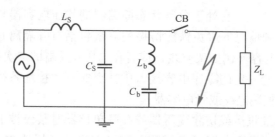

图 10.22　在电容器组附近发生故障情况下计算 TRV 的基本电路

Z_L—负载阻抗　L_b—限制涌流电流电抗器　C_b—电容器组 $C_S \ll C_b$

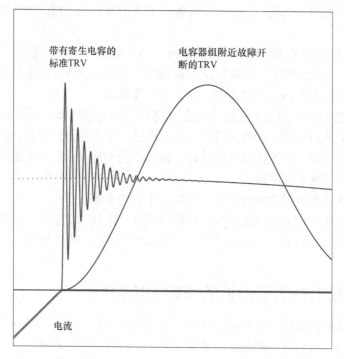

带有寄生电容的
标准TRV

电容器组附近故障开
断的TRV

电流

图 10.23　带有寄生电容的标准 TRV 和电容器组附近故障开断的 TRV 比较

（150kV 系统，杂散电容 $C_S = 5\text{nF}$）；另一种情况是在一个电容值为 $C_b = 10\mu\text{F}$ 的电容器组附近开断故障电流的 TRV。在这个例子中，到达 TRV 第一个峰值的时间从 $20\mu\text{s}$ 增加到 $820\mu\text{s}$。这个时间与容性电流开断相比仍然是一个很小的数值，在 50Hz 情况下的容性电流开断中，达到 TRV 峰值需要 10ms。由于电容器组对恢复电压上升率带来的缓冲效应，燃弧时间可降到很短，这样在 TRV 作用下就可能因触头开距太小而带来可观的复燃风险。研究表明，开断高频复燃电流会引起严重的过电压[70]。

图 10.24 示出了开断波形。断路器复燃后，电容器组以涌流的方式对复燃电流做出贡献。这个复燃电流可以被具有高 $\text{d}i/\text{d}t$ 电流开断能力的断路器开断，如真空

断路器和某些 SF$_6$ 断路器。开断后由于电容器组的电荷不能释放，因此 TRV 会抬得很高。要降低 TRV 值需增加阻尼[71]。

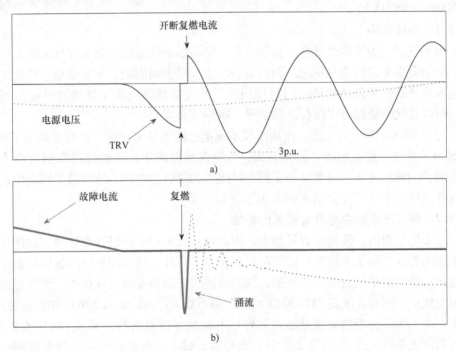

图 10.24　a）故障电流开断后出现复燃和 b）涌流

10.8　特高压系统中的开合

随着对电能需求的不断增长，在世界范围内对可持续性电力的需求也在不断增长。不仅在经济增长、电能应用不断增加的国家如此，如中国、印度和巴西，而且对于经济发达、不断把电能转为优先能源的国家也如此，如日本、欧洲和北美。除常规发电厂之外的可持续性电力，包括水力发电厂和核电厂，越来越趋向于建在远离负荷中心的地方。进而，要大规模、分布式、远距离地实现可持续性电力，需要强大的基础设施相互连接，用来交换产出电能的波动。

远距离大容量的电能传输使得许多国家的电力公司不得不采用额定电压超过 800kV 的交流电网以及额定电压超过 600kV 的直流电网。根据 IEC 术语规定，额定电压指系统持续工作的最高电压，额定电压被分为一些离散值。因此，系统额定电压 800kV 包括设计电压为 735kV、765kV 和 787kV 的系统，这些电压属于超高压（EHV）等级。交流特高压（UHV）等级指额定电压在 800kV 以上的系统，实际上指 1100kV 和 1200kV。

所有这些电压都是典型的用于远距离大容量电力传输的等级。传输走廊由两条或三条单回路架空线或者双回路架空线组成。传输容量的典型值为每回路 6000 ~ 7000MVA。发电厂容量为 10000 ~ 15000MW 甚至更多。三相变压器组的典型容量为 3000 ~ 4500MVA。

10.8.1　绝缘水平

出于空间、美学和经济等方面的考虑，特高压系统基础设施的尺寸必须尽可能小。必须采取专门措施尽量减小开合暂态冲击和雷击的影响。大容量电力传输线路还应保持最高的可靠性标准。通过使用现代的避雷器以及采用精确计算和仿真技术，可以优化绝缘配合以降低绝缘水平，减少冗余度。

对于 800kV 等级的系统，使用的技术规范已经超过 45 年[72]，它是基于 420kV 和 550kV 系统外推出来的。另一方面，在特高压系统中，新的规范在很大程度上基于最新的解析技术，尽量减小了瞬态过电压和暂时过电压，这导致了特高压装备的推荐绝缘水平并没有高出 800kV 电压等级很多。

10.8.2　特高压系统中与开合相关的特性

由于电压很高，传输的容量很大，因此特高压采用了多根分裂导线，这样与较低电压相比，特高压系统对行波的阻尼比较小。另外，特高压系统的辐射状拓扑结构导致行波以简单反射的模式传播，因此行波的折射和变形也就很小，使得对行波的阻尼较小。因而，决定 TRV 峰值 u_c 的振幅系数 k_{af}（见 13.1.2 节）相对比较高。然而，由于大部分短路电流是通过大容量电力变压器提供的，其 X_0/X_1 比值较小，因此首开极系数 k_{pp}（见 3.3.2.2 节）会相对比较小。与此同时，应当考虑到在实际工作条件下，金属氧化物避雷器会把 TRV 峰值 u_c 钳制到仅略高于避雷器的操作冲击保护水平（SIPL，见 11.3.3.2 节）的某个数值上。

与较低额定电压的外推值线路设计相比，800kV 及特高压线路的紧凑设计会导致每千米线路的电感更小、电容更大，波阻抗更低。在较高频率下，如几十千赫，即行波的范围，波阻抗比工频情况下还要低。此外，紧凑型集束导线的波阻抗要比非紧凑型普通集束导线高得多。然而对于瞬态现象，由于特高压集束导线的刚度很大，并且短路故障切除时间短，因此紧凑型集束导线的影响可以忽略不计。日本的特高压研究中测量了紧凑型集束线路的故障电流开断时间，当故障电流为 41 ~ 53kA 时，故障电流开断时间为 90 ~ 124ms。

从日本、意大利和南非对故障架空线的波阻抗研究中可以得到，对于最后开断极来说，非紧凑型线路的等效波阻抗接近 300Ω，而紧凑型线路的波阻抗则升至 430Ω[73]。

IEC 标准规定了近区故障最后开断极的等效波阻抗额定值如下：

- 额定电压 800kV 及以下为 450Ω；
- 特高压系统为 330Ω。

TRV 的初始阶段与等效波阻抗紧密相关。最陡的 TRV 来自于开断近区故障时产生的行波，其 TRV 上升率（RRRV）由线路的波阻抗和短路电流决定（见 3.6.1

节）。由于线路和断路器之间电容的影响，在经过一个时延之后最陡峭的 TRV 才得以出现（见 3.6.1.3 节），标准中规定试验线路的固有时延为 0.5μs 以代表上述工况。当断路器用在空气绝缘变电站时，由于特高压变电站非常大，行波在变电站内的母线上传播。这一现象就是初始暂态恢复电压（ITRV）产生的原因（见 3.6.1.2 节）。1~2μs 时延后，这些行波立即导致 TRV 在前 1.5μs 内陡峭上升。负反射的行波可减缓 TRV 的初始上升陡度。母线波阻抗的典型值为 300Ω（特高压系统）和 325Ω（800kV 系统）。

在气体绝缘变电站和混合绝缘变电站中母线的波阻抗相当小，典型值为 90Ω。然而，由于母线长度很短并且像套管这类设备的电容很大，因此在这样的变电站中，ITRV 并没有多大问题，可以忽略不计。

在额定电压 800kV 及以下，断路器应对 ITRV 的能力必须通过近区故障试验来进行验证（波阻抗为 450Ω，电流为额定短路开断电流的 90%），试验中不能有显著的时延（时延小于 0.1μs）。因为在特高压系统中，架空线的波阻抗与母线的波阻抗相近，所以只有用 450Ω 的架空线波阻抗做过近区故障试验才能认为已经覆盖了 ITRV 现象。这一点通常对双断口的特高压断路器来说不是问题，其每个断口都能够在 550kV 下开断近区故障。

在大型特高压变电站中，例如在空气绝缘变电站中导线长度达到几百米，因此距断路器一段距离处有出现故障的可能性，这是其独特的地方。在这种情况下，特高压断路器的两侧都将出现显著的 ITRV，这将导致断路器上的 ITRV 加倍。通常特高压变电站采用双断路器或者一个半断路器的设计方案[74]，变电站中的两台断路器需要同时开断故障电流。最终其中的一台会最后开断。相对于近区故障型式试验中采用的 450Ω 波阻抗及 90% 的额定短路开断电流，上述的双侧 ITRV 相当于波阻抗为 2×300Ω，覆盖了 70% 的额定短路开断电流。特高压空气绝缘变电站的用户必须仔细研究以决定是否需要考虑双侧的 ITRV，除此之外还要考虑母线的波阻抗以及变电站的最大预期故障电流水平。

因为在特高压系统中采用了沉重的集束导线，由此导致短路电流的直流时间常数比 IEC 标准[13]中给出的额定电压 550kV 及以上系统的备选值 75ms 大。对于特高压系统，100~150ms 的直流时间常数值已有报道[73]。直流时间常数在 120~150ms 之间的差异对故障电流峰值和电流过零前非对称电流的大半波造成的影响可以忽略不计。因此，对特高压系统，IEC 规定其直流时间常数为 120ms。

对特高压系统提出的许多优化技术都可以考虑用于 800kV，有时甚至可以用于更低额定电压等级。特别是大多数与母线长度和间隔连接不相关的特性和参数对于特高压和 800kV 是相近的，包括空气绝缘变电站中架空线和母线的波阻抗、首开极系数和振幅系数 k_{pp} 和 k_{af}、对避雷器的影响和优化、长线故障条件（见 3.6.2 节）、短路电流的直流分量、容性电流开断 TRV 以及感性负载电流开断特性等。其他的参数表现了相似的趋势，但由于尺寸上的差异，它们与特高压系统参数的差异很大。例如达到 ITRV 峰值的时间 t_1 以及电力变压器的等效电容值，这个电容是变压器限制的故障的一个重要参数。

另一方面，因为 800kV 系统的运行经验要比特高压系统丰富得多，所以由 800kV 系统获得的有价值的信息已经用来建立特高压系统的标准，最新的断路器标准扩展到了特高压 1100kV 和 1200kV[13]。

10.9 高压交流电缆系统的特性

10.9.1 背景

在交流电网中采用高压电缆来扩展现有的电网是一种颇受欢迎的方法。在架空线附近生活的人不愿意接受新建的高压架空线。在风景中出现的高压架空线和杆塔会产生很强的视觉冲击及生态影响。人们长期处于高压架空线产生的低频电磁场中会引起对健康影响的担心。

架空线的最大电场强度出现在导体表面。在 400kV 架空线正下方的电场强度在 $7\sim10kVm^{-1}$ 之间。在距离架空线 25m 远时电场强度小于 $5kVm^{-1}$，这是可接受的对人体辐射水平。在电缆系统中，仅在内芯和屏蔽层之间存在电场，电场不会渗透到电缆外部，共原因在于电缆的屏蔽层导体通常与地电位相连。在这种情况下，电场被封闭于电缆芯和屏蔽层之间。载流电缆周围的磁场强度比架空线要强，但随着距离的增加衰减得更快。新建架空线路公共用地磁感应强度暴露限定值：意大利规定为 $3\mu T$，瑞士规定为 $1\mu T$，荷兰规定为 $0.4\mu T$[75]。

10.9.2 当前现状

世界上有几家电网公司正在研究采用超高压交流电缆的可能性[76]。丹麦计划于 2030 年在现有的 132kV 和 150kV 线路中采用地下电缆。电缆既可以扩展电网又可以代替现有的架空线。在较低的电压等级（配电等级）中电缆已经得到广泛应用。在 2005 年，正在运行中的陆地交流电缆总长度达 33000km[77]。在 2001～2005 年期间安装的 220kV 以下电压等级的电缆有 90% 采用交联聚乙烯（XLPE）绝缘。220kV 及以上电压等级的电缆有超过 40% 采用油浸式（SCOF）绝缘。

当前，对于系统中集成超高压远距离交流电缆后会有怎样的特性，电网规划人员和系统运行人员都缺乏相应的经验。2014 年，最长的超高压电缆在日本运行；四条电压等级为 500kV 的线路并行，每条长度为 40km[78]。丹麦安装了一条 150kV、100km 长的电缆与海上风电场相连[77]。

在电网中采用电缆以及架空线 – 电缆 – 架空线混合线路将会从以下几个方面影响电力系统的特性。无论是对于小扰动还是大扰动，电缆的稳态影响和暂态响应都与架空线有明显不同。这涉及带有电缆的电力系统的系统稳定和供电安全。因此，在电缆集成进系统投入运行前，就应当对所有的稳态和暂态现象进行研究。

从安装角度看，长度超过 $1\sim2km$ 的高压电缆需要采用交叉连接方案以减小屏蔽层中的感应电流。在较短距离下，通常采用单点连接方案。从电气角度看，架空线不能简单地用电缆进行替代。电缆的电气特性与架空线不同。架空线是由空气围绕的传输线，除了空气以外没有其他绝缘介质，以电感特性为主。电缆芯和外面的屏蔽层都是由导体构成的，电缆芯和屏蔽层中间是绝缘材料，夹有半导体层，因此电缆以电容特性为主。高压电缆单位长度的电感和电容值与架空线的电感和电容值不同。电缆的等效电感只有架空线的 1/5，而对地电容值是架空线的 20 倍。其结果是电缆的波阻抗只有架空线的 1/10，行波速度是架空线的 1/2。电缆的波阻抗在 30~70Ω 之间。这意味着电缆的自然功率（SIL）是架空线的几倍，自然功率是由波阻抗和施加的电压决定的。因而，当电缆的负载小于自然功率时电缆特性类似于一个接地的电容，而电缆的负载大于自然功率时电缆特性则类似于一个串联的电抗。当自然功率较大超过电缆载流容量（即正常载流能力）时，电缆呈容性。当电缆的负载等于其自然功率时，没有净无功功率流动，这样沿着电缆有一个平坦的电压分布。

一个电容可以看作是一个无功功率源，从而一根带电的电缆会向电网注入无功功率。电缆的容性电流幅值取决于电缆上所施加的电压和电容的大小，电缆的电容值等于单位长度的电容乘以电缆的长度。当电缆载流容量完全被容性电流所消耗时，电缆将无法传输有功功率，此时的电缆长度达到了临界值。由此可以看出容性电流是交流电缆应用于远距离传输的主要限制。因此采用热限定下最大运行长度（MOLTL）的定义[79-81]作为电缆稳态运行的设计准则。容性充电电流较大时也会对电缆寿命产生影响。这样在使用长的超高压交流电缆时，电缆充电电流造成的劣化成为一项需要考虑的重要因素。高压设备一般都是感性的，需要无功功率。对于利用磁场以实现其功能的设备来说，例如变压器和电动机等，无功功率是不可或缺的。然而无功功率仅能够短距离传输，需要在当地注入和消耗。在系统中使用长电缆时，可能会存在产生无功功率的地点和需要无功功率的地点不平衡的问题。

在任何运行条件下，多余的无功功率都会引起电缆终端和电网中相邻节点处工频电压上升。一般在接通或断开电缆时允许有 3% 的电压波动幅度[82]。开合电缆时允许的电压波动幅度是在电网调度规程中规定的。为了保持稳态过电压在可接受的水平以内，需要对无功功率进行补偿。通常电缆连接的长度超过 30km 时就需要进行补偿，补偿可以通过使用并联电抗器进行固定补偿或可调补偿。并联电抗器一般安装在电缆两端或者安装在变压器的第三绕组上。

开合并联电抗器可能会引起无功功率在系统电感和电缆电容之间进行振荡交换。这个振荡叠加在系统的正常频率上，可以引起电网中电压的暂时上升。在并联电抗器补偿的架空线 - 电缆 - 架空线混合线路中的开合操作也会引起过电压。在参考文献 [83] 中，仿真了丹麦的一条 90km 长的 400kV 电缆系统的切除操作。与切除前的电压相比，出现了 132% 的过电压。这个过电压是由电缆和并联电抗器之间的谐振造成的。丹麦的另外一个研究表明，一条规划的 60kV、18.5km 长的电缆在切除后不存在明显的过电压[84]。在参考文献 [56] 中也报道了类似情况。

当断开相与运行相之间有容性耦合时，补偿曾引起线路谐振。当每根单芯绝缘电缆之间不存在容性耦合时，线路发生谐振的风险大大降低，补偿率可以达到100%。补偿的程度对于电缆充电电流和沿电缆的电压分布有影响。对于400kV电缆系统的一项研究表明，电缆两端的两台并联电抗器将电缆两端的充电电流降低到最大值的一半。

对于长电缆的系统研究表明，推荐每隔15～40km的距离就要安装并联电抗器[85]。有在一项可行性研究中，分析了并联补偿对一条400kV电缆电压分布的影响[86]。潮流计算在空载条件下进行，电缆一端开路，另一端电压设定为415kV。采用的最低补偿率为93.3%，使得沿电缆的电压保持在420kV以下。最大的（过）补偿率设定为111.9%，其结果是沿电缆所有位置的电压都在415kV以下。

在另一项由CIGRE B1.05工作组进行的研究中[87]，有一根电缆的终端连在电缆－架空线的连接点上。这个终端有一个线性变化的波阻抗，为30～90Ω。研究表明，对于上升沿为2μs的入射波电缆电压上升2%，对于上升沿为1μs的入射波电缆电压上升1%。沿电缆传播的电压波和电流波的速度大约是沿架空线传播速度的50%，电压波和电流波在电缆芯与屏蔽层之间传播。

在电力系统暂态分析中，架空线－电缆－架空线混合系统在遭受雷击情况下的特性十分重要。雷击会引起很高的过电压，它会影响设备的绝缘，建议采用过电压保护装置，如避雷器。对于一条380kV的架空线－电缆混合系统的研究结果表明，雷电绕击不是太大的问题[88]。此外，在电缆两端安装避雷器可以将塔基处电压减小10%～15%。

另一项与电缆并联补偿有关的事情是失零现象，它通常会出现在给并联补偿的电缆通电的过程中。电流直流分量的衰减取决于电缆和电抗器的电阻，通常都很小。这会导致电流在几个周波内失零，意味着电流开断将会延迟。所以，需要采取措施防止断路器无法开断。实际上已经提出一些方法来抑制失零现象，如采取预插电阻的方法[56,89,90]。

电缆和架空线可以组成并联回路。由于电缆的阻抗较低会导致潮流的不均衡，甚至会导致电缆线路过载。这意味着在稳态运行中，需要采用两种不同的方式进行补偿，即针对多余无功功率的补偿和针对阻抗不同的补偿，以控制潮流。由于电缆的电容较大，因此也会对系统谐振频率产生影响，使得谐振频率很低。长的高压电缆由并联电抗器补偿后会形成一个由电缆电容和并联电抗器电感组成的并联谐振回路。由电缆电容和变压器漏感还组成了一个串联谐振回路。无论是并联谐振还是串联谐振都会导致暂时过电压。

电缆不仅会影响稳态运行，还会影响暂态过程。一般而言，暂态过程会引起慢前沿、快前沿和特快前沿的过电压。例如，在电缆通电、断电操作，线路开合以及故障开断中会出现慢前沿过电压。当雷击感应电流注入架空线时，会产生快前沿冲击，这可以导致很高的过电压。另外，切并联电抗器时产生的重击穿会引起过电压并有铁磁谐振的危险（见 10.6 节）。

电缆、电缆接头和架空线的波阻抗都不相同，这意味着在架空线 – 电缆 – 架空线的转换处存在阻抗不匹配。电压行波和电流行波将在接合点处发生反射，并可能产生过电压。电缆和架空线的波阻抗与频率有关，这意味着在接合点处的反射系数也与频率有关。在高频情况下，行波的反射可导致在这些接合点处电压加倍。这种现象也可出现在变压器和电缆的接合点处，这对变压器的绝缘压力很大，导致变压器绝缘的加速老化。

在对电网中的电缆进行研究时，电缆的暂态仿真研究十分重要。精确的暂态仿真需要精细的电缆模型。电力系统中的暂态过程会引起前沿很陡的电压波。这个陡的电压波包含高频振荡。针对暂态研究的电缆模型，必须考虑电缆参数随频率的变化以获得精确的仿真结果。电缆的建模以及用于暂态仿真的参数计算是一项非常复杂精细的工作，尤其是涉及不同参数的频域特性率以及接地回路的影响时。需要求得不同电缆层的参数，考虑外部环境、集肤效应和邻近效应等。还要确定电缆的总串联阻抗和并联导纳。电缆导纳由绝缘层和半导体层决定，电缆模型中导纳的材料特性由复介电常数表示。

10.10　直流系统中的开合

10.10.1　简介

因为缺乏电流过零点，所以开断直流电流基本上是不可能的。在直流系统中，已往开发的所有开断策略都基于制造电流零点。制造电流零点或者通过开关装置自身，或者通过附加电路[91]。

直流开断的另一项挑战是吸收存储于电路中电感的能量。在交流电路中，因为在电流零点主电路电流为零，所以存储于电路中电感的能量为零。在直流开断中，断路器支路的电流可以（强迫）过零，但主电路电流仍然很大。因此，在直流系统中即便是开断了电流，但是系统中仍然存储着可观的能量。直流断路器需要提供整体解决方案以吸收这一能量。

直流断路器必须比交流断路器动作得快，因为在许多情况下短路电流（即高压直流电容的放电电流）的上升时间在几毫秒量级。

直流断路器与交流断路器的另一个区别在于与电网的相互作用。在交流断路器情况下，是电网决定（瞬态）恢复电压并施加给断路器。在直流系统中，恢复电压是由开断装置自身决定的，与所连接的系统相对独立。

直流电路开断的优选策略对低压、中压和高压系统各有不同。

10.10.2　低压与中压直流开断

低压直流系统（大约在 1.2kV 以下）大多用于公共和矿用牵引的各种驱动和变流器系统中。在这些系统中可以采用拉长电弧的方法开断直流，如 6.2.2 节所示。通过增加电弧电压使之超过电源电压，使得电弧电流强迫过零，电流得以开断

（见图 6.7）。能量通过电弧得以吸收。

在 1.2~3kV 的中压直流系统，也可以采用拉长电弧的方法，但是要采用复杂一些的技术，以产生所需的高电弧电压，如 6.2.3 节所示。

也可以采用基于半导体的断路器，它配有辅助保护装置。

机械式断路器和半导体断路器各有其优点和不足，表 10.1 对其进行了比较[92]。

表 10.1 机械式断路器与半导体断路器特点的比较

特点	机械式断路器	半导体断路器
开断机理	金属触头和电弧	PN 结
触头电阻	微欧到毫欧	几毫欧
功率损耗	非常小	相对大
额定电流下的电压降	小于 10mV	1~2V
电气隔离	能	不能
绝缘能力	非常高	有限（对过电压敏感）
过载能力	非常高	受 $I^2 t$ 值限制
延迟/反应时间	几毫秒到 20ms	几微秒
寿命	受触头磨损限制	理论上无限制
电接触可靠性	高	非常高
频繁开合能力	高	非常高
抗涌流能力	高	有限（与装置相关）
过电压保护	没有必要	缓冲电路/压敏电阻
尺寸和体积	紧凑、很小	由于必须冷却相对较大
维护	必须维护	不必要
价格	相对低	相对高

将半导体装置和机械开关相结合就组成了混合式开关装置。它集成了每种技术的优点但避开了相应技术的缺点。

在混合式开关装置中，使用了两种类型的机械开关：一台主开关和一台绝缘用隔离开关，如图 10.25 所示。主开关带有机械触头装置，当触头处于闭合状态时损耗很小，而绝缘用隔离开关用于保证电流开断后的介质强度。

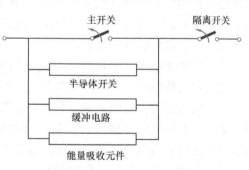

图 10.25 混合式开关装置结构图

主开关并联有转移支路。当主开关打开后电弧出现，电弧电压迫使电流流入转移支路。电流流入转移支路后，半导体开关动作并且切断电流。这时缓冲电路对暂态过程起到抑制作用，对半导体开关进行保护，另外还有一个电压限制元件用来吸收能量。在正常运行情况下，当断路器处于关闭位置时，转移支路处于高阻抗，只有在电流开断过程中它才发挥作用。

除了电弧拉长开断和混合开断技术外，在中压直流电流开断中还有主动转移技术，仅使用机械开关装置，通常使用真空断路器[92]。它带有一套辅助电路，包括合闸开关、预充电的电容器以及串联电感。辅助电路可向主开关的直流电弧中注入反向振荡电流，反向电流的幅值要比直流电流的幅值高。注入电流和直流电流的叠加电流到达零值使得电弧得以开断。与混合式断路器一样，主动转移式断路器也必须采用能量吸收和电压限制措施。这通过并联阻尼电路和能量吸收元件来实现。机械开关的打开速度必须非常快，以在故障电流发展初期尽早开断电流。这是一个挑战，因为短路电流在很短的时间内就上升很快[93,94]。

还有全固态开关装置的拓扑，它采用晶闸管或者绝缘栅双极型晶体管（IG-BT）[95]。

10.10.3 高压直流开断

高压直流系统用于电力传输，还可用于交流系统的背靠背连接。目前的高压直流线路主要是点对点连接（单一线路）。当直流线路出现故障时，可采用变流器控制使故障线路断电，或采用交流断路器在变流器的交流侧断开线路。然而在不远的将来，多端高压直流系统或直流电网将会出现。在这种电网中，当变流器使故障线路断电时正常线路也跟着断电。因此，在高压直流电网中故障开断装置是必需的，但目前还没有这种装置[96]。这成为直流电网发展中的主要障碍。

在高压直流电力传输中采用两种技术，其换流技术不同[97]：

● 电流源换流器（CSC）是一种电网换相换流器（LCC）。在这种技术中，用晶闸管作为换流器中的开关器件[98]。因为晶闸管只能在电流过零时才能关断，所以需要用线电压进行换相。大的直流电抗器等效于一个理想电流源。在换流器端口处必须提供可观的无功功率，在换流器的交流侧必须安装大的滤波器以消除低次谐波。在发生故障时，通过大的串联电抗器限制直流电流的上升率。

CSC 技术已经成熟，并且自 20 世纪 50 年代以来不断发展。中国已在 ±800kV 直流输电系统中应用 CSC 技术，传输功率超过 7000MW，并正在开发 ±1100kV 系统，传输功率超过 10000MW。

● 电压源换流器（VSC）技术是最近发展出来的一种技术，其电压较低、功率较小（典型电压为 ±320kV、功率为 800MW）。VSC 采用 IGBT 作为半导体开关器件[99]，采用多重脉宽调制（PWM）开关模式，并结合大的并联直流电容器，使其成为一个理想电压源。与 CSC 换流技术相比，VSC 的主要优点是有功功率和无功功率能够分别进行控制，并且能提供一个稳定的电压。与 CSC 技术相比，它的损耗较高，但由于 IGBT 的开关频率高，故产生的谐波很小，不需要大的滤波器。这降低了故障时的过电压。在出现直流故障时，故障电流由交流系统限制，故障电流的上升率要比 CSC 系统高。直流故障电流主要来自直流电容器和电缆电容的放电[100]。在发生故障时，没有像 CSC 技术那样对变流器的控制以及交流侧断路器必须动作。因此，对直流故障而言，VSC 系统比 CSC 系统更脆弱。

然而，对于直流电网的发展而言，VSC 是一种很有前景的技术。

过去进行了大量高压直流系统中电流开断的研究[101]，但目前还没有商业化的产品，甚至还没有出现一致接受的概念[96]。

高压直流开断的主要技术有：

● 主动转移技术。这个概念与一些应用于中压直流中的概念相似。在一个串联 LC 电路中，由预充电的电容器组放电产生一个振荡电流，该振荡电流注入燃弧间隙产生电流零点将电流开断。在开断瞬间，电路电流首先转移到 LC 支路，它使得电压以 $du/dt = I/C$ 的上升率上升到一个电压水平，使得电流转移到并联的电压限制元件（通常是避雷器）上，以吸收电路中的能量[102]。与中压系统不同，真空断路器用于高压系统并不容易，而且保持大的电容器（组）持续充电的成本很高。

● 被动转移技术。在这个概念中，同样用串联的 LC 电路与常规断路器并联。当机械式断路器燃弧开始时，由断路器和 LC 电路组成的回路就形成了一个振荡。

气体电弧具有负的电流 – 电压特性，如 3.6.1.6 节中的图 3.23 所示，其动态电弧电阻 du/di 为负值。其结果是电弧中的任何不稳定，如图 3.22 中的部分电弧电压下降，都会激励出一个负阻尼的振荡，使得振荡电流的幅值不断增加。这可由动态电弧稳定性理论所描述[103]，该理论成功解释了电流截流[23]、压缩空气断路器的直流开断[104]和 SF_6 断路器的直流开断[105]。经过一定时间后，不断增加的振荡电流达到电流零点。与主动转移技术一样，电流首先转移到 LC 支路，然后转移到并联的避雷器中。

这个开断原理应用于高压直流系统的各种开关装置中，包括开合负载电流和负载转换电流，也用于故障电流开断，如金属回路转换开关（MRTB）。这些开关装置切除中点对地故障的方法是将系统故障段的电流转换到另一线路上，然后开断故障电流[106]。

图 10.26 示出在一个电压为 25kV 的电路中，电流通过自激振荡原理幅值不断增加，在远未达到自然过零点之前开断一个频率为 16.7Hz 的 1kA 电流的过程[107]。这台断路器为一台标准的 245kV SF_6 交流断路器。

● 混合式开断技术。这项技术在图 10.25 相关的内容中已经进行了解释，该技术已经从中压等级提升到高压等级。混合式高压直流断路器能够在 320kV 直流系统中开断 9kA，该断路器由 4 个模块串联组成，每个模块由 20 个额定电压 4.5kV 的 IGBT 构成[108]。在该断路器设计中，电流由主回路到并联回路的转移是由半导体负荷开关和与之串联的快速机械式开关配合完成的。

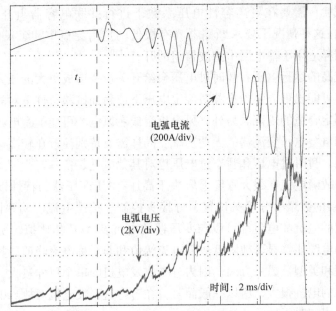

图 10.26　电流开断中由电弧振荡引起的电弧电流与电弧电压幅值不断增加

10.11　分布式发电系统中的开合暂态过程

10.11.1　总体考虑

当前配电网正由被动式电网向主动式电网转变。在被动式电网中，潮流由变压器流向负载，而主动式电网的特性是分布式发电，潮流可能反向流动[109]。这样的配电网的设计与运行变得相当复杂，趋于与输电网相比拟。上述发展对二次设备的影响结果非常清楚：更多的测量、更多的信号、更多的远程控制、快速和先进的保护、重合闸和系统自动恢复功能、更多的通信以及动态负载控制。除此之外，主动式电网还有特别的要求，例如装置的故障穿越能力、同步检查和同步功能、电网分列和孤岛运行能力、电压与频率控制、热备用和甩负荷能力等。

配电断路器必须适应这些情况，需要从预期短路电流（交流和直流分量、非对称电流峰值等）及负载电流的角度评估断路器的参数。正像输电网一样，现今的配电网运营商必须在不完全了解发电厂的发展及运行信息的情况下处理各种情况。信息的缺乏和收集信息的不确定性使得预测未来负载和故障电流水平更加困难。因此，高压设备参数的冗余度必须更大，潮流模式可能快速变化，保护系统必须适应变化的系统条件。

还必须注意运行电压的偏离、谐波以及非标准工频，特别是在孤岛运行情况下。如果需要对滤波器组进行开合操作，其主要的问题在于瞬态恢复电压（TRV）峰值可能要比电容器组开合的情况高。断路器必须针对这样的特殊 TRV 波形制定参数和进行试验，需要在更高容性电压系数下进行并联电容器组开断（见 13.2 节）。当然，在这种情况下要求断路器具有极低的重击穿概率和延长的机械寿命。这个要求也同样适用于输电网中滤波器组的开合[110]。

另外，较高的运行电压和暂时过电压会给开关设备造成更大的压力，例如风电汇集网络就有可能出现。强烈推荐对额定电压下或附加试验条件下对故障电流和负载电流开合制定合适的规范。另外，风电机组或者风电场可能配有电容器组以补偿感应发电机和电力电子变流器的无功功率。同样需要特别注意在较高运行电压下的电容器组开合。暂时过电压和暂态过电压也对其他电气装备有害[111-115]。

配电网的故障电流在很大程度上取决于高压/中压变压器的特性以及运行方式（即并联变压器的数量、分接头位置、分接头控制、负载电流、功率因数等）。因为每千米电缆的电抗和电阻都可以与变压器的电抗及 X/R 相比拟，所以变压器与故障点之间的电缆能够显著地降低故障电流幅值和非对称电流峰值，具体数值取决于电缆的长度和类型。另一方面，因为分布式发电机的单个尺寸较大，与电缆相比分布式发电机的电抗很大，所以一般而言，在考虑这种发电机对故障电流的贡献时电缆的阻抗可以忽略不计。

在清除故障前，转子将加速，在短路电流开断后，定子电压将得到恢复。对于感应发电机，电压恢复需要大量的无功功率，因此电压无法在短时间内达到其正常值。一般而言，在电压恢复之前，定子电流几乎消失，而恢复阶段的暂态电流与故障电流相当。

风机都配有恒速发电机或者变速驱动装置。

恒速发电机单元由普通的同步发电机或者感应发电机与升压变压器构成。

变速发电机允许在一定范围内的速度变化，也称作双馈感应发电机，有的发电机允许速度在大范围内变化，例如带有变流器的同步发电机。变速风机的暂态和动态特性与一般的发电机完全不同。故障电流的贡献通常会减小到峰值仅为几 p.u. [116,117]，故障清除后的电流与额定电流相当。

10.11.2　失步情况

当系统达到其极限后会经常出现系统过载和系统稳定性问题。这种情况不仅会在输电系统中遇到，因为输电走廊数量很少，而且在下级输电系统和配电系统中也会遇到。在发生故障和扰动的情况下，只要将分布式发电机切除，出现失步情况的可能性就大大降低。然而，由于对小发电厂有故障穿越的强制要求，以防止对系统稳定性带来问题，因此失步情况将会出现得更为频繁。

由于同步发电机是由低惯性的燃气轮机带动的，因此在故障情况下加速将会非常快。由于加速很快，会出现大的失步相角。失步电流约为两倍的系统电压除以发电单元的暂态电抗与小得多的系统电抗之和。对母线故障而言，失步电流的贡献有可能比发电机的贡献要大，失步电流约为系统电压与发电单元的次暂态电抗之比。

失步电流可能危及发电厂的设备，它们是按照预期短路电流规定的。然而对于断路器来说，它必须能够应对来自系统的大得多的故障电流，也必须能够承受失步电流的电动力[113]。

对断路器而言，更严重的挑战是来自于 TRV 方面的压力，因为失步相角大于100°时将会出现比标准规定值更高的 TRV 峰值。对于失步试验工况下的 TRV 峰值，IEC 62271 - 100 标准规定为 3.13p. u.[13]，IEEE C37.013 标准规定为3.18p. u.[1]。而且该情况下的恢复电压上升率（RRRV）也比标准中规定的失步试验工况的上升率高，但该上升率可以认为已经被 T30 和 T30S 所覆盖。T30S 参见IEC 62271 - 100 标准的附录 M[13]，针对变压器限制的故障（见 3.4 节）[12]。

配电系统中对失步情况还没有积累很多的经验，因为分布式发电机在电网受到严重扰动时通常会被断开。参考文献［12］给出了常规发电机在失步情况下出现问题的一些案例。其他的电能转换技术，如带有电力电子变换器的风机或者光伏发电系统，表现得相当稳定，在暂态情况下也是如此。它们适应和限制其功率输出相当快速，以防止电力电子变换器过载。对于可再生能源供电的大型电网，其运行经验仍然需要积累。

10.12　非机械式装置的开合

10.12.1　故障电流限制

对电网来说故障电流水平的不断增长是一个非常值得关注的问题。变电站的故障电流水平除了对断路器的短路电流额定值产生影响以外，不断增长的故障电流水平还会对故障电流流经的所有设备产生影响，包括母线、隔离开关和电流互感器（见 2.3 节）。因此简单地用额定值更大的断路器进行替换并不能解决这个问题，需要有一个整体的故障电流限制概念。

限制故障电流的方法既有被动限流的方法也有主动限流的方法[118,119]。常见的已经作为标准程序的被动限流方法包括在配电网馈电处限制故障电流，以及在输电等级安装串联电抗器限制故障电流[120,121]。引入串联电抗器会对已有的断路器产生影响，见 3.5 节。

主动限流方法通常基于创新的理念，包括超导限流或者固态限流方法[118]，但实际应用还局限于研发和示范工程阶段，因为与使用串联电抗器相比，这些装置复杂而且成本高[119]。

10.12.2　熔断器

熔断器在所有电路保护装置中是最古老和最简单的。熔断器保护的理念是在电网中插入一个可熔化元件作为最薄弱的连接部位，在电流太大时将其牺牲掉。早先的研究者如迈克尔·法拉第观察到导线会被电流熔化，这导致了熔断器的诞生。最初的熔断器由两个端子间开放空间的一根导线构成，例如托马斯·阿尔瓦·爱迪生使用了一根铅丝。但它很快被加以改进，导线换成了不同材料制成的带材，通常采用熔点比铜低的材料，例如锌。然而，随着功率的增加，熔断器的动作特性开始变得剧烈，这使得熔断器工程师采取措施，用一根管子套在熔体外部，还要关注如何限制火焰从管子端部喷发出来。虽然这些措施已经使得熔断器的开断能力达到可以使用的程度，但是填充式熔断器的出现标志着最大的创新。

由于在电路中熔断器是薄弱的连接部位，因此它与断路器相比具有一个重要的优势。因为熔断器熔体的截面积要比所保护的电缆小得多，所以熔体将在电缆之前熔化。电流越大，熔体熔化得越快。这样在极大电流开断时熔断器所用的时间比断路器短得多。事实上时间短到在电流达到峰值之前就可将其开断，这意味着在 50Hz 系统中其动作时间小于 5ms，从而避免了系统中出现严重的过热和大的电动力。熔断器的限流能力是一种非常重要的特性，已广泛应用于工业低压装置的保护中。

熔断器具有单次使用的特点，因此系统在恢复运行前需要更换已开断的熔断器。这就意味着时间的延迟、需要熔断器的备品以及具有认证资质的维护人员在现场更换熔断器。与断路器相比，这是熔断器的严重缺点。

高压熔断器需要具备很大的开断容量。熔断器外壳由高强度材料制成，通常采用陶瓷。外壳内除了熔体外还填入了填料，例如石英砂。石英砂填料的目的是尽快吸收熔体被大电流气化后产生的金属蒸汽。在密闭的壳体内填料可以防止产生危险的压力上升。填料既不能太细也不能太粗：中等程度的砂粒尺寸可实现最佳的冷却效果。

熔断器主要分为限流型和非限流型[122-124]。限流熔断器的特性为在电流很大时熔体在故障电流到达峰值前就熔断。当熔体熔化后，在电路中限流熔断器产生高的电弧电压，电弧电压可以很快地超过电源电压并有效地抵消电源电压的影响，迫使电流停止上升，并且使得电流在自然过零点之前快速下降到零点。

熔体加热的速度如此之快，以至于没有时间使热向周围耗散；温度沿着熔体均匀分布，所有的部分同时达到熔化温度。此时熔体变为液体柱，它变得不稳定，断裂成一系列的液滴。熔体此时被一串液珠所替代。因为液珠周围填料的电阻接近无穷大，所以电流通流能力被大大限制。其结果是燃弧开始后电弧电压降变得高于电源电压，使电流得以快速抑制。每厘米的液珠数量为 10~12 个，由于短弧的电弧电压降大约为 20V，因此沿着熔体的电压降为 200~250V cm^{-1}。熔断器能够达到的最高电压取决于熔体的长度和设计。

熔断器的电流限制原理与 6.2.2 节及图 6.5 所叙述的原理相同。与 6.2.2 节讨论的机械式开关不同的是，熔断器的电弧是通过熔体非常快地熔断而产生的，而不是靠触头的自动打开而产生的，熔断器电弧电压增加是由多个串联电弧的电弧电压叠加所导致的，而不是靠拉长电弧和将电弧分成若干段来增加。高压熔断器的导体上刻有多个狭颈，每个狭颈都会转变为电弧。所有串联电弧电压的叠加将达到足够接近电源电压值，以限制短路电流。

熔断器不仅限制电流的幅值，而且限制燃弧的时间，所以叫作"限流"。由于电路的电感中通过的故障电流快速下降，因此限流熔断器在限流过程中会在系统中产生一个过电压，称作熔断器操作过电压。

如上所述，当电流很大时，熔断器的熔化没有疑问。在小过载电流时，存在一个临界电流范围，在这个范围内熔断器无法开断电流或者开断将持续很长时间。根据这个临界电流的范围，定义了三种限流熔断器类型：

• 后备熔断器：这种类型熔断器的最小开断电流值最大，为 2.5~3 倍的额定电流。最小开断电流是熔断器能够开断的最小电流。因为这种类型的熔断器反应迅速，所以最为常用。

后备熔断器通常用于负荷开关 – 熔断器组合电器[125]。在这种应用中熔断器扩展了负荷开关的开断能力，当熔断器熔化后其撞击器释放，触发负荷开关。另外，在小过载电流下，负荷开关可以在熔断器热过载之前开断电流。负荷开关 – 熔断器组合电器的动作比断路器快得多，经常用于保护中压变压器。

• 通用熔断器：这种类型的熔断器设计用来开断所有的电流值，从开断 1.5 倍额定电流，在 1 小时后才引起熔断器熔化，到开断规定的短路电流。

• 全范围熔断器：这种类型的熔断器可以开断所有的电流，从引起熔体熔化的最小电流到短路开断电流。

非限流熔断器或者喷射式熔断器与限流熔断器在同样条件下熔化，但只是在电路中增加了一个低的电弧电压，所以电流还继续流动，电流幅值与熔断器不熔化时的幅值相近。喷射（即电弧产生的气体与电离的材料一起喷出）产生了一个物理断口，这样在电流的自然过零点电弧将不会重燃，电流开断。喷射式熔断器限制了故障电流的导通时间，但没有限制其幅值。

10.12.3 I_s 限流器

熔断器的缺点是在正常导通电流时会发热。因为熔丝在比额定电流高不太多时就必须熔化，所以熔断器导体允许的负载电流不能很大。当负载电流很大时，要避免大电流流过熔断器。

在 I_s 限流器中，一个限流熔断器与一个载流导体（载流能力可达 5000A）并联连接，从而避免细的熔体流过电路负载电流。当检测到短路电流时，其电流上升率 (di/dt) 很陡，将会引爆一个炸药包炸断载流导体，产生的电弧电压将故障电流转移到并联的熔断器中，随后熔断器将在 1ms 内开断电流。在 12kV 系统中已经验证了故障电流开断能力达 210kA[126]。

当工业元件或者系统局部的短路电流超标时，可应用 I_s 限流器。应用实例包括：

- 并联运行的变压器安装 I_s 限流器。通过 I_s 限流器连接变压器二次侧母线。这样 I_s 限流器将两台变压器分开，这样变压器二次侧对故障电流的贡献就被限制到一台变压器的水平。

- I_s 限流器与限流电抗器并联。在正常情况下，额定电流由 I_s 限流器承载，电抗器没有损耗。在发生故障时，I_s 限流器开断，故障电流由电抗器限制。

- 在电网与当地发电中心的接口处安装 I_s 限流器。

参 考 文 献

[1] ANSI/IEEE C37.013-1997 (1997) Standard for AC-High Voltage Generator Circuit-Breakers Rated on a Symmetrical Current Basis, IEEE New York; IEC 62271-37-013 (2014) High-voltage switchgear and controlgear. Alternating-current generator circuit-breakers. (In 1997 a revision was published including generators rated 10-100 MVA as publication IEEE Std C37.013a-2007. In 2014, an updated revision will be issued as a dual logo IEC-IEEE publication IEC 62271-37-013.)

[2] Dufournet, D. and Willieme, J.M. (2002) Generator Circuit-Breakers: SF6 Breaking Chamber – Interruption of Current with non-zero passage – Influence of Cable Connection on TRV of System Fed Faults. CIGRE Conference, Paper 13–101.

[3] Canay, M. and Werren, L. (1969) Interrupting sudden asymmetric short-circuit currents without zero transition. *Brown Boveri Rev.*, **56**(10), 484–493.

[4] Owen, R.E. and Lewis, W.A. (1971) Asymmetric characteristics of progressive short circuit on large synchronous generators. *IEEE Trans. Power Ap. Syst.*, **90**, 587–596.

[5] Canay, M. and Klein, H. (1974) Asymmetric short-circuit currents from generators and the effect of the breaking arc. *Brown Boveri Rev.*, **61**(5), 199–206,.

[6] Lim, L.S. and Smith, I.R. (1977) Turbogenerator short circuits with delayed current zeros. *Proc. IEE*, **124**(12), 1163–1169.

[7] Boldea, I. (2005) *The Electric Generators Handbook*, CRC Press, ISBN 7949314810808.

[8] Kohyama, H., Kamei, K., Yoshida, D. *et al.* (2013) Study of Interrupting Duties of Delayed Zero Crossing Current in Generator Main Circuit. CIGRE A3/B2 Colloqium, Paper 421, Auckland.

[9] Smeets, R.P.P. and van der Linden, W.A. (1998) The testing of generator circuit-breakers. *IEEE Trans. Power Deliver.*, **13**(4), 1188–1193.

[10] Smeets, R.P.P., te Paske, L.H., Kuivenhoven, S. *et al.* (2009) The Testing of Vacuum Generator Circuit-Breakers. CIRED Conference, Paper No. 393, Prague.

[11] Task Force 13.00.2 of CIGRE SC 13 (1989) Generator circuit-breaker. transient recovery voltages under load current and out-of-phase switching conditions. *Electra* **126**, pp. 43–50.

[12] Jansen, A.L.J., Smeets, R.P.P., van der Linden, W.A. and van Riet, M.J.M. (2002) Distributed Generation in Relation to Phase Opposition and Short-Circuits. 10th Int. Symp. on Short-Circuit Currents in Pow. Syst., Lodz, Oct. 28–29, 2002.

[13] IEC 62271-100 (2012) High-voltage switchgear and controlgear – Part 100: Alternating-current circuit-breakers, Ed. 2.1.

[14] Dufournet, D. and Montillet, G. (2002) Transient recovery voltages requirements for system source fault interrupting by small generator circuit-breakers. *IEEE Trans. Power Deliver.*, **17**(2), 472–478.

[15] Palazzo, M., Braun, D., Cavaliere, G. *et al.* (2012) Reliability Analysis of Generator Circuit-Breakers. CIGRE Conference, Paper A3-206.

[16] van der Sluis, L. and van der Linden, W.A. (1985) Short circuit testing methods for generator circuit-breakers with a parallel resistor. *IEEE Trans. Power Ap. Syst.*, **PAS-104**(10), 2713–2720.

[17] Fröhlich, K.J. (1985) Synthetic testing of circuit-breakers equipped with a low ohmic parallel resistor (with special respect to generator circuit-breakers). *IEEE Trans. Power Ap. Syst.*, **PAS-104**(2), 2283–2288.

[18] Thuries, E., Van Doan, P., Dayet, J. and Joyeux-Bouillon, B. (1986) Synthetic testing method for generator circuit-breakers. *IEEE Trans. Power Deliver.*, **1**(1), 179–184.

[19] Braun, A., Huber, H. and Suiter, H. (1976) Determination of the Transient Recovery Voltages across Generator Circuit-Breakers in Large Power Stations. CIGRE Conference, paper 13-03.

[20] Task Force 13.00.2 of CIGRE SC 13 (Switching Equipment), (1987) Generator circuit-breaker. Transient recovery voltages in most severe short-circuit conditions. *Electra* **113**, 43–50.

[21] Smeets, R.P.P., Barts, H.D. and Zehnder, L. (2006) Extreme Stresses of Generator Circuit-Breakers. CIGRE Conference, Paper A3-306.

[22] Smith, R.K., Long, R.W. and Burmingham, D.L. (2003) Vacuum Interrupters for Generator Circuit-Breakers they're not just for Distribution Breakers Anymore. 17th CIRED Conference, Session 1, Paper 5.

[23] IEC 62271-306 (2012) High-voltage switchgear and controlgear – Part 306: Guide to IEC 62271-100, IEC 62271-1, and IEC standards related to alternating current circuit-breakers.

[24] Kulicke, B. and Schramm, H-H. (1980) Clearance of short-circuits with delayed current zeros in the Itaipu 550 kV substation. *IEEE Trans. Power Ap. Syst.*, **PAS-99**, 1406–1414.

[25] Bui-Van, Q., Khodabakhchian, B., Landry, M. *et al.* (1997) Performance of series-compensated line circuit breakers under delayed current-zero conditions. *IEEE Trans. Power Deliver.*, **12**, 227–233.

[26] IEC 62271-102, High-voltage switchgear and controlgear – Part 102: Alternating current disconnectors and earthing switches, Ed. 1.0 (2001); amendment 1 (2011), amendment 2 (2013).

[27] CIGRE Working Group 33/13.09 (2005) Monograph on GIS Very Fast Transients. CIGRE Technical Brochure 35.

[28] CIGRE Working Group A3.22 (2011) Background of Technical Specifications for Substation Equipment Exceeding 800 kV AC. CIGRE Technical Brochure 456.

[29] IEC 62271-1 (2007) High-voltage switchgear and controlgear – Part 1: Common specifications.

[30] CIGRE Working Group C4.208 (2013) EMC within Power Plants and Substations. CIGRE Technical Brochure 535.

[31] Lee, C.H., Hsu, S.C., Hsi, P.H. and Chen, S.L. (2011) Transferring of VFTO from EHV to MV system as observed in Taiwan's No. 3 nuclear power plant. *IEEE Trans. Power Deliver.*, **26**(2), 1008–1016.

[32] Smeets, R.P.P., van der Linden, W.A., Achterkamp, M. *et al.* (2000) Disconnector switching in GIS: three-phase testing and – phenomena. *IEEE Trans. Power Deliver.*, **15**(1), 122–127.

[33] Damstra, G.C., Nolson, T. and Matyáš, Z. (1996) Test Circuit for GIS Disconnector Fast Transient Measurements. 9th Int. Symp. on High-Voltage Eng., Graz, Paper 6794, pp. 245–248.

[34] Damstra, G.C., Eenink, A.H., Smallegang, C. and Smeenk, W. (1996) A New 50 MHz Multi-channel Digitizing System. 9th Int. Symp. on High-Voltage Eng., Graz, Paper 4528, pp. 206–209.

[35] Damstra, G.C. and Matyáš, Z. (1998) Improvement of Dividers for Fast and Very Fast HV Transients, Measurement and Calibration in High-Voltage Testing. ERA Conference, Report 98-1098, pp. 2.4.1–2.4.10.

[36] Riechert, U., Krüsi, U. and Sologuren-Sanchez, D. (2010) Very Fast Transient Overvoltages during Switching of Bus-Charging Currents by 1 100 kV Disconnector. CIGRE Conference, Paper A3-107.

[37] CIGRE Working Group D1.03 (2012) Very Fast Transient Overvoltages (VFTO) in Gas-Insulated UHV Substations. CIGRE Technical Brochure 519.

[38] IEC 62271-203 (2011) High-voltage switchgear and controlgear – Part 203: Gas-insulated metal-enclosed switchgear for rated voltages above 52 kV, Ed. 2.0.

[39] CIGRE Working Group A3.22 (2008) Background of Technical Specifications for Substation Equipment Exceeding 800 kV AC. CIGRE Technical Brochure 362.

[40] Liu, W. D., Jin, L. J. and Qian, J. L. (2001) Simulation Test of Suppressing VFT in GIS by Ferrite Rings. Proc. of Int. Symp. on Electr. Insul. Materials.

[41] Smajic, J., Holaus, W., Troeger, A. *et al.* (2011) HF Resonators for Damping of VFTs in GIS. Proc. Int. Conf. on Pow. Syst. Transients, Delft, paper No. 185.

[42] Riechert, U., Bösch, J., Smajic, J. *et al.* (2012) Mitigation of Very Fast Transient Overvoltages in Gas Insulated UHV Substations. CIGRE Conference, Paper A3-110.

[43] Liu, H., Sun Y.-Q., Lie, J.-P. *et al.* (2012) Testing Technology on Very Fast Transient Overvoltage in 500 kV HGIS Intelligent Substation. 2nd Int. Conf. on Instrumentation, Measurement, Computer, Communication and Control (IMCCC), Harbin, China.

[44] Andrews, F.E., Janes, L.R. and Anderson, M.A. (1950) Interrupting ability of horn-gap switches. *AIEE Trans.*, **69**, 1016–1027.

[45] Peelo, D.F. (2004) Current interruption using high voltage air-break disconnectors. Ph.D. Thesis, Eindhoven University, ISBN 90-386-1533-7, available through http://alexandria.tue.nl/extra2/200410772.pdf.

[46] Chai, Y., Wouters, P.A.A.F. and Smeets, R.P.P. (2011) Capacitive current interruption by HV air-break disconnectors with high-velocity opening auxiliary contacts. *IEEE Trans. Power Deliver.*, **26**(4), 2668–2675.

[47] IEC/TR 62271-305 (2009) High-voltage switchgear and controlgear – Part 305: Capacitive current switching capability of air-insulated disconnectors for rated voltages above 52 kV, Ed. 1.0.

[48] Chai, Y. (2012) Capacitive Current Interruption with High Voltage Air-Break Disconnectors. Ph.D. Thesis, Eindhoven University, ISBN 978-90-386-3097-7 (available through http://alexandria.tue.nl/extra2/728755.pdf).

[49] Peelo, D.F., Smeets, R.P.P., Kuivenhoven, S. and Krone, J.G. (2005) Capacitive Current Interruption in Atmospheric Air. CIGRE SC A3&B3 Joint Colloquium, Tokyo, Paper No. 106.

[50] Hasibar, R.M., Legate, A.C., Brunke, J. and Peterson, W.G. (1981) The application of high-speed grounding switches for single-pole reclosing on 500 kV power systems. *IEEE Trans. Power Ap. Syst.*, **PAS-100**(4), 1512–1515.

[51] Shperling, B.R. and Fakheri, A.J. (1979) Single phase switching parameters for untransposed EHV transmission lines. *IEEE Trans. Power Ap. Syst.*, **PAS-98**(2), 643–654.

[52] Kobayashi, A., Yamagata, Y., Yoshizumi, T. and Tsubaki, T. (1996) Development of 1,100 kV GIS – Gas Circuit Breakers, Disconnectors and High-Speed Grounding Switches. CIGRE Conference, paper 13-304.

[53] Agafonov, G.E., Babkin, I.V., Berlin, B.E. *et al.* (2004) High Speed Grounding Switch for Extra-High Voltage Lines. CIGRE Conference, paper A3-308.

[54] Toyoda, M., Yamagata, Y., Jaenicke, L.-R. *et al.* (2011) Considerations for the Standardization of high-speed earthing switches for secondary arc extinction on transmission lines (part 2). CIGRE SC A3 Colloquium, Vienna, paper A3-103.

[55] Mizoguchi, H., Hioki, I., Yokota, T. *et al.* (1998) Development of an interrupting chamber for 1000 kV high-speed grounding switch. *IEEE Trans. Power Deliver.*, **13**(2), 495–502.

[56] CIGRE Working Group A3.13 (2007) Changing Network Conditions and System Requirements, Part II: The impact of long distance transmission on HV equipment. CIGRE Technical Brochure 336.

[57] Ebbers, L., Hänninen, T., Pöyhönen, J. and Riffon, P. (2012) New Type Test Requirements for Forced Triggered Spark Gap in Series Capacitor Bank Applications. IET AC DC Conference, London.

[58] Smeets, R.P.P., Hofstee, A.B., Jänicke, L.-R and Punger, M. (2006) High-current Switching Protective Equipment in Capacitor Banks for Series Compensation of Very Long Overhead Lines. CIGRE Conference, paper A3-304.

[59] IEC 60143 (2010) Series capacitors for power systems – Part 4: Thyristor controlled series capacitors.

[60] Dubé, J.-F., Goehler, R., Hanninen, T. *et al.* (2012) New Achievements in Pressure-Relief Tests for Polymeric-Housed Varistors used on Series Compensated Capacitor Banks. IEEE PES General Meeting, pp. 1–8.

[61] IEC 62271-109 (2008) High-voltage switchgear and controlgear – Part 109: Alternating-current series capacitor by-pass switches.

[62] Smeets, R.P.P. and van der Linden, W.A. (2001) Verification of the short-circuit current making capability of high-voltage switching devices. *IEEE Trans. Power Deliver.*, **16**(4), 611–618.

[63] Iravani, M.R., Chaudhary, A.K.S., Giesbrecht, W.J. *et al.* (2000) Modeling and analysis guidelines for slow transients – part III: The study of ferroresonance. *IEEE Trans. on Pow. Del.*, **15**(1), 255–265.

[64] Ferracci, P. (1998) Ferroresonance, Cahier technique n° 190, Groupe Schneider.

[65] Greenwood, A. (1991) *Electrical Transients in Power Systems*, John Wiley and Sons Ltd, ISBN 0-471-62058-0.

[66] Rüdenberg, R. (1974) *Elektrische Schaltvorgänge*, 5th edn, Springer Verlag, ISBN 978-3642503344.

[67] CIGRE Working Group 33.10 (2000) Temporary overvoltages test case results, *Electra*, **188**, 71–87.

[68] CIGRE Working Group C4.307 (2014) Resonance and Ferroresonance in Power Networks, CIGRE Technical Brochure 569.

[69] Emin, Z., Martinez Duro, M. and Val Escudero, M. (2013) An overview of Resonance and Ferroresonance in Power Systems. CIGRE SC A2 & C4 Symposium, Zürich, Report 1-1.

[70] Janssen, A.L.J. and van der Sluis, L. (1990) Clearing faults near shunt capacitor banks. *IEEE Trans. on Pow. Del.*, **5**(3), 1346–1354.

[71] Martin, F. and Joncquel, E. (2006) Circuit-Breaker Tripping near Capacitor Bank. CIGRE Conference, paper A3-203.

[72] Ito, H., Janssen, A.L.J., Merwe, van der, C. *et al.* (2009) Comparison of UHV and 800 kV Specifications for Substation Equipment. CIGRE 6th Southern Africa Regional Conference, paper P401.

[73] CIGRE Working Group A3.22 (2008) Background of Technical Specifications for Substation Equipment Exceeding 800 kV AC. CIGRE Brochure No. 362.

[74] McDonald, J. (2007) *Electric Power Substations Engineering*, 2nd edn, CRC Press, ISBN 0-8493-7383-2.

[75] Noack, F. (2008) Comparison between overhead lines (OHL) and underground cables (UGC) as 400 kV trans-

mission lines for the Woodland-Kingscourt-Turleenan Project, ASKON Consultinggroup, Ilmenau University of Technology, Germany.

[76] CIGRE Working Group C4.502 (2013) Power System Technical Performance Issues Related to the Application of Long HVAC Cables. CIGRE Technical Brochure 556.

[77] CIGRE Working Group B1.10 (2009) *Update of Service Experience of HV Underground and Submarine Cable Systems*, CIGRE, ISBN 978-2-85873-066-7l.

[78] Ohki, Y. and Yasufuku, S. (2002) The worlds first long-distance 500 kV-XLPE cable line, part 2: joints and after-installation test. *IEEE Electr. Insul. Mag.*, **18**(3), 57–58.

[79] Colla, L., Gatta, F.M., Geri, A. *et al.* (2009) Steady-state Operation of Very Long EHV AC Cable Lines. Proc. of IEEE Pow. Tech Conf., Bucharest, June–July 2009.

[80] Gatta, F.M. and Lauria, S. (2005) Very Long EHV Cables and Mixed Overhead-Cable Lines. Steady-State Operation. Proc. of IEEE Pow. Tech Conf., St. Petersburg, June 2005.

[81] Colla, L., Gatta, F.M., Iliceto, F. and Lauria, S. (2005) Design and operation of EHV transmission lines including long insulated cable and overhead Sections. Proc. of IEEE Pow. Eng. Conf., Nov.–Dec. 2005.

[82] Lauria, S., Gatta, F.M. and Colla, L. (2007) Shunt compensation of EHV Cables and Mixed Overhead-Cable Lines. Proc. of IEEE Lausanne Pow. Tech Conf., July 2007.

[83] Bak, C.L., Wiechowski, W., Sogaard, K. and Mikkelsen, S.D. (2007) Analysis and simulation of switching surge generation when disconnecting a combined 400 kV cable/overhead line with shunt reactor. Proc. of IPST Conf., Lyon, France, June 2007.

[84] Bak, C.L., Baldursson, H. and Oumarou, A.M. Switching Overvoltages in 60 kV Reactor Compensated Cable Grid due to Resonance after Disconnection. Inst. of Energy Technology, Aalborg Univ., Denmark.

[85] Burges, K., Bömer, J., Nabe, C. and Papaefthymiou, G. (2008) Study on the comparative merits of overhead electricity transmission lines versus underground cables, Ecofys Germany GmbH.

[86] Tokyo Electric Power Company (2008) Joint Feasibility Study on the 400 kV Cable Line Endrup-Idomlund, Final Report, April 2008.

[87] CIGRE Working Group B1.05 (2005) Transient voltages affecting long cables. CIGRE Technical Brochure 268.

[88] Massaro, F., Morana, G. and Musca, R. (2009) Transient behavior of a mixed overhead-cable EHV line under lightning events. *Proceedings of the 44th International Universities Power Engineering Conference (UPEC)*, IEEE.

[89] Faria de Silva, F., Bak, C.L., Gudmundsdottir, U.S. *et al.* (2010) Methods to Minimize Zero-Missing Phenomenon. *IEEE Trans. Power Deliver.*, **25**(4), 2923–2930.

[90] Faria de Silva, F., Bak, C.L., Gudmundsdottir, U.S. *et al.* (2009) Use of a Pre-Insertion Resistor to Minimize Zero-Missing Phenomenon and Switching Overvoltages. IEEE Power Eng. Soc, General Meeting, Calgary, AB, Canada.

[91] Pugliese, H. and von Kannewurff, M. (2013) Discovering DC: a primer on DC circuit breakers, their advantages, and design. *IEEE Ind. Appl. Mag.*, **19**(5), 22–28.

[92] Atmadji, A. (2000) Direct Current Hybrid Breakers. A Design and Its Realization. Ph.D. thesis, Eindhoven Univ. of Techn., ISBN 90-386-1740-2 (available through http://alexandria.tue.nl/extra2/200001242.pdf).

[93] Niwa, Y., Yokokura, K. and Matsuzaki, J. (2010) Fundamental Investigation and Application of High-speed VCB for DC Power System of Railway. XXIVth Int. Symp. on Disch. and Elec. Insul. in Vac., Braunschweig.

[94] Meyer, J.-M. and Rufer, A. (2006) A DC Hybrid Circuit Breaker With Ultra-Fast Contact Opening and Integrated Gate-Commutated Thyristors (IGCTs). *IEEE Trans. Power Deliver.*, **21**(2), 646–651.

[95] Meyer, C. and de Doncker, R.W. (2006) Solid-state circuit breaker based on active thyristor topologies. *IEEE Trans. Power Electr.*, **21**(2), 450–458.

[96] Franck, C.M. (2011) HVDC circuit breakers: a review identifying future research needs. *IEEE Trans. Power Deliver.*, **26**(2), 998–1007.

[97] Kim, C.-K., Sood, V.K., Jang, G.-S. *et al.* (2009) *HV DC Transmission. Power Conversion Applications in Power Systems*, IEEE Press, and John Wiley & Sons (Asia) Pte Ltd, ISBN 978-0-470-82295.

[98] Huang, H. and Uder, M. (2008) Application of high Power Thyristors in HVDC and FACTS Systems. Int. Conf. on Elec. Pow. Suppy Ind., (CEPSI) paper 262.

[99] Perret, R. (2009) *Power Electronics Semiconductor Devices*, ISTE Ltd and John Wiley & Sons Inc, ISBN 978-1-84821-064-6.

[100] Bucher, M.K. and Franck, C.M. (2013) Contribution of fault current sources in multiterminal HVDC cable networks. *IEEE Trans. Power Deliver.*, **28**(3), 1796–1803.

[101] Pucher, W. (1968) Fundamentals of HVDC interruption, *Electra*, **5**, 24–39.

[102] Tokuyama, S., Arimatsu, K., Yoshioka, Y. *et al.* (1985) Development and interrupting tests on 250 kV 8 kA HVDC circuit breaker. *IEEE Trans. Power App Syst.*, **PAS-104**(9), 2453–2458.

[103] Rizk, F. (1963) Interruption of Small Inductive Currents with Air-Blast Circuit-Breakers; Time-Constant, Instability and Dielectric Strength. Diss. Chalmer's Inst. of Techn., No. 37, Gøteborg.

[104] Bachmann, B., Mauthe, G., Ruoss, E. and Lips, H.E. (1985) Development of a 500 kV airblast HVDC circuit-breaker. *IEEE Trans. Power Ap. Syst.*, **PAS-104**(9), 2460–2466.

[105] Ito, H., Hamano, S., Ibuki, K. *et al.* (1997) Instability of DC arc in SF6 circuit breaker. *IEEE Trans. Power Deliver.*, **12**(4), 1508–1513.

[106] Nakao, H., Nakagoshi, Y., Hatano, M. *et al.* (2001) DC Current interruption in HVDC SF6 Gas MRTB by means of self-excited oscillation superimposition. *IEEE Trans. Power Deliver.*, **16**(4), 687–693.

[107] Smeets, R.P.P., Kertész, V. and Yanushkevich, A. (2014) Modelling and Experimental Verification of DC Current Interruption Phenomena and Associated Test-Circuits. CIGRE Conference, paper A3-114.

[108] Callavik, M., Blomberg, A., Häffner, J. and Jacobson, B. (2013) Breakthrough! ABB's hybrid HVDC breaker, an innovation enabling reliable HVDC grids, ABB Review, No. 2, pp. 7–13.

[109] Badrzadeh, B., Høgdahl, M.and Isabegovic, E. (2011) Transients in wind powerplants – Part I: Modeling methodology and validation. *Proceedings of IAS Annual Meeting*, IEEE.

[110] CIGRE Working Group A3.12 (2007) Changing Network Conditions and System Requirements, Part II: The impact of long distance transmission on HV equipment. CIGRE Technical Brochure 336.

[111] Reza, M., Breder, H., Liljestrand, L. *et al.* (2009) An Experimental Study of Switching Transients in a Wind-Collection Grid Scale Model in a Cable System Laboratory. 20th Int. Conf. on Electr. Distr. (CIRED), Paper 0364, Prague.

[112] Chennamadhavuni, A., Munji, K.K. and Bhimasingu, R. (2012) Investigation of transient and temporary overvoltages in a wind farm. 2012 IEEE Int. Conf. on Pow. Syst. Techn. (POWERCON 2012), Auckland, New Zealand.

[113] Sallam, A. and Malik, O.P. (2010) *Electric Distribution Systems*, John Wiley & Sons, Inc., ISBN 978-0-470-27682-2.

[114] Badrzadeh, B., Høgdahl, M., Singh, N. *et al.* (2011) Transients in wind power plants – Part II: Case studies. *Proceedings of IAS Annual Meeting*, IEEE.

[115] CIGRE Working Group A3.12 (2007) Changing Network Conditions and System Requirements, Part I: The impact of distributed generation on equipment rated above 1 kV. CIGRE Technical Brochure 335.

[116] Janssen, A.L.J., van Riet, M., Bozelie, J. and Au-yeung, J. (2011) Fault current contribution from state of the art DG's and its limitation. Int. Conf. on Pow. Syst. Transients, IPST 2011, Delft, the Netherlands, Report 113.

[117] Janssen, A.L.J., van Riet, M., Smeets, R.P.P. *et al.* (2012) Prospective Single and Multi-Phase Short-Circuit Current Levels in the Dutch Transmission, Sub-Transmission and Distribution Grids. CIGRE Conference, Paper A3-103.

[118] CIGRE Working Group A3.10 (2003) Fault Current Limiters in Electrical Medium and High Voltage Systems. Technical Brochure 239.

[119] CIGRE Working Group A3.23 (2012) Application and Feasibility of Fault Current Limiters in Power Systems. Technical Brochure 497.

[120] Peelo, D.F., Polovick, G.S., Sawada, J.H. *et al.* (1996) Mitigation of Circuit-Breaker Transient Recovery Voltages Associated with Current Limiting Reactors. *IEEE Trans. Power Deliver.*, **11**(2), 865–871.

[121] Amon Filho, J., Fernandez, P.C., Rose, E.H. *et al.* (2009) Brazilian Successful Experience in the Usage of Current Limiting Reactors for Short-Circuit Limitation. XIth Symposium of Specialists in Electric Operational and Expansion Planning, Belem, Brazil.

[122] IEC/TR 62655 (2013) Tutorial and application guide for high-voltage fuses, ed. 1.0.

[123] Wright, A. and Newbery, P.G. (2004) *Electric Fuses*, 3rd edn, IEEE, IEEE Power & Energy Series **49**, ISBN 0 86341 339 4.

[124] IEEE Std C37.48.1-2012 (2012) IEEE Guide for Operation, Classification, Application, and Coordination of Current-Limiting Fuses with Rated Voltages 1 - 38 kV.

[125] IEC 62271-105 (2012) High-voltage and controlgear – Part 105: Alternating current switch-fuse combinations for rated voltages above 1 kV up to 52 kV, ed. 2.

[126] Hartung, K-.H. and Schmidt, V. (2009) Limitation of Short-Circuit Current by an Is-limiter. 10th Int. Conf. on Electr. Pow. Qual. and Util., EPQU.

第11章

操作过电压及其限制措施

11.1 过电压

根据起因电力系统中的过电压一般可以分作两类：

- 外部过电压，由雷击产生，雷击是最常见也是最严重的大气干扰；
- 内部过电压，由电网运行条件的变化产生，如开合操作。

在 IEC 60071 – 1 标准[1]中，根据电压波形和持续时间，将电压和过电压分为如下几类：

1）低频电压和低频过电压（其有效值保持不变）：

- 工频 50Hz 或 60Hz 的连续电压，持续时间至少 1h。
- 暂时过电压（TOV）是指持续时间相对较长的工频过电压和谐振过电压，为 20ms ~ 1h。该过电压通常没有受到阻尼或阻尼很弱。在实际情况中该过电压的频率范围在 10 ~ 500Hz 之间。标准化的试验电压波形采用的频率范围在 48 ~ 52Hz 之间，持续时间为 60s。

最常见的暂时过电压发生在相对地故障情况下系统的正常相上。其他常见的暂时过电压的情况包括：甩负载引起的工频过电压、空载长线电容效应引起的工频过电压、谐振过电压和铁磁谐振引起的过电压（见 10.6 节）等。暂时过电压可能导致避雷器承受应力过大，以及变压器和并联电抗器出现磁饱和。暂时过电压远低于瞬态过电压。

以下方法可以限制暂时过电压：

- 中性点接地方式采用直接接地；
- 采用并联电容器组或者并联电抗器进行补偿；
- 切除电缆和架空线以减少无功功率的产生；
- 调节或关闭发电机和变压器的电压调整功能；
- 采用可开断的、不重复使用的避雷器[2]；
- 在较长的交流电路上采用串联电容器组进行串联补偿。

2）瞬态过电压（几毫秒量级甚至更短，通常呈高阻尼状态）：

- 操作过电压或者慢前沿过电压（SFO），由开关操作或者系统出现故障引起。断路器本身并不导致产生慢前沿过电压，它是改变了电路的拓扑结构从而引起了过电压的产生。如果断路器出现复燃、重击穿、涌流、截流、多次复燃以及非保持破坏性放电（NSDD）等现象，也会导致慢前沿过电压的产生。在实际应用中，慢前沿过电压到达电压峰值的时间在 $20\mu s \sim 5ms$ 之间，波尾时间小于20ms。试验中采用标准操作冲击电压（SI），其波前时间 $T_p = 250\mu s$，衰减至半峰值时间 $T_2 = 2.5ms$[3]。

操作过电压将在11.2节中进行详细介绍。

- 雷电过电压或者快前沿过电压（FFO），出现在变电站中，由雷电直接击中变电站或者击中与变电站相连的传输线引起[4]。此外，在距变电站较短距离发生闪络、复燃或者重击穿也可能引起快前沿过电压。典型的快前沿过电压到达的峰值时间在 $100ns \sim 20\mu s$ 之间，波尾时间为 $300\mu s$。试验中采用标准雷电冲击电压（LI），其波前时间 $T_1 = 1.2\mu s$，衰减至半峰值时间 $T_2 = 50\mu s$，即 1.2/50 脉冲电压[3]。

- 特快速瞬态过电压（VFTO）（见 10.3.2.2 节），是频率范围最高的过电压，为 $30kHz \sim 100MHz$，到达峰值时间为 $3 \sim 100ns$，持续时间小于3ms。VFTO 主要在气体绝缘开关设备中产生，由隔离开关的操作引起。由于 VFTO 产生的电磁干扰极强，电磁干扰既可对一次设备如变压器等产生直接影响，又可对二次设备如控制系统等产生影响。

图 11.1 比较了在不同额定电压 U_r（有效值）下的相对地的绝缘水平$^\ominus$。绝缘水平由如下参数表示：

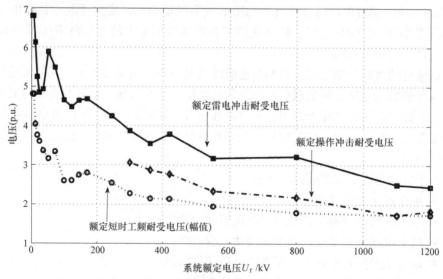

图 11.1　额定短时工频耐受电压、操作冲击耐受电压和雷电冲击耐受电压与系统额定电压的关系[5]

$\ominus$　在 IEC 62271-1（2007）标准的表 1a、表 2a 以及修订版 1（2011）的表 2a 中规定了这些额定绝缘水平。短时耐受电压幅值 $U_{d,p}$ 由规定的额定绝缘水平有效值 U_d 计算得到，即 $U_{d,p} = U_d\sqrt{2}$。

- 短时耐受电压幅值 $U_{d,p}$ （p. u. ）；
- 操作冲击电压峰值 U_s （p. u. ）；
- 雷电冲击电压峰值 U_p （p. u. ）。

在每种情况下，$1 \text{p. u. } = U_r \sqrt{2}/\sqrt{3}$ 。

一种目前仍在广泛使用的、传统的过电压保护方法是火花间隙。通过设置一个间隙发生放电，可以防止过电压在电网中传播。然而，火花间隙并不是一个非常有效的过电压保护装置。它的主要缺点是击穿电压会随着极性和环境条件而发生变化，并且一旦产生电弧，即使过电压消失后电弧仍然持续，引起相对地故障。另外，火花间隙击穿也会产生前沿很陡的操作过电压。

11.2 操作过电压

除了绝缘故障或者闪络这样的原因可在电力系统中产生操作过电压之外，开合负载电流或者故障电流也会产生操作过电压，而这是不可避免的。此外，电网还会受到雷电过电压的影响。虽然电力系统的设备选择考虑了预期的内部和外部过电压，但是仍然不排除过电压超出设备绝缘水平的可能性。因此，必须对变电站进行保护，使之免受危险的过电压的影响，防止过电压侵入变电站的某个部位造成严重损害。设计准则通常以过电压水平覆盖运行中预期过电压的 98% 为标准[6]。

变电站中的每个设备具有不同的绝缘水平，需要实现合理的绝缘配合。为了保护电力变压器，这是变电站中最昂贵并且最难更换的设备，绝缘配合应构造几道防线以保护变压器，即使让其他设备损坏也不能让变压器损坏。同样的考虑也适用于GIS。原则是过电压引起的任何破坏性放电都要引向变电站中价值较低或易于更换的设备。

操作过电压是决定特高压和超高压系统空气间隙尺寸的主要因素。原因在于雷电冲击耐受电压与间隙距离呈线性增长，而操作冲击耐受电压随间隙距离增长趋于饱和（见图 11.2）。因此，抑制操作过电压水平非常有意义。

认识操作过电压的历史背景也很有趣。在欧洲，第一个超高压系统是 20 世纪50 年代中期建于瑞典的 400kV 系统。由于不了解操作过电压的影响，因此没有考虑操作过电压的问题，自然也就没有操作过电压的抑制措施。20 世纪 60 年代建于意大利的 400kV 电力系统首次真正考虑了操作过电压的问题，进行了大量的操作冲击试验，其结果是形成了现在广为人知的 U 形电压 – 时间曲线以及间隙因子等概念[8,9]。

法国电力公司（Electricité de France）开展的研究工作为 U 形曲线提供了解释[10]。操作冲击击穿过程既包括流注放电又包括先导放电，先导放电是主要的驱动机制，而雷电冲击击穿仅包括流注放电。因此 U 形曲线的最小值代表了先导放电占优发生在前沿时间为 $100 \sim 400\mu s$ 的范围内，由此试验标准中选择操作冲击电压波前时间为 $250\mu s$ 。关于空气中放电和击穿的详细介绍见参考文献 [11，12]。

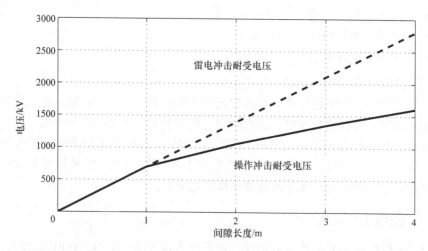

图 11.2　棒－棒间隙雷电冲击耐受电压和操作冲击耐受电压与间隙距离的关系[7]

11.3　操作过电压的限制

11.3.1　限制措施

通过限制工频暂时过电压，操作过电压通常也会降低，从而使得电网从一个稳态到另一个稳态的跳跃幅度减小。

自 20 世纪 60 年代以来，人们提出并应用了多种限制操作过电压的措施[13]：

- 采用合闸电阻；
- 采用分闸电阻；
- 线路终端采用避雷器；
- 在传输线上安装避雷器（TLA），例如安装在架空线的中段位置；
- 快速投入并联电抗器；
- 将电压互感器直接连接在架空线上，在重合闸之前吸收线路上的残余电荷；
- 选相开合。

这些措施将在下面各节中进行讨论。

如果过电压超过绝缘水平，需要采用下述的过电压保护装置对重要设备进行保护：

- 火花间隙（见 10.5.1 中的示例）；
- 避雷器（见 11.3.3 节）；
- 阻容型（$R-C$）过电压保护装置（见 4.3.3.4 节中的示例）。

11.3.2　采用合闸电阻限制

采用合闸电阻限制操作过电压的方法是指在合闸过程中，在一个预定的时刻通过与断路器灭弧室并联的一台辅助开关将一个电阻（R）与传输线的波阻抗 Z 串联在一起。经过一个很短的时间（预插入时间），断路器主触头闭合，电阻被旁路。

其工作原理如图11.3所示。

自从20世纪60年代人们开始认识到操作过电压的显著影响，就开始在超高压压缩空气断路器上使用合闸电阻了[14-16]。

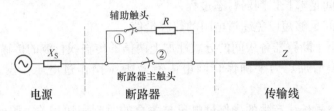

图 11.3　配单步合闸电阻的断路器原理图

采用合闸电阻限制操作过电压的工作原理如下。假设在合闸瞬间断路器上的开路电压为 U_D，那么断路器的关合将产生一个幅值为 U_D 的行波，这个电压将分配在电阻 R 和线路波阻抗 Z 上。在线末开路端的入射波电压幅值（U_{oL}）为

$$U_{oL} = \frac{U_D Z}{R + Z} \tag{11.1}$$

在线路末端行波电压被加倍，线末电压（U_{eL}）为

$$U_{eL} = \frac{2U_D Z}{R + Z} - U_{TC} \tag{11.2}$$

式中，U_{TC} 是线路上初始残余电荷产生的电压。

例如，当 $U_D = 2\text{p. u.}$ 时（即 1p. u. 正的电源电压和 1p. u. 负的由残余电荷产生的电压），有

$$U_{eL} = \frac{4Z}{R + Z} - 1 \tag{11.3}$$

如果 $R = 0$，那么 $U_{eL} = 3\text{p. u.}$。

很明显，当电阻 R 越大时，U_{eL} 值越低。然而，合闸电阻只是暂时接入回路，当合闸电阻被旁路时还会产生一个行波，其幅值为

$$U_R = \frac{U_{R,D} R}{R + Z} \tag{11.4}$$

式中，$U_{R,D}$ 是旁路时刻合闸电阻上的电压降。行波电压在线末加倍，有

$$U_{R,eL} = \frac{2U_{R,D} R}{R + Z} \pm U_{pf} \tag{11.5}$$

式中，U_{pf} 是行波到达时刻的工频电压。因此，合闸电阻 R 应规定一个上限值。R 的取值通常通过计算机仿真进行优化，典型值取 $250 \sim 600\Omega$ 之间，取值取决于具体情况。

一般来说，合闸电阻的目的是为了限制受电端的电压在 2p. u. 以内。然而合闸电阻对于线路上的电压分布几乎没有什么影响，在入射波和反射波叠加位置有超出

2p. u. 的过电压。

除了合闸电阻的电阻值以外，合闸电阻的投入时间是第二重要的参数。合闸电阻的投入时间由下面两个相互矛盾的需求决定：

- 投入时间足够长以削弱暂态过程；
- 投入时间足够短以免超过电阻的热容量值。

如果投入时间小于断路器各极间的分散性加上两倍的传输线行波的传输时间，将会导致过电压幅值增加。为了确保合闸电阻有效限制操作过电压，投入时间应大于 8ms。

由于关合空载长线产生的操作过电压与关合的时刻密切相关，因此选相技术，也称为同步技术或相控技术正在逐渐取代合闸电阻，参见 11.4 节。另外，由于合闸电阻技术在机械上比较复杂，需要辅助开关并存在相应的可靠性和维护等问题，因而其他解决方案如选相技术成为合闸电阻技术的替代选择。

11.3.3 采用避雷器限制

11.3.3.1 简介

避雷器用来把过电压限制到一个设定的保护值，原则上这个设定值低于设备的耐压值。

理想的避雷器在达到设定的电压值时开始导通，设定电压值比额定电压值高出一定的裕量，设定电压值不受过电压持续时间变化的影响，当避雷器上的电压降到低于设定电压值时，避雷器立即停止导通。也就是说，理想避雷器只吸收与过电压有关的能量。

过去 30 年来，避雷器的设计及应用的进步速度很快。从阀式或火花间隙型碳化硅避雷器发展到无间隙型金属氧化物（MO）或氧化锌（ZnO）避雷器。避雷器的发展经历了很多重要的阶段，现代的避雷器满足了当前的需求[17]。

11.3.3.2 金属氧化物避雷器

作为合闸电阻的一种替代方案，金属氧化物避雷器于 20 世纪 80 年代后期开始应用于线路终端保护[18-21]。从此以后，金属氧化物避雷器在（特）高压应用中成为常规保护方案，主要用于防雷。

现代的（无间隙型）避雷器基于金属氧化物电阻，它不仅具有极强的电压 - 电流非线性特性，而且吸收能量的能力还很强。它们被称作金属氧化物避雷器。金属氧化物的材质主要是由 ZnO 与少量添加物混合制成的陶瓷材料，添加物有 Bi_2O_3、CoO、Cr_2O_3、MnO 和 Sb_2O_3 等。加工过程中，将混合物制成晶粒并加以干燥，然后压制成饼状，最后烧结成阀片。ZnO 晶粒的直径约为 $10\mu m$，具有较低的电阻率，约为 $10^{-2}\Omega\,m$，但是 ZnO 晶粒被一层 $0.1\mu m$ 厚的氧化层包裹，这个氧化层称为晶界层，其电阻率是非线性的，可以从低电场强度下的 $10^8\Omega\,m$ 降低到高电场强度下的小于 $10^{-2}\Omega\,m$。

金属氧化物电阻片可以用图 11.4 所示的等效电路来表示[22]。R_{ZnO} 为氧化锌晶粒的电阻；L 为金属氧化物电阻片的电感，由电流路径的几何形状确定；R 为晶界层的非线性电阻。晶界层的相对介电常数是一个定值，在 500～1200 之间，与制造工艺有关。电阻片的电容在电路中用 C 表示。

金属氧化性电阻片的电压－电流特性如图 11.5 所示。

基于电阻片材料微观结构的导通机制，其电压－电流特性可以分为三个区：

图 11.4　金属氧化物避雷器电阻片的等效电路

* 低电场区（1 区）

这个区段的导通机制是通过晶界层的势垒实现的。这个势垒阻止电子从一个晶粒向另一个晶粒的运动。如果有电场存在就会降低这个势垒，这被称作肖特基效应，可以让一定数量的电子以热运动方式通过这个势垒。这种方式产生的电流很小，在毫安范围内。当阀片温度较高时，电子的能量增加，就更容易通过这个势垒。

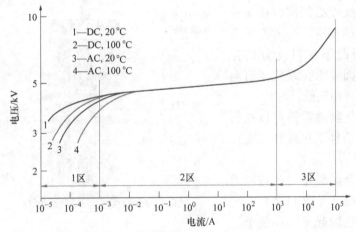

图 11.5　金属氧化物电阻片的电压－电流特性（阀片直径为 80mm，厚度为 20mm）

* 中电场区（2 区）

当晶界层上的电场达到一定值，大约为 100kV mm^{-1} 时，电子可由量子力学的隧道效应通过势垒。在这个区段，电流在很大范围内变化时电压只发生非常缓慢的变化。

* 高电场区（3 区）

在这个区段，由于隧道效应势垒上的电压降很小，因此氧化锌晶粒电阻上的电压降起主要作用。电流与电压之间逐渐呈现为线性关系。

从本质上说金属氧化物避雷器就是由数十亿个金属氧化物晶粒构成的微开关结的集合，这些微开关结可以在微秒时间尺度内导通和关断，形成一个由避雷器的上接线端到接地端之间的电流通路。因此，金属氧化物避雷器可以看作是一个动作非常迅速的电子开关，在额定电压下关断保持开路，在遇到操作过电压和雷电过电压时导通。

避雷器的一个重要参数是操作脉冲保护水平（SIPL），它定义为指定条件下在避雷器端子上施加操作冲击电流时的最大允许峰值电压。

为了使金属氧化物避雷器在系统运行电压下所消耗的功耗低，避雷器的持续运行电压应选择在1区。在这个区段，其电阻电流分量的峰值通常远小于1mA，容性电流分量起主要作用。这意味着在运行电压下避雷器的电压分布是容性的，受到杂散电容的影响。

金属氧化物避雷器的保护特性是由电压–电流特性的2区和3区决定的。在这两个区段，温度和杂散电容的影响可以忽略不计，避雷器电压分布特性偏离线性分布的程度仅由电阻性的电压–电流特性的分散性决定。由于该分散性很小，因此电压分布实际上是线性的。

金属氧化物材料的电压–电流特性的非线性必须同时满足一组相互矛盾的要求，一方面要求在过电压情况下提供充分的保护，另一方面要求在系统运行电压下电流小、功耗低。

金属氧化物避雷器可以在所有运行电压条件下对操作过电压实现保护。

传统的金属氧化物避雷器采用瓷外套结构（见图11.6）。

为保证性能起见，在整个工作周期内避雷器电阻片单元都需

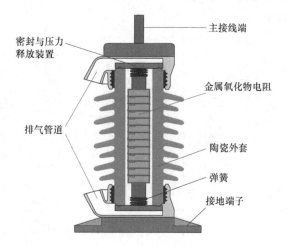

图11.6　瓷外套金属氧化物避雷器

要密封起来。为了实现密封，避雷器两端配有带橡胶垫圈的不锈钢片。不锈钢片对橡胶垫圈施加一个持续的压力，使橡胶垫圈紧密地贴合在绝缘子端面上。这个压力还通过弹簧对金属氧化物阀片柱起到固定的作用。该密封结构还具有压力释放功能。当避雷器承受的负荷超过设计值时，会产生内部电弧。被电弧电离的气体使避雷器的内部压力迅速增加，冲破密封片，气体从排气管道喷出。由于避雷器两端的排气管道方向相对，由此导致形成外部电弧，内部压力得以减轻，从而使得瓷外套不发生爆炸[23]（详见2.3节，图2.10）。

然而，配电等级的瓷外套避雷器出现了由于密封不当而发生故障的问题。使用复合外套有助于实现良好的密封设计，因此获得了广泛应用，导致在配电等级几乎全部的瓷外套避雷器都被复合外套避雷器取代。

复合外套避雷器（见图 11.7）的硅橡胶与可动部件的封接非常可靠，因此不需要密封圈。当避雷器的电气负荷超过其设计容量时，就会产生内部电弧，导致外壳破裂，但不会发生爆炸。柔软的硅橡胶很容易被电弧烧穿，使得内部电弧产生的气体直接地快速释放。因此，在复合外套避雷器中就不再需要防止瓷外套爆炸的特别设计的泄压管道了。

此外，配电等级的复合外套避雷器的价格也比瓷外套避雷器便宜。

在输电等级中，瓷外套也逐步地被复合外套所取代。

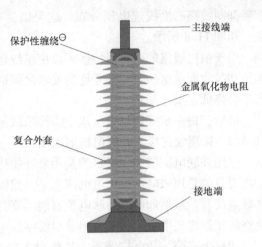

图 11.7　复合外套金属氧化物避雷器

11.3.3.3　输电线路避雷器（TLA）的效果

图 11.8 示出了将线路避雷器应用于一个典型的特高压系统中的效果，详见参考文献［21］。如果只在线路两端安装避雷器，那么线路两端的过电压将被限制在避雷器的保护水平范围内。然而，输电线路沿线电压分布的过电压水平仍会很高，

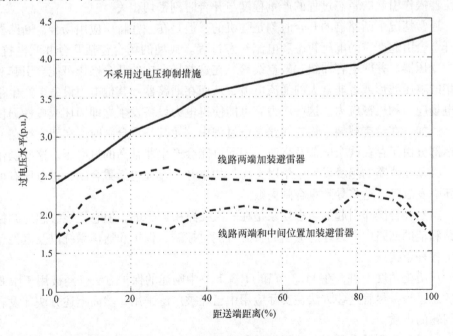

图 11.8　线路避雷器沿线抑制操作过电压水平的效果

⊖　"保护性缠绕"是用绝缘材料制成的线对电阻片起到固定和保护作用。——译者注

需要抑制线路的沿线过电压分布。这可以通过在输电线路的中段加装避雷器来实现，如图 11.8 所示。

用于输电线路的避雷器特性可以由系统地仿真研究来获得。避雷器需要在保护水平和吸收能量这一对相互矛盾的要求之间取得平衡，随着吸收能量的增加，保护水平会降低，反之亦然。

最后，进一步降低过电压水平需要采取更多的主动措施。

11.3.4　采用快速投入并联电抗器限制

采用并联电抗器的主要目的是用来补偿传输线的电容。此外，采用并联电抗器的次要目的是用来降低操作过电压水平。然而电力公司从来没有以次要目的来安装并联电抗器，虽然如此，并联电抗器确实降低了暂时过电压，当并联电抗器直接与架空线相连时还可以起到重合闸前对线路放电的作用。

线路上安装并联电抗器后，最佳投入时刻是在线路投运或者重新投运之前投入[24]。与其他的操作过电压抑制措施相比，采用并联电抗器的效果并不显著。

11.4　采用选相开合限制操作过电压

11.4.1　选相开合的原理

在电网中所有的开合操作都会引起一定程度的瞬态过电压并在系统中传播。由断路器操作引起的暂态过程的严重程度与开合时刻密切相关。

通常情况下断路器的开合时刻是随机的，但是在一些特殊应用场合，断路器随机开合会引起严重的电压暂态和电流暂态过程。典型的场合包括开合并联电抗器、电力变压器、并联电容器组和架空线等。在这些场合中的开合操作可能会引起非常陡峭的电压波形或者非常大的涌流电流，从而在断路器和其他电力设备上产生很大的电场应力和机械应力。这些应力有可能使得电力设备发生立即损坏或慢性损伤。

例如，在给空载架空输电线路送电过程中，尤其是重合闸时，在架空线路的待投运部分由于存在残余电荷及行波，因此可能会产生非常高的过电压。这些操作过电压必须在线路的绝缘设计中予以考虑。如果开合过程包括重合闸，过电压有可能重新引发故障，这将导致重合闸失败。

虽然开合操作引起的暂态现象是在一次线路中产生的，但它们能够感应到控制电路和辅助回路中。这些感应出的暂态可能对控制、保护和通信系统以及微处理器产生各种干扰。

从历史角度上讲，在 11.2 节和 11.3.1 节中阐述的保护方法已经被用于限制上述暂态过程。尽管这些方法在实际应用中已经被广泛采用，然而上述方法却没有触及问题的本质。

在任意时刻开合所引起的暂态现象，可以通过在电压和电流波形的特定相位的开合操作，即所谓的选相开合技术来消除[25,26]。这种技术也称作相控开合技术、同步开合技术或者智能开合技术。智能化的选相开合技术具有这样一种潜力，即可以消除几乎所有的暂态现象，而不是仅仅减轻暂态的影响，如 11.3.2 节和 11.3.3 节所介绍的那些保护方法。

选相开合技术并不是一个新概念。早在 1966 年就提出了断路器选相关合的概念来限制操作过电压[27]，但直到 1969 年才被看作是一个切实可行的方法[15]。选相关合技术的提出是在 1970 年，选相关合与合闸电阻作为一个组合方案被提出，1976 年这种方法在电力系统中进行了实际测试[28]。直到 20 世纪 90 年代，选相开合技术才在实际中得以应用[29,30,33-35]。造成这个延迟的原因是缺少可靠的控制装置。

随着电子技术的迅猛发展，选相开合已成为标准化的技术手段。由于选相开合技术效果佳、可靠性高、成本低，因此电网公司对其需求快速增长。

术语"选相开合"既适用于选相分闸也适用于选相合闸。选相开合技术的试验要求参见 IEC 技术报告 62271 – 302[31]。参考的电信号既可以是电流（对分闸操作而言）也可以是电压（对合闸操作而言），如图 11.9 所示。

术语"选相分闸"指的是控制开关装置每一极的触头相对于电流相角分开的技术。通过这种方式可以控制燃弧时间，目的是减小对开关装置及其他电力设备的应力。更准确地说，通过避免承受 TRV 时的触头开距过小，可以极大地降低复燃和重击穿的概率。

与此类似，通过智能控制触头相对于开关装置的电压相角进行关合及引起的电流，也使得开关装置及其他电力设备承受的应力最小化。

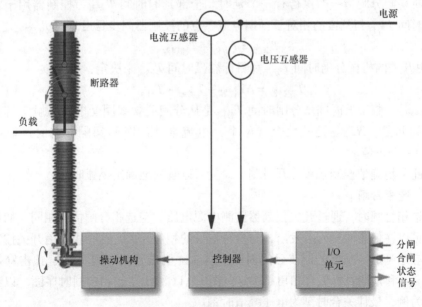

图 11.9　断路器选相开合控制原理图

11.4.2　选相分闸

为了实现选相分闸，需要监测流过断路器的电流。每极燃弧时间是通过控制触头相对于电流波形的分开时刻来实现的。

图 11.10 给出了选相分闸时序图。

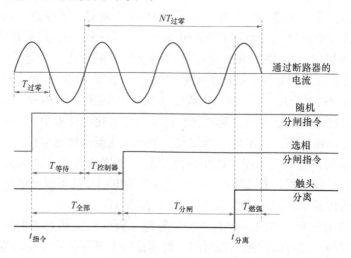

图 11.10　选相分闸时序图

为了术语的清晰起见，所有的时刻都用小写字母 t 表示，而时间间隔用大写字母 T 表示。初始分闸指令可在任意时刻 $t_{指令}$ 发出，它与参考信号的相角无关。开关控制器对初始分闸指令的执行有一个延时。全部延时时间 $T_{全部}$ 为控制器用于计算的等待时间 $T_{等待}$ 与预留的相对于预期电流零点的控制器同步延迟时间 $T_{控制器}$ 之和：

$$T_{全部} = T_{等待} + T_{控制器} \tag{11.6}$$

$T_{控制器}$ 由开关的机械分闸时间 $T_{分闸}$ 和目标燃弧时间 $T_{燃弧}$ 来决定：

$$T_{控制器} = NT_{过零} - T_{燃弧} - T_{分闸} \tag{11.7}$$

$T_{过零}$ 是工频半波时间。分闸时间 $T_{分闸}$ 是从分闸脱扣线圈受电到弧触头打开时刻的时间间隔。$NT_{过零}$ 是整数个（N 个）电流半波的时间间隔，它的选取应使 $T_{控制器}$ 为一个正值。

因此，精确地控制触头分开时刻 $t_{分离}$ 就可以有效地确定燃弧时间。

11.4.3　选相合闸

在选相合闸时，通过开关控制器监测电源电压。与选相分闸情况相同，初始合闸指令可以在任意时刻 $t_{指令}$ 发出，与参考信号的相位无关。这个指令由开关控制器进行相应地延迟。预留的同步延迟时间 $T_{控制器}$ 由机械合闸时间 $T_{合闸}$、预击穿燃弧时间 $T_{预击穿}$ 和预期目标关合相角所决定。图 11.11 给出了选相合闸时序图。以纯电感负载为例，最佳关合时刻为电压峰值时刻。

如果合闸时间和预击穿时间已知，控制器可计算得到同步延迟时间 $T_{控制器}$ 如下：

$$T_{全部} = T_{等待} + T_{控制器} \tag{11.8}$$

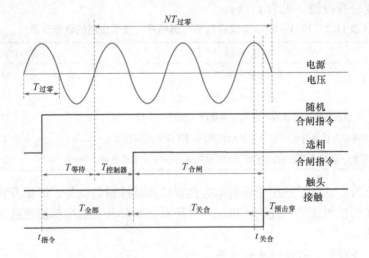

图 11.11　选相合闸时序图

$$T_{控制器} = NT_{过零} - T_{过零}/2 - (T_{合闸} - T_{预击穿}) = NT_{过零} - T_{过零}/2 - T_{关合} \quad (11.9)$$

关合时刻 $t_{关合}$ 是电流开始导通的时刻。机械合闸时间 $T_{合闸}$ 是从合闸脱扣线圈受电到触头接触时刻的时间间隔。预击穿燃弧时间 $T_{预击穿}$ 是从电流开始导通（即预击穿时刻）到触头接触时刻的时间间隔。关合时间 $T_{关合}$ 是从合闸脱扣线圈受电到电流开始导通时刻的时间间隔。

11.4.4　极间错相位关合技术

极间错相位关合技术是限制操作过电压的一种辅助性措施，而不是一种根本性的解决措施[32-35]。其技术原理很简单，就是将开关的各极间隔一个半波合闸，期望关合相的暂态现象在下一极关合前大幅度衰减。其作用是减小任何一相的暂态现象与其他两相的耦合。这种措施花费较小、简单易行、可靠性高。

在关合短路故障时，必须小心极间延迟不能导致非对称电流峰值超过标准值，详见 2.2.3 节。

11.4.5　选相开合技术的应用

选相开合技术的潜在优势取决于所要开合电路的特定性质。选相开合技术不仅在技术方面具有优势，而且在应用成本以及免维护降低成本等经济方面也具有显著的优势。

目前已有大量的开发和应用负载选相开合的案例。截至目前最常见的应用是选相开合并联电容器组和并联电抗器组。表 11.1 归纳了常见选相开合应用的百分比，数据来源于 CIGRE A3.07 工作组的报告，报告统计了 1984～2001 年选相开合应用的数据[25,36]。据估计到 2001 年在世界范围内已安装了 2500 台选相控制器。

从 20 世纪 90 年代末开始，选相开合的应用数量快速增加。目前，选相开合在电容器和电抗器投切中已成为常规应用；选相开合技术的发展集中在更加复杂的领域，例如变压器投切（见表 11.1）。

表 11.1　1984～2001 年世界范围内选相开合技术应用的调查结果[36]

应用领域	占全部应用的比例（%）
投切并联电容器	64
投切并联电抗器	17
简单投运变压器或者在选相分闸情况下投运变压器	17
投运线路和自动重合闸（线路无补偿或者采用并联电抗器补偿）	2
三极独立操作的、机械上错相位的断路器，既采用选相分闸又采用选相合闸	7

　　除了已被广泛接受的应用场合如容性投切和感性投切以外，选相开合技术还可以获得潜在的技术优势。理论上讲，几乎所有的实际开合工况都能受益于合理的选相开合技术。

11.4.5.1　并联电容器组的选相开合

　　选相开合技术最常见的应用就是并联电容器组投切。这是由于容性负载有非常明确的暂态特性。

　　在投入单个电容器组时引起的涌流会引起并联电容器组母线上的电压暂降。这个电压暂降对断路器不是问题，但是对电能质量影响很大，详见 4.2.6 节。对于没有残余电荷的单相电容器来说，最佳的关合时刻是系统电压的过零时刻，这样涌流会最小。由于中性点接地电容器组可以被看作三个单相电容器组，因此理想的关合时刻是各相电压的过零时刻。可在 120° 电角度内完成全部三相的关合，如图 11.12a 所示。

　　中性点非有效接地电容器组选相合策略有所不同。其策略是在两相的相电压过零时刻将两相同时投入，如图 11.12b 所示。在 90° 电角度后第三相线对地电压过零时刻将第三相投入。

　　在开断容性负载时，通过选相分闸可以避免短燃弧开断，这样可以极大地减少发生复燃和重击穿的风险。实现这一目标的方法是在触头分开时刻和电流零点之间设置一个时延，如图 11.13 所示。由图中可以看出，断路器触头间隙上的耐受电压和容性开断的系统恢复电压相比有足够的裕量，耐受电压性能由绝缘强度上升率（RRDS）表征，参见 11.4.8.2 节。

11.4.5.2　空载架空线的选相开合

　　架空线开合操作过电压这一物理现象本质上是行波沿线路的传播。行波的传播由断路器的关合操作引起。操作过电压水平与预击穿时刻的瞬间电压值直接相关。这使得选相开合成为限制由空载线路开合和高速重合闸所产生的操作过电压的自然和有效的方法。

　　空载线路选相开合的最佳关合时刻是断路器每极上的电压达到最小的时刻。

　　选相投入线路的策略会根据线路是否有并联补偿而有所变化，也会根据线路上

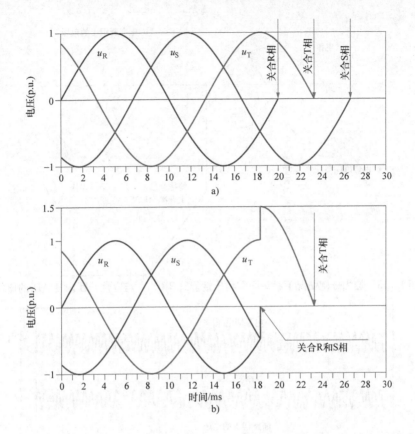

图 11.12　a) 中性点有效接地并联电容器组和 b) 中性点非有效接地电容器组的最佳关合时刻

是否有残余电荷而有所变化，如重合闸情况。

当空载线路没有残余电荷时，其投入非常简单。在这种情形下，空载线路可以看作是并联电容器组，目标关合时刻是断路器电源侧电压的过零时刻。

在切除空载输电线路时，如果线路没有得到补偿，那么线路的残余电压将是一个直流电压，如果线路得到补偿，那么线路的残余电压将是一个振荡电压，振荡频率取决于补偿度。选相开合应在断路器电源侧工频电压与线路侧电压之差达到最小值时关合。对于没有补偿的线路，在每个周期内当电源侧电压的极性和线路侧电压的极性相同时，将出现一次电压差的最小值，如图 4.21 所示。对于有补偿的线路，电压差最小值的出现与频率相关。

图 11.14 示出了实际的现场测量结果。图中显示当补偿度较高时，线路侧呈现出的振荡变得更复杂。实际上当补偿度为 40% 时出现了三种振荡模式，最小值也变得更加不明显。

显然限制这种过电压的措施需要一个动态控制器，该控制器能够分析断路器两侧的电压差，确定最小值的位置，对期望的最小值进行预测，在得到合闸信号后根

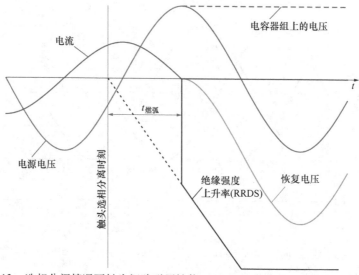

图 11.13 选相分闸情况下触头间隙耐压性能（RRDS）与容性开断恢复电压的比较

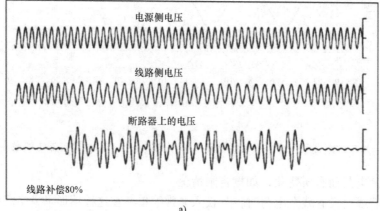

图中标注：电源侧电压、线路侧电压、断路器上的电压、线路补偿80%、a)

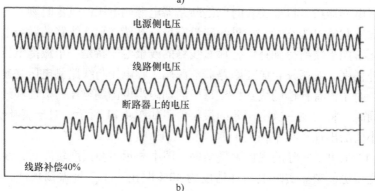

图中标注：电源侧电压、线路侧电压、断路器上的电压、线路补偿40%、b)

图 11.14 在切除一条 500kV 线路时的电源侧电压、线路侧电压和
断路器上的电压：a）线路补偿 80％；b）线路补偿 40％

据预测的最小值关合断路器，整个过程在 0.5s 甚至更短的时间内完成。图 11.15 所示为由 0.8p. u. 残余电荷引起的断路器上的电压变化以及在此情况下的最佳关合策略。

　　现代的控制装置的复杂性显然要远超过最早提出这种措施时的过零检测装置和时序控制器。在这种应用中，考虑了断路器的绝缘强度下降率（RDDS，见 11.4.8.2 节）的因素。

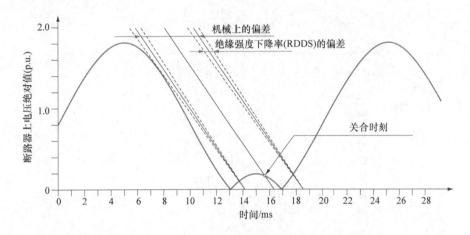

图 11.15　当线路上有 0.8p. u. 的残余电荷时的选相关合策略

　　这种限制操作过电压的方法，与在线路两端和线路中段安装额定电压 372kV 避雷器的方法相结合，已于 1995 年开始成功运行于一个 500kV 的系统[30,35]。其目标是线路上任何一点的操作过电压都将被限制到 1.7p. u. 。

11.4.5.3　并联电抗器的选相开合

　　很早以前就认识到并联电抗器的开合会产生电流和电压暂态过程。因为截流和复燃引起的过电压对所有相关的设备都可能带来危险（见 4.3 节），所以希望能够最大程度地限制过电压。

　　在投入并联电抗器时，如果关合的时刻不当，那么就有可能产生长时间的非对称涌流。涌流可能对保护电路有不利的影响，如果并联电抗器连接在母线上，那么涌流对变压器也会产生不利的影响。

　　在切除并联电抗器时，可能由于多次复燃导致产生过电压。当燃弧时间小于一个最小值时，所有的断路器都有高的复燃概率（见 4.3.3.2 节）。复燃将产生高频暂态现象，电抗器的电压和电流频率典型值达几百 kHz，这会对断路器的部件产生影响：喷口穿孔、在弧触头外产生电弧、甚至沿瓷柱式断路器灭弧室的外绝缘发生闪络。复燃产生的暂态电压非常陡，使得电抗器绕组上的电压分布非常不均匀，在端部的几匝上电场应力最高。这样就存在一定的风险，电场应力将导致绕组绝缘的击穿。对于如此陡峭的电压，甚至避雷器也无法对绕组提供保护。因此，最好能够避免出现复燃。虽然燃弧时间较长当然意味着截流过电压较高，但是复燃过电压通常要比截流过电压严重得多，因此采用选相开合技术增加燃弧时间以避免发生复燃是非常可取的措施。避免复燃发生的主要方法是使得触头分离时刻处于复燃窗口之外，如图 11.16 所示。

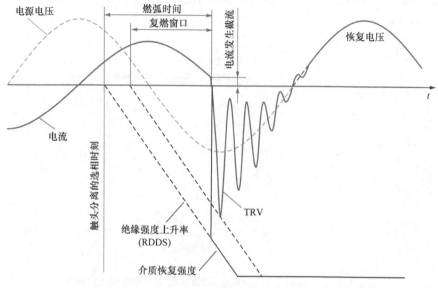

图 11.16　在选相开断感性负载时为避免发生复燃，应使触头分离时刻处于复燃窗口左侧

使电抗器涌流最小的选相关合目标是在工频电压峰值时刻关合。对于理想的单极操作断路器，最佳关合时刻如图 11.17 所示：

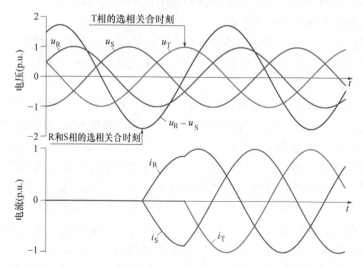

图 11.17　对于理想的单极操作断路器，并联电抗器的最佳关合时刻

- R 和 S 极在这两相的相电压峰值时刻关合；
- T 极 90°电角度后关合。

该操作顺序使得全部三相中的通电电流比较对称，最大涌流为 1p. u. 。

在这种操作下，相应的操作过电压通常较低，但这一策略会将关合时刻触头间隙击穿引起的陡峭电压波头施加到电抗器的绝缘上。因此，要同时降低涌流和电抗器承受的暂态应力是不可能的，通常要采取折中的解决方案。在实际使用中，需要用户决定怎样选择最符合其要求。

11.4.5.4　变压器的选相开合

电力变压器是电网中至关重要的器件，也是变电站中最昂贵的设备。电力变压器有各种各样的配置来达到不同的目的。与并联电抗器和电容器组相比，通常情况下电力变压器开合次数很少，可能每年只有一次或者两次，而并联电抗器和电容器组通常每天都要进行投切。此外，开合空载变压器的严酷程度低于开合并联电抗器。因为变压器绕组的固有振荡更不显著而且衰减更快，所以切除空载变压器时产生的过电压很低，通常认为不产生什么影响。因此，不需要通过选相分闸来限制切除空载变压器过程中的过电压。

对于电力变压器选相开合而言，优先考虑的是选相合闸。目标是使涌流暂态最小，以达到如下目的：

- 减轻绕组上的电动力；
- 防止出现暂时的电压谐波，它会引起电能质量下降；
- 避免大的零序电流对二次回路的干扰，并且避免继电保护误动作。

投运空载电力变压器[37]在很多方面与投运并联电抗器的操作策略相似，但也存在一些差别。也就是说，在断电后变压器铁心中可能仍存在剩余磁通或残余磁通⊖，剩余磁通将影响随后的关合条件。

因为电抗器不是空心的就是铁心带有气隙，所以与电抗器相比，剩余磁通对空载变压器的选相合闸来说是更加关键的因素。由于气隙的存在，电抗器铁心不可能严重饱和。而出于经济原因，设计变压器时通常让工作磁通尽可能接近饱和点，这样铁心材料可以得到优化利用。

变压器铁心中的磁通量和绕组上电压的积分成正比，所产生的稳态励磁电流（即变压器空载电流）由变压器的非线性磁化特性决定。因此，即使在稳态条件下，励磁电流也具有明显的非正弦波形状，如图 11.18 所示。

由于饱和效应和磁滞效应的影响，即使变压器中没有剩余磁通，在不利的时刻关合仍会导致产生较大的磁通非对称性。在没有剩余磁通的情况下，最不利的时刻是电压过零时刻。在这种情况下，虽然起始时的磁通为零，但是所产生的最大磁通

⊖　由于磁性材料具有磁滞效应，变压器断电会导致铁心中有残余磁通密度或残余磁化强度。变压器铁心中残余磁通的数值称为"剩余磁通"。

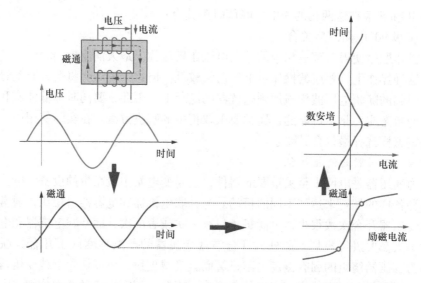

图 11.18　稳态空载条件下电力变压器的施加电压、磁通和电流之间的关系

将是正常工作磁通的两倍。由于工作磁通已经接近饱和点，而磁通增加到两倍，因此会产生严重的铁心饱和。由此电感下降，励磁电流快速增加到很大的数值，如图11.19a 所示。

如果磁通需要转变极性达到与先前的分闸操作产生的剩余磁通相同的极性，涌流甚至会更大，因为这种情况会引起磁路更严重的饱和。因此，最佳关合时刻非常依赖于剩余磁通的幅值水平和极性。最佳关合目标时刻是预期磁通与剩余磁通相等的时刻。这种方法可使磁通具有对称性并立即进入稳态，如图 11.19b 所示。

在选相合闸操作之前，通过对分断前和分断后稳态过程中变压器每相端子上的电压进行测量并积分，可以确定先前分闸操作产生的剩余磁通。与直接测量剩余磁通相比，变压器每相端子电压信号更容易获得。根据计算所得的剩余磁通，随后的合闸操作的控制方式是优化相对于电源电压的关合时刻，使得涌流最小。

在选相合闸时如果未考虑变压器铁心中的剩余磁通，则意味着选相合闸并未实现真正的优化。通常在合闸前一定会有剩余磁通。

因为在电流自然过零点开断时剩余磁通最小，所以为了下一次选相合闸操作，可能会采用选相分闸以控制剩余磁通水平，包括其幅值和极性。因此，在有剩余磁通的情况下，采用选相分闸作为选相合闸的支撑手段，涌流可以被限制得更低。

选相开合的优化控制目标还取决于铁心和绕组结构。根据铁心和绕组结构不同，各相在开合操作过程中可能相互影响或互不影响。在某些情况下，第一相的关合会导致在其他铁心截面或铁心柱中产生暂态磁通，这在选相开合时必须加以考虑。该暂态磁通定义为动态铁心磁通，上述暂态磁通的影响主要出现在以下变压器

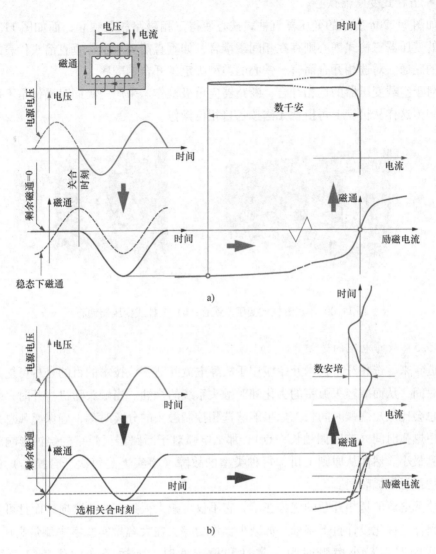

图 11. 19　电力变压器关合时刻对涌流的影响：a）在电压零点关合
产生的较大涌流；b）考虑剩余磁通的理想关合时刻

结构中：
- 在开合变压器的一侧，变压器中性点不接地；
- 三柱式变压器铁心；
- 具有三个独立铁心，二次侧为三角形联结，或具有第三绕组的变压器。

在下列情况下则没有暂态磁通的相互影响：
- 中性点直接接地的变压器；

- 五柱式变压器铁心。

如图 11.20a 所示的变压器五柱式铁心使得三相磁路相互独立，而如图 11.20b 所示的变压器三柱式铁心则存在相间磁耦合，如垂直箭头所示，垂直箭头代表的是每相的磁通。对选相开合而言，铁心的类型决定了开合的顺序。

对于空载变压器的选相开合，断路器应单极操作。采用三极同时操作是不可取的，因为这样从机械上每极就无法按各自相位操作。

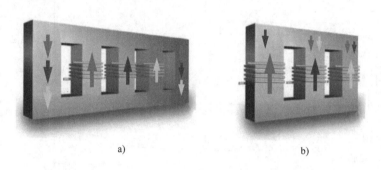

a)   b)

图 11.20 a）五柱式变压器铁心；b）三柱式变压器铁心

11.4.5.5 故障电流的选相开断

近年来，选相开合技术开始应用于故障电流开断。该技术的目的是尽可能减小燃弧时间，从而减轻灭弧室的劣化和对触头系统的烧蚀。当触头随机打开时，燃弧时间总会比最短燃弧时间长。如果能够选相控制触头的分离时刻，确保燃弧总是处于最短燃弧时间（或时间稍长一点），那么电弧对于断路器灭弧室的烧蚀影响就会降低到最小。然而从原则上讲，每种类型的故障（事实上是每次开合操作）都有各自的最短燃弧时间。

故障电流的选相开断的优势在于，它不仅可减少灭弧室的电磨损，而且可为未来断路器的优化设计打下基础，如减少操作功等。在大容量实验室中测量高压 SF₆ 自能式断路器最小燃弧时间一致性和稳定性时，上述潜在的优势已经得到验证[38]。

对于故障电流选相开断这种应用而言，最大的挑战在于预测电流零点。电流零点的预测基于保护系统测量得到的故障电流的波形。由于故障电流的幅值和非对称度的变化范围很大，因此需要非常快的算法和极短的实时运算时间，基于几毫秒的故障电流波形进行外推来准确预测电流零点[39]。

11.4.6 各种操作过电压限制措施的比较

图 11.21 比较了各种过电压限制措施对高速重合闸导致的过电压累积概率分布的影响，关注的是一条带换位的长度为 330km、电压为 500kV 的输电线路的开路

端。所考虑的避雷器额定电压为 372kV。从图中可以清楚地看到，极间错相位关合技术的改善效果有限，不适合作为一种限制过电压措施的独立选项。有效的过电压限制措施包括采用合闸电阻、在线路终端加装避雷器（即线路两端安装避雷器）、在线路中段位置加装避雷器、选相合闸与线路终端加装避雷器配合等方法。

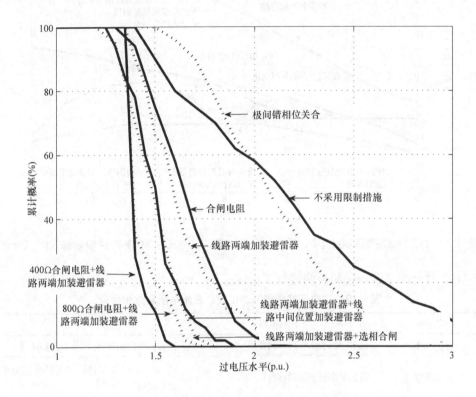

图 11.21　在多种操作过电压抑制措施下产生的过电压累计概率分布

　　更令人感兴趣的是各种限制措施对于沿线电压分布的影响。对于一条长度为330km、电压为 500kV 的输电线路，图 11.22 示出了各种限制措施对于沿线电压分布的影响。

　　采用合闸电阻和选相合闸技术，并与线路终端加装避雷器的措施相配合，是限制沿线过电压分布效果最显著的两种措施。在 800kV 及以下，目前很少使用合闸电阻，通常采用避雷器和选相合闸技术。而在 1000kV 及以上的特高压等级，情况有所不同，下面对此进行讨论。

　　应用于 1000kV 和 1200kV 等级的断路器装有分闸电阻，其目的是满足故障开断时的瞬态恢复电压（TRV）要求。此电阻虽然在分闸时其阻值是合适的，但是作为合闸电阻其阻值却大出了一倍。如图 11.21 和图 11.22 所示，合闸电阻阻值越低，过电压限制效果越好。用户需要做出决策是选择合闸电阻还是选择选相合闸。

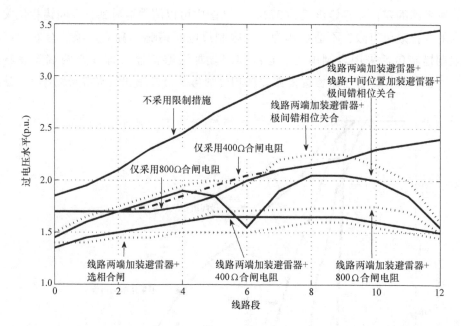

图 11.22　在各种过电压限制措施下，沿一条长度为 330km、电压为 500kV 的输电线路的过电压分布

表 11.2 对合闸电阻和选相合闸进行了比较。

表 11.2　过电压抑制措施的比较：合闸电阻和选相合闸

属　性	合闸电阻	选相合闸
保护技术	自 20 世纪 60 年代开始使用	自 20 世纪 90 年代早期开始使用
复杂程度	高；多个机械运动部件	低；无运动部件，只需要电路板和相关软件
安装	与线路电压等电位	在控制室中处于地电位
免维护性	低；需要断路器停运	高；不需要断路器停运
备件供应	能提供；只需提供部件而不是整个模块	能提供；提供整个模块或电路板
未来改进潜力	潜力非常有限	有潜力；部件和软件更新

上述讨论以及对于一条带换位的 500kV 电压等级输电线路的研究结果显示，配合采用如下措施对于限制操作过电压很有效果，包括在线路两端加装避雷器、安装合闸电阻或选相合闸等。上述结果当然可以说明技术措施的性能，但是要决定设计参数具体值时用户需要集中在实际应用的细节上进行考虑和研究。对线路要实现有效的设计满足其可靠性要求，准确地表达避雷器和控制器特性、电阻插入过程及线路配置是至关重要的。

11.4.7　金属氧化物避雷器对断路器瞬态恢复电压的影响

标准化的 TRV 是试验回路能达到的固有值，它既不受断路器与试验回路之间可能的相互作用的影响，又与电网元器件的影响无关。这样的电网元器件之一就是金属氧化物避雷器（MOSA）。当交流系统的电压等级从高压提升至 345 ~ 800kV 的超高压乃至 1100kV 或 1200kV 的特高压时，其绝缘水平与系统电压之比在逐渐减小，与此类似，避雷器的保护水平也随着电压等级的升高而趋于降低，从而限制了 TRV 的幅值。

采用金属氧化物避雷器限制 TRV 并不是一个新概念。在一条带有串联补偿的超高压线路中，由于采用的金属氧化物电阻片保护的串联电容器组增加了断路器开断时的 TRV 峰值，所以在线路终端安装了金属氧化物避雷器，其目的就是为了限制线路保护用断路器所能看见的 TRV[40]。必须认识到，因为 TRV 由断路器两侧的网络的暂态分量组成，所以仅在断路器的一侧安装金属氧化物避雷器不会自动降低 TRV 值。在土耳其的一个 400kV 系统中，通过把金属氧化物避雷器并联到线路断路器两端，起到了限制 TRV 的作用[41]。

对于一般用途断路器来说，金属氧化物避雷器（以及其他电网元器件）对断路器可以起到帮助作用，但不是根本作用。图 11.23 按照 IEC 标准给出了额定电压为 550kV 和 1100kV 断路器的 TRV 包络线（见 13.1.2 节），并与所安装的避雷器的操作冲击脉冲水平（SIPL）典型值进行了比较。

对图 11.23 的进一步观察表明，对于所有的试验方式来说，避雷器都限制了 TRV 的峰值无论是断路器的任何一侧的 TRV 不包括暂态分量的情况，还是变压器二次侧故障、长线故障、失步故障等情况，都是如此。

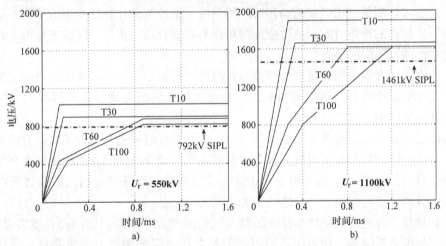

图 11.23　断路器的 TRV：a）额定电压 550kV 的断路器和额定电压 396kV 的避雷器的操作脉冲保护水平；b）额定电压 1100kV 的断路器和额定电压 828kV 的避雷器的操作脉冲保护水平

金属氧化物避雷器对限制 TRV 的重要性，在特高压系统中尤为显著，其重要性归纳如下：

- 金属氧化物避雷器对限制断路器 TRV 峰值的影响具有潜在价值。

- 虽然上述潜在价值具有显著的优势，但是很难将其广泛应用。这是因为金属氧化物避雷器的额定值——它决定了其保护水平——随系统而改变，避雷器的额定值由预期的暂时过电压（TOV）的幅值和持续时间来决定。

- 用户认识到限制 TRV 峰值所带来的技术优势以及相应的经济价值，即减少了断路器串联灭弧室单元的数量。

- 如果采用金属氧化物避雷器来限制 TRV，建议用户确认断路器的型式试验报告覆盖了实际出现的 TRV。最新的 IEC 断路器标准修订版标明了 1100kV 和 1200kV 电路应施加的 TRV，以及在分闸电阻影响下进行试验时的 TRV 计算方法[42]。金属氧化物避雷器对 TRV 的影响也可以用类似的方法进行计算。

11.4.8 对断路器的功能要求

11.4.8.1 机械特性

对选相开合而言，理想断路器的动作时间应保持不变。而实际断路器的动作时间总会有一定的分散性，包括分闸时间和合闸时间。合闸时间分散性的绝对值通常大于分闸时间，因为分闸时间通常比合闸时间的一半还小。如果动作时间分散性变化显著，则应采用各种方法进行校正。

必须区分动作时间的可预测的分散性和随机的分散性。任何可以由控制器以足够精度进行预测的动作时间分散性，都可以由自适应控制方法来补偿甚至消除，从而不会降低选相开合的有效性。

自适应控制是指用以前的动作时间测量结果来检测动作特性发生的变化，从而预测下次操作的动作时间。自适应控制可以有效地补偿一定操作次数之后由老化和磨损造成的动作时间偏移。

所有可以在现场用合适的传感器和互感器进行测量，以及导致动作时间发生确定性变化的操作参数，例如控制电压、操动机构存储的能量以及环境温度的影响等，其分散性都可以进行补偿。

即便在完全相同的动作参数和环境条件下，动作时间仍会出现某些固有的分散性，对选相开合应用而言这成为一个固有的限制。动作时间的分散性可以由其统计分布函数的标准差 $\sigma_{机械}$ 很好地进行描述。可以通过与现场完全相同的条件下的操作对该分散性进行评估。分散性的最大值约为 $3\sigma_{机械}$。

就选相开合而言，单极操作断路器与三极同时操作断路器之间存在重要差别。因为三相电力系统的三相电流之间以及三相电压之间都相差 120°电角度，所以只有使用单极操作的断路器进行选相开合才能达到最优，因为断路器每极都要独立地控制和操作才能实现这个目的。在"同轴联动"断路器中，使用一台操动机构即可在极间实现一个固定的机械不同期性。然而对于同轴联动断路器，其极间的相位差是由机械方式实现的，因此断路器特性的变化无法得到补偿，由此这类选相开合很少采用。

11.4.8.2　电气特性

对于选相开合而言，理想断路器应当满足如下电气特性：

● 当断路器合闸时，在触头未接触前触头开距的介质强度为无穷大，因此不存在预击穿和预击穿燃弧时间。触头关合瞬间即为导通瞬间。

● 当断路器分闸时，在电流最初被开断之后，发生复燃或者重击穿的概率为零。电流在第一次过零时刻就被开断。

当断路器分闸时，对于一个给定的触头开距存在特定的电压水平，在该电压水平下将发生击穿并且有电流通过。在不考虑燃弧的情况下，随着触头分离后触头开距的增加，击穿电压会近似地随之线性增加。如果知道断路器的触头行程特性，那么触头行程特性与时间的关系就决定了绝缘强度上升率（RRDS），对选相分闸而言这是非常重要的电气特性。

在开断容性电流时，对特定断路器存在一定的重击穿概率，重击穿取决于电流过零时的触头开距和绝缘强度上升率。如果恢复电压施加在较大的触头开距上，那么电场应力就会降低。容性开断选相分闸的要旨在于避开短燃弧，使电流开断发生在触头开距相对较大时。通过这种方法，电场应力和复燃概率可被显著降低。从这个角度上讲，选相分闸更常见于滤波器组，而不是电容器组。

在开断电感电流时，同样会存在一定的复燃概率，其原因在于电流过零时触头间隙可能不足以承受 TRV 而发生多次复燃，这个多次复燃过程由断路器和负载特性所决定。燃弧时间，以及由燃弧时间决定的电流过零时刻的触头开距应足够大，以保证开断时不发生复燃，应用选相分闸技术是实现这一目标的合适方法。

在选相合闸时重要的电气特性是绝缘强度下降率（RDDS）。在合闸过程中，触头之间距离越来越近直至物理接触，触头间隙耐受电压平均值的降低与时间的关系近似为线性函数。函数的斜率 S_0 正比于平均合闸速度和气体断路器的气体压力。

当施加在断路器上的电压超过触头间隙的耐受电压时，这个时刻称为关合时刻 $t_{关合}$。由于极性效应可以忽略不计，因此施加在断路器上的电压 u_{12} 用绝对值给出，如图 11.24 所示。在 $t = t_{关合}$ 时刻将发生预击穿，关系式如下：

$$|u_{12}(t)| = -S_0(t - t_{目标})，当 t \leq t_{目标} 时 \qquad (11.10)$$

式中，$t_{目标}$ 为触头接触的目标时刻；$u_{12}(t)$ 为施加在断路器上的电压绝对值；S_0 为绝缘强度下降率。

绝缘击穿具有概率特性，这对绝缘强度下降率具有显著的影响。因此实际的绝缘强度下降率表现出一定的分散性。分散性最大值约为 $\Delta S = 3\sigma_{电气}$。

图 11.24 给出了目标为电压零点时刻的合闸策略，例如在关合电容器组时就采用这种策略。图中给出了由机械合闸时间分散性和预击穿特性决定的关合时刻。虚线代表绝缘强度下降率的分散性，实线代表机械分散性。位于外边界线范围内的任意电压值都是可能出现的实际关合电压值。相应的关合时间窗口定义为电压零点附近的 $\pm\Delta T_{关合}$。关合目标点应这样设置，使得关合电压在电压波形的下降部分和上

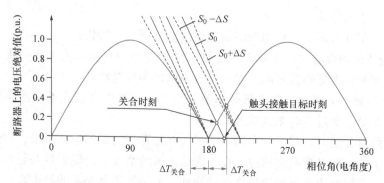

图 11.24　目标为电压零点的合闸策略以及机械和电气分散性的影响

升部分对称。

　　如果关合目标是电压峰值时刻，例如为了获得对称电流或者变压器关合时避免出现涌流时就采用这种策略，那么优化的关合目标如图 11.25 所示。相应的关合时间窗口定义为电压峰值附近的 $\pm \Delta T_{关合}$。

　　当绝缘强度下降率非常低时，无论机械偏差有多大，都能保证在电压峰值附近关合。

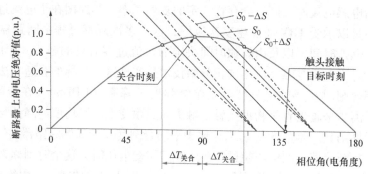

图 11.25　目标为电压峰值的关合策略以及机械和电气分散性的影响

11.4.9　可靠性方面

　　选相开合系统的可靠性必须作为一个整体来考虑，也就是说，要考虑断路器、控制器、传感器和辅助装置等。与所有的电子装置相同，控制器自身也有出故障的风险。电子设备的平均故障间隔时间要比 SF_6 断路器短得多[43]。可以假定这也适用于控制器。因此，对于断路器和控制器的组合，其可靠性取决于控制器的可靠性，由此这种组合的可靠性要比断路器自身的可靠性低。

　　从某种程度上讲，虽然选相开合系统中的控制器降低了整体可靠性，但是却提高了被开合设备的可靠性和寿命，如并联电容器、并联电抗器和变压器等。可以预料到，因为选相开合减轻了负载所承受的应力，所以该设备的故障率也会降低。

　　另外，控制器工作时的环境因素很难加以控制。嵌入断路器的那些元器件会暴露在当地气候条件、机械振动以及电场和磁场等造成的苛刻环境条件下。

如果检测到控制器出现了故障，开合操作应按照非选相方式工作。出于这一原因，断路器仍必须设计成满足现有标准，并且要证明其能够完成基本功能。此外，电力系统中变压器、电抗器和其他设备的常规保护措施仍然需要。选相开合系统的可靠性极为重要，因为一旦其发生故障后果会相当严重。这些后果必须在选相开合系统的规范中加以考虑。一般而言，每个选相开合系统对于控制器可能发生故障的情况都需要设置一个默认模式，使得系统仍然能够继续执行其需要完成的功能。

11.5　实际应用中的操作过电压数据

11.5.1　架空线

在开合架空线引起的操作过电压及针对该过电压所采取的大多数限制措施方面，已经有大量的文献报道和现场经验[44]。许多电网公司在设计额定电压420kV的架空线时，将操作冲击耐受电压（SIWL）设定为3p.u.。这意味着承受3p.u.的操作过电压的概率很高，因为在高斯分布中该电压附近的三个标准差达到99.86%的概率。在这种过电压情况下，对于电压420kV的架空线来说，仅需要采取的过电压限制措施就是规定断路器在关合过程中各极间的不同期性小于5ms即可。

对于额定电压550kV及其以上的架空线来说，通常其操作冲击耐受电压的p.u.值设计得较低，从而需要采取措施来限制操作过电压。需注意操作过电压出现在断路器的线路侧。各种限制架空线操作过电压措施的效果总结如下：

● 采用预插入（合闸）电阻的方式来降低操作过电压。每个灭弧室并联一个合闸电阻可以将操作过电压减小到2.0~2.2p.u.，每个灭弧室并联两个合闸电阻分步合闸可以将操作过电压减小到1.5~1.6p.u.。

● 采用选相开合技术在母线电压零点关合，可以将操作过电压减小到2p.u.以下。

● 金属氧化物避雷器可以将操作过电压限制到1.7~2.2p.u.，取决于避雷器操作脉冲保护水平与能量吸收能力的匹配。

● 断路器的极间错相位关合可以将暂态过电压限制到2.4p.u.以下。

当采用并联电抗器时通常是在投运前预先将其连接到线路上（优先选择连接在受电端）；并联电抗器可对暂时过电压以及投运和断电时的暂态过电压起到限制作用。

单极自动重合闸（SPAR）引起的过电压通常小于2.4p.u.，对于特殊的线路和网架结构，单极自动重合闸引起的过电压可达2.7p.u.甚至3.0p.u.。在任何情况下，采用上述限制措施所产生的过电压都不会超过空载通电情况下的过电压。在不采取限制措施的情况下，断路器三极自动重合闸（TPAR）可能引起高达3.8~4.0p.u.的过电压，这是由于健全相导体上带有残余电荷造成的。

三极自动重合闸可采取以下方法限制过电压：

● 在断路器切除故障至重合闸的死区时间内，架空线将通过连接到线路上的并联电抗器放电。这样实际上三极自动重合闸时的过电压可以降到投运线路空载情况下的操作过电压水平。

● 在断路器切除故障至重合闸的死区时间内，架空线将通过直接连接在线路终端的电感式电压互感器放电。因此，实际上三极自动重合闸时的过电压可降到线路空载通电情况下的操作过电压水平。

● 在线路终端安装金属氧化物避雷器可以把过电压限制到操作脉冲保护水平。

● 在断路器关合时采用选相操作，优先选择每极上的电压接近零点时关合触头，可以将过电压降低到2.0p. u. 以下。在采取这种方案时，需要用专门的装置对残余电荷产生的直流电压进行测量，而变电站中通常没有这种装置。因此，实际中的解决方法如下：

— 如果线路连接了并联电抗器，在每一相线路侧的放电振荡电压达到最小值时关合这一极。

— 如果线路中没有连接并联电抗器或者电感式电压互感器，那么在母线电压与残余电荷极性相同时，在母线电压的峰值时刻（或峰值的50%时刻）将健全相同时重合闸。当确认残余电荷的极性与电流开断时刻的相电压极性相同时，故障相在母线电压为零时重合闸。假设断路器在合闸时每极的分散性为±1.5ms，那么三极自动重合闸的操作过电压可以限制到3p. u. 以下。

● 采用单步合闸电阻方式可以将操作过电压减小到2.5p. u. 以下。

11. 5. 2　并联电容器组和并联电抗器

投运并联电容器组时线路电压会产生一个显著跌落，紧接着会有一个电压过冲，其频率为线路的短路电抗和电容器组电容构成的 *LC* 电路所决定的固有频率（典型频率为300~900Hz，见4.2.6节的图4.23）。这样产生的操作过电压可达1.6p. u. ，但是其他情况导致的过电压也许会更高（例如关合远端的电容器组、终端开路的线路、辐射状配电的变压器或者变压器绕组间有容性耦合的情况等[45]）。在这种情况下，如果投运电容器组时不加控制，则会有发生闪络的风险，这是不可接受的。因此必须采取措施，如采用合闸电阻、串联电抗器或者选相开合技术等。通过采用避雷器保护来限制过电压的方法比较复杂，详见参考文献［46］。

用于并联电容器组投切的断路器是经过特殊设计的，在开断容性电流时具有极低的重击穿概率。如果发生重击穿，电流重新开始流通，并联电容器组就会被反向充电。重击穿电流流过一个半波时产生的过电压是重击穿电流流过一个周期产生过电压的两倍，如4.2.2节所示。如果出现多次重击穿，过电压幅值还会更高。因此，对于并联电容器组投切，强烈推荐采用具有极低重击穿概率的断路器，即 IEC 62271－100 标准中规定的 C2 级断路器[42]。在任何情况下都推荐采用选相开合技术。

变压器和并联电抗器的涌流电流值通常用相对于额定电流峰值的 p. u. 值来表

示。投运大型电力变压器时会导致很大的涌流（对外绕组通电时涌流的典型值可达 $4 \sim 4.5 p. u.$）。涌流中包含有大量的谐波分量，虽然不至于产生瞬态过电压，但是可导致出现暂时过电压，峰值达 $2.0 \sim 2.5 p. u.$。在变压器励磁电流开断中，虽然在特殊情况下有产生高过电压的报道，但是一般来说没有什么问题[47]。

并联电抗器的设计要求涌流不得超过 $2.8 \sim 3.0 p. u.$[48]。在切除并联电抗器时，可能发生如 4.3.3.2 节所示的多次复燃现象，会出现幅值较高、前沿很陡的过电压。投切并联电抗器是一种频繁操作工况（每天都要操作），因为复燃对于断路器和并联电抗器都具有危险性，所以必须予以关注。对于断路器未经过试验检验或未加以保护，以及未对切除并联电抗器工况加以控制的情况，曾经发生过断路器灭弧室的爆炸事故，对附近的高压设备产生了严重的威胁并造成损毁。

标准 IEC 62271 - 110 对用于并联电抗器投切的断路器所需要进行的试验和评估方法进行了定义和描述[49]。然而，该标准指出在实验室中用实际的并联电抗器所进行的试验，其结果对其他应用场合并不一定有效。另一方面，对特定的并联电抗器应用来说进行现场试验并非易事，也不切合实际。因此，建议采用其他的方法。

在断路器投切并联电抗器中，将过电压限制到可接受水平的方法如下：

1. 采用金属氧化物避雷器

如果截流过电压引起金属氧化物避雷器动作，并联电抗器侧的相对地过电压将被限制在金属氧化物避雷器的操作脉冲保护水平；然而，复燃概率虽然有一定程度的降低，但是不会被消除。在任何情况下，金属氧化物避雷器都可以用于限制并联电抗器上的操作过电压和雷电过电压。限制的幅度通常不小于 25%。

2. 采用分闸电阻

采用电阻值与并联电抗器波阻抗相同量级的电阻（例如 4000Ω）作为分闸电阻可以限制由电流截流引起的过电压。采用分闸电阻还可以降低复燃的可能性和所造成危害的严重性。分闸电阻曾用于压缩空气断路器技术中，但是在单压式 SF_6 断路器技术中已不再使用分闸电阻，因为它们使结构变得更加复杂，增加了发生故障的风险。

3. 采用断路器主触头上并联金属氧化物电阻片的方法

金属氧化物电阻片可限制断路器上的 TRV 和复燃过电压，从而也降低了施加在并联电抗器上的电压应力。

4. 采用同步控制操作断路器各极进行选相分闸

选相分闸可以消除复燃的风险，因为它使得断路器各极触头在电流波形的合适相位分开，以保证足够长的燃弧时间，使得断口在电流的第一个过零点时触头开距足够大，保证成功开断。断路器同步控制器的传感器信号由电感式电压互感器或电容式电压互感器的二次绕组提供，电感式电压互感器或电容式电压互感器与并联电抗器安装在同一条母线或线路终端上。

综上所述，对于并联电抗器投切而言，控制断路器的各极选相分闸是降低断路器发生损坏风险的最有效的手段。结合采用在靠近并联电抗器处加装金属氧化物避雷器等措施，对操作过电压和雷电过电压提供保护，可以确保并联电抗器投切不出现问题。然而，应当注意同步控制装置作为一种数字控制器可能偶尔会出现故障，不能进行工作。因此，建议所采用的断路器按照 IEC 62271 – 110 标准进行并联电抗器开断的型式试验[49]。

参 考 文 献

[1] IEC 60071-1 (2006) Insulation co-ordination – Part 1: Definitions, principles and rules, Ed. 8.0.

[2] CIGRE Working Group A3.12 (2007) Changing Network Conditions and System Requirements, Part II: The impact of long distance transmission on HV equipment. CIGRE Technical Brochure 336.

[3] IEC 60060-1 (2010) High-voltage test techniques – Part 1: General definitions and test requirements, Ed. 3.0.

[4] CIGRE Working Group C4.407 (2013) Lightning parameters for engineering applications. CIGRE Technical Brochure 549.

[5] IEC 62271-1 (2007) High-voltage switchgear and controlgear – Part 1: Common specifications, Ed. 1.0.

[6] IEC 62271-306 (2012) High-voltage switchgear and controlgear: Part 306 Guide to IEC 62271-100, IEC 62271-1 and other IEC standards related to alternating current circuit-breakers.

[7] CIGRE Working Group C4.306 (2013) Insulation coordination for UHV AC systems, CIGRE Technical Brochure 542.

[8] Carrara, G. (1964) Investigation on impulse sparkover characteristics of long rod/rod and rod/plane air gaps. CIGRE Report No. 328.

[9] Paris, L. and Cortina, R. (1968) Switching and lightning impulse characteristics of large air gaps and long insulator strings. *IEEE Trans. Power Ap. Syst.* (87), 947–957.

[10] Schneider, K.H. on behalf of CIGRE SC 33 (1977) Positive discharges in long air gap at Les Renardieres, *Electra*, **53**, 33–153.

[11] Allen, N.L. (2004) Mechanism of air breakdown, Chapter 1, in *Advances in High-Voltage Engineering* (eds M. Haddad and D. Warne), IEE Press, ISBN 0 85296 158 8.

[12] Cooray, V. (2003) Mechanism of electrical discharges, Chapter 3, in *The Lightning Flash*, IEE Press, ISBN 0 85296 780 2.

[13] IEEE Std. C57.142-2010 (2011) IEEE Guide to Describe the Occurrence and Mitigation of Switching Transients Induced by Transformers, Switching Device, and System Interaction.

[14] Wagner, C.L. and Bankoske, J.W. (1967) Evaluation of surge suppression resistors in high-voltage circuit-breakers. *Trans. Power Ap. Syst.*, **PAS-86**, 698–707.

[15] Baltensperger, P.A. and Djurdjevic, P. (1969) Damping of switching overvoltages in EHV networks – new economic aspects and solutions. *IEEE Trans. Power Ap. Syst.*, **PAS-88**, 1014–1022.

[16] Colclasser, R.G., Wagner, C.L. and Donohue, E.P. (1969) Multistep resistor control of switching surges. *IEEE Trans. Power Ap. Syst.*, **PAS-88**, 1022–1028.

[17] CIGRE Working Group A3.17 (2013) MO Surge Arresters. Stresses and Test Procedures. CIGRE Technical Brochure 544.

[18] Ribeiro, J.R. and McCallum, M.E. (1989) An application of metal oxide surge arresters in the elimination of need for closing resistors in EHV circuit-breakers. *IEEE Trans. Power Deliver.*, **4**, 282–291.

[19] Blakow, J.K. and Weaver, T.L. (1990) Switching Surge Control for the 500 kV California-Oregon Transmission Project. CIGRE Conference, paper 13-304.

[20] Eriksson, E., Grandl, J. and Knudsen, O. (1990) Optimized Line Switching Surge Control Using Circuit-Breakers Without Closing Resistors. CIGRE Conference, paper 13-305.

[21] Musa, Y.I., Keri, A.F.J., Halladay, J.A. *et al.* (2002) Application of 800 kV SF_6 dead tank circuit-breaker with transmission line surge arrester to control switching transient overvoltages. *IEEE Trans. Power Deliver.*, **17**, 957–962.

[22] CIGRE Working Group 33.06 (1990) Metal Oxide Surge Arresters in AC systems, Electra, No. 133.

[23] Smeets, R.P.P., Barts, H., Linden, van der, W., and Stenström, L. (2004) Modern ZnO Surge Arresters under Short-circuit Current Stresses: Test Experiences and Critical Review of the IEC Standard. CIGRE Conference, paper A3–105.

[24] Thoren, H.B. (1971) Reduction of switching overvoltages in EHV and UHV systems. *IEEE Trans. Power Ap. Syst.*, **PAS-90**, 1321–1326.

[25] CIGRE Working Group 13.07 (1999) Controlled switching of HVAC circuit-breakers – Guide for application lines, reactors, capacitors, transformers. 1st Part: *Electra* **183**, 43–73; 2nd Part: *Electra* **185**, 37–57.

[26] CIGRE Working Group A3.07 (2004) Controlled Switching of HV AC Circuit-Breakers – Part 1: Benefits and Economic Aspects, CIGRE Technical Brochure 262; Part 2: Guidance for further Applications including Unloaded Transformer Switching, Load and Fault Interruption and Circuit-Breaker Uprating, CIGRE Technical Brochure 263 (2004); Part 3: Planning, Specification and Testing of Controlled Switching Systems, CIGRE Technical Brochure 264 (2004).

[27] Maury, E. (1966) Synchronous Closing of 500 and 765 kV Circuit-Breakers: a Means of Reducing Switching Surges on Unloaded Lines. CIGRE Conference, paper 143.

[28] Konkel, H.E., Legate, A.C. and Ramberg, H.E. (1977) Limiting switching surge overvoltages with conventional power circuit-breakers. *IEEE Trans. Power Ap. Syst.*, **PAS-96**, 535–542.

[29] Khan, A.H., Johnson, D.S., Brunke, J.H. and Goldsworthy, D.L. (1996) Synchronous Closing Application in Utility Transmission Systems. CIGRE Conference, paper 13-306.

[30] Avent, B.L., Peelo, D.F. and Sawada, J. (2002) Application of 500 kV Circuit-Breakers on Transmission Line with MOV Protected Series Capacitor Bank. CIGRE Conference, paper 13-107.

[31] IEC Technical Brochure 62271-302 (2010) High-voltage switchgear and controlgear – Part 302: Alternating current circuit-breakers with intentionally non-simultaneous pole operation.

[32] Legate, A.C., Brunke, J.H., Ray, J.J. and Yasuda, E.J. (1988) Elimination of closing resistors on EHV circuit-breakers. *IEEE Trans. Power Deliver*, **3**, 223–231.

[33] Avent, B. and Sawada, J. (1995) BC Hydro's Experience with Controlled Circuit-Breaker Closing on a 500 kV Line. Canadian Electrical Association, Engineering and Operating Division Meeting.

[34] Froehlich, K., Hoelzl, C., Carvalho, A.C. and Hofbauer, W. (1995) Transmission Line Controlled Switching. Canadian Electrical Association, Engineering and Operating Division Meeting.

[35] Froehlich, K., Hoelzl, C., Stanek, M. *et al.* (1997) Controlled closing on shunt reactor compensated transmission lines: Part 1 closing control device development and Part 2 application of closing control device for high-speed autoreclosing on BC hydro 500 kV transmission line. *IEEE Trans. Power Deliver.*, **12**, 734–746.

[36] CIGRE Working Group A3.07 (2004) Controlled switching: Non-conventional applications, *Electra*, **214**, 28–39.

[37] CIGRE Working Group C4.307 (2014) Transformer energization in power systems: a study guide, CIGRE Technical Brochure 568.

[38] Thomas, R. and Sölver, C.-E. (2007) Application of Controlled Switching for High Voltage Fault Current Interruption. CIGRE SC A3 Coll., Rio de Janeiro.

[39] Pöltl, A. and Fröhlich, K. (2003) A new algorithm enabling controlled short circuit interruption. *IEEE Trans. Power Deliver.*, **18**(3), 802–808.

[40] Avent, B.L., Peelo, D.F. and Sawada, J.H. (1995) Circuit-Breaker TRV Requirements for a Series Compensated 500 kV Line with MOV Protected Series Capacitors. Coll. of CIGRE SC 13, Florianopolos, Brazil.

[41] Gatta, F.M., Illiceto, F., Lauria, S. and Dilli, B. (2002) TRVs Across Circuit-Breakers of Series Compensated Lines. Analysis, Design and Operational Experience in the 420 kV Turkish Grid. CIGRE Conference, paper 13-109.

[42] IEC 62271-100 (2012) High-voltage switchgear and controlgear – Part 100: Alternating-current circuit-breakers, Ed. 2.1.

[43] Suiter, H., Degen, W. and Eggert, H. (1990) Consequences of Controlled Switching for System Operation and Circuit-Breaker Behaviour. CIGRE Conference, paper 13-202, Paris.

[44] CIGRE Working Group A3.13 (2007) Changing Network Conditions and System Requirements, Part II: The impact of long distance transmission on HV equipment, CIGRE Technical Brochure 336.

[45] CIGRE Working Group 13.04 (1999) Shunt capacitor bank switching – Stresses and Test Methods,1st Part, Electra No. 182, pp. 165–189.

[46] Stenström, L. and Mobedjina, M. (1995) Guidelines for the selection of surge arresters for shunt capacitor banks. *Electra*, **159**, 11–24.

[47] Shirato, T., Yokutsu, K., Yonezawa, H. *et al.* (2006) Severe Stresses on Switching Equipment of 500 kV Transmission System in Japan. CIGRE Conference, Paris, paper A3-303.

[48] CIGRE Working Group B5.37 (2013) Protection, Monitoring and Control of Shunt Reactors. CIGRE Technical Brochure 546.

[49] IEC 62271-110 (2012) High-voltage switchgear and controlgear – Part 110: Inductive load switching.

第 12 章

开关设备可靠性研究

12.1 国际大电网会议（CIGRE）关于开关设备可靠性的研究

12.1.1 可靠性

设备可靠性经常从它的对立面，即故障发生的概率来进行研究。可靠性研究既可以从故障和故障率对电力系统产生的后果的角度，又可以从故障和故障率对设备自身运行状况影响的角度来进行。从电力系统角度讲，在评估设备失效产生的后果时，对电网的拓扑结构以及运行状态的影响是起决定性作用的因素。然而从开关设备自身可靠性的角度讲，对系统方面造成的影响就关注较少。本章的关注点是开关设备，特别是断路器的可靠性。

根据 IEC 标准的下述定义[1]，断路器的故障或者缺陷可以分为：

- 重失效（MF）——引起断路器丧失其一项或多项基本功能的失效；
- 轻失效（mf）——其他失效；
- 缺陷——设备在状态方面的不完善或固有的弱点，在规定的使用、环境或维修条件下，在预定的时间内这种不完善能够导致设备本身或另一设备的一项或多项失效。

重失效将导致系统运行状态的立即改变，要求后备保护设备排除故障，或者在30 分钟之内强行使其退出运行，进行非计划维修。

在重失效情况下，断路器执行其基本功能可能发生下述故障：

- 在得到合闸或分闸命令后拒动；
- 在没有得到合闸或分闸命令时误动；
- 无法关合或者开断电流；
- 不能承载电流；
- 极间或者对地发生击穿；
- 某极在分断后发生击穿（内部或外部）；
- 在分闸或者合闸位置上发生锁死；
- 其他（需要在 30 分钟内干预）。

轻失效的情况包括：

- 操动机构中的空气或者液压油泄漏；
- 由于腐蚀或者其他原因引起的 SF_6 气体轻微泄漏；
- 功能特性发生改变。

功能特性包括：关合时间、分闸时间、触头行程特性、压力报警和锁定设置、在一定压力水平下自动关闭或者自动打开，或极间的合闸或者分闸时间差增大等。

上述定义是由 CIGRE 13.06 工作组（后来是 A3.06 工作组）引入的。在过去 40 年间，13.06（A3.06）工作组针对高压断路器的故障和运行中的缺陷进行了三次国际性调查。调查内容覆盖了额定电压 63kV 及以上等级断路器的故障和缺陷。

12.1.2　全球范围的调查

在第一次国际性问卷调查中，调查对象和故障数据的收集工作从 1974 年起进行至 1977 年止。这项调查仅限于 1963 年后投入运行的断路器，但包含各种类型的开断技术，例如多油、少油、压缩空气、双压式 SF_6 气体、单压式 SF_6 气体和真空。包括来自 22 个国家的 102 个用户，总样本达 77892 断路器 – 年。采用了设备问卷和故障问卷方式来搜集相关信息，包括设备数量、运行情况、维护间隔、维护费用、开合操作次数和故障情况等。故障的详细情况包括种类、分类、原因、起源、后果和运行条件等等进行了收集。

全部信息按电压等级进行分析：63 ~ 100kV、100 ~ 200kV、300 ~ 500kV，以及 500kV 以上，但没有对各种熄弧技术进行进一步区分。研究结果于 1981 年公布[2]。研究结果的总结与特别调查报告提交给了若干专业机构。研究结果导致了新的机械和环境方面的型式试验：在机械寿命试验中增加了操作循环次数，并增加了潮湿试验以及低温和高温试验。

在第二次国际性调查中采用了相同的问卷结构，调查由 1988 年起进行至 1991 年止。这次调查仅限于单压式 SF_6 断路器以及投入运行时间为 1977 年以后的断路器。在设备问卷和故障问卷中都增加了问题，对断路器投入运行日期在 1983 年 1 月 1 日之前和之后进行了区分。还区分了操动机构技术（液压、气动或者弹簧操动机构）、断路器外壳（金属封闭和非金属封闭）以及安装位置（户内和户外）。全部电网用户有 132 家，来自 22 个国家，提供的总样本为 70708 断路器 – 年。最终报告于 1994 年发布[3]。最重要的问题是断路器的可靠性是否得到改善，特别感兴趣的是机械可靠性。另一个感兴趣的问题是与第一次调查相比，维护间隔是否变长，以及维护费用是否降低。

在第三次调查中，更多关注了可靠性与工作年限之间的关系。因而，从 2004 年初到 2007 年底的调查期间，调查对象包括了所有工作年限的单压式 SF_6 断路器。全部调查样本为 281900 断路器 – 年，来自 26 个国家的 83 家电网用户。这次调查是一个更大规模可靠性调研中的一部分。在这个更大规模的可靠性调研中还覆盖了接地开关、隔离开关、仪器互感器和 GIS。针对断路器还区分了外壳情况：单相 GIS、三相 GIS 和罐式断路器。除此之外，设备和故障信息还包括了应用对象：架空线、电缆、变压器、并联电抗器、并联电容器组和母线连接。还采集了更加详细的绝缘故障的运行环境信息（断路器处于打开还是关合位置，或者断路器处于正在关合或者打开的过程中）。第三次全球范围调查结果于 2012 年以 CIGRE 技术手册的形式对外公布[4]，并汇总在参考文献 [5 – 7] 中。

12.1.3 设备样本与故障统计

第三次调查显示高压断路器有 54% 用于架空线，24% 用于变压器，10% 用于母线连接，6% 用于连接电缆，大部分是接到 GIS 上的电缆。虽然用于开合并联电抗和并联电容器组的断路器所占的比例很小（分别占 1.5% 和 3%），但它们占所有重失效的 20%。用于开合并联电抗和并联电容器组的这些断路器开合十分频繁。图 12.1 给出了断路器在各种应用情况下每年的平均操作循环次数（每个循环执行一次合分）和该应用下每 10000 断路器 – 年发生的重失效次数的比较，数据来自于第三次国际调查。从图中的趋势可以得出，从可靠性观点来看，断路器主要是一种机械装置。

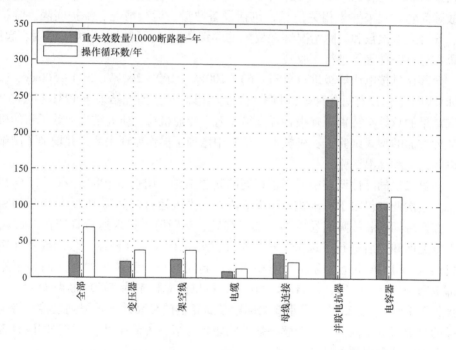

图 12.1　各种工况下重失效率与操作循环数量的关系（CIGRE 第三次调查[4]）

关于操动机构可靠性是否提高，需将第三次调查结果与第二次调查进行比较。平均来讲，采用各种技术的操动机构可靠性都有很大提升，每 100 断路器 – 年的重失效率从 0.29 次下降到 0.14 次。从图 12.2 中可以看出，在第三次调查涉及的所有样本中，弹簧操动机构的可靠性最好。从全部样本来看，液压机构占比从 50% 左右降为不足 20%，而弹簧操动机构则从 40% 增加到 60%。液压和气动系统的可靠性大幅度提高，其可靠性可以与弹簧操动机构相比拟，甚至更高。

从三次调查数据看，总的重失效率有了大幅度改善，第一次调查中每 100 断路器－年有 1.58 次重失效，第二次调查为 0.67 次，第三次调查降为 0.30 次。从第一次到第二次调查的改善得益于从原有技术到单压式 SF$_6$ 技术的转变，使得单个灭弧室具有了更优越的开断性能。对于相同的额定电压和额定短路电流，灭弧室越少，所需模块就越少，操动机构故障率越低。从第二次到第三次调查的改善主要得益于更有效的设计，降低了机械能的消耗，减小了断路器部件承受的机械应力。

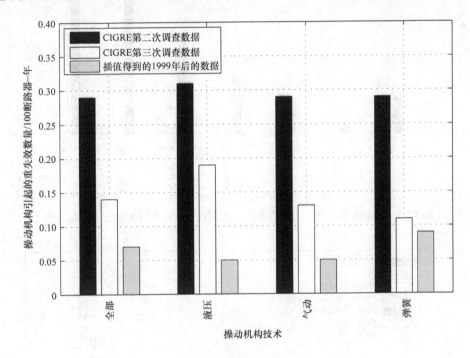

图 12.2　与操动机构技术相关的重失效率[4]

图 12.3 表明，灭弧室越多，即模块越多，总的可靠性就越低。按电压等级划分的三次调查也呈现这个趋势。关于外壳，第三次调查表明金属封闭外壳断路器（GIS 和罐式）的重失效率要比瓷柱式断路器低得多，分别为每 100 断路器－年0.144 次和 0.483 次。在第二次调查中也能看到类似趋势。

从第三次调查收集的数据中，可以推断出重失效率和工作年限的关系。如图12.4 所示，随着工作年限的增加，重失效率增加，其原因在于旧断路器的磨损和新断路器在技术上的改进。比较特别的是，最早生产的断路器比相对新的断路器可靠性指标更好。造成这个原因，可能是最早生产的断路器已经进行了大修或更换。因为排除了旧断路器中性能最差的，所以其平均可靠性稍有提高。

第二和第三次调查结果表明，零部件造成重失效的概率分布相类似。表 12.1

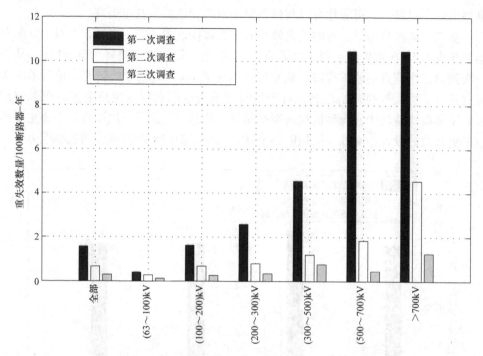

图 12.3 CIGRE 第一次、第二次和第三次调查中总重失效率按电压等级分类

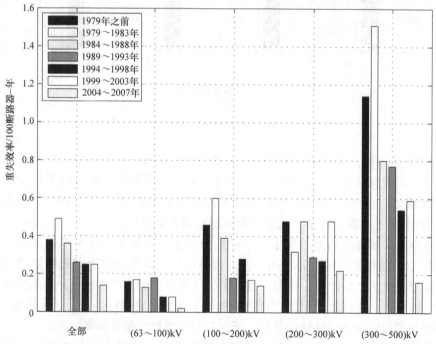

图 12.4 额定电压等级和产品出厂时间对重失效率的影响（来自 CIGRE 第三次调查）

给出了第二次调查中各种故障率的分布，可以看出，绝大多数重失效和轻失效来自操动机构。单压式 SF_6 断路器的零部件在第二次和第三次调查中的重失效率分布相同。

表 12.1　第二次调查的零部件引起的故障百分比

部件	元件	重失效（%）		轻失效（%）	
高压部件		21		31	
	灭弧室		14.0		9.4
	辅助灭弧室、电阻		1.3		0.6
	对地绝缘		5.7		20.9
电气控制及附属部分		29		20	
	脱扣/合闸电路		10.0		1.5
	辅助开关		7.4		2.1
	接触器、加热器		7.6		5.4
	气体密度计		4.0		10.7
操动机构		43		44	
	压缩机、泵等		13.6		18.7
	储能装置		7.6		7.2
	控制单元		9.3		11.6
	电磁铁、阻尼装置		8.9		5.1
	机械传动装置		3.8		1.4
其他		7		5	
总计		100	100	100	100

表 12.2 列出了第三次调查中收集得到的故障模式和故障特性。

大约 10% 的重失效由绝缘击穿引起。4% 的重失效（在第二次调查中是 6.5%）导致爆炸或者火灾，主要与瓷柱式断路器的绝缘击穿有关。图 12.5 给出了断路器在各种工况下发生爆炸的次数。在所有的调查样本中，发生爆炸的可能性只有每 100 断路器 - 年 0.01 次。

"不能开断电流"仅占重失效的一小部分：1.9% 或者每 100 断路器 - 年 0.006 次。因此，从可靠性观点来看，机械性能应该给予更多关注。断路器需要进行开断操作的次数，例如开断近区故障，比起断路器进行常规操作的次数要小几个数量级。当然，可靠地开断故障电流仍然是断路器一项非常重要的任务，这既跟故障电流的开断容量有关，又跟"按指令执行分闸和合闸"的可靠性有关。

表 12.2　第三次调查的按故障模式区分的重失效率和轻失效率

重失效	重失效率（%）	备　注
拒合	28.2	主要是瓷柱式断路器
拒分	16.4	
误合	0.2	
误分	5.4	
无法载流	1.3	
绝缘击穿	9.9	对地击穿：5% 在开断操作时分断极内部发生击穿，开断电流失败：1.9% 分断极发生的其他击穿：1.8% 极间发生击穿：1.2%
在分闸或合闸位置卡住	25.1	控制系统触发报警
丧失机械完整性	8.1	零件发生机械损坏
其他	5.2	
总计	100	
轻失效	轻失效率（%）	备　注
空气或者液压油泄漏	20.3	发生在操动机构中
少量 SF_6 气体泄漏	35.6	大量泄漏将形成重失效模式——"卡住"
均压电容器漏油	1.0	
功能特性改变	28.4	6.8% 为机械特性；3.3% 为电气特性；18.3% 为控制和辅助系统
其他或者无回答	14.6	
总计	100	

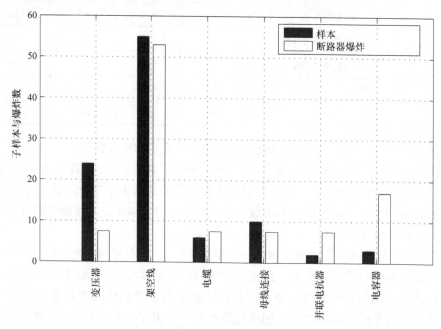

图 12.5　在各种工况下的子样本百分比和发生爆炸的百分比（来自 CIGRE 第三次调查）

12.2 电寿命与机械寿命

在运行期间，断路器需要多次开断故障电流。由于在开断故障电流时灭弧室部件（主要是触头、喷口和气体）受到热应力和机械应力，因此其故障电流开断能力会有一定程度的劣化。电寿命是指断路器在长时间运行中反复承受这种应力的能力。IEC 标准已经就中压和高压断路器分别规定了测试方法，通过有限次试验证明其长期运行中的电寿命。

12.2.1 燃弧引起的劣化

断路器灭弧室中的燃弧导致灭弧室内部部件一定程度的劣化。

对于 SF_6 断路器，制造商通常建议用给定的额定短路电流（I_{sc}）下的最大开断次数（N）表示：

$$N = AI_{sc}^B \tag{12.1}$$

像大容量实验室这样的断路器重负荷用户，一般使用这个公式来决定是否需要断路器大修（完全更换灭弧室内部的部件）。

例如，一台 170kV、63kA 的断路器，假设能开断 11 次额定短路电流，那么式（12.1）中的参数可取为：$A = 2 \times 10^4$，$B = -1.8$（I_{sc} 的单位为 kA）。

采用这个方法可以得到，对于一台断路器，经过 N 次大容量测试后，每次电流为 I_j，那么当电流的加权总和等于 1 时，就需要进行大修：

$$\sum_{j=1}^{N} \frac{1}{A} I_j^{-B} = 1 \tag{12.2}$$

在挪威船级社有限公司（DNV GL）的 KEMA 大容量实验室进行的标准测试中，一台辅助断路器每年需要大修 5~6 次。

对 420kV 的 SF_6 压气式断路器的进一步研究得到，因燃弧而导致的劣化可用一个电流与燃弧应力之间的经验公式来表示，式中 $F_{60}(I)$ 为试验方式 T60（I_{sc} 的 60%）下的燃弧应力等效值[8]。

$$F_{60}(I) = 9.35 \left(\frac{I}{I_{sc}}\right)^3，当 I < 0.35I_{sc}$$

$$F_{60}(I) = 2.38 \left(\frac{I}{I_{sc}}\right)^{1.7}，当 I \geqslant 0.35I_{sc} \tag{12.3}$$

由上式可以得到 $F_{60}(0.1) = 0.01$，$F_{60}(1) = 2.4$。也就是说小电流开断（试验方式 T10）造成的电磨损仅为 60% 短路电流应力下电磨损的 0.01 倍。另一方面，一次满容量短路电流开断引起的劣化是 60% 短路电流下的 2.4 倍。

电气应力会引起很多部件的劣化。挪威船级社有限公司（DNV GL）的经验表明，部件劣化后对断路器不同开合方式的影响不同。对于 TRV 上升非常快的开断方式，喷口材料的损失（侵蚀）导致喷口喉部变宽，从而使 SF_6 气体吹弧压力下降，是导致开断失败的主要原因。

在大量近区故障试验中，对电流零区电弧电导率的详细测量表明，在试验过程中电弧电导率通常呈上升趋势。这说明喷口变宽以及喷射吹弧气流压力的下降，最终限制了近区故障的开断能力[9]。

对于电流最大同时燃弧时间最长（非对称电流开断）的工况，燃弧对触头带来的影响是触头材料的损失以及金属蒸汽与周围环境发生的相互作用，这些可能是主要的劣化因素。

要给出一般性的规律十分困难，因为试验站中有些断路器在喷口还几乎没有损坏时就已经提早结束其运行寿命了，而另外一些断路器的设计，在经历了同样的累积燃弧应力后，虽然喷口已严重损坏，但却仍能继续工作。有些断路器结束其寿命时触头几乎还是新的。

实验表明，断路器运行寿命终止的主要原因是触头的磨损和相关的污染[10]。

很明显，各种劣化过程（触头材料损失、喷口侵蚀、气体污染等）对于断路器的运行寿命有不同的影响，与以下因素有关：

- 断路器的技术类型（压气式、自吹式）；
- 开断电流情况（多次开断小电流还是开断几次大电流）；
- 燃弧时间[11]等。

12.2.2　电寿命验证方法

产品实际运行经验表明现代断路器的高压部件很少出现不可接受的磨损。为了避免对灭弧室内主触头、喷口或者其他高压部件的过度维护，电寿命型式试验给出了允许开断短路电流次数的指标。

IEC定义了试验程序[12]以确认断路器灭弧室部件耐受重复燃弧的性能。对断路器的电寿命定义了两种类型：

- E1（基本的电寿命）：断路器通过了标准故障开断试验方式考核，证明具有基本的电寿命。未定义附加试验程序。
- E2（延长的电寿命）：断路器设计成在其预期的使用寿命期间，主回路中的开断用的零件不要求维护，其他零件只需很少的维护（润滑、补充气体和外部清洁）。

因此，有两种断路器可供选择：选择内部部件可维护的断路器，在断路器的预期运行寿命期间按需进行维护；或选择E2级断路器，需通过更苛刻的试验验证以证明其能力。

高压断路器的E2级试验程序是基于25年免维护的考虑[13]。试验程序包括了一定数量模拟磨损的开断试验，接下来进行一系列的试验验证其基本开断能力。表12.3列出了验证延长的电寿命所需的开合操作次数。

对于额定电压52kV及以下的断路器，E1和E2试验要求见参考文献［12］；对额定电压72.5kV及以上的断路器，试验要求见参考文献［13］。

参考文献［12］中定义的常规短路电流开断试验方式已包含累计一定数量的千

安值。只要在 T10～T100 试验方式之间没有进行维护，就无需附加试验，断路器可认定为 E1 级。

基本上说电寿命型式试验包括大量的短路电流开断试验（见表 12.3）。其次是绝缘试验，用以检查测试品的状态，其状态评估方法与 T10～T100 型式试验方式相似。

在 IEC TR 62271－310（第 1 版）关于高压断路器 E2 级电寿命试验的要求于2004 年发布时，专家们对于上述结果的统计解释提出了质疑[14]。同一年，CIGRE开始进行故障电流概率的调查和计算。针对这个目的，建立了线路故障的蒙特卡洛模型，该模型采用 13.08 工作组收集的现场数据作为输入，并结合了架空线和变电站的阻抗信息[15]。用统计分布（威布尔、高斯和均匀）函数拟合这些数据。

几万次的仿真结果得到了故障电流的统计分布。日本电力系统的故障电流分布数据验证了上述结果的正确性[16]。为了将故障电流的统计分布转换为等效的额定短路电流开断次数，采纳了如式（12.3）所示的等效电气应力函数。

表 12.3 具有延长的电寿命（E2 级）试验程序

试验电流/方式		$U_r \leqslant 52kV$			$U_r \leqslant 72kV$		
		IEC 62271－100（2012）[12]			IEC 62271－310（2008）[13]		
		操作顺序的次数			操作顺序的次数		
I_{sc} 的百分比	操作顺序	（序列 1）	（序列 2）	（序列 3）	（25kA）	（40kA）	（63kA）
10%	O	84	12	—	9	9	9
	O－CO	14	6	—			
	O－CO－CO	6	4	1			
30%	O	84	12	—			
	O－CO	14	6	—			
	O－CO－CO	6	4	1			
60%	O	2	8	15	15	10	7
	O－CO	2		15			
100%（对称）	O－CO－CO	2	4	2			
等效为 100%I_{sc} 应力的次数①		24.0	29.4	31.5	6.3	4.2	3.0

① 用 100% 电流开断操作（单次开断）给出的等效磨损次数是计算得到的等效于 100% 额定短路开断电流电磨损的单分操作次数，采用式（12.3）对上面各序列的试验进行计算并求总和得到。

表 12.3 还列出对额定电压在 72.5kV 及以上的几个电压等级和短路电流等级的断路器，由蒙特卡洛仿真结果得到的电寿命试验要求。

电寿命试验主要由加速磨损试验和验证试验构成[13]。加速磨损试验设计成在60% 和 10% 的额定短路电流下进行故障电流开断，但不加 TRV 应力。加速磨损试验后随即进行验证试验，包括进行略加修改的 T10 试验，故障电流减小到 60% 的

L75 试验，降低容性电压系数的容性电流开合试验，以及绝缘状态检查试验。验证阶段中故障电流开断试验的电磨损也计入加速磨损试验中，使得 60% 短路电流开断的电磨损值等效于 100% 短路电流开断的电磨损值。

从用户角度来看，在绝大多数应用中，常规型式试验 T100 包含 5 次及以上的 100% 故障电流开断，已经有效地验证了运行条件下的电寿命。只有在特殊情况下，用户要求断路器有更多次数或者更大故障电流的开断，才建议进行延长的电寿命试验。如果没有延长的电寿命，大修的间隔时间就会减少。

这导致了对机械寿命和电寿命的其他考虑。基于表 12.3，标准中考虑的是 25 年使用寿命。但目前对断路器运行寿命的要求是超过 40 年，而且还可能要求"免维护"。用户需认识到，产品在运行后期（超过 40 年），其机械和电气应力要比表 12.3 列出的"等效为 100% I_{sc} 应力的次数"所给出的应力高出 50%。根据统计学的观点，只有在操作循环周期次数或者开断电流次数异常的情况下，用户才需要谨慎对待。

由式（12.3）可计算得到等效为 100% I_{sc} 应力的次数（见表 12.3 的最后一行）。显而易见，配电开关延长寿命的要求要比输电开关苛刻很多。这反映了与输电系统相比，配电系统的故障发生率更高。

12.2.3　机械寿命

在第一次和第二次调查的数据问卷中，特别问到了断路器每年的平均操作次数的问题。在第三次调查中这个问题出现在故障问卷中。各次调查中得到的统计结果不尽一致，第一、第二和第三次的数据分别是平均每年 27 次、42 次和 69 次操作循环。据推测，平均每年 30 次操作循环是一个比较合理的估计[7]。90% 操作循环次数累计概率相当稳定：每年 80 次操作循环。这是确定机械寿命相关数据。

假设免维护年限为 25 年，则 90% 的断路器最多只有 2000 次操作循环。应用于常规工况的断路器，根据 IEC 标准 62271－100[12]，M1 级断路器机械寿命的型式试验需要进行 2000 次免维护操作（或者仅根据制造厂商的说明书进行维护）。试验后被试断路器的状况要和新的断路器一样（或者在说明书给定的公差范围内）。对需要更多操作次数的断路器，需指明按照 M2 级进行试验，即延长的机械寿命试验。延长的机械寿命试验需要进行 10000 次操作循环。

从可靠性角度出发，同时为了确定薄弱环节和寿命极限，制造厂商要在原型机上进行更多次数的操作循环试验：几万次合分循环操作。这些研发试验的目的是提高可靠性，给出必须进行维护的时间间隔和维护措施[17]。

12.3　CIGRE 关于断路器寿命管理方面的研究

断路器的寿命管理包含了断路器寿命的各个阶段，包括：确定规范、产品开发、产品试验、产品验收、产品安装、现场调试、状况检查、产品维护、诊断监控、产品大修、产品拆除和处理，以及所有必需的管理程序[18]。更严格来说，术语"寿命管理"是对一台断路器的剩余寿命进行决策的过程。剩余寿命是指一台断路器剩余的技术寿命，或者更进一步说是一批断路器的剩余寿命。除了剩余寿命以外，在决定进行大修、更换还是不加干预继续使用上，其他方面的因素也起到关键性作用，如经济、法律、组织或环境因素。电网条件的改变是决定使用寿命是否结束最重要的因素之一。

一般而言，由于新断路器的成本和运行费用相对较低，断路器超过 40 年使用寿命是不常见的。由于技术老旧，以及备件、工具和技能的缺失，维护更偏向更换，而不是大修。尽管其他一些因素，如安装位置、外壳（如 GIS）或与其他装置的装配等会对更换有所妨碍。

然而，实践表明在现有的应用中，中压和高压断路器的某些设计表现出非常稳健和可靠。对于这些设计，经过几十年的运行，仍然可以通过大修和重新测试，在不降低可靠性的前提下显著地节约成本并延长寿命（见 7.2 节的示例）。

剩余寿命的评估需要获知各个断路器及其部件的信息，包括维护、监测、诊断实验、检查和运行中的应力状况的记录。用户、制造商和其他专家之间的运行经验交流可以给断路器提供更好的状态评估。有经验表明可采用统计方法分析运行数据以决定浴盆曲线[19,20]。

12.3.1　维护

维护定义为通过各种技术、监测与管理行为的组合，以使装置保持或者恢复到可以继续执行其功能的状态。

监测包括目视检查和诊断性测试，这可作为维护的一部分。由 CIGRE 工作组 13.06、13.08 和 A3.06 进行的国际性调查表明，大多数电力系统对断路器采取基于时间的维护。然而随着时间推移，他们趋向增加维护工作的时间间隔，这些维护包括检查、诊断性试验和大修。实际上，电力系统使用状态评估来决定维护工作的时间间隔。通常他们采用风险管理来决定断路器部件的维护时间间隔[21]。

与旧的技术相比，单压式 SF_6 断路器技术的维护间隔明显增加。此外，维护费用也大幅下降。现今断路器的大修时间预计为 20 年甚至更长。事实上，除非有证据表明灭弧室需要内部检查或者维护，不推荐拆卸断路器。而在不拆卸的情况下，断路器内部的工作状况可采用诊断技术。

12.3.2　监测与诊断

表 12.4 给出了常用的监测和诊断 - 试验技术。需要监测的关键功能包括 SF_6 气体压力、闭锁、辅助电路电源是否正常、脱扣情况、合闸线圈、极间动作差异性、操作循环次数、电动机（液压和气动机构中）操作次数、泵或者压缩机的工作时间等。监测结果通常只给控制中心发来一个一般性警报，而更详细的信息在变电站或者控制柜中可以得到[18,22]。

提高断路器的可靠性对发展现代断路器监测技术提出了迫切要求。主要是对以前设计的断路器进行监测。但是考虑到经济因素，一般而言更好的是采用诊断试验

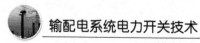

输配电系统电力开关技术

技术，而不是对原有断路器进行改造以实现监测。

表 12.4 高压断路器的一般性监测、诊断性试验和检查项目

监测	永久性观测，多数给出指示或者报警
SF_6 气体密度	SF_6 气体压力和温度，将来会电子化
操作循环次数	在断路器的机构箱中计数（通常无法远程观测）
短路电流合计	短路电流，或 $\sum (I^2 t)$，可通过现代继电保护装置得到
电动机起动次数	液压和气动机构
累计运行时间	液压油泵和气动空气压缩机
闭锁	断路器在分闸或者合闸位置发生闭锁时进行报警，或许可以给出原因
辅助电路电源	可以得到的功率/电压
合闸脱扣电路	脱扣以及合闸线圈电路的情况
主触头位置	通过辅助触头位置监测
行程（触头速度）	有时监测运动链的行程特性
储能	通常以某种方法监测储能压力或者弹簧位置
重新储能时间	通常监测储能时间
加热	监测加热或者其他环境状况
诊断试验	采用特殊装置对状态进行评估
SF_6 气体质量	湿度、纯度和分解物
SF_6 气体泄漏	SF_6 气体的消耗
套管	功率因数、局部放电、电容量
触头位置	动态接触电阻、接触时序（操作时间）
触头行程、缓冲	运动链的行程和速度，与主触头接触相结合
触头电阻	电阻测量，红外热像仪
动态压力下降	液压或气动机构
重新储能时间	储能装置、弹簧位置
释压阀	液压或气动机构
起动、运行电流	液压、气动和弹簧机构中的电动机
热点温度	红外热像仪
振动模式	振动测量
线圈保持连续性	合闸脱扣线圈与电路
检查项目	基本为可视检查，可能包括部分拆解
绝缘表面	有孔，爬痕，裂纹，凝露，分解，不纯物
油，油脂	泄漏，水平，润滑
触头	燃烧情况，燃弧痕迹，磨损，老化
运动链	断裂，操作，腐蚀，僵硬
辅助电路	电源，过热，辅助触头与电路，报警，显示
结构	腐蚀，污染，着色，过热和燃弧痕迹，泄漏等

12.3.3　对于负载频繁投切断路器的寿命管理

除了 12.2 节所讨论的机械寿命和电寿命——包括基本电寿命或者延长电寿命之外，还需考虑第三种应力因素：重击穿和复燃。特别是对应用于投切并联电抗器和电容器组的断路器来说，可能面临如 4.2 节和 4.3.3.2 节所述的重击穿和复燃。因为这种断路器必须非常频繁地投切，所以发生重击穿和复燃是非常有可能的，其结果可能是喷口、主触头和其他重要部件造成磨损。建议进行充分的试验（机械的、容性电流或者小感性电流[23]）以及谨慎考虑采用选相开合技术及监测重击穿和复燃的诊断工具。与常规断路器应用相比，应缩短检查和维护的时间间隔。

12.4　变电站和系统可靠性研究

断路器的可靠性研究结果对变电站和系统的可靠性研究也有参考价值。第一次和第二次的调查信息已被用于计算在各种电压等级下每次发出分闸/合闸指令后，发生重失效的次数和每年发生其他重失效的次数[24]。针对变电站和系统可靠性的研究，需要对上述发出分闸/合闸指令后出现的故障进行区分。采用同样方法，可从第三次全球范围的调查信息中，计算重失效率[7]。

从表 12.5 中，可以看到在第一次、第二次和第三次调查中，每个操作循环以及每年（对所有电压等级）发生重失效次数的比较。最后一列给出了每年发生误合或误分的重失效数。倒数第二列给出了每年总的重失效率。所有其他列都与合闸或者分闸指令下的重失效相关。故障模式"在分闸或者合闸位置被锁住"被划分成下述几种故障："没有指令"（50%）、"拒分"（13%）和"拒合"（37%）。这种划分和第二次调查中使用的相同[24]。故障模式"未知""其他"和"失去机械完整性"被相应分在其他模式中。当比较故障模式时可以看出，从第一次调查到第二次调查，以及第二次调查到第三次调查，断路器性能得到很大的提高，只有故障模式"拒分"的次数没有明显改进。

表 12.5　用于系统研究的断路器可靠性数据（所有电压≥63kV）

CIGRE 调查	无法打开 (a)	不能开断 (b)	无法合闸 (c)	不能关合 (d)	在指令 (a+b+ c+d) 下的重失效	每年操作循环次数	有指令时的重失效数	全部重失效数	无指令时的重失效数
	每 10000 次操作循环的重失效数						每年的重失效数		
第一次[2]	0.84	0.11	2.01	0.10	3.06	27	0.0081	0.0158	0.0077
第二次[3]	0.30	0.08	0.89	0.04	1.32	27	0.0035	0.0067	0.0032
第三次[4]	0.26	0.02	0.49	0.01	0.78	27	0.0021	0.0030	0.0009

总结一下，断路器发生故障的模式的大致数据如下：

- 断路器每接到 50000 次分闸指令，有一次分闸失败；
- 断路器每接到 500000 次分闸指令，有一次不能开断电流；
- 断路器每接到 25000 次关合命令，有一次断路器未能关合或者接通电流；
- 断路器每 1000 年出现一次重失效；
- 断路器每 3000 年出现一次绝缘故障而不是"不能开断电流"；
- 断路器每 10000 年出现一次着火或者爆炸。

这些数据促使专家寻求新的变电站构建方案。早期的断路器技术面临可靠性低和维护时间长影响使用的问题。由此，那时关键的变电站设计成具有一条辅助母线的双母线结构，或者三母线结构，甚至双断路器结构，以便大修时可以旁路一个断路器。

当今由于断路器需要的维护时间很少，因此维修时不需要将断路器旁路。此外，站内每台断路器要配三台隔离开关，虽然隔离开关的性能已经有了很大改进，但是总体上来说隔离开关的可靠性比断路器自身的可靠性低。根据参考文献[25]，隔离开关的重失效率是每 100 隔离开关 – 年 0.2 次（空气绝缘隔离开关 0.29 次，GIS 隔离开关 0.05 次）。接地开关的重失效率与隔离开关相近。

因此，虽然已有的案例非常有限，但是还是可以看出变电站总的发展趋势是架构简单化。一个典型的例子是设计并应用隔离开关 – 断路器组合开关，其目的是构建无独立隔离开关的变电站[26]。

参 考 文 献

[1] IEC 62271-1 (2007) High-voltage switchgear and controlgear – Part 1: Common Specifications.
[2] Mazza, G. and Michaca, R. (1981) The first international enquiry on circuit-breaker failures and defects in service. *Electra*, **79**, 21–91.
[3] CIGRE Working Group 13.06 (1994) Final Report of the second international enquiry on high voltage circuit-breaker failures and defects in service. CIGRE Technical Brochure 83.
[4] CIGRE Working Group A3.06 (2012) Final Report of 2004-2007 International Enquiry on Reliability of High Voltage Equipment, Part 2 – Reliability of High Voltage SF6 Circuit-Breakers. CIGRE Technical Brochure 510.
[5] CIGRE Working Group A3.06 (2012) Final Report of the 2004-2007 International Enquiry on Reliability of High Voltage Equipment. Electra No. 264, pp. 49–51.
[6] Runde, M. (2013) Failure frequencies for high-voltage circuit breakers, disconnectors, earthing switches, instrument transformers, and gas-insulated switchgear. *IEEE Trans. PowerDeliver.*, **28**(1), 529–530.
[7] Janssen, A.L.J., Makareinis, D. and Sölver, C.-E. (2014) International surveys on circuit-breaker reliability data for substation and system studies. *IEEE Trans. Power Deliver.*, **29**(2), 808–814.
[8] Pons, A., Sabot, A. and Babusci, G. (1993) Electrical endurance and reliability of circuit-breakers, common experience and practice of two utilities. *IEEE Trans. Power Deliver.*, **8** (1), 168–174.
[9] Smeets, R.P.P., Kertész, V., Nishiwaki, S. and Suzuki, K. (2002) Performance Evaluation of High-Voltage Circuit-Breakers by Means of Current Zero Analysis. IEEE/PES T&D Conference Asia Pacific, Yokohama, Japan.
[10] Jeanjean, R., Salzard, C. and Migaud, P. (2002) Electrical Endurance Tests for HV Circuit-Breakers. IEEE Winter Meeting.

[11] Osawa, N. and Yoshioka, Y. (2003) Analysis of Nozzle Ablation Characteristics of Gas Circuit-Breakers. IEEE T&D Conference Asia Pacific.

[12] IEC 62271-100 (2012) High-voltage switchgear and controlgear – Part 100: Alternating-current circuit-breakers. Ed. 2.1.

[13] IEC TR 62271-310 (2008) High-voltage switchgear and controlgear – Part 310: Electrical endurance testing for circuit-breakers above a rated voltage of 52 kV. 2nd edition.

[14] Janssen, A.L.J. and Sölver, C.-E. (2004) The statistics behind the electrical endurance type test for HV circuit-breakers. CIGRE Conference, Paper A3-304.

[15] CIGRE Task Force A3.01 (2005) Statistical analysis of electrical stresses on high-voltage circuit-breakers in service. *Electra*, **220**, 24–26.

[16] Smeets, R.P.P. and Ito, H. (2005) Electrical Endurance of Circuit-Breakers in Service. CIGRE A3/B3 Colloquium, Paper 102, Tokyo.

[17] Janssen, A.L.J., Heising, C.R., Sanchis, G. and Lanz, W. (1996) Mechanical endurance, reliability compliance and environmental testing of high voltage circuit-breakers. CIGRE Conference, Paper 13-101.

[18] CIGRE Working Group 13.08 (2000) Life management of circuit-breakers. CIGRE Technical Brochure 165.

[19] Jongen, R.A. (2012) Statistical Lifetime Management for Energy Network Components. PhD. Thesis, Technical University Delft.

[20] Janssen, A. and Jongen, R. (2009) Residual Life Assessment and Asset Management Decision Support by Hazard Rate Functions. 6th Southern Africa Regional Conference and CIGRE SC A2, A3 & B3 Joint Colloquium, Capetown, Paper C 206.

[21] Balzer, G., Strnad, A., Neumann, C. *et al.* (2000) Life cycle management of circuit-breakers by application of reliability centered maintenance. CIGRE Conference, Paper 13-103.

[22] CIGRE Working Group 13.09 (2000) User Guide for the Application of Monitoring and Diagnostic Techniques for Switching Equipment for Rated Voltages of 72.5 kV and above. CIGRE Technical Brochure 167.

[23] Kapetanović, M. (2011) *High Voltage Circuit-Breakers*, ETF – Faculty of Electrotechnical Engineering, Sarajevo, ISBN 978-9958-629-39-6.

[24] Heising, C.R., Colombo, E., Janssen, A.L.J. *et al.* (1994) Final report on high-voltage circuit-breaker reliability data for use in substation and system studies. CIGRE Conference, Paper 13-201.

[25] CIGRE Working Group A3.06 (2012) Final Report of 2004-2007 International Enquiry on Reliability of High Voltage Equipment, Part 3 – Disconnectors and Earthing Switches. CIGRE Technical Brochure 511.

[26] Lundquist, J., Andersson, P.-O., Olovsson, H.-E. *et al.* (2004) Applications of disconnecting circuit-breakers. CIGRE Conference, Paper A3-201.

第 13 章

标准、规范与试运行

13.1 故障电流开断试验标准

一般而言，标准是以保证特定装置的质量为目的而建立的一组规则，它规定了统一的特性、判据、方法和流程。对本书所涉及的几乎所有开合状况，都已经建立了国际标准。

与开关设备相关的标准的功能如下：

• 帮助开关设备的设计者和开发者确定目标。通过准确定义所有相关功能的性能方面的判据，标准非常有助于增强产品的可靠性和有效性，能够实现在电网的不同位置方便地更换设备。

• 为电网运行者提供参考。标准的制定考虑了能够覆盖包括故障在内的大约90%的可能工况。电网运行者需要将特定系统中实际可能发生的故障参数与标准参数进行对比，以确定设备能否正确应对故障状况，以及是否需要采取相应的对策。在某些情况下，即使用户自制设备也要求满足特定的要求，或者要求针对非标准化的特殊工况进行试验。

• 对试验认证机构进行指导。所开发和建立的试验回路应能够提供足够的应力对开关设备进行考核。这方面内容请见第 14 章。

目前全世界最广泛使用的标准集是由国际电工委员会（IEC）发布的系列标准。与故障电流的关合与开断，以及容性电流的投切等这些断路器最常见操作工况相关的标准是 IEC 62271 – 100[1]（2002 年前被称作 IEC 56 出版物，1937 年第 1 次发布，第 2 版是 1954 年，第 3 版是 1971 年，第 4 版是 1987 年）。与开合性能无关的开关设备的通用特性由标准 IEC 62271 – 1[2] 给出规定。

其他主要的标准化组织正在与 IEC 进行融合，在 2014 年，美国 IEEE/ANSI（美国电气电子工程师学会/美国国家标准协会）标准与 IEC 标准进行了融合[3]：

与开关设备有关的最重要的美国标准如下：

• IEEE 标准 C37.04 – 1999："IEEE 交流高压断路器的额定值标准"；

• ANSI C37.06 – 1997："基于对称电流的交流高压断路器——推荐额定值和所需的相关容量"；

● IEEE 标准 C37. 09 – 1999："IEEE 基于对称电流的交流高压断路器试验程序标准"。

世界各国的国家标准大都基于 IEC 标准或者是从该标准推出的。

13. 1. 1　IEC 关于瞬态恢复电压描述的背景和历史

在系统正常运行时，通过电磁场传递到负载的能量平均分配在电场和磁场上。电流的开断使得电场能量和磁场能量无法得以维持（见 1.6 节）。因此，整个系统必须对自身进行调节，使其到达新的运行状态，此时开关装置两侧的子系统通常会产生振荡型的电压暂态过程。暂态过程的实际波形由系统结构所决定，也就是由系统的分布参数和集中参数电路元器件所决定。

当开关装置（无论是高压断路器、负荷开关还是熔断器）在电力系统中开断电流时，开关装置上都要经历最初的瞬态恢复电压（TRV），以及随后的恢复电压（RV）。

TRV 就是开关装置开断电流后以及随后的暂态过程中立即出现在触头上的电压。TRV 的持续时间为毫秒数量级，它的典型波形包含了高频振荡、指数函数或者是这些波形的组合，这些波形由电路中阻性部分对能量的消耗而衰减。暂态分量可以用单频、双频或者多频振荡来表示，其中还包括三角波。TRV 的上升速率和峰值对开断装置的成功开断至关重要。

在 TRV 后期，开断装置必须能够承受工频恢复电压施加在触头间隙上的应力。

最早设计开关设备和熔断器时，TRV 是未知的现象，恢复电压被认为仅仅只是工频恢复电压。对于断路器的要求通常表述为短路前的回路电压以及电弧电流的幅值。然而实践中的经验表明回路特性会在很大程度上影响开断过程。先进的测量装置（如阴极射线记录仪和后来的阴极射线示波器）能够在更高的分辨率下进行测量，从而揭示了电流开断后存在立即出现的高频振荡，即 TRV[4]。

这一结果引起了对输配电网络的研究。很多国家都开展研究以确定断路器在开断电网短路故障时其两端的 TRV 参数。使用模拟计算机仿真即暂态网络分析仪（TNA）对电力系统进行理论研究的结果被不同电网中的现场试验所证实。这一结果使得人们开始关注 TRV 的波形、振荡频率和峰值。对于电网中暂态现象更深入的理解促进了大容量试验站改进试验方法，进一步提升电流零区现象的测量精度，从而促进了大开断能力的开关设备变得更为可靠。

将 SF_6 气体用作灭弧介质使得高压断路器的短路开断性能有了极大的提高。然而，进一步的研究表明，用单频和多频表示的 TRV 只适用于电压波或行波从远端开路点（故障点或者其他不连续点）反射返回前很短的一段时间。因此，仅仅用集中参数元器件对电网进行仿真是不够的，还必须考虑电网的分布参数。这样才能够很好地理解和描述近区故障 TRV 表现出的严酷性。

20 世纪 50 年代后期的主要工作是研究如何在大容量试验站内用集中参数元器件产生 TRV，从而实现用标准波形描述 TRV 的振荡。Hochrainer 于 1957 年提出了四参数波形[5]，Baltensperger[6]研究了在大容量试验站产生这种波形的可行性。这些内容可以从相关文献中进行了解[7-9]。在 20 世纪 60 年代早期，日本和欧洲开展了一些电网方面的研究，试图通过模拟模型的方法更好地理解暂态现象。随后在多个国家标准中采用不同的方法确定了 TRV 的参数。所以，国际电工委员会（IEC）中与高压开关设备有关的第 17 分委员会委托国际大电网会议（CIGRE）的断路器研究委员会（在那段时期称作第 3 研究委员会），在世界范围内进一步深入开展广泛深入的调查。基于此目的，CIGRE 于 1959 年成立了 3.1 工作组，决定开始全面调查一些 245kV 电网中断路器开断三相非接地故障时首开极的 TRV。

当时对两个电网进行了充分研究：包括 1962 年意大利电网系统的情况和 1965 年法国电网系统的情况[10,11]。共收集了约 2000 个 TRV 的模拟波形，对应的短路电流高达 45kA。基于这些收集的数据，提出对开断电流水平进行分级。在高压交流断路器出版物 56 - 2（1971 年）中，IEC 推荐了用四参数法和两参数法模拟 TRV 的特征值（见 13.1.2 节）。在相关 IEC 标准的表格中列出的数值主要基于 245kV 系统的研究。对于更高的运行电压等级，直到 765kV，其相关数值是外推得到的，因为在那个时代还没有可用的数据。

与此同时，还对最高运行电压为 420kV 及以上系统中的 TRV 进行了研究[12]。在有些情况下，研究结果与 IEC 56 - 2（1971 年）规定的 TRV 参数不一致。鉴于此，CIGRE 第 13 研究委员会（开关设备委员会）委托 13.01 工作组研究超高压系统中的 TRV 问题。其结论是对于三相接地系统的出线端故障，$1kV~\mu s^{-1}$ 的 TRV 上升率定得有些偏低，实际的 TRV 上升率最好用 $2kV~\mu s^{-1}$ 和 $k_{pp} = 1.3$ 的首开极系数来表征。

IEC - SC - 17A 分委员会决定对 IEC 56 - 2 和 IEC 56 - 4 标准中的表格进行修订。修订的新数值基于前面提到的 CIGRE 13.01 工作组在 1976 ~ 1979 年期间所做的研究工作。因为这些研究工作主要涉及额定电压 300kV 及以上范围，同时从用户收集到的调查问卷中没有指出中压断路器的严重故障，所以 IEC - SC - 17A 分委员会于 1979 年决定只针对额定电压 100kV 及以上的断路器制定 TRV 标准值。额定电压 100kV 以下断路器的 TRV 值保持不变。1979 年 CIGRE 第 13 研究委员会决定成立特别小组针对中压断路器收集数据并制定 TRV 参数。该特别小组的研究报告于 1983 年公布[13]。

1981 年，CIGRE 第 13 研究委员会安排 13.05 工作组研究开断变压器故障和串联电抗器限制的故障而产生的 TRV。13.05 工作组收集了变压器固有频率和额定值方面的数据。工作组的报告于 1985 年发布[14]。CIGRE/CIRED（国际配电会议）的联合工作组 CC - 3 从 1994 ~ 1998 年承担了 100kV 及以下电网的 TRV 研究工作。1998 年 CC - 3 工作组公布了报告的简要版本[15]，报告的更多内容见参考文献 [16]。

其他涉及 TRV 特性研究的研究结果见参考文献 [17, 18]。

到 2014 年，开关设备的标准已适用于额定电压 1200kV 及以下，主要原因是因为中国（1100kV）和印度（1200kV）的新系统已经投入运行或者正在规划中（见10.8节）。特高压系统中 TRV 的基本参数由 CIGRE A3.22 工作组提出，研究报告在 2008 年和 2010 年公布[19,20]。

13.1.2 IEC 对瞬态恢复电压的描述

IEC 标准在电压 – 时间平面上定义 TRV 的限定线段或者包络线。每种短路试验方式中的 TRV 参数被定义为额定电压 U_r 和首开极系数 k_{pp} 的函数（见 3.3.2 节）。试验中得到的包络线描述如下（IEC 62271 – 100，4.102.2 条）：

● 如果 TRV 预期为一个近似单频阻尼振荡的波形，那么根据经验，特别是对额定电压低于 100kV 的情况，可以由两参数法对 TRV 进行描述。这种波形的包络线由两条线段确定，分别是：

—参考电压（TRV 峰值）u_c；

—到达 u_c 的时间 t_3。

从几何角度来看，两参数法包络线是一条从点（0，0）到点（t_3，u_c）的线段，以及一条从点（t_3，u_c）开始的水平线。

此外，还存在一条 TRV 的延迟线，延迟线从点（t_d，0）开始，在点（t'，u'）结束，这里 t_d 是时延，u' 是参考电压，t' 是到达 u' 的时间，如图 13.1a 所示。图中表示的是 24kV 断路器在额定短路电流开断时（试验方式 T100，见 13.1.3 节）的 TRV 包络线。

● 如果 TRV 波形具有多频特性，通常这对应于额定电压在 100kV 及以上的情况，则采用四参数法对 TRV 进行描述。四参数法最开始的一段上升率高，随后的一段上升率较低。这样 TRV 波形可以由四个参数确定的三条线段所构成的包络线表述：

—第一参考电压 u_1；

—到达 u_1 的时间 t_1；

—第二参考电压（TRV 峰值）u_c；

—到达 u_c 的时间 t_2。

从几何角度看，四参数法包络线首先是一条从点（0，0）到点（t_1，u_1）的线段，然后是一条从点（t_1，u_1）到点（t_2，u_c）的线段，以及一条从点（t_2，u_c）开始的水平线。图 13.1b 所示为 245kV 断路器在额定短路电流开断时的 TRV 包络线。

此外，该 TRV 也有一条延迟线，从点（t_d，0）开始，在点（t'，u'）结束，这里 t_d 是时延，u' 是参考电压，t' 是到达 u' 的时间。图 13.1c 对起始瞬态恢复电压（ITRV，见 3.6.1.2 节）部分进行了放大。

为了确保试验中的 TRV 符合对应的 IEC 标准所规定的参考包络线，必须保证试验中 TRV 的包络线完全处于参考线的左面和上面；除此之外，试验中 TRV 的起始部分必须完全处于延迟线的左边。延迟线的作用是保证试验中 TRV 的初始上升

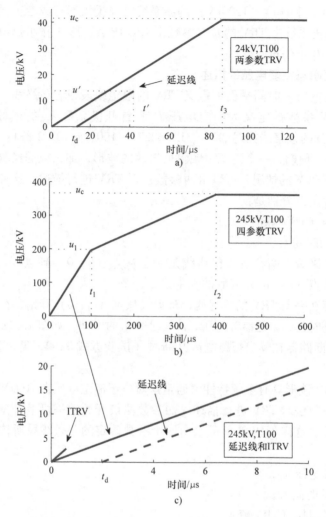

图 13.1 IEC 标准规定的额定电压为 24kV 和 245kV 时在 100% 短路电流开断方式下
（试验方式 T100）由参数 t_1、u_1、t_2、u_c、t_3 构成的包络线

率不比实际情况低。为了使试验考核既不太严也不太松，试验机构有责任保证所产生的 TRV 尽可能地接近 IEC 参考线。在图 13.2 中，试验中固有（预期）TRV 与 IEC 参考线进行了比较，在从 0 到 t_1 的初始阶段中固有 TRV 的包络线不满足标准中恢复电压上升率的要求。

13.1.3 IEC 规定的试验方式

在标准中规定了一系列试验方式，其中每一种都覆盖了特定的故障。试验方式规定了电流和 TRV，以及在试验中应当施加的燃弧时间和操作时序，目的是为了验证断路器能够满足特定工况的开断要求和应力。

通常采用的技术术语和缩写词如下：

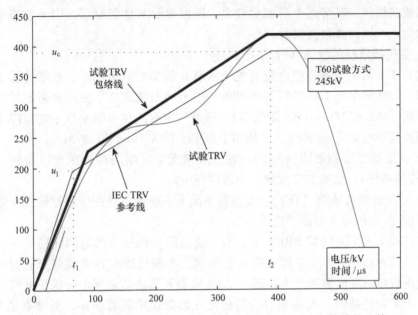

图 13.2　试验中的固有 TRV 与 IEC 标准所规定的 TRV 包络线的比较

1. 出线端故障（TF）

这意味着在断路器的出线端直接发生故障。在 IEC 标准中，对于电压低于 100kV 情况，对电缆系统（通常标示为 S1）和架空线系统（S2）进行区分。由于架空线系统的杂散电容相对较小，其瞬态恢复电压上升率（RRRV）的要严酷一些。

为此定义了以下试验方式：

- T10：考核的故障情况是由短路阻抗相对较高的单台变压器提供短路电流。故障电流的标准值是额定短路开断电流 I_{sc} 的 10%，并且仅有对称分量。规定的 TRV 是由变压器杂散电容和电感构成的振荡电路所产生的单频 TRV。这个由两参数法定义的 TRV，其特点是 RRRV 很高。这个单频 TRV 的包络线由 t_3 和 u_c 描述。

- T30：与 T10 类似，区别只是电流为额定短路开断电流 I_{sc} 的 30%。

- T60：考核的故障情况是由变压器和架空线提供短路电流。其 TRV 基本上由两部分组成，在变电站侧产生的变化较快的分量用 t_1 和 u_1 描述，在线路侧产生的变化较慢的分量用 t_2 和 u_c 描述。标准中规定该故障电流为额定开断短路电流 I_{sc} 的 60%，并且是对称的。因为主电流源回路的杂散电容与其他电源的电容并联，所以 RRRV 相对缓和。

- T100：考核的故障情况是由多个电源提供故障电流，例如在负载很大的环网式电网中出现的故障。这个试验方式涉及最大的（100%）额定短路开断电流 I_{sc}，而且必须施加对称的电流（T100s）和非对称的电流（T100a）。因为故障电流由多条线路提供，其等效电容相对较大，所以 RRRV 比较平缓。因为故障由多个电源供电，所以故障电流很大。

2. 变压器限制的故障（TLF）

这意味着由变压器提供电流（见 3.4 节）的辐射状电网中，在断路器下游发生故障。对额定电压 100kV 以下和 800kV 以上的系统定义了变压器限制的故障的试验方式（IEC 62271 - 100，附录 M）。标准规定电压在 100kV 以下时故障电流为额定短路开断电流 I_{sc} 的 30%，电压高于 800kV 时为 10kA 和 12.5kA。

- 变压器二次侧故障（TSF）：在这种情况下，断路器处在变压器的一次侧（高压或超高压），故障在二次侧（中压或高压）。

- 变压器馈电故障（TFF）：在这种情况下，断路器处在变压器的二次侧（中压或高压），故障位于断路器之后。

在这种工况下的固有 RRRV 非常高。这是因为在独立的电网元器件中，只有变压器的固有频率会产生单频振荡（变压器二次侧故障时在负载侧产生振荡，变压器馈电故障时在电源侧产生振荡）。当变压器和断路器之间由一根长电缆（长度大于几十米）连接时，电缆电容会降低变压器振荡的固有频率，其结果是 RRRV 会显著降低。

3. 单相接地和异相接地故障

这种情况下的燃弧时间要比三相故障情况长，而且电流和恢复电压也不是标准的。为此定义了以下试验方式：

- 单相故障试验（SEF）：考核中性点有效接地系统中断路器开断单相故障的工况。试验中施加的开断电流为 I_{sc}，恢复电压为 $U_r/\sqrt{3}$。

- 异相接地故障试验（DEF）：考核中性点非有效接地系统中的接地故障情况。故障发生在两个不同的相上，一个故障点在断路器的一侧，另一个故障点在断路器的另一侧。初看起来两个点同时发生故障的情况不大容易发生，但事实上这两个点很容易同时发生故障。在中性点非有效接地系统中的单相接地故障会导致其他相的电压上升，从而增加了发生二次故障的可能性。

这种情况下需要开断的电流是 $\sqrt{3}I_{sc}/2$，恢复电压为 U_r。

4. 架空线故障

近区故障（SLF）：考核架空线上距离变电站很近距离（几千米）处发生故障的情况（见 3.4 节）。标准规定故障电流为额定短路开断电流 I_{sc} 的 90%、75% 和 60%。标准分别规定了电源侧和负载侧（线路侧）的 TRV，因为试验回路由电源回路和负载回路组成，这不同于出线端故障。电源回路的设置与出线端故障试验方式相同，也就是说 RRRV 相对较低。这是足够的，因为近区故障试验主要是验证热开断能力。无法通过该试验通常是因为电流过零后立即出现（热）复燃（见 3.6.1.4 节）。

负载侧回路应该给出短架空线的暂态特性，具有 $Z_0 = 450\Omega$ 的波阻抗和 $k_{af} = 1.6$ 振幅系数（见 3.4 节）。

5. 失步故障（OP）

这主要考核失步故障情况。标准中规定额定失步开断电流 I_d 为额定短路开断电流 I_{sc} 的 25%。定义试验电流是 $0.3I_d$ 的情况为试验方式 OP1，试验电流是 I_d 的情况为试验方式 OP2。

在对断路器功能进行确认的过程中，非常重要的是保证在全部燃弧窗口具有开断能力。燃弧窗口是一个可能的燃弧时间范围，从最短燃弧时间（由断路器决定）到最长燃弧时间（由电路和断路器决定）。在每个试验方式中，应该展示出基本燃弧窗口。并且还必须验证断路器在燃弧时间刚大于最短燃弧时间、等于最长燃弧时间和中燃弧时间时的开断能力。

上述试验必须在额定操作程序下进行。

13.1.4 IEC 规定的瞬态恢复电压参数的选择和应用

正确选择 TRV 的特性参数（RRRV、k_{af} 和 k_{pp}）相对比较复杂，因为它与试验方式、系统额定电压、连接方式（电缆或是架空线系统）以及接地方式都有关系。结合 TRV 的特性参数，可以计算得到各种试验方式下的 TRV 包络线参数。

在表 13.1 中，TRV 的特性参数（RRRV、k_{af} 和 k_{pp}）可以看作是这些因素的函数。当系统电压 < 100kV 时，需要对电缆系统（即没有架空线）和架空线系统（可能包含电缆）进行区分。架空线系统的 TRV 更加严酷，因为架空线系统与电缆系统相比电容更小。在这个电压范围内，RRRV 作为系统额定电压 U_r 的二次函数给出。这些函数是通过对 IEC 表格中数据进行插值得到的，并且与 IEC 62271 - 100 中给出的数值偏差小于 5%。

当系统电压在 $100kV \leqslant U_r \leqslant 170kV$ 范围内时，按系统接地方式有两种选项：有效接地（$k_{pp} = 1.3$）和非有效接地（$k_{pp} = 1.5$）。当电压低于这个范围时，所有的系统都认为是非有效接地系统；当电压大于这个范围时，认为系统是有效接地的。（三相）故障都认为是接地的。

结合 TRV 的特性参数（RRRV、k_{af} 和 k_{pp}），使用表 13.2 中的方程可以计算得到每种工况下的 TRV 包络线参数（t_1、t_2、t_3、u_1、u_c、t_d、t' 和 u'）。电压都用标幺值给出：

$$1\text{p. u.} = U_r \sqrt{\frac{2}{3}} \tag{13.1}$$

TRV 的包络线可以按照 13.1.2 节所介绍的方法构建。

作为一个示例，图 13.3 给出了将 170kV 断路器用于首开极系数 $k_{pp} = 1.3$ 的系统时的主要几个 TRV 包络线。出线端故障方式 T10 和 T30 具有一条陡峭的两参数 TRV 包络线，而其他的出线端故障方式（T60 和 T100）则具有一条较为缓慢的四参数 TRV 包络线。失步故障试验方式具有最高的 TRV 峰值，但其上升率也最慢。单相近区故障方式的 TRV 峰值非常低。

表 13.1　IEC 标准规定的 TRV 特征参数 RRRV、k_{af} 和 k_{pp}

额定电压 U_r/kV	3.6~72.5		100~170		245~800	>800
中性点接地方式	非有效接地		非有效接地	接地	接地	接地
电缆/架空线系统	电缆	架空线（≥17.5kV）	地架空线	架空线	架空线	架空线
RRRV /(kV/μs)　T100	$-0.00012U_r^2+0.0174U_r+0.1223$	$-0.000071U_r^2+0.0154U_r+0.7216$	2	2	2	2
T60	$-0.00030U_r^2+0.0421U_r+0.3055$	$-0.00011U_r^2+0.0249U_r+1.1378$	3	3	3	3
T30	$-0.00060U_r^2+0.0875U_r+0.6744$	$-0.00016U_r^2+0.0411U_r+2.0453$	5	5	5	5
T10	$-0.00051U_r^2+0.0823U_r+0.8074$	$-0.00018U_r^2+0.0432U_r+2.1111$	7	7	7	7
TLF	$-0.00139U_r^2+0.1911U_r+1.2525$		不可用	不可用	15.4~18	15.4~18
SLF 电源侧	不可用	$-0.000037U_r^2+0.0093U_r+0.4983$				
SLF 线路侧 40kA@50Hz　试验方式 L_{90}	不可用		7.2		5.3	5.3
试验方式 L_{75}			6.0		4.4	4.4
OP	$-0.000090U_r^2+0.0129U_r+0.0900$	$-0.000060U_r^2+0.0115U_r+0.4692$	1.67	1.54	1.54	1.54
k_{af}　T100	1.4	1.54	1.4	1.4	1.4	1.5
T60	1.5	1.65	1.5	1.5	1.5	1.5
T30	1.6	1.74	1.54	1.54	1.54	1.54
T10	1.7	1.8	1.53	1.53	1.53	1.76
TLF	1.6	1.54	不可用	1.4	1.4	1.53
SLF 电源侧	1.54					1.5
OP	1.25	1.25	1.25	1.25	1.25	1.25
k_{pp}　T100~T30	1.5		1.5	1.3	1.3	1.2
T10	1.5		1.5	1.5	1.5	1.2
TLF	1.5		不可用			1.2
SLF 电源侧	1		1	1	1	1
OP	2.5		2.5	2	2	2

表 13.2　故障电流开断方式的 IEC TRV 包络线参数计算

试验方式	TRV 参数						
	u_1 (p.u.)	$t_1/\mu s$	u_c (p.u.)	$(t_3,\ t_2)\ /\mu s$	$t_d/\mu s$	u'/kV	$t'/\mu s$
额定电压 $U_r<100kV$（两参数表示）							
T100 电缆系统	不可用		$k_{pp}\cdot k_{af}$	u_c/RRRV	$0.15t_3$		
T100 架空线系统					$0.05t_3$		
T60～T10, TLF					$0.15t_3$	$u_c/3$	$t_d+t_3/3$
SLF 电源侧					$0.05t_3$		
OP					t_3		
额定电压 $100\leqslant U_r\leqslant800$ kV（四参数表示，除 T30 和 T10 以外）							
T100	$0.75k_{pp}$	u_1/RRRV	$k_{pp}\cdot k_{af}$	$4t_1$	$2\mu s$	$u_1/2$	t_d+u'/RRRV
T60				$6t_1$	$2\mu s\sim0.30t_1$	$u_c/3$	$t_d+t_3/3$
T30, T10	不可用			u_c/RRRV	$0.15t_3$		
SLF 电源侧	$0.75k_{pp}$	u_1/RRRV		$4t_1$	$2\mu s$	$u_1/2$	t_d+u'/RRRV
OP	不可用			$2t_1\sim4t_1$	$2\mu s\sim0.10t_1$		
额定电压 $U_r>800kV$（四参数表示，除 T30 和 T10 以及失步以外）							
T100	$0.75k_{pp}$	u_1/RRRV	$k_{pp}\cdot k_{af}$	$3t_1$	$0.28t_1$	$u_c/4$	t_d+u'/RRRV
T60				$4.5t_1$	$0.30t_1$	$u_c/3$	$t_d+t_3/3$
T30, T10, TLF	不可用			u_c/RRRV	$0.15t_3$	$u_c/4$	t_d+u'/RRRV
SLF 电源侧	$0.75k_{pp}$	u_1/RRRV		$3t_1$	$2\mu s$		
OP	不可用			u_c/RRRV	$2\mu s\sim0.05t_3$	$u_c/3$	

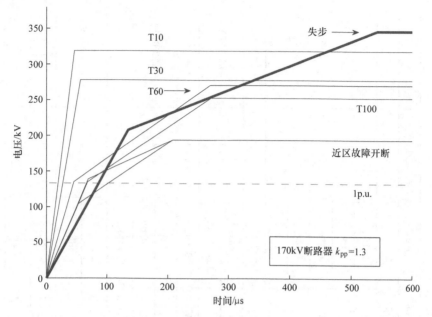

图 13.3　IEC 标准规定的 170kV 断路器各种试验方式的 TRV 包络线

13.2　容性电流开合试验的 IEC 标准

容性电流开合试验的目的是验证断路器仅在特殊情况下发生重击穿。在 IEC 标准中这种信任程度按照重击穿概率分为两个等级：C1 级——低的重击穿概率和 C2 级——非常低的重击穿概率。

这意味着没有断路器能够申明它是无重击穿的。该试验的目的是构造能够出现重击穿的条件，例如小的电压跳跃 ΔU ［见 4.2.2 节的式（4.1）］以及短的燃弧时间。

表 13.3 给出了单相试验中要求的概述。

表 13.3　按重击穿概率分类的单相试验操作次数

试验任务	电流 I_{cap}（%）	ΔU（%）	C1 级		C2 级	
			实验前不老炼		实验前进行 60% I_{sc} 的老炼	
			操作次数	$t_{arc\ mim}$	操作次数	$I_{arc\ min}$
架空线方式 1（LC1）	10 ~ 40	<2	24 次分闸	6 次分闸	48 次分闸	12 次分闸
架空线方式 2（LC2）	100	<5	24 次合分	6 次合分	24 次分闸 + 24 次合分	6 次分闸 + 6 次合分
电缆方式 1（CC1）	10 ~ 40	<2	24 次分闸	6 次分闸	48 次分闸	12 次分闸
电缆方式 2（CC2）	100	<5	24 次合分	6 次合分	24 次分闸 + 24 次合分	6 次分闸 + 6 次合分
电容器组方式 1（BC1）	10 ~ 40	<2	24 次分闸	6 次分闸	48 次分闸	12 次分闸
电容器组方式 2（BC2）	100	<5	24 次合分	6 次合分	120 次合分	84 次合分
最大允许重击穿次数（包括重复试验系列）			3		1	

表中 I_{cap} 是额定容性开合电流，它对各种列出的试验方式都是不同的：

- 线路充电（LC）开断电流 I_1，从 10A（＜100kV）到 900A（800kV），1200A（1100kV），以及 1300A（1200kV 下）；

- 电缆充电（CC）开断电流 I_c，从 10A 到 500A（550kV）；

- 电容器组充电（BC）单组开断电流 I_{sb} 和背靠背开断电流 I_{bb}，在直到 550kV 的全部电压范围内均为 400A；

- 电容器背靠背关合涌流 I_{bi}，直到 550kV 的全部电压范围，涌流峰值为 20kA，频率为 4.25kHz（见 4.2.6 节）。

对于每种工况（线路、电缆和电容器组开合），都定义了两种试验方式。第一种试验方式需要减小电流进行试验，开断电流为 10%~40% 的额定容性电流，采用强电源电路（电压跳跃小于 2%，见 4.2.2 节），只有分闸操作。这种试验的严酷性在于用较强的电源配合小电流，这样形成的最短燃弧时间较短，易于发生重击穿。

第二种试验方式采用额定容性开合电流、较弱的电源电路（电压跳跃小于 5%）以及分 - 合分操作。这种试验方式的严酷性在于增加了合闸操作以及更多次数的电容器组开合试验。

正如在表 13.3 所看到的，全部试验的四分之一（除了 C2 级的 BC2）都必须在最短燃弧时间 $t_{arc\,min}$ 下进行，这导致了最大的重击穿概率。如果试验按照 C2 级进行三相试验，则试验次数为单相试验次数的一半就足够了（除了 BC2 以外。BC2 要进行 80 次合分操作，而不是 120 次）。

C1 级和 C2 级的要求是不同的：

在 C2 级试验中，断路器用 60% 的额定短路开断电流 I_{sc} 在容性开合前进行老炼，以模拟老化及磨损；而在 C1 级试验中，采用"新的"断路器进行试验。C2 级要求在全部试验系列中没有重击穿，或者如果发生一次重击穿，则在所有重复试验中没有重击穿。在 C1 级中，要求要松一些：在全部试验系列中允许发生一次重击穿，或者在全部试验系列中发生两次重击穿后，在随后的全部重复试验中不发生超过一次的额外重击穿。

要注意更高电压的跳跃 ΔU 会提高复燃的概率并且降低重击穿的概率（见 4.2.2 节）。由于重击穿可能会引起一系列问题，较高的电压跳跃一般是有利的。型式试验中为了实现覆盖各种主要情况，试验回路的电压跳跃必须控制在低于一定值。按照式（4.1），这意味着需要较低的 I_{cap}/I_{sc} 比值。这就是为什么在容性开合能力试验中，要使用短路容量与实际运行状况相同的电源电路。尽管试验电流很小，仍然需要大功率电源电路。IEC 要求进行容性试验方式时满足 $I_{sc} > 50 I_{cap}$ 和 $I_{sc} > 20 I_{cap}$。

在很多情况下，三相试验必须由单相试验代替，这主要是由于试验设备的限制。在这种情况下，必须根据系统接地方式仔细选择单相电源电压。此时可以引入一个乘积系数（容性电压系数 k_c），用电源的相电压 $U_r/\sqrt{3}$ 与其相乘。在断路器分闸前，断路器所在处测得的试验电压应不得小于 $k_c U_r/\sqrt{3}$。标准中规定了下述 k_c 值：

- $k_c = 1.0$，适用于无明显相间相互作用的固定接地系统（如实际工况中中性点接地的电容器组和屏蔽电缆）；
- $k_c = 1.2$，适用于相间耦合的有效接地系统（典型工况是系统电压大于52kV并且有铠装电缆）；
- $k_c = 1.4$，适用于中性点非有效接地系统，或者中性点绝缘的电容器组。这是试验中最常用的数值。

因为在这种情况下试验是单相的，所以最大恢复电压对应 $2k_c = 2.8$。这比三相开断的最大值2.5还要高，见4.2.3节。另一方面，三相恢复电压的上升速率也要比单相（$1 - \cos$）电压高。

- $k_c = 1.7$，适用于存在相对地故障的中性点非有效接地系统（很少使用）。

13.3 感性负载开合试验的 IEC 标准

感性负载开合试验的主要目的是预测在特定工况下能达到的过电压水平。感性负载开合是一种断路器与电路之间发生强相互作用的例子，因此得到的试验结果和过电压水平仅仅与进行试验的实际电路紧密相关。一般来说与实际电网相比，试验电路相对紧凑，所以感性负载开合试验中的过电压水平要比实际运行时高。关于感性负载开合试验的要求见 IEC 62271 – 110[21]。

目前还没有变压器励磁电流开合试验方面的标准。这是因为变压器铁心具有非线性特性，所以检测试验站无法使用线性元器件来正确地模拟变压器励磁电流开合过程。对于某台变压器的测试结果，如试验站中的一台变压器，只对该特定变压器有效，不能代表其他变压器。此外，变压器励磁电流开合通常不如其他感性电流开合工况严酷。

13.3.1 并联电抗器的开合

并联电抗器的开合试验可以在试验站进行；试验方式和试验回路的规定见参考文献［23］。

规定了两种试验回路：负载回路1（LC1）和负载回路2（LC2）。回路 LC1 的电流较大，产生的 TRV 频率最高，导致复燃概率增大。而回路 LC2 的电流较小，其电感最大，因此在电流截流时存储的能量 $Li_{ch}^2/2$ 也更大，从而会产生更高的TRV 抑制峰值（见4.3.3.2节）。

开合较小的感性负载电流要比开合较大的感性负载电流更加严酷，这是因为在电压水平一定时，电流较小则意味着电感较大。所以，试验回路 LC2 的电流值并不覆盖实际工况中较小的电流值。如果涉及比回路 LC2 中包含的电流值更小的电流，则推荐采用给定工况中的实际开断电流进行试验。

并联电抗器开合试验的 TRV 是单频的，其频率可以直接从电抗器电感值（由额定电压 U_r 和负载电流决定）和负载（即电抗器）的杂散电容 C_L 值推导得出，C_L 值目前已经标准化。由此，到达（$1 - \cos$）函数峰值的时间 t_p 可以按照振荡半个周期计算得到。相关的 t_3 值（IEC 两参数 TRV 包络线的到达峰值时间）与 t_p 有关，

取决于振幅系数 k_{af}（振荡的阻尼）。图 13.4 中示出了 t_p 和 t_3。

图 13.5 中示出 t_3/t_p 的比值为振幅系数 k_{af} 的函数。

在表 13.4 中计算 t_3 所用的系数 870 就来自图 13.5——事实上用的系数是 0.87，再乘以 1000，因为电容 C_L 采用的单位是 nF，U_r 采用的单位是 kV。

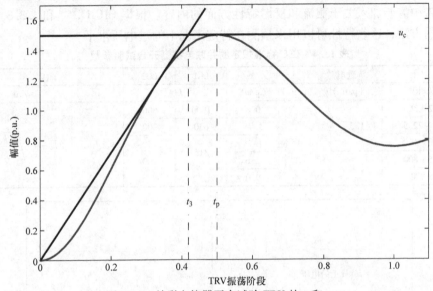

图 13.4 并联电抗器开合试验 TRV 的 t_3 和 t_p

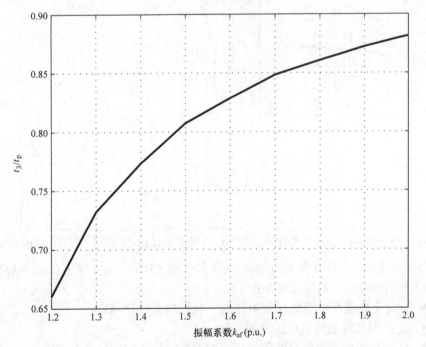

图 13.5 t_3/t_p 的比值与振幅系数 k_{af} 的函数关系

有一点非常重要，u_c 值只是一个预期（固有）参数。在实际试验中，瞬态恢复电压的峰值总是要高一些，这是因为在 TRV 峰值基础上，由于电流截流又增加了抑制峰值的缘故。

因为在并联电抗器开合试验中观测到的过电压与试验回路紧密相关，所以在试验报告中需要加入关于截流和复燃特性方面的内容。根据 CIGRE[24] 和 4.3.3.3 节归纳的方法，这些特性可以用来预测在特定工况下的过电压水平。

表 13.4   IEC 标准规定的并联电抗器开合试验参数

负载电路				LC1	LC2	TRV	
U_r/kV	k_{pp} (p.u.)	k_{af} (p.u.)	C_L/nF	I/A		u_c (p.u.)	t_3/μs
12 ~ 36	1.5	1.9	0.8	1600	500	$k_{pp} \cdot k_{af}$	$870\pi \times \sqrt{\dfrac{U_r k_{pp} C_L}{\sqrt{3}\omega I}}$
52 ~ 72.5			1.75	630	200		
100 ~ 170			1.75	315	100		
245 ~ 800	1.0		2.6				
>800			9.0				

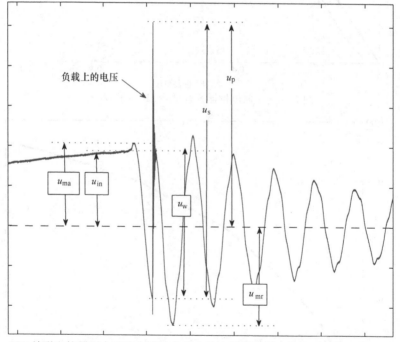

图 13.6   IEC 并联电抗器开合试验中感性负载上的电压示波图，给出了计算过电压的必要参数

必须记录以下四个参数用于过电压计算（图 13.6 中用方块框住的参数），参照图 13.6 的示波图，数据分别为：

- u_{in}：电流截断瞬间的（对中性点）初始电压（185kV）；
- u_{ma}：对地抑制峰值电压（208kV）；
- u_{mr}：负载侧对地恢复峰值电压（247kV），如果比 u_{ma} 高时应记录；

- u_w：复燃时断路器上的电压（367kV）。

其他在 IEC 62271 - 110[21] 中定义的开断参数还包括：

- u_s：复燃时出现的最大峰 - 峰过电压值（693kV，以 1.2MHz 振荡）；
- u_p：最大对地过电压（510kV）。

所产生的过电压水平与判断并联电抗器试验是否符合 IEC 要求无关。

通过试验的判据是：

- 断路器应该总是开断电流并且最多只在一个电流零点出现（一次或多次）复燃，这是非常严酷的要求；
- 复燃应该总是只发生在弧触头之间。

13.3.2　中压电动机的开合

电动机的开合试验对所有额定电压≤7.5kV 的三极断路器都适用，这些断路器可能用于三相异步笼型或者集电环式电动机的开合。

用于电动机开合试验的试验回路的详细规定见 IEC 62271 - 110[21]。这些规定与其他所有考虑开合的标准都不同，它规定了 TRV 包络线但并没有指导如何来实现。对试验回路规定很详细的原因在于试验涉及很高的频率，同时相间的相互作用也有影响，比如需要产生虚拟电流截断（见 4.3.3.4 节）。所以，这项试验代表了真实的电动机开合工况，具有真实的电缆、真实的母线，只有电动机是用线性的 *LR* 回路代替。这是在这种工况下验证开合性能的唯一方法。

同样在本试验中 IEC 没有要求对试验回路因复燃或者（虚拟）截流产生的过电压进行限制，因为这些值只是与特定工况有关。相间的过电压有可能会与相对地过电压一样显著。

试验回路包含一个三相电源，一条与断路器相连的 6m 长母线，以及一条与电动机替代回路相连的 100m 长的铠装电缆。标准规定了两种电动机替代回路，一种用于 100A 的工况，另一种用于 300A 的工况，还定义了两种电源回路，对地电容分别为 40nF 和 2μF。

同样必须要记录以下四个参数（见参考文献 [21]）：

- u_ma：对地抑制峰值电压；
- u_mr：负载侧对地恢复峰值电压（如果大于 u_ma）；
- u_s：复燃时出现的最大峰 - 峰过电压；
- u_p：最大对地过电压。

在并联电抗器开合试验中只允许在一个电流零点发生复燃的判据对电动机开合试验不适用。

13.4　规范和试运行

13.4.1　通用规范

电网公司的断路器规范可以采用多种形式，随制造商提供内容不同而变化。最常见的形式有两种：一种是功能或性能规范；另一种是详细规范。

功能规范主要用于交钥匙工程，承包商像提交产品一样提交整个变电站。这种规范的一个示例如下：

245kV SF$_6$ 气体断路器，40kA，2000A，雷电冲击 900kV，瓷柱式，可适用环境温度范围为 −50 ~ +40°C，承受中等水平地震，所有要求符合 IEC 62271 − 100。

这样的声明要求制造商的断路器除了极低环境温度和地震要求外，其他参数均符合 IEC 标准。一般而言，断路器的规范应当最大程度上参考标准要求而不是将标准照搬过来。

大多数电网用户使用更加全面的详细规范。有如下几种形式：

- 仅供货：断路器由制造商提供，用户自行安装和试运行。
- 供货及安装：断路器由制造商提供并安装，用户自行试运行。
- 供货、安装和调试：制造商负责供货、安装和试运行，然后移交给用户。

与功能规范不同，详细规范包含了用户的特殊需求。例如，这些需求涉及环境条件、空气净距、接口等。撰写规范的推荐方法是按照由总到分的方式，如图 13.7 所示。

考虑到制造商的方便，一个简便的方法是用表格的形式列出特殊需求，而不是用文字形式。

13.4.2 断路器规范

对于各种特殊用途的断路器，IEC 62271 − 100 中的要求及内容的组织形式可以作为制定规范的基础。建议的规范内容有：

- 通用要求：对断路器的用途和可能的使用情况进行声明。
- 标准：列出可用的国际或国家标准。
- 气候和环境条件：列出标准参考值和特殊条件下的要求，例如极低或极高环境温度、是否处于地震区域、污秽等级等。
- 运行条件：系统电压水平要求。
- 图样和参考材料：适用的用户图样，站内设计方案，保护与控制标准以及相关材料。
- 额定值：规范所描述的断路器的额定值细节。
- 特殊额定值或者特殊要求：超出标准的额定值，例如超长传输线的开合；与运行或者监测有关的特殊要求。
- 设计和结构：这一部分包含很多用户的特殊要求：

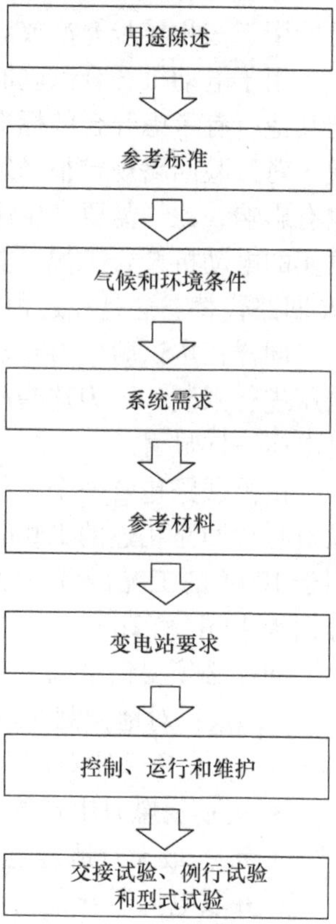

气体和液体：气体质量、密封性和允许泄漏率，气体填充、排放和取样的规定；液体的填充和排出装置。

—接地：在地电位上工作的所有工位都需要接地垫。

用途陈述

⇓

参考标准

⇓

气候和环境条件

⇓

系统需求

⇓

参考材料

⇓

变电站要求

⇓

控制、运行和维护

⇓

交接试验、例行试验和型式试验

图 13.7　分级的规范格式

—套管和绝缘子：套管和绝缘子分别用于罐式和瓷柱式断路器，用户可要求颜色和爬电距离。

　　—支撑件：钢支撑件随断路器一起提供，用户通常指定钢支撑件底座与绝缘子或套管下端之间的最短净距。

　　—操动机构：可以是弹簧、气动或者液压型机构。用户可声明需求哪种机构，或者基于安全操作的考虑优选某种机构的储能和控制方式，如没有存储足够的能量完成合分操作时禁止进行合闸操作。

　　—控制柜：用户需求包括照明、供电、备用端子盒和辅助开关、接线方式和防护等级。

　　运行特点：用户需求包括交流和直流控制电压、工作循环、相间不同步性、防打压联锁、气体密度监测以及补救措施等。

　　—维护设备：一般指与行程曲线测量装置的连接和对 SF_6 气体进行取样的装置。

　　• 交接试验：这项试验适用于用户提出的特殊要求。例如，大部分用户需要以某种形式确认脱扣电路可持续运行。典型方法是用一个小的连续电流进行交接试验，来证明脱扣线圈能够在该连续电流作用下还能够复位。

　　• 型式试验和例行试验：应参考 IEC 62271 - 100[1]，注意对试验项目提出的附加要求或额外声明。

　　在 11.4.1 节中讨论了选相开合，对于这种用途，配有选相控制器的断路器需要提供额外的规范要求。对于并联电容器组开合和传输线高速自动重合闸，可以参考 IEC 62271 - 302 标准[22]；对于并联电抗器开合，可以参考 IEC 62271 - 302 和 IEC 62271 - 110 标准[21]。

13.4.3　要求标书提供的信息

　　可以根据 IEC 62271 - 100 的第 9 节进行这一工作[1]。可能会基于特殊应用而需要提供额外的信息，例如，对开合并联电抗器的负载电路的描述以及提供对评估方法的描述。该评估可以仅基于设备资金成本，也可基于设备安装成本或者全寿命周期成本。在最后所述的情况下，需要详细的维护需求和日程。

13.4.4　应随标书提供的信息

　　在这方面可以按照 IEC 62271 - 100 的第 9 节和 13.4.3 节进行。

13.4.5　断路器的选择

　　可以按照 IEC 62271 - 100 的第 8 章和 IEC 62271 - 306[23] 的应用导则进行选择。

　　短路电流额定值应当以断路器整个寿命周期内可能遇到的实际故障电流为基础进行选择。不宜采用一个额定值以大代小使用，因为断路器是按照它们的额定值进行型式试验，而不是按照实际需要进行试验。因此，额定短路电流为 40kA 的断路器用于预期短路为 20kA 的系统时，需要型式试验说明它可以用于较小电流的情况。对于采用自能式技术的断路器尤其如此，采用总订单策略的用户应当考虑附加型式试验以确保在较小故障电流下的开断性能。

13.4.6　断路器的试运行

　　应当按照 IEC 62271 - 100 标准的第 10 章进行。从很多方面来说试运行都是很重要的：

- 它是对用户的承诺和保证的开始；
- 确保符合规范要求和确定何处不符合规范的要求；
- 确认生产缺陷和运输损坏；
- 提供数据作为将来维护工作的基础；
- 确认交接后可以安全运行。

参 考 文 献

[1] IEC 62271-100 (2012) High-voltage switchgear and controlgear – Part 100: Alternating-current circuit-breakers. Ed. 2.1.

[2] IEC 62271-1 (2007) High-Voltage Switchgear and Controlgear – Part 1: Common Specifications. Ed. 1.0.

[3] Das, J.C. and Mohla, C.D. (2013) Harmonizing with the IEC: ANSI/IEEE Standards for High-Voltage Circuit Breakers. *IEEE Ind. Appl. Mag.*, **19**(1), 16–26.

[4] Park, R.H. and Skeats, W.F. (1931) Circuit-breaker recovery voltages, magnitudes and rates of rise. *Trans. A.I.E.E.*, **50**(1), 204–239.

[5] von Hochrainer, A. (1957) Das Vier-Parameter-Verfahren zur Kennzeichnung der Einschwingspannung in Netzen. *ETZ*, **78**(19), 689–693.

[6] Baltensperger, P. (1960) Definition de la tension transitoire de rétablissement aux bornes d'un disjoncteur par quatre paramètres, possibilités des stations d'essais de court-circuit. Bulletin de l'Association Suisse des Électriciens 3.

[7] Catenacci, G. (1956) Le frequenze proprie della rete Edison ad A.T. L'Elettrotrechnica XLIII(3).

[8] Baatz, H. (1956) *Ueberspannungen in Energieversorgungsnetzen*, Part C, Chapters 1–5, Springer-Verlag, Berlin.

[9] Pouard, M. (1958) Nouvelles notions sur les vitesses de rétablissement de la tension aux bornes de disjoncteurs à haute tension. Bulletin de la Société Francaise des Électriciens, 7th series VIII(95), pp. 748–764.

[10] Catennacci, G., Paris, L., Couvreux, J.-P. and Pouard, M. (1967) Transient recovery voltages in French and Italian high-voltage networks. *IEEE Trans. Power Ap. Syst.*, **PAS-86**(11), 1420–1431.

[11] Barret, J.P. (1965) Dévelopements récents des méthodes d'étude des tensions transistoires de manoeuvre sur les réseaux a haute tension. *Rev. Gen. Electr.*, **74**, 441–470.

[12] Braun, A. *et al.* (1976) Characteristic values of the transient recovery voltage for different types of short circuits in an extensive 420 kV system. *ETZ-A*, **97**, 489–493.

[13] Slamecka, E. on behalf of WG CC03 of CIGRE SC 13 (1983) Transient recovery voltages in medium-voltage networks. *Electra*, **88**, 49–88.

[14] Parrot, P.G. (1985) A review of transformer TRV conditions. *Electra*, **102**, 87–118.

[15] Sluis, van der, L. (1998) Transient recovery voltages in medium-voltage networks. *Electra*, **181**, 139–151.

[16] CIGRE Working Group CC 03 (1998) Transient Recovery Voltages in Medium Voltage Networks. CIGRE Technical Brochure 134.

[17] Wagner, C.L. and Smith, H.M. (1984) Analysis of transient recovery voltage (TRV) rating concepts. *IEEE Trans. Power Ap. Syst.*, **PAS-103**, 3354–3362.

[18] Ozaki, Y. (1994) Switching surges on high-voltage systems. Central Research Institute of Electric Power Industry, Tokyo, Japan.

[19] CIGRE Working Group A3.22 (2008) Field Experience and Technical Specifications of Substation Equipment up to 1 200 kV. CIGRE Technical Brochure 362.

[20] CIGRE Working Group A3.22 (2010) Background of Technical Specifications for Substation Equipment Exceeding 800 kV AC. CIGRE Technical Brochure 456.

[21] IEC 62271-110 (2012) High-voltage switchgear and controlgear – Part 110: Inductive load switching.

[22] IEC 62271-302 (2010) High-voltage switchgear and controlgear – Part 302: Alternating current circuit-breaker with intentionally non-simultaneous pole operation.

[23] IEC 62271-306 (2012) High-voltage switchgear and controlgear – Part 306: Guide to IEC 62271-100, IEC 62271-1, and IEC standards related to alternating current circuit-breakers.

[24] CIGRE Working Group 13.02, (1995) Interruption of Small Inductive Currents, CIGRE Technical Brochure 50, ed. S. Berneryd.

第14章

试　验

14.1　简介

对开关设备进行试验通常是要达到以下的目的之一：

研究和开发。这类试验通常在制造企业的试验室中进行，或者当企业试验室的容量和电压不能满足要求时在第三方试验室进行。除了用户定制的特殊设备之外，试验的目的是开发出最终通过型式试验的产品。研究与开发试验的要求随研发进度的不同而变化，但最终目的通常都是获得一种设计方案，能够承受型式试验中按标准施加的应力。

验收。在这些试验中，需要确认产品能够在特殊情况下承受非标准应力，包括电网、环境、运行等方面的特殊情况。与开断有关的特殊情况是瞬态恢复电压（TRV）超出标准限值（例如在串联限流电抗器工况或者在换流站滤波器组工况中）或者其他特殊工况（例如异常的近区故障、电流失零、直流时间常数过大等情况）。通常设备在进行附加的验收试验前已经通过了型式试验。开关设备的用户根据他们对自己系统异常工况的了解提出试验要求，由制造商和独立试验室进行这类试验。

型式试验认证。型式试验的目的是证明一批被认证产品的单一样品具有满足某一标准的能力。一旦该能力得到证明，认证机构就颁发型式试验认证书。该认证书包括一系列严格按照认可的标准进行型式试验的试验记录。这是被试元器件已经完全满足所认可标准全部要求的证明。如果被试设备已经满足了该标准的要求，认证机构就对制造商指定的相关额定值进行背书。认证证书仅对与试品相同设计的装置有效。认证机构对认证证书的内容和有效性负责。

制造商有责任保证型号相同的全部设备与被试设备具有一致性。认证证书应该包含必要的图样和关于被试设备的描述。

型式试验是在经过正式认可的独立试验室中进行的。世界上一些试验室采用短路试验联盟（STL）的规则，短路试验联盟是一个在世界范围内的试验机构协作组织，通过提供实用导则对标准作统一的解释[1]。短路试验联盟是一个纯技术机构，利用其成员的技能与知识提供这些指导。这个志愿性的组织还通过定义试验报告格式来保证设备用户可以方便地比较不同成员试验室之间的试验结果。这个组织还定义规则和程序以保证试验结果和认证产品的质量。

短路试验联盟规定了 5 类用于验证产品性能的试验[2]：

- 短路关合和开断性能；
- 开合性能，通常为容性电流开合性能；
- 绝缘性能；
- 温升性能与主回路电阻测量；
- 机械性能。

基于与这 5 个项目相关的特定额定值，短路试验联盟成员颁发认证证书。机械性能除外，因为它没有规定额定值。通过在一定时间后重复进行型式试验（一般是 5 年后），以确保断路器或者开关设备的制造质量，材料的质量和产品的制造工艺是否得到了保持。

与型式试验对一批产品中的一台样品进行试验不同，出厂试验对每一台设备都要进行检验。其目的是为了暴露材料和结构的缺陷。它们不会对试品的性能和可靠性造成损坏。

下面各节仅着重介绍用于确认断路器开断能力的试验方法，即短路电流开断能力。关于关合、开断和开合试验方法的大量实际案例的详细描述可以查阅参考文献 [3]。

14.2 大容量试验

14.2.1 简介

大容量试验技术一直是推进高压断路器发展的引擎。自从 1911 年 AEG 公司在德国的卡塞尔建立了世界上第一座短路容量为 150MVA 的大容量试验室以来，开发了许多试验回路和试验方法。

根据试验所用的电源的不同，大容量试验室可以分为三类：

- 试验室直接由电网供电，如图 14.1a 所示。其优点是可以使用很大容量的短路功率。在电力系统中，适合进行大容量试验的地点相对较少。为了避免在短路试验中供电电网出现不稳定的情况，试验室所在地点的可用短路容量应该约为实际试验中最大容量的 10 倍。电网不能承受频繁短路和高过电压，而且试验参数通常不能够根据需要进行调节。特别是试验电压的匹配也不是很容易实现。除此之外，即使是最大的网络试验室，其可用的试验容量也远不能满足当前开断容量高达数十 GVA 的高压断路器的需要。

- 试验室自己拥有电源，即独立于电网的发电机，如图 14.1b 所示。以发电机作为电源的试验室，可以模拟出与实际电力系统非常接近的工况。与网络试验室相比，在这些试验室进行试验具有很多优点，主要的优点是极为灵活。但是其主要的缺点是需要很大的投资。

- 试验室的电流和电压由预先充电的电容器组提供。这种试验室的容量受到限制，仅仅用于研究和开发。

即使是最大的大容量试验室也没有足够的容量对高参数高压断路器进行直接试验。所以，采用替代的试验方法（例如合成试验，见 14.2.3 节）在断路器上施加

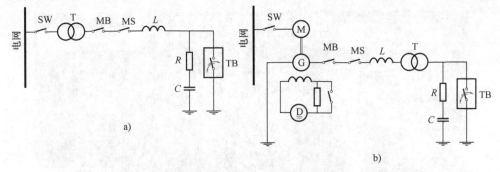

图 14.1 大容量试验室简图（单相情况）：a）网络电源；b）发电机电源

SW—电源侧断路器 MB—保护断路器 L—限流电抗器 M—电动机 G—发电机 T—短路变压器

MS—合闸开关 R、C—TRV 调节电阻、电容 D—励磁回路 TB—被试断路器

所需的电流和电压应力。

图 14.2 中的短路发电机是一种特殊设计的为大容量试验站提供短路容量的三相发电机。这种发电机的特性与传统的用于商业发电的发电机有显著差别。

短路发电机的电抗很低，绕组具有很高的机械强度，可承受电动力和离心力，并且适合进行冲击励磁。在试验前用一台电动机来加速转子以达到其额定同步运行模式。在短路试验中，短路容量基本上由定子短路、励磁能量以及转子动能来提供。因为需要大约 20 分钟的时间才能使发电机达到额定转速，所以电网提供的功率远低于试验所需的短路功率。

位于荷兰阿纳姆的 KEMA 试验室是目前世界上规模最大的采用短路发电机的大容量试验室，同时也拥有

图 14.2 短路发电机（在后面布置）
和变频器（在前面布置）用于进行
不同短路电流频率的大容量试验
（照片由 KEMA 试验室授权使用）

最为齐全的大容量试验设备。它由挪威船级社有限公司（DNV GL）运营。试验室可提供 8400MVA（50Hz）和 10000MVA（60Hz）的三相试验容量（见图 14.3）。它在 2015 年将装机容量扩大 50%。8400MVA 的容量足够对额定电压 145kV、最大额定短路开断电流 31.5 kA 的三相断路器进行直接试验。在这个等级以上的断路器可以在单相回路中进行试验；对此标准中规定了单元试验、两部试验以及合成（间接）试验方法，这些方法在下文中有详细介绍。

大型网络试验室有 EdF 公司运行的位于法国雷纳迪斯的试验室、由 CESI 公司运行的位于意大利龙迪索内的试验室。在印度的比纳也有一个大容量网络试验室在建设中。

其他知名的大型第三方大容量试验室有[4]：位于意大利米兰的 CESI 试验室；

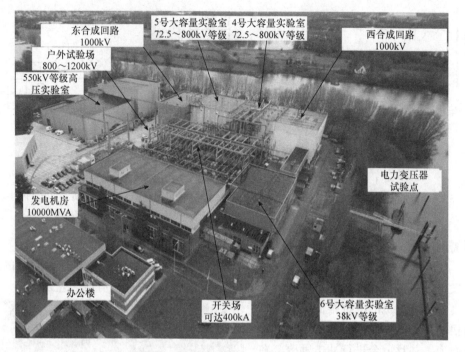

图 14.3　位于荷兰阿纳姆的 KEMA 大容量试验站，2013 年（照片经 KEMA 试验室授权允许使用）

由 CESI 公司运行的位于德国柏林的 IPH 试验室；由 DNV GL 公司运行的位于捷克共和国布拉格附近 Běchovice 的 Zkušebnictví 试验室；位于匈牙利布达佩斯的 VEIKI 试验室；位于罗马尼亚卡拉瓦约的 ICMET 试验室；位于俄罗斯莫斯科的俄罗斯联合能源系统联邦电网公司的 UES – FGC 试验室；位于中国西安的西安高压电器研究院（XIHARI）试验室和位于中国苏州的苏州电器科学研究院（EETI）试验室；位于印度班加罗尔的 CPRI 试验室；位于韩国昌原的 KERI 试验室；位于美国宾夕法尼亚州查尔方特的 KEMA 美国试验室；位于加拿大温哥华的 PowerTech 试验室；位于墨西哥伊拉普阿托的 LAPEM 试验室和位于巴西里约热内卢的 CEPEL 试验室。

　　除此之外，大多数大型开关设备制造商都有自己的大容量试验室：西门子公司的试验室位于德国柏林；ABB 公司的试验室位于瑞典卢德维卡和瑞士巴登；阿海珐公司的试验室位于法国维勒班；施耐德电气公司的试验室位于法国格勒诺布尔；Ormazabal 集团的试验室位于西班牙毕尔巴鄂；东芝公司、三菱电气公司和日立公司的试验室都在日本。

　　断路器的开断能力的试验方法可以分为直接试验和间接试验，后者也称作合成试验[5]。

　　直接试验是由单个电源作为电力系统提供试验电流和电压的试验，这个电源可以是一台或多台短路发电机并联，或者是两者的组合。直接试验是优选的试验方法，该方法将在 14.2.2.1 节进行介绍。此时单个电源必须能够提供短路电流以及

TRV 和工频恢复电压。直接试验是在三相回路中对三极断路器进行全电压和全电流条件下的试验。直接试验可以在现场进行，也可以在试验室进行。

合成（间接）试验被认为是对高压、超高压、特高压断路器的开断能力进行验证的等价性试验。它不是从单个电源获得全部短路容量，而是采用 14.2.3 节中介绍的若干种电源中获得能量。

如果受试验设备的限制，断路器的短路性能无法在三相回路中进行证明，可以采用单独或组合使用直接试验及合成试验的方法进行测试：

- 单相试验——只在三极断路器的一极上进行试验，所施加的应力为三极断路器各极上要求的应力（见 14.2.2.2 节）；
- 一个（或多个）单元试验——在一个单元（灭弧室）或一组单元上试验，试验电流为断路器整极试验时的电流，试验电压为断路器整极试验时应该施加电压的相应比例部分（见 14.2.2.3 节）；
- 两（或多）部试验——当给定试验方式的全部要求无法同时满足时，试验可以分成两个或者多个连续的部分进行（见 14.2.2.4 节）。

14.2.2 直接试验

14.2.2.1 三相直接试验

在图 14.4 所描述的三相试验回路中，保护断路器 MB 直接置于三相短路发电机 G 之后。当被试断路器 TB 开断失败和试验装置发生短路的情况下，这台保护断路器要承担开断短路电流的任务。保护断路器及其控制电路必须动作非常迅速（典型值在 10ms 之内），这样就可以对被试断路器进行某项试验时发生失败的根本原因进行研究。否则，试验不成功时试品会被损坏，以致无法进行进一步的分析。

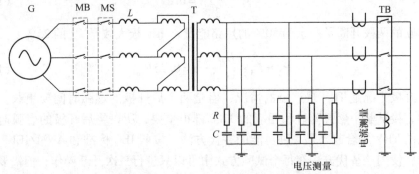

图 14.4 三相直接试验电路的电路图

G—发电机 MB—保护断路器 MS—合闸开关 L—限流电抗器 T—短路变压器

R、C—TRV 调节电阻、电容 TB—被试断路器

当被试断路器需要进行开断试验时，最初它处于合闸位置，保护断路器也处于合闸位置，但是合闸开关 MS 处于分闸位置。可调电抗器用来额外增加试验回路的电抗以实现在指定的电压下获得所需的试验电流。因为短路发电机的端电压相对较

低，在 $10 \sim 17kV$ 之间，所以需要特殊设计的短路变压器 T 将发电机电压转换为更高的试验电压。TRV 调节元件 R 和 C 与变压器的高压侧相连。在发电机达到额定工频频率并且转子被励磁后，合闸开关合闸，产生流过被试断路器的短路电流。接到分闸指令后，被试断路器开断电流。成功开断后，被试断路器将承受来自 TRV 调节元件与包括发电机同步电抗、电抗器和变压器漏抗在内的全部回路电抗构成的电感共同作用所产生的 TRV。

当被试断路器需要进行合分试验时，它必须关合短路电流。在进行合分试验前，被试断路器处于分闸位置，在合闸开关合闸将开路电压施加到被试断路器两端后，被试断路器合闸。

对于任何在大容量试验室进行的试验，都需要记录大量不同时间范围内的电流和电压数据。其他随时间变化的参数，如被试断路器的触头位置或者压气室内的压力也需要记录。对于试验数据记录而言，可以使用多通道数字暂态记录仪，它的采样范围高达 $25MS/s$ 且具有 12 位的垂直分辨率。其主要优点是数据以数字方式存储，因此可以用计算机进行分析，并可以永久保存用于将来的研究。

14.2.2.2　单相直接试验

采用直接试验的方法，可以通过单相试验来模拟三相运行工况。但是，必须注意要保证正确施加应力，这是因为在开断过程中断路器的各极承受的应力通常是不同的。

正如 3.3.2 节中所述，首开极必须承受考虑首开极系数 k_{pp}（p.u.）的工频恢复电压。在中性点非有效接地系统中，$k_{pp}=1.5$，而且从短路能量的角度看，在这种情况下首开极开断了全部三相短路能量 P_{sc} 的 50%：

$$P_1 = 1.5\frac{U_r}{\sqrt{3}}I_{sc} = 0.5P_{sc} \tag{14.1}$$

其他串联的两极开断了剩余的 50% 的短路能量，每一极大致是 P_{sc} 的 25%：

$$P_2 \approx P_3 \approx \frac{U_r I_{sc}\sqrt{3}}{4} = 0.25P_{sc} \tag{14.2}$$

首开极工况是 TRV 最严酷的情况，但是两个后开极的燃弧时间要更长。因为在单相直接试验中燃弧窗口和相应的 TRV 都很重要，所以将后开极的燃弧时间和首开极的 TRV 结合起来是一种可能的替代方法。按照 IEC 标准和 ANSI/IEEE 标准的要求，使用该替代方法在每个试验方式中可以只进行三次开断操作，但需要延长燃弧时间。然而，一般认为这样的单相试验要比三相试验更为严酷[6]，因为在三相试验中，只有首开极施加了最高的 TRV，但燃弧时间又更短。

另一种能够准确重现三相开断工况的替代试验程序也是可行的，但需要更多的开断次数以提供充分的证明。在首开极系数 $k_{pp}=1.3$ 时，每种试验方式需要采用 9 次而非 3 次开断操作；在首开极系数 $k_{pp}=1.5$ 时，需要进行 6 次操作来完全证明开断性能。这是因为每一相的燃弧时间和 TRV 工况都需要三次有效操作来证明其符合要求。

而且，在单相直接试验中，这样的程序可能会导致无效试验从而造成被试断路器承受过负荷和发生损坏。所以，特别是对中性点非固定接地系统，推荐使用合成试验方法代替单相直接试验[7]。

　　上述内容涉及的是对称短路电流的试验。非对称电流的试验程序更加复杂，因为开断可能发生在电流的小半波或大半波。

　　对于单相试验，必须判断只对一极进行试验是否合适。这是因为开断过程受诸多因素的影响，如电动力、相邻极排出的气体、触头运动速度、灭弧介质的压力等。操动机构的输出能量也应进行适当的评估，因为单相操作只需要较小的操作力。

　　换句话说，当断路器的三极共用一个操动机构并处于同一个外壳内的时候，断路器的设计以及极间的相互作用就显得尤为重要。在这种情况下，短路性能只能够通过三相试验进行验证。这一点在图 14.5 中进行了说明。在此图中，给出了在同一断路器上进行空载操作、单相和三相开断试验时的触头行程曲线。将空载操作（灭弧室中不燃弧）与单相开断（只有一极燃弧）以及三相开断（三极燃弧）进行对比，可以看到机构负载明显增加，在三相燃弧条件下触头运动速度明显减慢。这种相互作用在各极独立操作的断路器中是不存在的。

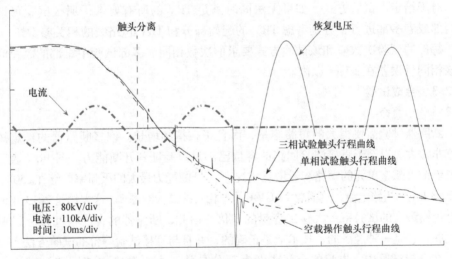

图 14.5　空载分闸、单相开断和三相开断试验中的触头行程曲线

14.2.2.3 单元试验

　　当采用模块化概念设计由两个或者多个相同灭弧室单元串联组成的高压断路器时，整极乃至整个断路器的性能都可以通过一个或多个单元的性能来评估。为了保证单元试验的有效性，所有单元在结构上必须完全相同。它们必须同步操作并且互不影响。

　　试验电流必须与实际运行电流相同，试验电压则应该与额定电压 U_r 成适当的比例。这一比例取决于串联单元的个数（n）以及各单元上的电压分布情况。单元的试验电压应对应于各单元上可能出现的最大电压。为了使固有频率保持与完整回路时相同，回路电感 L 应当按比例降低（L/n），电容 C 则应当按比例增加（nC）。图 14.6 所示的断路器每极由三个完全相同的灭弧室串联组成。为了保证在每个单元上施加适当的电压，必须从工频到 TRV 频率范围内对各个单元上的电压分布情况进行评估。这一过程涉及电压暂态过程的计算，需要考虑全部电容器和对地杂散电容的影响。

试验电压采用承受最高电压的单元上的电压，通常是与电源回路连接的单元，这一单元电压总是大于 U_r/n。

对于没有均压电容器的设计方案，其电压分布仅由杂散元件决定。因为接地情况会导致杂散电容发生变化，所以能

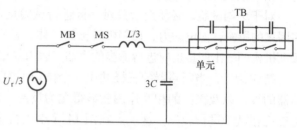

图 14.6 单元试验的基本原理

观察到断路器在试验室中安装位置的变化也会对电压分布产生显著的影响。

14.2.2.4 两部或多部试验

对于给定的试验方式，如果无法同时满足 TRV 的所有要求，那么试验可以分为两部或者多部进行，分别考虑 TRV 的起始部分和 TRV 包络线的相关参数。

每部的试验次数应和该试验方式要求的次数相同。多部试验中每部的燃弧时间应该相同且误差在 ±1ms 以内。

14.2.3 合成试验

14.2.3.1 简介

断路器试验需要很大的短路容量，而且正在持续增长。许多断路器的额定短路电流非常大，以至于直接试验回路的容量已不足以验证其开断能力。图 14.7 表明近年来单个灭弧室单元的短路容量增长情况[8]。开断能力最大的灭弧室能够在 550kV 下开断 63 kA 的短路电流，这需要 26 GVA 的单相直接试验电源⊖。这大约是 2013 年时世界上规模最大的试验室最大输出容量的 3 倍。由此，断路器的合成（间接）试验得以发展，它是一种经济的、技术上是正确的，并且与直接试验等价的试验方法[9]。

在合成试验中，电流的全部或者大部分是从一个电源（电流回路）获得，而施加的电压包括恢复电压（TRV 和工频恢复电压）全部或部分从一个或多个独立电源（电压回路）获得。

合成试验方法基于开断过程中的这样一个事实：当大电流流过断路器时，分开的触头间只有相对较低的电弧电压，而当相对较高的恢复电压（TRV 和工频恢复电压）出现在断路器触头上时，断路器上只有电压而没有电流。大电流和高电压两

⊖ 单相试验中测试断路器的一个极所需的容量为 k_{pp}（$U_r/\sqrt{3}$）I_{sc}；系统每相的短路容量为（$U_r/\sqrt{3}$）I_{sc}；试验一台三极断路器所需的短路容量为 $\sqrt{3}U_r I_{sc}$。

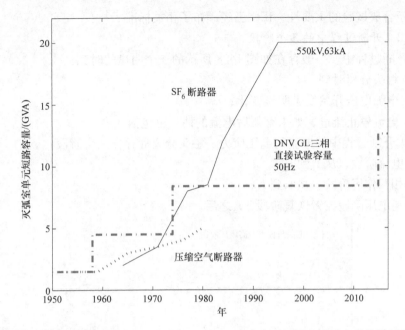

图 14.7 灭弧室单元短路容量的增长以及 DNV GL 大容量试验室试验容量的增长情况

种现象出现在两个连续的阶段。

所以，合成试验方法使用两个电源来模拟断路器上的电应力：

• 大电流电源，如一台（或多台）短路发电机，它在大电流阶段提供低电压（15～60kV）下的工频电流；

• 高电压电源，一个电容器组和 TRV 调节回路，它在高电压阶段提供能量相对较小的 TRV 和工频恢复电压。

合成试验过程中断路器承受的工况必须与直接试验等价。因为已经证实与直接试验相比具有极高的等价性，所以合成试验方法适用于高压断路器的型式试验，这一点已经在国际上得到了广泛认可。

合成试验方法不应仅仅被看作是直接试验的有效替代方法。如果使用得当，合成试验还会给试验带来显著的优势。其中之一是在合成试验中开断失败时出现失败的部件上只有电容器组的能量而没有发电机的能量，所以合成试验是非破坏性试验。同时也由于电流和电压可以分别控制，这些特性都使得合成试验成为一种理想的开发工具。

然而在某些工况下，如电容器组电流开合试验中，合成试验也存在显著的缺点，这是因为在容性合成回路中发生重击穿时断路器内部组件受到的电应力比实际运行中低得多。在实际运行中，全部的负载电容器通过触头间隙进行放电，一般来说这时触头间隙已经分开较远的距离，此时释放的能量很大。而容性合成回路在重击穿时放电能量相对较小，其后果可能就没那么严重。因此，在重击穿后，与容性开合直接试验回路中进行的试验相比，在容性合成回路中进行试验时通过后续试验系列的概率要更高。

鉴于合成试验的重要性，IEC 已经颁布了相关标准[10]。

14.2.3.2　开断过程中的各个阶段

在开断过程中，一般存在如图 14.8 所示的三个明显的时刻：

t_1：触头分离时刻；

t_2：电弧电压开始发生明显变化；

t_3：电流停止流过，如果有弧后电流的话，也包括在内。

考虑开断过程中的电流和电压应力，触头分离后存在三个阶段：

- 电流阶段，从 t_1 到 t_2；
- 相互作用阶段，从 t_2 到 t_3；
- 高电压阶段或者恢复阶段，t_3 之后。

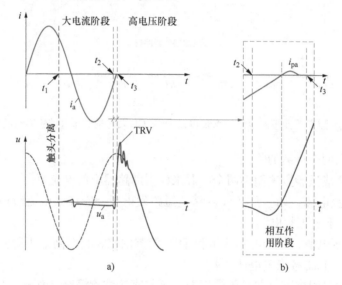

图 14.8　开断过程的各个阶段：a）大电流和高电压阶段；b）相互作用阶段

大电流阶段是指从触头分离到电弧电压开始显著变化（即电弧电压熄弧尖峰开始急剧上升的时刻）的这一段时间。在大电流阶段，合成试验回路对被试断路器上施加的电应力应使得相互作用阶段的初始状况与系统实际运行条件下相同。

相互作用阶段是从电流过零前电弧电压开始显著变化起到电流（如果有弧后电流的话，也包括在内）停止流过被试断路器为止的这一段时间。在相互作用阶段，由短路电流应力转变为高电压应力，并且断路器的特性会显著影响回路中的电流和电压。随着电流趋于零，电弧电压可能会上升而对并联电容充电，这会使得流经电弧的电流发生畸变，如 3.6.1.6 节所述。在电流过零以后，弧后电导会对 TRV 产生阻尼作用，从而影响断路器上的电压以及输入到触头间隙残余弧后等离子体中的能量。

在相互作用阶段，回路与断路器之间的相互作用对于开断过程极为重要，这一阶段是断路器热击穿的关键时期。所以，在相互作用阶段保证合成试验回路中施加到灭弧室上的负荷与系统条件下相同是极为重要的。

高电压阶段是电流停止流过被试断路器之后的阶段。在高电压阶段，被试断路器的触头间隙受到恢复电压的作用。在合成试验中，理论上恢复电压是一个由电容器组放电而指数衰减的直流电压。与电力系统中的交流恢复电压相比，这种衰减的直流恢复电压在断路器上施加的应力不真实。所以，在合成试验中应该尽可能避免直流恢复电压，因为它会累积空间电荷并对灭弧室内部组件产生与交流电压情况下不一样的应力。

在合成试验中另一个难点是要求恢复电压不能衰减得太快，并且在额定频率的 1/8 周波的时间内瞬时值不能低于工频恢复电压的等效瞬时值。不论是使用指数衰减的直流恢复电压，还是使用交流恢复电压或者是交流和直流恢复电压的组合，其瞬时值（对直流）或峰值（对交流或交流和直流的组合）都应该尽可能接近于 $U_r\sqrt{2}/\sqrt{3}$。并且在任何情况下，在开断后 100ms 内恢复电压都不应降到低于 $0.5U_r\sqrt{2}/\sqrt{3}$[10]。

特别对于具有延迟重击穿倾向的高电压等级真空断路器（见 4.2.4 节），按照 IEC 62271 – 100 的要求，在 300ms 内保持恢复电压尽可能接近 $U_r\sqrt{2}/\sqrt{3}$ 是十分重要的。将合成试验方法（在 TRV 阶段）和直接试验方法（在恢复电压阶段）结合在一起的混合试验回路在参考文献［11，12］中有介绍。应当考虑将这种方案用于真空断路器和发电机断路器的合成试验。

14.2.3.3 关合过程中的各个阶段

在关合前，断路器应当承受施加到其两端上的电压。通常在关合过程中存在三个明显的时刻，如图 14.9 所示：

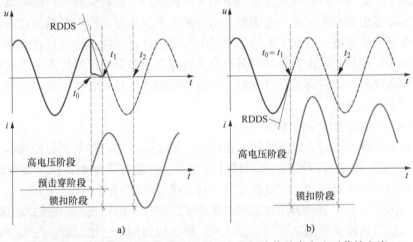

图 14.9 关合过程的各个阶段。左图：在电压峰值关合产生对称性电流；
右图：在电压零点关合产生非对称电流。RDDS—绝缘强度下降率

t_0：预击穿时刻；

t_1：触头接触时刻；

t_2：达到完全合闸（锁住）位置时刻。

考虑到关合过程中的电流和电压应力，在触头间发生预击穿后存在三个阶段：

- t_0 之前的高电压阶段；
- 从 t_0 到 t_1 的预击穿阶段；
- 从 t_1 到 t_2 的锁扣阶段。

高电压阶段是从断路器处于分闸位置承受电压开始到触头间隙发生击穿（预击穿）瞬间为止的这一段时间。所以，在高电压阶段，电压回路施加于被试断路器的应力应该使得发生预击穿的初始状况与实际运行条件下相同。

预击穿阶段是断路器在合闸过程中从触头间隙发生预击穿时刻起到触头发生物理接触为止的这一段时间。在预击穿阶段，断路器受到电流产生的电动力的作用和电弧能量产生的烧蚀作用。

根据合闸时刻的不同，可能会出现两种典型的情况，如图 14.9a 和 b 所示：

（a）击穿发生在施加电压的峰值附近，产生几乎对称的电流，具有最长的预击穿时间，预击穿电弧能量最大；

（b）击穿发生在施加电压的零点附近，产生非对称电流，预击穿电弧能量可以忽略，但电动力最大。

锁扣阶段是断路器在合闸过程中从触头接触到触头到达完全闭合（锁住）位置时刻为止的这一段时间。在这个阶段，断路器必须在有电流产生的电动力、气体压力和触头摩擦力的情况下合闸。

合成试验方法的基本原则，其初始的目的是验证断路器的开断能力。因此，在关合试验中，如果断路器仅在低电压下的大电流回路中关合全部非对称电流，则会出现与实际情形不符的情况。考虑到在运行中由于预击穿而产生严酷的应力，还需要对全电压和对称电流情况下的额定短路关合能力进行试验，因为只有这样才能得到与实际情形相符的预击穿条件。只有当预击穿发生在全电压峰值附近从而产生具有最长预击穿时间的对称关合电流时，断路器的对称电流关合性能才能得到正确的测试（见 3.8.1 节）。

14.2.3.4 合成试验方法的类型

目前有多种不同的合成试验回路在应用，但实际上它们都基于两种基本方法：

- 电流引入法，这种方法采用经过适当调节的电容组电路，在工频电流过零前将电流引入被试断路器，在电流过零后自动满足 TRV 条件；
- 电压引入法，这种方法在工频电流过零后立即将电压回路加在被试断路器上。

合成试验回路通常用来进行单相试验，但也可以用于三相试验。三相合成试验使用一个三相电流源和两个甚至三个电压源，在中性点不接地的情况下，其中一个电压源用来提供首开极的 TRV，其余的电压源用来提供第二和第三开断极的 TRV。

14.2.3.5 电流引入法

电流引入法基于工频短路电流过零点前在一个较短时间内电流的叠加。电压回路提供一个幅值较小但频率较高的电流通过被试断路器并叠加到工频电流上。通过这种方式，辅助断路器（AB）位于电流引入回路之外并且与被试断路器（TB）串联（见图 14.10）。相较于辅助断路器，被试断路器中的电流过零要更为滞后。这样，辅助断路器实现了将电流引入的高压电压源回路与中压电流源回路之间的隔离。当被试断路器中的电流开断时，被试断路器已被接入提供 TRV 的电压源回路，从而实现了从大电流到高电压的自然转换而没有任何延迟。

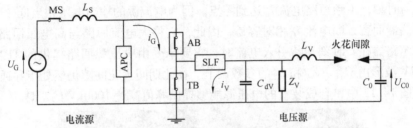

图 14.10　典型电流引入法回路，电压源回路与被试断路器并联。
图中符号的说明见正文

对于电流引入法，有两种可能的实现方法：并联电流引入和串联电流引入。图 14.10 所示为电压回路与被试断路器并联的电流引入回路的简化电路。使用并联电流引入的合成试验回路通常被称作 Weil – Dobke 回路[13]。图 14.11 示出了并联电流引入试验回路中通过被试断路器的电流。

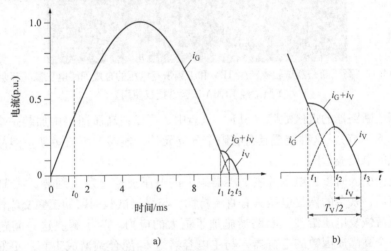

图 14.11　a) 在并联电流引入法回路中通过被试断路器的电流；b) 电流引入时刻

在试验前，辅助断路器和被试断路器都处于合闸位置。合闸开关（MS）合闸使得电流源提供的短路电流 i_G 流过。几乎同时，在 t_0 时刻辅助断路器和被试断路器的触头分开。

在合成试验中，延弧回路（APC）（见 14.2.3.10 节），也被称为复燃回路，对于产生符合实际情况的燃弧时间是必不可少的。如果没有这个回路，电流将在较早的电流零点被开断，因为在该电流零点 TRV 仅仅由中压大电流回路提供，所以 TRV 太低。

在 t_1 时刻, 火花间隙被触发, 试验前已经充好电的电压源主电容器组 C_0 通过电抗 L_V 放电, 引入一个高频电流 i_V 并与电流 i_G 叠加。电流引入时刻由一个与电流相关的控制回路（电压源投入时间控制器）确定。在从 t_1 到 t_2 的时间范围内, 电流源回路和电流引入电压回路以并联的形式与被试验断路器相连接, 通过被试断路器的电流是两者电流之和（$i_V + i_G$）。

在 t_2 时刻, 工频短路电流 i_G 达到零点。因为电流源的输出电压相当低, 所以对辅助断路器而言开断电流 i_G 相对容易, 因此, 它将大电流回路与高电压回路隔离。当被试断路器在 t_3 时刻开断引入电流时, 它要承受由电压源回路提供的 TRV 的作用, TRV 波形由 C_{dV}、Z_V 和 L_V 的参数调节。在此期间火花间隙仍然处于导通状态。

在图 14.12 中, 合成装置的电压源能够提供峰值高达 1000kV 的 TRV。

图 14.12 高压断路器试验中产生 TRV 和工频恢复电压的合成回路电压源局部照片
（照片经 KEMA 试验室授权使用）

在高压断路器的近区故障（SLF）试验中, 可以在高压回路中加装一个人工链路（见 3.6.1 节）。这种装置具有有限个分立元件, 能够产生与短架空线故障波形非常相似的电压波形[14]。

在电流引入阶段, 电压源主电容器组上的电压极性会发生翻转。在 TRV 振荡衰减结束后, 残余的恢复电压具有直流特性。与直接试验回路的工频交流恢复电压相比, 直流恢复电压给被试断路器施加了更大的应力。为了解决这一问题, Z_V 应当包含一个高品质因数的电抗器, 与主电容器组 C_0 配合调谐成工频。更好的方法是增加一个工频交流电源以提供稳定的交流恢复电压。后者被称作 "Skeats" 回路[15]。

如果被试断路器在 t_3 时刻开断失败, 后续流过的电流仅仅是电压源提供的引入电流, 这样就限制了对断路器可能造成的损坏。这在进行研究性试验时是一个显著的优点。

为了保证与实际运行条件的等价性, 电流零点的电流变化率与运行条件下保持一致是至关重要的:

$$\left.\frac{\mathrm{d}i_V}{\mathrm{d}t}\right|_{i=0} = \left.\frac{\mathrm{d}i_g}{\mathrm{d}t}\right|_{i=0} \tag{14.3}$$

除了引入电流的电流变化率要正确，引入电流的频率也应优选 500Hz 量级，一般在 250 ~ 1000Hz 之间[13]。

为了防止对工频电流波形产生过大影响，引入电流的频率下限是 250Hz。

引入电流的最大允许频率 1000Hz 是由电弧电压显著变化阶段决定的。电弧电压显著变化阶段的持续时间应小于仅由引入电流维持电弧的时间。为了满足这一要求，引入电流频率所确定的周期至少应是电弧电压显著变化阶段的 4 倍。

电流引入的时刻应使得被试断路器仅由引入电流作用的时间不大于引入电流频率所确定的周期（T_V）的 1/4，且不超过 500μs。如果被试断路器仅由引入电流作用的时间（t_V）小于 200μs，则应注意对断路器的考核可能过严，这是因为直到 t_2 时刻，被试断路器中流过的电流为电流源和电压源电流的叠加，引入电流的作用时间过短可导致 $\mathrm{d}i/\mathrm{d}t$ 过大。

除了满足上述与引入电流有关的所有要求，燃弧时间的延长也会影响电弧的热效应。这一影响与被试验断路器的开断原理有关。因此，并联电流引入法的等效性应与特定断路器的设计结合起来考虑。对自能式 SF_6 灭弧室的计算机仿真表明，延长燃弧时间约 1ms 时，会导致电流过零时压气室内的吹弧压力和通过喷口的气体质量流量降低 5% 以上。压气式灭弧室对于燃弧时间的延长没有如此敏感[16]。

多年来的对比试验和试验经验已经证明，并联电流引入法与实际运行条件的等价性最高。世界上许多大容量试验室都使用这种方法，并且要优于另一种电流引入法——串联电流引入法[3]。

14.2.3.6　电压引入法

与并联电流引入法相同，电压引入法也使用一个电流源和一个独立的电压源。区别在于电压引入法中电流源不仅提供短路电流，而且还提供 TRV 的起始部分。

电压引入法中 TRV 的高电压部分是由电压源提供并引入的，在最后一个电流零点后在电流源产生的恢复电压峰值附近引入。由一个足够大的耦合电容器 C_V 与辅助断路器（AB）并联，能够有效地将电流源提供的 TRV 施加到被试断路器上。

图 14.13 所示为电压源回路与辅助断路器并联的串联电压引入合成试验回路。

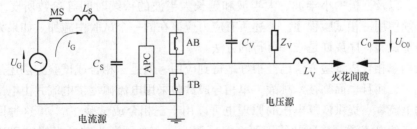

图 14.13　典型的电压引入法回路，电压引入回路与被试断路器串联。
图中符号的说明见正文

试验前，辅助断路器（AB）和被试断路器（TB）都处于合闸位置。当合闸开关（MS）合闸后，电流源向被试断路器提供短路电流。在整个相互作用阶段，辅助断路器和被试断路器中的电弧串联。在图 14.14 中的 t_1 时刻，两台断路器同时开断电流。当它们开断短路电流后，电流源回路的全部 TRV 基本上都通过并联电容器 C_V 施加到被试断路器上。电容器以这种方式为弧后电流提供必需的能量。在 t_2 时刻，正好在 TRV 峰值之前，火花间

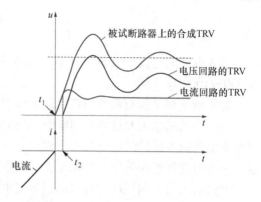

图 14.14　串联电压引入试验回路中的
电流和 TRV

隙触发点火，电压源回路的电压振荡施加到被试断路器两端，与电流源恢复电压相叠加。辅助断路器上的 TRV 实际上仅由电压回路提供。

由于引入电流很小，因此电压源回路中的能量相对较低，这样电压源回路中主电容器组的电容 C_0 可以比电流引入法回路小得多。所以电压引入法更为经济。但是在相互作用阶段电压源回路的回路参数与电流源的回路参数不同。而电流引入回路不是这样，在相互作用阶段电压源与电流源的回路参数是相同的。也正是因为这个原因，电压引入法没有得到广泛的应用。所以根据 IEC 62271-101[13]，电压引入法只允许在没有初始 TRV 要求或者这些要求已由无时延的近区故障（SLF）试验考核的情况下使用。电压引入还要求非常精确的时间控制，这相当难以实现。

电压回路也可以与被试断路器并联而不是与辅助断路器并联。但是这种方法并不常用。

14.2.3.7　三相合成试验方法

理论上，只有断路器在三个独立的单极机构操动的情况下，标准才允许在单相基础上进行试验。任何情况下，型式试验必须验证断路器开断三相故障的能力。所以，只要可能，总是希望进行三相试验。这一点对于三极处于同一个外壳内的断路器以及三极共用一个操动机构的断路器来说尤为重要。为了正确考核燃弧窗口、非对称性，以及三极的小半波、大半波和延长大半波的持续时间等参数所要求的应力，必须使用三相试验程序。上述所有应力应该在同一个试验中施加。如果无法实现，多部试验程序或许是唯一可行的方法。

虽然单相合成试验方法已经很好地得到应用，但是三相合成试验方法还是相当新的技术，而且也面临技术挑战。单相合成试验采用电流源提供电流并由电压源在选定的电流零点提供恢复电压的原理也可以用于三相合成试验[17,18]。这种回路使用一个三相电流源，并通常使用两个电压源。一个电压源为首开极提供 TRV，另一个电压源为中性点非有效接地系统中同时开断的第二和第三开断极提供 TRV。

各相都采用电流引入法的三相合成回路如图 14.15 所示，它由以下部分构成：

- 三相电流源 G；
- 与首开极并联的电压源 1 作为电流引入回路；
- 串联连接在另外两极上的电压源 2，这两极由于电源侧不接地而同时开断电流；
- 一台辅助三极断路器（AB）；
- 一台被试三极断路器（TB）；
- 与各相电流回路相连的延弧回路（APC），以防止被试断路器提前开断，并保证尽可能长的燃弧时间，见 14.2.3.10 节。

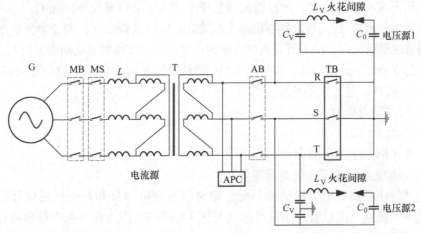

图 14.15 各相都采用电流引入法的三相合成回路，$k_{pp} = 1.5$。图中符号的说明见正文

采用均压电容可以使恢复电压在两个后开极上合理分布。这个回路的操作相当复杂，因此只在少数几个大容量试验室中才得以使用[19]。图 14.16a 是三相合成试验结果的一个示例。

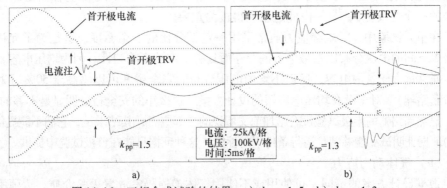

图 14.16 三相合成试验的结果：a) $k_{pp} = 1.5$；b) $k_{pp} = 1.3$

应当注意首开极系数小于 1.5 的情况无法采用这种回路，如中性点有效接地系统的接地故障情况，因为每一相都要在电流零点后提供各自的 TRV。这种系统中

断路器的合成试验需要三个独立的电压源。这种试验结果的一个示例如图 14.16b 所示。

14.2.3.8　金属封闭断路器的合成试验

对于断路器包含不止一只灭弧室的情况，其故障电流开断能力试验可以在断路器的半极（或者四分之一极）上进行。对于装有均压电容的瓷柱式断路器，这通常是适用的。

然而，为了满足 IEC 62271-203[20] 对金属封闭开关设备的要求，在开断过程中其带电部分和外壳之间必须确保施加正确的电应力。所以对于金属封闭开关设备，任何不在完整断路器上进行的试验从技术的角度上讲都是不正确的。

在金属封闭超/特高压断路器的单元试验或者半极试验中（由两个单元组成时），要正确重现整极运行工况下所有机械方面的、气体动力方面的、电动力方面的以及绝缘方面的应力是十分困难的。在使用单相试验代替三相试验时要考虑的应力包括：

- 电流开断过程中的绝缘应力；
- 气体动力应力；
- 电动力应力。

下面详细描述这些应力：

（a）电流开断过程中的绝缘应力

金属封闭断路器的半极试验不能正确也表示带电部分和外壳间的全部绝缘应力，至少在短路电流试验中是这样的（见图 14.17a），因为在外壳内部带电部分和外壳之间只有一半的试验电压。

对带有均压电容器的金属封闭断路器（包括瓷柱式断路器）进行试验时，单元试验或许不能再现运行中由于灭弧室绝缘特性不均衡带来的暂态应力。在单元试验中，均压电容器上的应力（如发生在预击穿时）以及断路器灭弧室上的应力没有正确地再现。国际大电网会议（CIGRE）近期的工作确认均压电容器是断路器故障的一个主要原因[21]，由此这就变得极为重要。

在单元试验中，对绝缘应力通常采用一定百分比的安全裕度。这是为了允许断路器单元间的电压分布因杂散电容的存在而具有一定的不均匀性。因为均压电容器的电容通常远大于杂散电容，所以不均匀电压分布的安全裕度可以略高于 50%（对双断口断路器）。对于没有均压电容器的设计方案，这么小的安全裕度明显是不够的。

显然断路器的半极试验没有施加前文所说的全部应力，其结果是，它们不能提供足够的证据证明试品能够满足运行条件下的性能。这种证据只能在整极试验中提供。

（b）气体动力应力

根据设计方案的不同，可使用或不使用气体连通隔室放置灭弧介质，灭弧室内的动态气压和气流可能会与气体动力现象相互影响，从而会影响熄弧过程。

所产生的高温气体还可能破坏灭弧室周围空间如极间、灭弧室周围以及灭弧室到外壳空间的绝缘耐受能力，如图 14.17 所示。对于 GIS 和罐式断路器，在决定进行单元试验还是整极试验，以及决定在断路器的哪一侧施加最大绝缘应力时，必须考虑气体动力现象以及排出的高温、电离、受污染气体的影响。

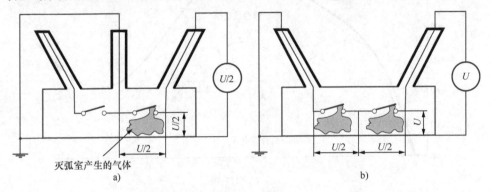

图 14.17　a）金属封闭式断路器的半极试验：灭弧室上的电压是正确的，带电部件和外壳间的电压不正确。b）金属封闭断路器的整极试验：灭弧室上的电压是正确的，带电部件与外壳间的电压也是正确的

（c）电动力应力

当不使用其他单元作为辅助断路器进行半极试验时，需要有短路电流的等效导电路径，以正确模拟短路电流对被试单元中电弧的影响。基于同样的原因，三相金属封闭断路器由于设计十分紧凑，也有必要进行三相试验。与试品邻近的大电流连接也必须非常仔细地设计，需要考虑作用在电弧和断路器结构上的真实电动力应力。

真空断路器电弧覆盖整个触头表面。电弧可能对相间作用力很敏感，因为它们会使得电弧只局限在触头的特定区域内。因此，对于这样的设备，尤其是考虑诸如罐式断路器的紧凑型设计方案时，特别推荐在三相回路中进行试验。

14.2.3.9　特高压断路器的合成试验

对于各种大规模输电工程，需要使用特高压断路器（额定电压 > 800kV）。对这些断路器的试验本身就是一项挑战，目前已经提出了若干解决方案[22]。

考虑 14.2.3.8 节提出的应力因素，提出了特殊设计的新型特高压合成试验回路，用来在整极条件下对金属外壳处于地电位的罐式断路器和 GIS 断路器进行试验[23]。

为了实现这一目标，采用了两级合成的解决方案（见图 14.18）。一套合成装置提供第一级 TRV，同时第二套装置提供第二级 TRV 叠加到第一级电压波形上。这种方法使得特高压短路开断试验（甚至是额定电压 1200kV 的断路器）成为可能。

另一种进行特高压短路开断试验的解决方案是在断路器的两端施加适当的电压，此时断路器必须放置在绝缘平台上。但是这种方法也存在缺点，例如需要使所有控制和电源信号处于高电位、机械稳定性差以及安装时间较长等。

在图 14.19 中给出了 IEC 试验方式 T10 的示波图（首开极系数 k_{pp} = 1.5，电压峰值为 2060kV）。由于试验时还没有标准值，TRV 参数是根据 IEC 62271 – 100 对

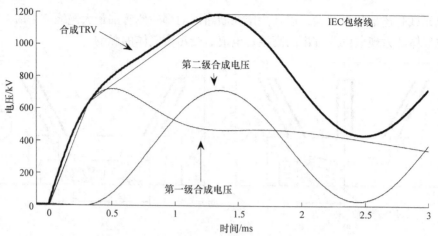

图 14.18　两级合成的 800kV 断路器四参数 TRV 示波图以及 IEC TRV 包络线

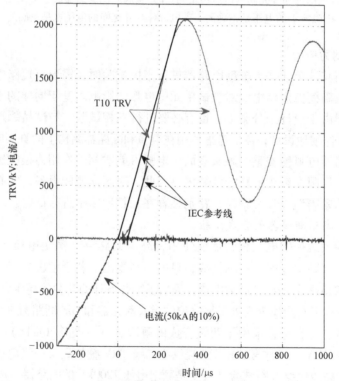

图 14.19　1100kV 断路器试验方式 T10（$k_{pp}=1.5$）的实际 TRV 和
基于 2×550kV 的 IEC TRV 包络线

额定电压 550kV 下的要求进行线性外推得到的。被试断路器是一台四断口罐式断路器。该试品安装在试验室时的照片如图 14.20 所示。

额定电压大于 800kV 的 TRV 参数已经由 CIGRE 提出[24]并被 IEC 接受。

很多电弧串联（例如 8 个断口的串联）会产生至少 14～18kV 的总电弧电压，这将在试验中产生严重的电流畸变。为了避免这种畸变，KEMA 试验室采用了 60kV 的发电机电压进行这些试验，见 14.2.3.11 节所述。

图 14.20　对 1100/1200kV 断路器进行整极短路试验的设施（照片经 KEMA 试验室授权使用）

14.2.3.10　延弧

目前得到广泛应用的延弧回路（APC）在电流过零前约 $10\mu s$ 提供一个快速上升的电流脉冲。该脉冲的极性与工频电流极性相同，但是它的 di/dt 非常高。因此，被试断路器不能开断该脉冲与工频电流叠加的电流，这样就迫使电流在过零后仍得以持续。引入电流是电容器适时触发放电并通过辅助断路器和被试断路器得到的。由串联电阻对电路进行过阻尼，控制引入电流的峰值以及该延弧回路的时间常数。有时还会在延弧回路中接入一个电感以限制通过触发火花间隙电流的 di/dt。基本的要求是火花间隙具有精确的点火时刻，即恰好在工频电流零点前。对于真空断路器的合成试验，需要保证 $di/dt > 3$ kA μs^{-1}，当 di/dt 值低于这个值时，真空灭弧室具有开断此电流的能力[25]。

可以通过多个延弧回路使电流持续来保证燃弧时间。从理论上讲，同一个延弧回路既可用于被试断路器的延弧，也可用于辅助断路器的延弧。

14.2.3.11　电流源回路的电压

合成试验的一个关键因素是保证在提供短路电流时具有一定的电压。在 SF_6 断路器的试验中，至少有两台断路器进行串联，即被试断路器和辅助断路器，每台断路器都具有多个串联的电弧，每个灭弧室都产生一个电弧。

这就意味着这些串联电弧的总电弧电压会分走产生试验电流的电压[26]。所以，特别是对超高压/特高压等级的试验，每台断路器有多达 4 个电弧串联（也就是说总共至少有 8 个电弧），由此在断路器触头分开后试验电流会由此降低。为了在高的电弧电压下将试验电流降低的幅度保持在可接受的范围内，电流源的电压必须尽可能高，对于超高压/特高压试验要选择在 40～60kV 量级。

在对电弧电压很低的断路器进行短路电流开断试验时，例如真空断路器，无需考虑电弧电压问题，使用10kV这样的电流源电压就足以满足要求。

参 考 文 献

[1] STL (2011) Guide to the interpretation of IEC 62271-100: Edition 2008, issue 9.

[2] STL (2011) General Guide, issue 6.

[3] Kapetanović, M. (2011) *High Voltage Circuit-Breakers*, ETF – Faculty of Electrical Engineering, Sarajevo, ISBN 978-9958-629-39-6.

[4] (2013) Worldwide Directory of HV/HP Laboratories. INMR, issue 99, quarter 1, vol. 21, pp. 107–140.

[5] Slamecka, E. (1966) *Prüfung von Hochspannungs-Leistungschaltern*, Springer Verlag, Berlin.

[6] IEC 62271-306 (2012) High-voltage switchgear and controlgear – Part 306: Guide to IEC 62271-100, IEC 62271-1, and IEC standards related to alternating current circuit-breakers.

[7] STL (2005) Guide to the Interpretation of IEC 62271-100: Second Edition: 2003 High-Voltage Switchgear and Controlgear – Part 100: High-Voltage Alternating Current Circuit-Breakers, Issue 3, 11.11.

[8] Fröhlich, K. (2002) Medium- and High Voltage circuit breakers – State of the Art. Proc. 21st Int. Conf. on Elec. Contacts, pp. 492–503.

[9] Thoren, B. (1950) Synthetic Short-Circuit Testing of Circuit-Breakers. CIGRE Report.

[10] IEC 62271-101 (2012) High-Voltage Switchgear and Controlgear – Part 101: Synthetic testing. Ed. 2.0.

[11] Smeets, R.P.P., te Paske, L.H., Kuivenhoven, S. *et al.* (2009) The Testing of Vacuum Generator Circuit-Breakers. CIRED Conference, Paper No. 393.

[12] Smeets, R.P.P., te Paske, L.H., Kuivenhoven, S. *et al.* (2014) Interruption Phenomena and Testing of Very Large SF6 Generator Circuit-Breakers. CIGRE Conference, paper A3-307.

[13] Slamecka, E. (1953) The Weil circuit. *AEG Mitteilungen*, **43**, 211–216.

[14] van der Linden, W.A. and van der Sluis, L. (1983) A new artificial line for testing high-voltage circuit breakers. *IEEE Trans. Power Ap. Syst.*, **PAS-102**(4), 797–804.

[15] Skeats, W.F. (1936) Special tests on impulse circuit breakers. *Elec. Eng.*, **55**, 710–717.

[16] Kapetanović, M. and Ahmethodžić, A. (2000) Behavior of Interrupters Based on Principles Using Arc-Energy in Direct and Synthetic Test Circuits. CIGRE Conference, paper 13-202, Paris.

[17] Dufournet, D. (2000) Three-phase short circuit testing of high-voltage circuit breakers using synthetic circuits. *IEEE Trans. Power Deliver.*, **15**(1), 142–147.

[18] van der Sluis, L. and van der Linden, W.A. (1987) A three phase synthetic test circuit for metal-enclosed circuit-breakers. *IEEE Trans. Power Deliver.*, **2**(3), 765–771.

[19] de Lange, A.J.P. (2000) *High Voltage Circuit Breaker Testing with a Focus on Three Phases in One Enclosure Gas Insulated Type Breakers*. Ph.D. Thesis, Delft University of Technology, ISBN 90-9014004-2.

[20] IEC 62271-203 (2011) High-voltage switchgear and controlgear – Part 203: Gas-insulated metal-enclosed switchgear for rated voltages above 52 kV. Ed. 2.0.

[21] CIGRE Working Group A3.18 (2007) Electrical Stresses on Circuit Breaker Grading Capacitors During Shunt Reactor Switching. CIGRE A3 Colloquium, paper PS3-09.

[22] Sheng, B.L. and van der Sluis, L. (1996) Comparison of synthetic test circuits for ultra-high-voltage circuit breakers. *IEEE Trans. Power Deliver.*, **11**(5), 1810–1815.

[23] Smeets, R.P.P., Kuivenhoven, S., Hofstee, A.B. *et al.* (2008) Testing of UHV (> 800 kV) Circuit Breakers. CIGRE Conference, paper A3-206.

[24] CIGRE Working Group A3.22 (2008) Technical Requirements for Substation Equipment exceeding 800 kV. CIGRE Technical Brochure 362.

[25] Smeets, R.P.P., Kuivenhoven, S. and te Paske, L.H. (2010) Testing of Vacuum Circuit Breakers for Transmission Voltage and Generator Current Ratings. CIGRE Conference, Paris, paper A3-309.

[26] van der Sluis, L. and Sheng, B.L. (1995) The influence of the arc voltage in synthetic test circuits. *IEEE Trans. Power Deliver.*, **10**(1), 274–279.

附 录　缩 略 语 表

英文缩略语	英文全称	中文解释
AC	alternating current	交流
ACSR	aluminium conductor steel reinforced	钢芯铝绞线
AIS	air – insulated substation	空气绝缘变电站
AMF	axial magnetic field	纵向磁场
APC	arc – prolongation circuit	延弧回路
ATP	alternative transient program	电磁暂态计算程序的一个版本
CB	circuit – breaker	断路器
CFC	chlorinated fluorocarbon compounds	氯化氟碳化合物
CIGRE	Conférence International des Grands Réseaux Électriques	国际大电网会议
CO	close – opening（operating sequence）	合分（操作程序）
COV	continuous operating voltage（of an arrester）	（避雷器）持续运行电压
CSC	current source converter	电流源换流器
CT	current transformer	电流互感器
DC	direct current	直流
DEF	double – earth fault	异相接地故障
EHV	extra – high voltage	超高压
EMC	electromagnetic compatibility	电磁兼容
EMI	electromagnetic interference	电磁干扰
EMTDC	ElectroMagnetic Transients for DC	直流电磁暂态程序
EMTP	ElectroMagnetic Transients Program	电磁暂态计算程序
EPA	Environmental Protection Agency	美国环境保护署
EPRI	Electric – Power Research Institute	美国电力科学研究院
FACTS	flexible AC transmission systems	柔性交流输电系统
FFC	fully fluorinated compounds	全氟化合物
FRA	frequency – response analysis	频率响应分析
FTP	frequency – domain transient program	频域暂态程序
GIL	gas – insulated transmission lines	气体绝缘输电线路
GIS	gas – insulated switchgear	气体绝缘开关设备
HSES	high – speed earthing switch	高速接地开关
GWP	global warming potential	全球变暖潜势
HV	high voltage	高压
IEC	International Electrotechnical Commission	国际电工委员会
IEEE	institution of Electrical and Electronics Engineers	美国电气电子工程师学会
IGBT	insulated – gate bipolar transistor	绝缘栅双极型晶体管
ITRV	initial transient recovery voltage	初始瞬态恢复电压
LCC	line commutation conversion	电网换相换流器
LIPL	lightning – impulse protection level	雷电脉冲保护水平
LLF	long – line fault	长线故障
LV	low voltage	低压
MOLTL	maximum operable length at thermal limit（of a HV cable）	（高压电缆）热限定下最大运行长度
MMCB	miniature moulded – case circuit – breaker	微型塑壳断路器

（续）

英文缩略语	英文全称	中文解释
MOSA	metal oxide surge arrester	金属氧化物避雷器
MOV	metal oxide varistor	金属氧化物电阻片
MR	multiple re – ignitions	多次复燃
MRTB	metallic return transfer breaker	金属回路转换开关
MTTF	mean time – to – failure	平均无故障时间
MTS	mixed – technology substations	混合技术变电站
MV	medium voltage	中压
NGO	non – governmental organization	非政府组织
NSDD	non – sustained disruptive discharge	非保持破坏性放电
O	opening operation	分闸操作
ODE	ordinary differential equation	常微分方程
OP1	out – of – phase（fault），test – duty1	失步故障，方式1
OP2	out – of – phase（fault），test – duty2	失步故障，方式2
p. u.	per – unit value	标幺值
PT	potential transformer	电压互感器
PTFE	polytetrafluoroethylene（teflon）	聚四氟乙烯（特氟龙）
PWM	pulse – width modulation	脉冲宽度调制
r. m. s.	root – mean – square value	方均根值
RDDS	rate of decrease of dielectric strength	绝缘强度下降率
RLF	reactor – limited fault	电抗器限制的故障
RMF	radial magnetic field	横向磁场
RRRV	rate – of – rise of recovery voltage	恢复电压上升率
RV	recovery voltage	恢复电压
SCOF	self – contained oil – filled	油浸式
SEF	single – earth fault	单相接地故障
SFO	slow – front overvoltage	慢前沿过电压
SF_6	sulfur hexafluoride	六氟化硫
SIL	surge – impedance loading	自然功率
SPAR	single – pole auto – reclosure	单极自动重合闸
STL	short – circuit testing liaison	短路试验联盟
TF	terminal fault	出线端故障
TFF	transformer – fed fault	变压器馈电故障
TLA	transmission line arrester	传输线避雷器
TLF	transformer – limited fault	变压器限制的故障
TLV	threshold limit value	限定阈值
TMF	transversal magnetic field	横向磁场
TNA	transient network analyser	暂态网络分析仪
TPAR	three – phase auto – reclosure	三相自动重合闸
TRV	transient recovery voltage	瞬态恢复电压
TSF	transformer – secondary fault	变压器二次侧故障
UHV	ultra – high voltage	特高压
VCC	virtual current chopping	虚拟截流
VFTO	very – fast transient overvoltage	特快速瞬态过电压
VSC	voltage source converter	电压源换流器
WCI	Western Climate Initiative	西部气候行动
WG	Working Group	工作组